计算机系列教材

数字图像分析及应用

陈丽芳　主编
张怡婕　钱鹏江　谢振平　副主编

清華大学出版社
北京

内 容 简 介

本书结合作者多年的教学经验和科研实践编写而成，在全面介绍数字图像分析中常用理论的基础上，着重介绍了图像运算、图像增强、图像复原、图像变换、图像分割、图像压缩编码、图像的目标表达及特征表示、彩色图像处理的技术、应用和经典案例分析。

本书每个章节都包含思考与练习，其中应用案例大多来自生活实践，实验要求包括基础要求和提高题，帮助学习者更好地理解掌握知识点。

本书适合作为高等院校数字媒体技术、计算机科学与技术、软件工程、人工智能等理工科类专业图像处理教学的教材，也可作为软件工程、信息与通信工程和计算机科学与技术等专业研究生的入门参考教材，还可供图像处理技术应用行业（如机器人、工业自动化、医学图像处理、目标跟踪识别等）的开发人员、科技工作者参考。

图书在版编目（CIP）数据

数字图像分析及应用/陈丽芳主编. -- 北京：清华大学出版社，2024.12.
（计算机系列教材）. -- ISBN 978-7-302-67861-8

Ⅰ. TN911.73

中国国家版本馆 CIP 数据核字第 2024SE6231 号

责任编辑：张 玥 薛 阳
封面设计：何凤霞
责任校对：李建庄
责任印制：沈 露

出版发行：清华大学出版社
网 址：https://www.tup.com.cn，https://www.wqxuetang.com
地 址：北京清华大学学研大厦 A 座 邮 编：100084
社 总 机：010-83470000 邮 购：010-62786544
投稿与读者服务：010-62776969，c-service@tup.tsinghua.edu.cn
质量反馈：010-62772015，zhiliang@tup.tsinghua.edu.cn
课件下载：https://www.tup.com.cn，010-83470236
印 装 者：三河市龙大印装有限公司
经 销：全国新华书店
开 本：185mm×260mm 印 张：21.25 字 数：501 千字
版 次：2024 年 12 月第 1 版 印 次：2024 年 12 月第1次印刷
定 价：69.80 元

产品编号：101943-01

前言

数字图像分析应用领域广泛，已经遍布国民经济的各个领域。其中比较突出的应用领域包括航空航天、生物医学工程、工业检测、机器人视觉、公安司法、军事制导、文化艺术等。数字图像分析与应用也成为数字媒体技术、计算机应用、软件工程等理工科类专业本科生和研究生必修的课程。

作者从事本科和研究生教学多年，在教学过程中发现学生对理论知识的学习容易产生枯燥情绪，学习后不知道知识的具体应用，特别是很难明白这些知识与其他课程的关联，以及如何利用知识进行科研和创新。为了提高学生的学习兴趣和实践能力，作者结合新工科、省级一流课程、江南大学卓越课程的要求和多年的教学科研经验实践，编写了本书。全书共11章，每章分若干节，各节知识点相对独立，大多数章节包含应用案例。第1章介绍数字图像分析的基础知识、图像存储与格式、数字图像处理的发展和应用领域，以及MATLAB环境的安装和图像处理库配置。第2章介绍图像的代数运算、逻辑运算与应用，以及相应的案例。第3章主要介绍图像增强技术，包括图像灰度变换、直方图均衡化和规定化、图像空域和频域滤波增强以及图像增强应用案例。第4章主要介绍图像复原技术。第5章主要介绍图像的几何变换、图像的正交变换及应用案例。第6章主要介绍图像分割基础知识、边缘检测、阈值分割、轮廓跟踪、Hough变换、基于区域的分割、聚类和应用案例。第7章主要介绍图像编码技术及应用。第8章主要介绍图像的目标表达及特征表示的几种常见方法及应用案例。第9章主要介绍二值图像的形态学处理方法和应用案例。第10章主要介绍彩色图像的增强和分析方法。第11章主要介绍人脸检测和特征定位系统、蝴蝶与蛾的分类和基于深度学习的图像超分辨率重建。

本书具有以下特点：

(1) 在本书的编写过程中，作者力求知识系统全面、理论概念严谨、解释清晰详细、通俗易懂、便于自学，从应用角度出发，对每个知识点进行介绍，涉及的基本概念与原理，最

终都回到了案例的实现，为避免数学公式的罗列和枯燥的推导，本书利用分步骤分流程的案例对概念和原理进行介绍，加强学生对概念和原理的理解，帮助学生对所学的知识及应用有系统全面的了解，为以后的实际应用和科研创新打下良好的基础。

(2) 本书的应用案例大部分来自生活实践、工程实践和专业流行应用案例，与课程理论结合紧密。可以帮助学生更好地理解理论知识，启发学生对知识的应用和创新。

(3) 本书每章都提供思考与练习题，辅助学生巩固学习理论知识。重要的图像分析和方法相关章节最后还提供了实验要求和内容，以提升学生的实践能力。

(4) 本书将提供配套的教学课件、算法相关代码下载和具体实验内容和要求，便于教师教学和学生学习。

本书由陈丽芳主编，张怡婕、钱鹏江和谢振平为副主编。编写过程中参考了国内外相关书籍，在参考文献中大多已一一列出，在此对这些作者的贡献表示由衷的感谢。本书在出版过程中，得到了江南大学人工智能与计算机学院数字媒体技术等专业的学生和软件工程等专业研究生的支持和帮助，还得到了清华大学出版社张玥编辑的大力支持，在此表示诚挚的感谢。

本书所涉及的“数字图像处理技术”课程为江苏省一流本科课程和江南大学的卓越课程。

由于作者水平有限，书中难免出现不足之处，恳请各位专家、同人和读者批评指正，并与作者讨论。

陈丽芳

于江南大学

2024 年 10 月

目录

第1章　概述

本章主要介绍数字图像处理的一些基础知识、图像的视觉感知要素、数字图像的存储与格式、数字图像处理的发展与应用领域、MATLAB环境要求与图像处理库配置。通过本章的学习，读者能够对数字图像处理技术有一个宏观的了解，也为后面章节的学习做一个铺垫。

1.1　数字图像基础知识

图像是"图"和"像"的结合，"图"是物体反射或透射电磁波的分布，"像"是人类的视觉系统对接收的图信息在大脑中形成的印象。图像是使用各种观测系统以不同形式和手段观测客观世界而获得的、可以直接或间接作用于人类视觉系统而产生视知觉的实体，是人类社会活动中最常用的信息载体。视觉是人类观察世界、认知世界的重要功能手段。据统计，一个人从外界获得的信息大约有75%来自视觉，古人说"百闻不如一见""一目了然"都反映了图像在信息传递中独特的显示效果。这也是为什么图像在近年来一直是学术界研究热点之一的主要原因。

图像以各种各样的形式出现：可视的和非可视的、抽象的和实际的、模拟的和数字的、连续的和离散的。一般情况下，一幅图像是对一种事物的表示，它包含表示该事物的描述信息，既包括可视的信息，即用人眼可见的方式显示的信息，也包括非可视的信息，即用人眼不能感知的形式表示的信息。图像又是其所表示物体信息的浓缩或概括，一幅图像所包括的信息远比原物体少。因此，一幅图像是原物体的一个不完全、不精确的，但在某种意义上是恰当的表示。

1.1.1　图像的基本概念

我们感兴趣的图像多数是由照射源和形成图像的场景元素对光能的反射和吸收而产生的。而用于将照射能量转换为图像的多数传感器的输出是连续电压波形，所形成的图像基本上是连续信号的模拟图像。模拟图像又称连续图像，指图像信号以连续的形式存在于图像介质中的图像（在二维坐标系中连续变化的图像，即图像的像素点是无限稠密的，同时具有灰度值，即图像从暗到亮的变化值）。连续图像的典型代表是由光学透镜系统获取的图像，如人物照片和景物照片等。模拟图像不能直接由计算机进行处理分析，这是因为计算机只能处理离散的数字信息，所以必须把连续的模拟图像转换为离散的数字图像，才能利用计算机对其进行有效的处理和分析。也就是说，如果我们希望通过各种装置对获得的图像进行分析和处理，就必须把它转换为数字图像。

数字图像是指模拟图像经过特殊设备的处理，如量化、采样等，转换成计算机可以识别的用二进制表示的图像，即有限数字数值像素对二维图像的表示。由数组或矩阵表示，其光照位置和强度都是离散的。数字图像可以通过许多不同的输入设备和技术生成，如数码相机、扫描仪、坐标测量机等，也可以从任意的非图像数据中合成得到，如数学函数或三维几何模型。

客观世界在空间中的显示是三维(3D)的，但是大部分成像装置都是把3D世界投影到二维(2D)平面，所以一般研究的图像都是二维图像。一幅图像可定义为一个二维函数$f(x,y)$，其中，x和y是二维平面中一个坐标点的位置，f代表图像在点(x,y)的某种性质的值。例如，当图像是灰度图时，f表示灰度值；当图像是彩色图时，f代表颜色值。常见的真实图像是连续的，f、x、y的值可以是任意的实数，即模拟图像。为了能利用计算机对图像进行分析处理，需要把连续的图像在坐标空间XY和性质空间F进行离散。这种离散化的图像就是上面提到的数字图像。表达数字图像的二维函数$f(x,y)$中，f、x、y的取值都是整数值。

一幅物理图像通过采样被划分为很多小区域，如图1-1所示，每个小区域就是一个正方形的色块，对应数字图像中一个基本单元，称为图像元素(picture element)，简称像素(pixel)。这些色块都有一个明确的位置和被分配的色彩数值，色块的颜色和位置决定该图像呈现出来的样子。事实上，像素是一个纯理论的概念，它没有形状也没有尺寸，看不见摸不着，只存在于理论计算中。

1.1.2 图像的数字化表示

把模拟图像转换为数字图像的过程称为数字化，是将空间分布和亮度取值均连续分布的模拟图像经过采样和量化转换成计算机能够处理的数字图像的过程。具体来说，就是把一幅图画分割成如图1-1所示的一个个小色块(像元或像素)，并将各小色块的灰度值用整数表示，形成一幅数字图像。图1-2所示为图像数字化过程，主要包括采样和量化。

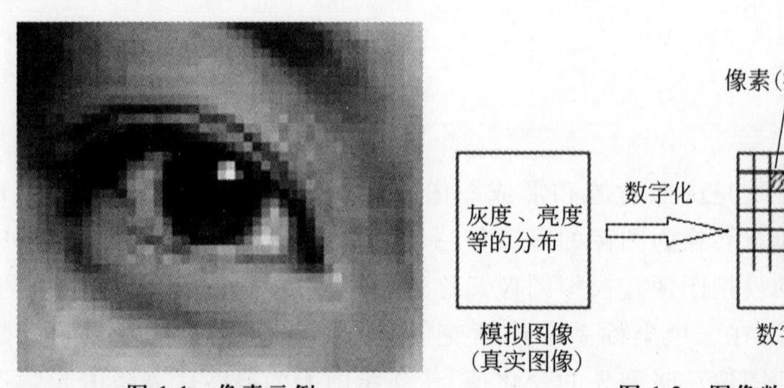

图1-1 像素示例　　图1-2 图像数字化过程

1. 采样

采样(sampling)是对图像空间坐标的离散化，采样的实质就是要用若干点来描述一幅图像，采样结果的质量高低决定了图像的空间分辨率。简单来讲，用一个水平和垂直方向上等间距的网格把待处理的图像覆盖，然后把每一网格上真实图像的各亮度取平均值，并对应到相应的灰度值上，作为该网格中点的值。一副图像就被采样成有限个像素点构成的集合，如图 1-3 所示。

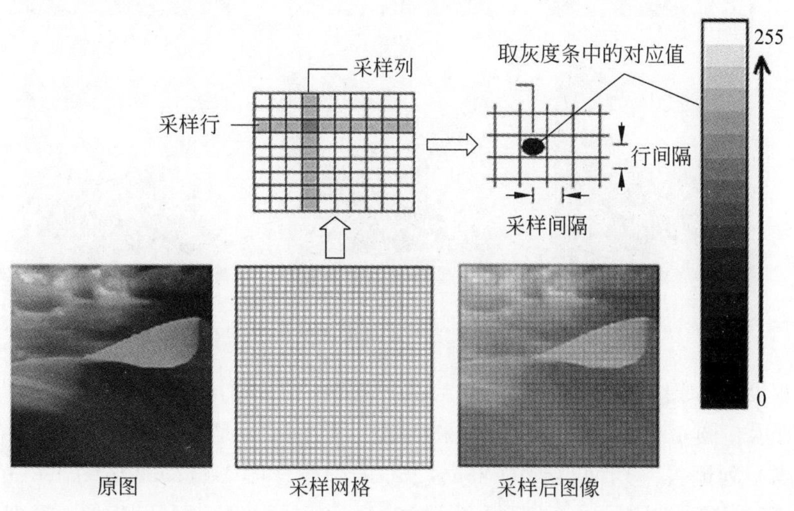

图 1-3　采样过程

在进行采样时，采样点间隔大小的选取很重要，它决定了采样后的图像反映原图像的真实程度。一般来说，原图像中的画面越复杂，色彩越丰富，采样间隔应越小。

空间分辨率是图像中可分辨的最小细节，主要由采样间隔值决定。一种常用的空间分辨率的定义是单位距离内可分辨的最少黑白线对的数目(单位是每毫米线对数)，如每毫米 80 线对，图 1-4 所示为空间分辨率的线对概念示例。

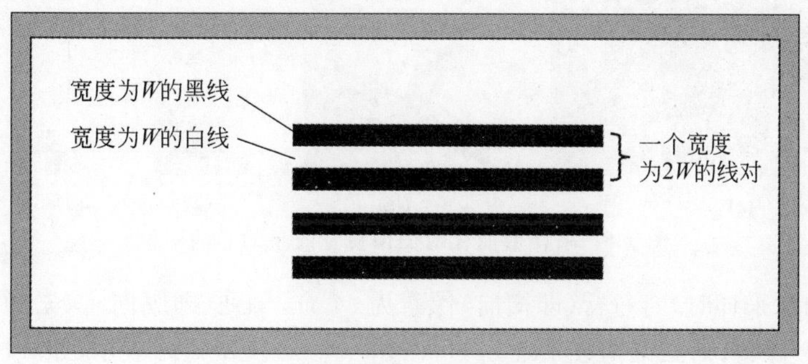

图 1-4　空间分辨率的线对概念示例

对于同样大小的景物来说，对其进行采样的空间分辨率越高，采样间隔就越小，景物中的细节越能更好地在数字图像中反映出来，即该景物图像的质量就越高。采样间隔越大，所得图像像素数越少，空间分辨率低，图像质量差，严重时出现像素呈块状的国际棋盘效应；采样间隔越小，所得图像像素数越多，空间分辨率高，图像质量好，但数据量大。如图 1-5 所示，一幅灰度级分辨率为 256 的图像，当采样间隔依次加大得到图 1-5(a)～

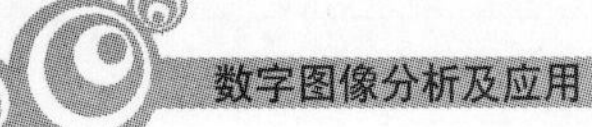

图 1-5(f),空间分辨率分别为 512×512、256×256、128×128、64×64、32×32 和 16×16。

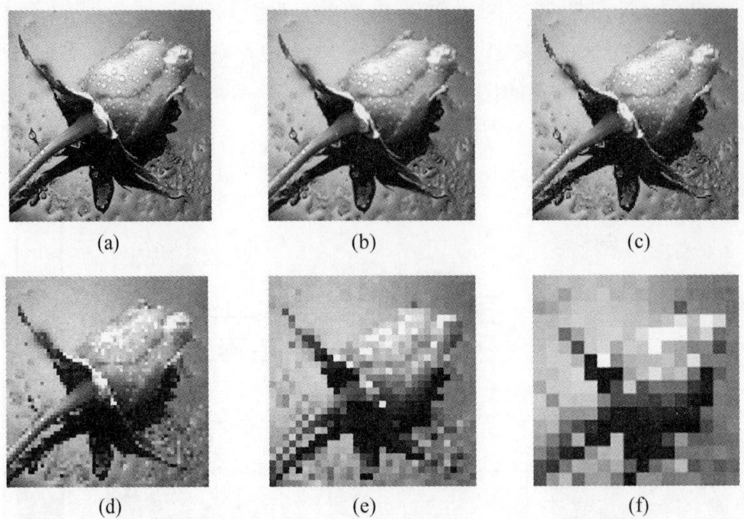

(a) (b) (c)

(d) (e) (f)

图 1-5 空间分辨率变化对图像视觉效果的影响示例

一幅灰度级分辨率为 256 的图像,当采样间隔不变时,采样数依次减少得到的图像如图 1-6 所示。图 1-6(a)为 512×512 采样数。图 1-6(b)是从图 1-6(a)中每隔一行删去一行和每隔一列删去一列而得到的 256×256 的图像。图 1-6(c)是从图 1-6(b)中每隔一行删去一行和每隔一列删去一列而得到的 128×128 的图像。同样的方法得到图 1-6(d)、图 1-6(e)、图 1-6(f)。

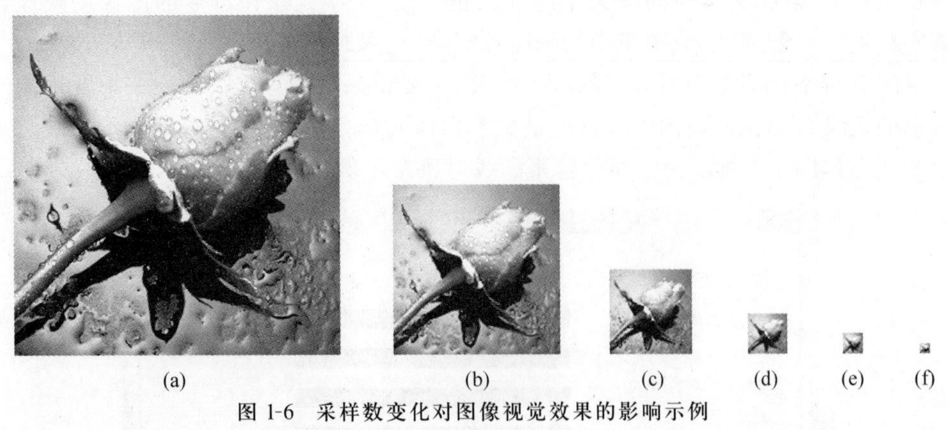

(a) (b) (c) (d) (e) (f)

图 1-6 采样数变化对图像视觉效果的影响示例

对一幅图像采样时,若每行(即横向)像素为 M 个,每列(即纵向)像素为 N 个,图像大小为 $M\times N$ 个像素,则二维函数 $f(x,y)$ 可以用一个 $M\times N$ 矩阵表示,如式(1-1)所示。

$$f(x,y)=\begin{bmatrix} f(0,0) & f(0,1) & \cdots & f(0,M-1) \\ f(1,0) & f(1,1) & \cdots & f(1,M-1) \\ \vdots & \vdots & \ddots & \vdots \\ f(N-1,0) & f(N-1,1) & \cdots & f(N-1,M-1) \end{bmatrix} \tag{1-1}$$

例如,对图 1-7(a)原图局部 8×8 采样,采样的结果如图 1-7(b)和图 1-7(c)所示。

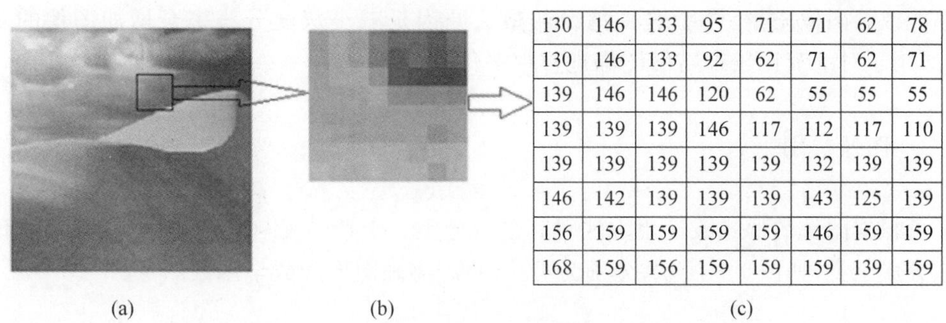

130	146	133	95	71	71	62	78
130	146	133	92	62	71	62	71
139	146	146	120	62	55	55	55
139	139	139	146	117	112	117	110
139	139	139	139	139	132	139	139
146	142	139	139	139	143	125	139
156	159	159	159	159	146	159	159
168	159	156	159	159	159	139	159

(a)　(b)　(c)

图 1-7　采样示例图

(a)原图；(b)8×8 局部采样放大图；(c)8×8 局部采样对应的灰度值

2. 量化

量化是指使用有限范围的数值来表示图像采样之后的每一个点。量化的结果代表图像所能容纳的颜色总数，它反映了采样的质量。例如，一幅分辨率为 32×32 的灰度图像，如果用 16(2^4)个灰度级表示，那么存储这幅图像需要 32×32×4＝4096(位)。如果用 64(2^6)个灰度级表示，那么存储这幅图像需要 32×32×6＝6144(位)。灰度级越大，图像存储空间越大，但是图像的细节特征表现越好，视觉效果也越好。

在量化时所确定的离散取值个数称为量化级数。为表示量化的色彩值(或亮度值)所需要的二进制位数称为量化字长，一般可用 8 位、16 位、24 位或更高的量化字长来表示图像的颜色。量化字长越大，越能真实地反映原有图像的颜色，数字图像的容量也越大。对于灰度图像来说，量化级数就是灰度分辨率。

图 1-8 所示为相同分辨率(512×512)的同一幅图像在不同量化级数，即不同灰度分辨率所呈现的效果图，其中图 1-8(a)～图 1-8(f)的灰度分辨率分别为 256、32、8 和 2。

(a)　(b)　(c)　(d)

图 1-8　灰度分辨率变化对图像视觉效果的影响示例

从图 1-8 可以看出，量化级数越多，即灰度分辨率越高，图像层次越丰富，图像质量越好，但数据量大；量化级数越少，即灰度分辨率越低，图像层次欠丰富，会出现假轮廓现象，图像质量差，但数据量小。但在极少数情况下，对固定大小的图像而言，减小灰度分辨率能改善图像质量，产生这种情况的最大原因是减小灰度分辨率会增加图像的对比度，适用于对细节比较丰富的图像进行数字化。

1.1.3 图像类别

可根据图像的形式或产生方法对其进行分类。卡斯尔曼(Castleman)引入集合论将图像分成三类，如图1-9所示，分别为可见图像、物理图像和数学函数图像。

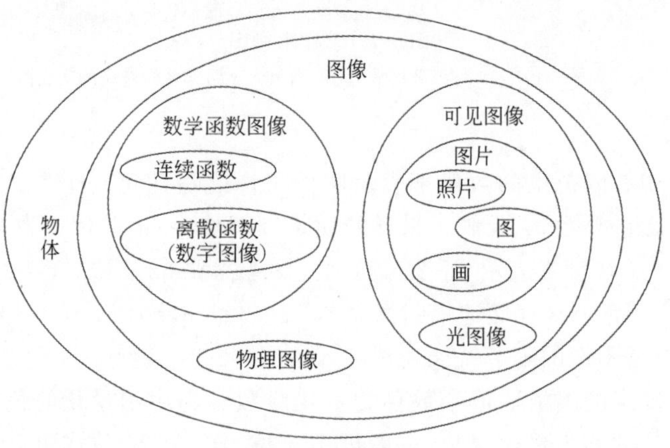

图1-9 图像类别

可见图像，即可以由人眼看见的图像的子集。这一类图像通常通过照相机、手工绘制等传统方法得到，一般不能直接被计算机处理。可见图像一般需要经过数字化处理形成数字图像后，才可以被计算机处理和分析。该子集中又包含两个子集，一个子集为图片(picture)，它包含照片(photograph)、图(drawing)和画(painting)；另一个子集为光图像(optical images)，即用透镜、光栅和全息术等产生的图像，图1-10所示为可见图像。

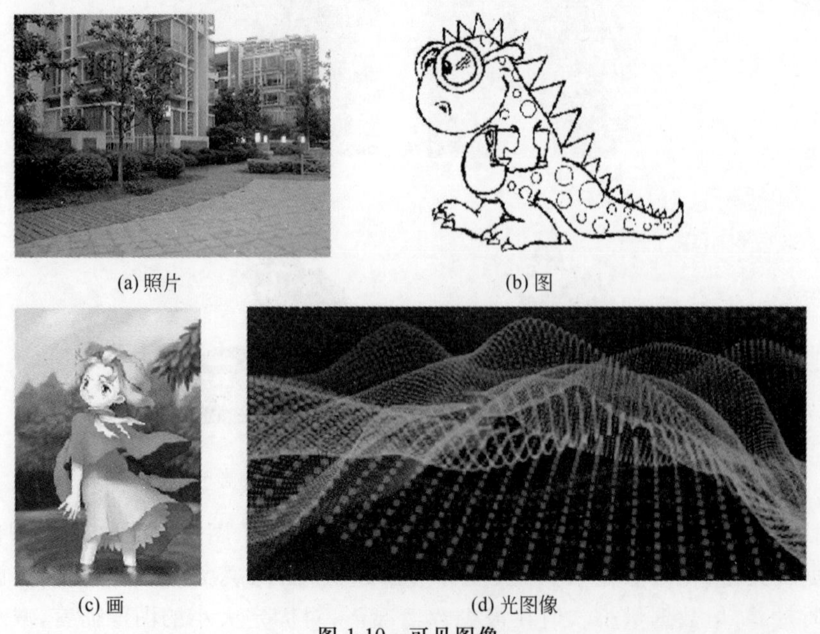

(a) 照片 (b) 图 (c) 画 (d) 光图像

图1-10 可见图像

物理图像反映的是物体的电磁波辐射能，包括可见光和不可见光，一般通过某种光电技术获得，可见图像中的照片也可以归为此类。但更多的物理图像是根据物体的可见光以外的电磁波辐射能所得到的不可见图像，例如，多光谱卫星遥感影像，它包括物体的近红外、中红外、远红外等波谱信息。图 1-11 所示为几种物理图像。

(a)

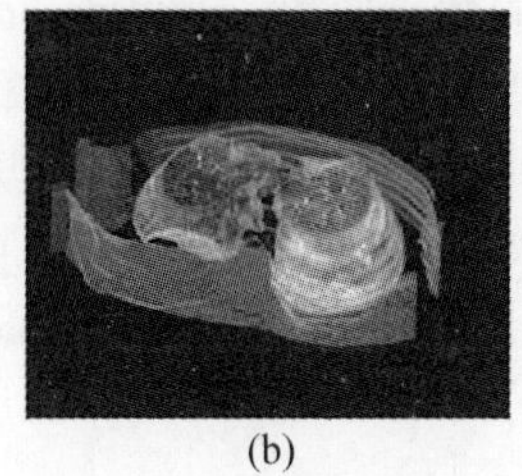

(b)

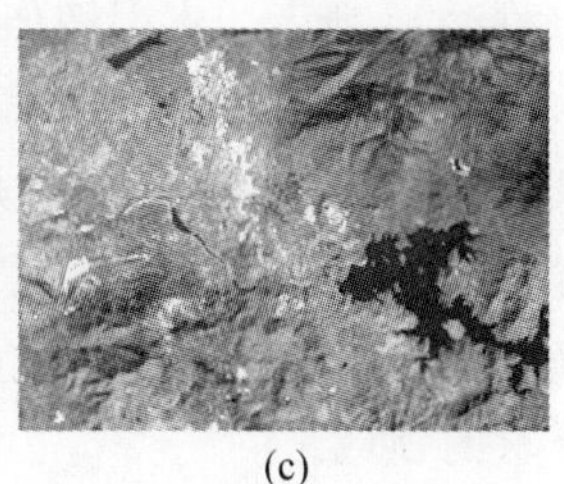

(c)

图 1-11 不可见物理图像

(a)红外图像；(b)CT 图像；(c)多光谱图像

数学函数图像是由连续函数或离散函数生成的抽象图像。离散函数生成的数学图像能被计算机直接处理，图 1-12 所示为数学函数图像。

(a)

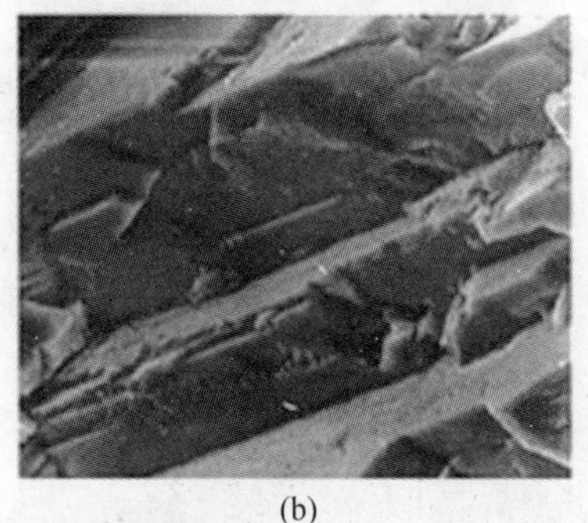

(b)

图 1-12 数学函数图像

(a)数学函数(分形)图像；(b)数学函数(仿真)图像

在数字图像中按照颜色和灰度的多少可以将图像分为彩色图像、索引图像、灰度图像和二值图像 4 种基本类型。

在数字图像处理中，常用的颜色模型是 RGB 模型，所以 RGB 彩色图像是指每一像素由 R、G、B 分量构成的图像，其中 R、G、B 是由不同的灰度级描述的，RGB 彩色图像及像素值的矩阵表示如图 1-13 所示。

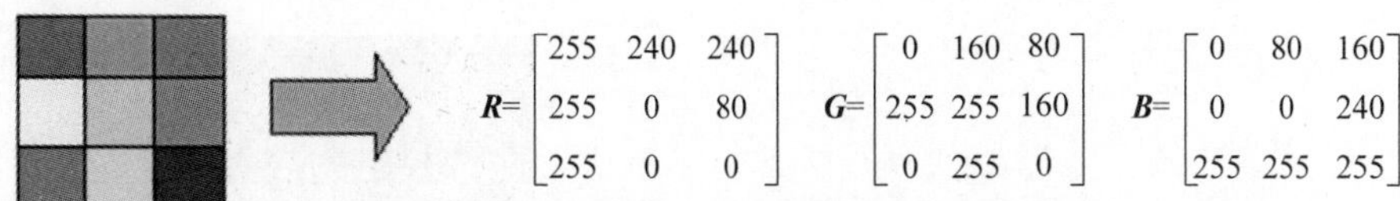

$R=\begin{bmatrix}255 & 240 & 240\\ 255 & 0 & 80\\ 255 & 0 & 0\end{bmatrix}$
$G=\begin{bmatrix}0 & 160 & 80\\ 255 & 255 & 160\\ 0 & 255 & 0\end{bmatrix}$
$B=\begin{bmatrix}0 & 80 & 160\\ 0 & 0 & 240\\ 255 & 255 & 255\end{bmatrix}$

图 1-13 RGB 彩色图像及像素值的矩阵表示

索引图像是一种把像素值直接作为 RGB 调色板下标的图像。索引图像可将像素值直接“映射”为调色板数值。索引图像的文件结构比较复杂，除存放图像的二维矩阵外，还包括一个称为颜色索引矩阵 ***MAP*** 的二维数组。***MAP*** 的大小由存放图像的矩阵元素值域决定，用 ***MAP***＝[RGB]表示，例如，矩阵元素值域为[0,255]，则 ***MAP*** 的大小为 256×3。***MAP*** 中每一行的三个元素分别指定该行对应颜色的红、绿、蓝单色值，每一行对应图像矩阵像素的一个灰度值，例如，某一像素的灰度值为 64，则该像素就与 ***MAP*** 中的第 64 行建立了映射关系，该像素在屏幕上的实际颜色由第 64 行的[RGB]组合决定，即图像在屏幕上显示时，每一像素的颜色由存放在 ***MAP*** 中该像素的灰度值作为索引通过检索 ***MAP*** 得到，索引色的对应示例如图 1-14 所示。索引图像的数据类型一般为 8 位无符号整形(int8)，相应 ***MAP*** 的大小为 256×3，因此一般索引图像只能同时显示 256 种颜色，但通过改变索引矩阵，颜色的类型可以调整。索引图像的数据类型也可采用双精度浮点型(double)。

索引图像一般用于存放对色彩要求较低的图像，例如，Windows 中色彩构成比较简单的壁纸多采用索引图像存放，也用于网络上的图片传输和一些对图像像素、大小等有严格要求的领域。

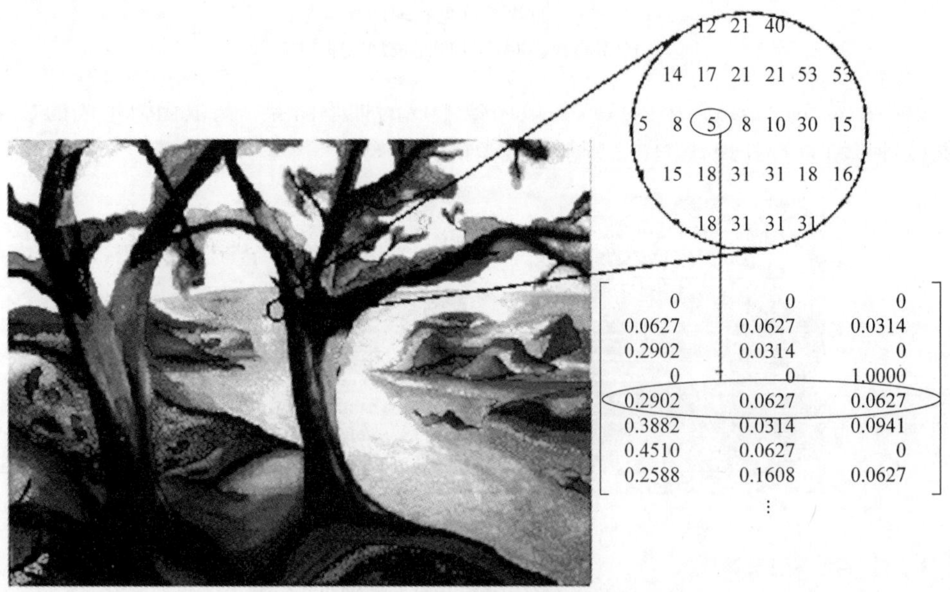

图 1-14　索引色的对应示例

灰度图像(gray-scale image)是指每个像素都是由介于黑和白之间的一个灰度值表示的、没有彩色信息的图像，如图 1-15 所示。灰度图像按照灰度等级的数目来划分。一幅标准灰度图像，如果每个像素的像素值用 1 字节表示，灰度等级数就等于 256 级，每个像素可以是 0～255 的任何一个值。如图 1-16 所示的 0～255 的灰度级，每个小方块分别对应 0～255 的每个灰度级，灰度级由低到高排列，左上是纯黑色，右下是纯白色。

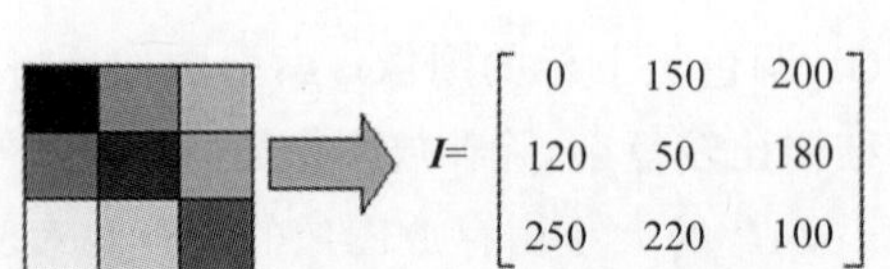

图 1-15　灰度图像及像素值的矩阵表示

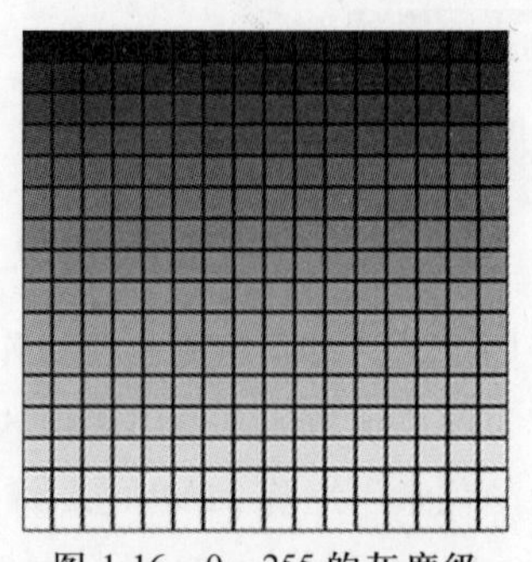

图 1-16　0～255 的灰度级

二值图像又称单色图像(monochrome image),是指只有黑、白两种颜色的图像。图中每个像素的像素值用 1 位二进制数存储,它的值只有 0 或者 1。二值图像通常用于文字、线条图的扫描识别(OCR)和掩模图像的存储,如图 1-17 所示。

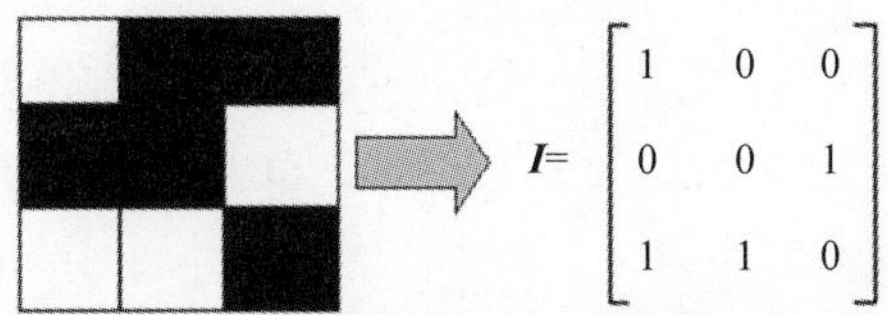

$$I=\begin{bmatrix}1 & 0 & 0\\0 & 0 & 1\\1 & 1 & 0\end{bmatrix}$$

图 1-17 二值图像及像素值的矩阵表示

在图像的 4 种基本类型中,随着图像所表示的颜色类型的增多,图像所需的存储空间逐渐增大。二值图像仅能表示黑、白两种颜色,但所需的存储空间最小;灰度图像可以表示由黑到白渐变的 256 个灰度级,每个像素需要 1 字节(8b)的存储空间;索引图像可以表示 256 种颜色,与灰度图像一样,每个像素需要 1 字节存储,但是为了表示 256 种颜色,还需要一个颜色索引矩阵(256×3);RGB 图像可以表示 2^{24} 种颜色,相应地,每个像素需要 3B 的存储空间,是灰度图像和索引图像的 3 倍。表 1-1 给出了 4 种基本图像类型比较,假设图像大小都为 $M\times N$。

表 1-1 4 种基本图像类型比较

图像类型	二值图像	灰度图像	索引图像	RGB 彩色图像
颜色数量/种	2	256(灰度)	256(彩色)	2^{24}(彩色)
单像素大小	1b	8b	8b	24b
图像字节数/B	$M\times N/8$	$M\times N$	$M\times N+256*3$	$M\times N\times 3$

1.1.4 数字图像的表示

一幅图像可以表示为一个二维函数 $f(x,y)$,其中 x 和 y 是二维平面中一个坐标点的位置,f 代表图像在点(x,y)的某种性质的值。假设我们把该连续的二维函数取样为一个 $M\times N$ 二维阵列 $f(x,y)$,其中(x,y)为离散坐标,$x=0,1,2,\cdots,M-1$;$y=0,1,2,\cdots,N-1$。由一幅图像的坐标组成的平面部分称为空间域,x 和 y 称为空间变量或空间坐标。这样,数字图像在原点的值就是 $f(0,0)$,在任何坐标(x,y)的值记为 $f(x,y)$,数字图像的坐标表示如图 1-18 所示。其中图 1-18(a)是数字图像在显示设备上的显示坐标系统,而图 1-18(b)是对数字图像进行各种运算时的坐标系统。在数字图像显示坐标系中数据是先沿着 X 轴(M 方向)增加,然后再沿着 Y 轴(N 方向)增加,M 和 N 都是整数。

为了便于数字图像的分析与计算,一幅图像也可以表示为一个 $M\times N$ 的矩阵,如式(1-2)所示,其中 M、N 分别为图像像素点阵的行数和列数。

$$\boldsymbol{F}=\begin{bmatrix}f_{11} & f_{12} & \cdots & f_{1N}\\f_{21} & f_{22} & \cdots & f_{2N}\\\vdots & \vdots & \ddots & \vdots\\f_{M1} & f_{M2} & \cdots & f_{MN}\end{bmatrix} \tag{1-2}$$

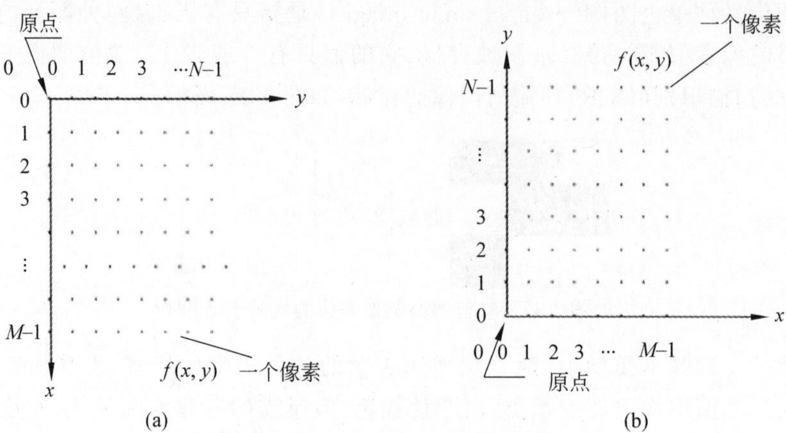

图 1-18 数字图像的坐标表示

(a)数字图像显示的坐标系统；(b)数字图像运算的坐标系统

有时候为了方便也采用矢量表示图像，如式(1-3)所示。

$$\boldsymbol{F}=[f_1 \quad f_2 \quad \cdots \quad f_N]^{\mathrm{T}} \tag{1-3}$$

式中：$\boldsymbol{f}_N=[f_{1i} \quad f_{2i} \quad \cdots \quad f_{Mi}]^{\mathrm{T}}$；$i=1,2,\cdots,N$。

1.1.5 数字图像像素间的邻域关系

数字图像中的像素在空间上是按照某种规律排列的，相互之间存在一定的关系，每个像素的某种性质跟它周围的像素有一定的联系，像素之间的关系与由邻近像素组成的邻域相关。对一个坐标为(x,y)的像素 p 来说，它有 4 个水平和垂直的邻近像素，它们的坐标分别是$(x+1,y)$、$(x-1,y)$、$(x,y+1)$、$(x,y-1)$，这些像素（均用 r 表示）与 p 组成 4 邻域(4-neighborhood)，记为 $\mathrm{N}_4(p)$，如图 1-19(a)所示。除此之外，像素 p 的 4 个对角邻近像素（用 S 表示），其坐标分别为$(x-1,y-1)$、$(x-1,y+1)$、$(x+1,y-1)$、$(x+1,y+1)$，由这 4 像素组成的集合称为像素 p 的 D 邻域(diagonal neighborhood)，记为 $\mathrm{N}_D(p)$，如图 1-19(b)所示。把像素 p 的 D 邻域像素和 4 邻域像素组成的集合称为像素 p 的 8 邻域(8-neighborhood)，记为 $\mathrm{N}_8(p)$，如图 1-19(c)所示。

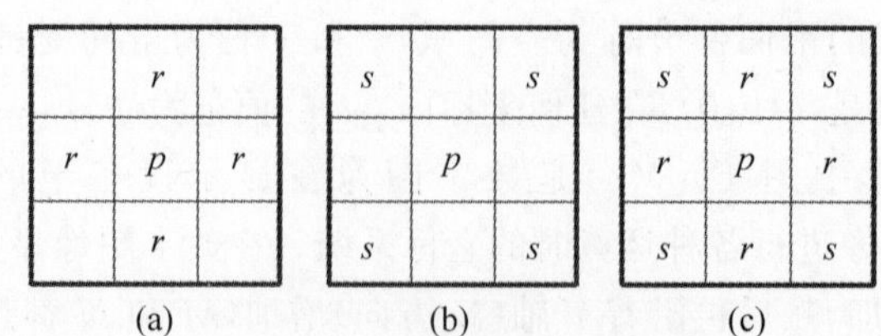

图 1-19 像素 p 的邻域关系

(a)4 邻域；(b)D 邻域；(c)8 邻域

1.1.6 数字图像像素间的距离

像素之间除了邻域关系，还有一个重要的概念是像素间距离，像素间距离的大小也

是衡量像素间相似性的一个标准。给定3像素 p、q、r，坐标分别为(x,y)、(u,v)、(s,t)，如果满足下列条件，则称函数 D 是距离度量函数。

(1) $D(p,q) \geqslant 0$，当且仅当 $p=q$ 时，$D(p,q)=0$；

(2) $D(p,q)=D(q,p)$；

(3) $D(p,r) \leqslant D(p,q)+D(q,r)$。

常见像素间距离度量函数有欧氏距离、城区距离、棋盘距离。具体定义如下。

1. 欧氏距离(Euclidean distance)

像素 p 和像素 q 之间的 D_E 距离(也就是模为2的距离)，即欧氏距离，定义为

$$D_E(p,q)=[(x-u)^2+(y-v)^2]^{1/2} \tag{1-4}$$

所有距像素点(x,y)的欧氏距离小于或等于 d 的像素都包含在以像素点(x,y)为中心，以 d 为半径的圆平面中。在数字图像中，圆只能近似表示，图1-20(a)表示与像素点(x,y)的欧氏距离小于或等于3的像素组成的等距离轮廓(图中的值已四舍五入)。

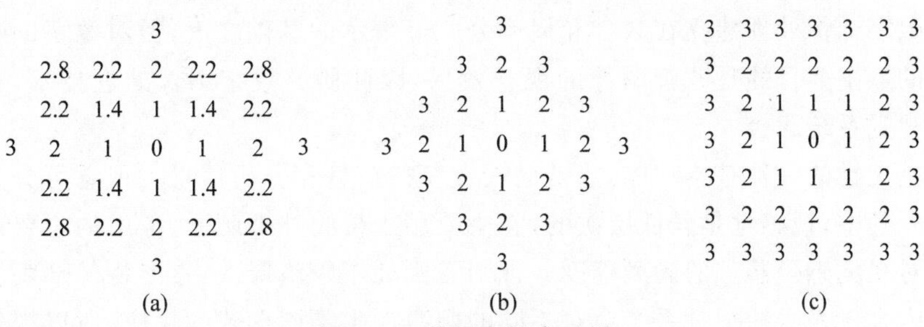

图1-20　等距离轮廓示例

2. 城区距离(city-block distance)

像素 p 和像素 q 之间的 D_4 距离(也就是模为1的距离)，即城区距离，定义为

$$D_4(p,q)=|x-u|+|y-v| \tag{1-5}$$

所有距像素点(x,y)的 D_4 距离小于或等于 d 的像素组成一个中心点为(x,y)的菱形。例如，与像素点(x,y)的 D_4 距离小于或等于3的像素组成图1-20(b)所示的区域。$D_4=1$ 的像素就是像素点(x,y)的4-邻近像素。

3. 棋盘距离(chess board distance)

像素 p 和像素 q 之间的 D_8 距离(也就是模为∞的距离)，即棋盘距离，定义为

$$D_8(p,q)=\max(|x-u|,|y-v|) \tag{1-6}$$

所有距像素点(x,y)的 D_8 距离小于或等于 d 的像素组成一个中心点为(x,y)的方形。例如，与像素点(x,y)的 D_8 距离小于或等于3的像素组成图1-20(c)所示的区域。$D_8=1$ 的像素就是像素点(x,y)的8-邻近像素。

根据上述三种像素间距离的定义，在计算数字图像中相同两像素之间的距离时会得到不同的数值，如图1-21所示，像素 p 和像素 q 之间的 D_E 距离为5，D_4 距离为7，D_8 距离为4。

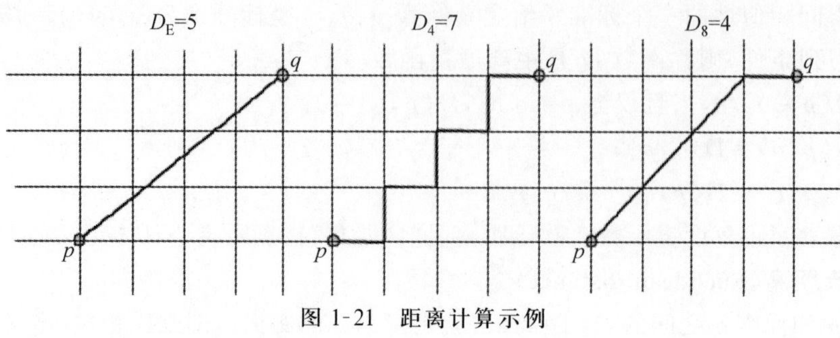

图 1-21 距离计算示例

1.2 图像的视觉感知要素

虽然数字图像处理建立在数学和概率公式等表示的基础之上，但对数字图像进行处理和分析的最主要目的是改善图像的视觉效果，因此研究数字图像处理技术，也需要了解人类的视觉系统。

视觉是人类的一种基本功能，能帮助人类获得信息和分析信息。视觉可分为视感觉和视知觉。其中，视感觉是较低层次的，它主要用于接收外部刺激，考虑的主要刺激是物理特性和对视觉感受器官的刺激程度。视知觉则处于较高层次，它能将外部刺激转换为有意义的内容。人类的视觉系统会对不同的刺激产生不同形式的反应，所以视知觉又分为亮度知觉、颜色知觉、形状知觉等。因此，在研究数字图像处理时，我们研究的重点不仅在于人类形成并感知图像的机理和参数，还在于通过数字图像处理的一些因素来了解人类视觉的物理限制。

1.2.1 人眼中的图像形成

图 1-22 为人眼水平剖面图。人类的眼睛近似球形，其平均直径大约为 20mm。眼球包括眼球壁、眼内容物、神经、血管等组织。眼球壁主要分为外、中、内三层。眼球外层起

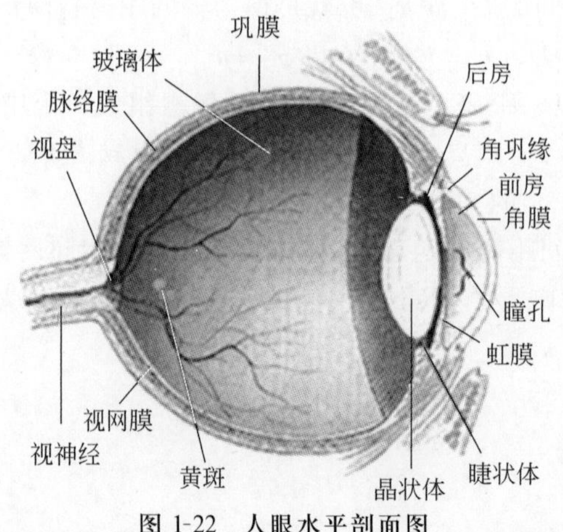

图 1-22 人眼水平剖面图

维持眼球形状和保护眼内组织的作用，由角膜、巩膜组成；前 1/6 为透明的角膜，其余 5/6 为白色的巩膜，俗称“眼白”。角膜是眼球前部的透明部分，光线经其射入眼球。巩膜不透明，呈乳白色，质地坚韧。

中层具有丰富的色素和血管，包括虹膜、睫状体和脉络膜三部分。虹膜呈环圆形，位于晶状体前。不同种族的人虹膜颜色不同。虹膜中央有一个 2.5～4mm 的圆孔，称为瞳孔。睫状体前接虹膜根部，后接脉络膜，外侧为巩膜，内侧则通过悬韧带与晶状体相连。脉络膜位于巩膜和视网膜之间。脉络膜的血循环营养视网膜外层含有的丰富色素，起遮光暗房作用。

内层为视网膜，是一层透明的膜，也是视觉形成的神经信息传递最敏锐的区域。视网膜所得到的视觉信息、经视神经传送到大脑。眼内容物包括房水、晶状体和玻璃体。房水由睫状突产生，有营养角膜、晶状体及玻璃体，起维持眼压的作用。晶状体为富有弹性的透明体，形如双凸透镜，位于虹膜、瞳孔之后，玻璃体之前。

在普通照相机中，镜头有固定的焦距，各种距离的聚焦是通过改变镜头与成像平面间的距离来实现的，底片放置在成像平面上(数码相机相对应的是成像芯片)。人眼成像原理是这样的：晶状体和成像区域(视网膜)之间的距离是固定的，各种距离的焦距是通过改变晶状体的形状来实现的。睫状体中的纤维可起到调节晶状体形状的作用，在远离或接近目标时，纤维会相应变扁或加厚，从而起到调节作用。晶状体和视网膜沿视轴的距离大约为 17mm，焦距范围为 14～17mm。图 1-23 所示为相机和人眼结构的对应关系。

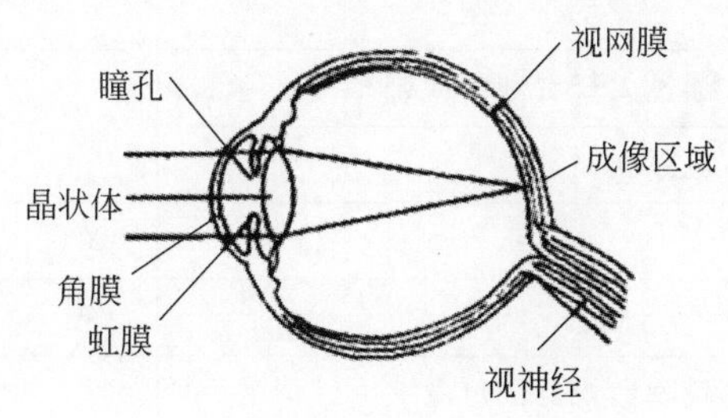

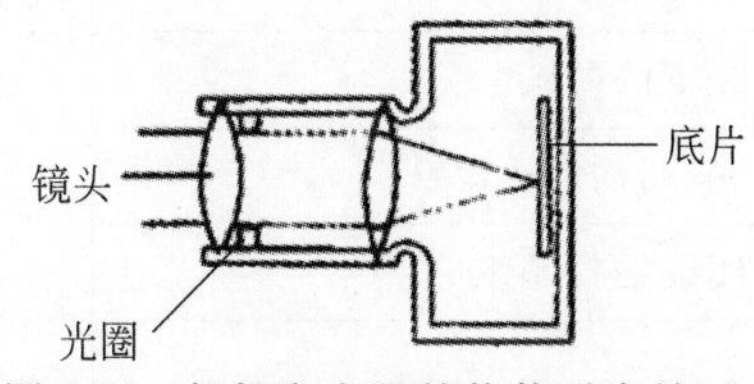

图 1-23 相机和人眼结构的对应关系

图 1-24 说明了物体在视网膜上形成图像的原理。假设一个人在观看距其 100m 处的一棵高为 15m 的树。根据图 1-24 所示的人眼成像原理，可以计算出树在视网膜上成像的高度。即通过图中相似三角形的比例关系，可以得出 $h/17=15/100$，$h=2.55\text{mm}$，其中 h 为视网膜图像中物体的高度。

1.2.2 亮度知觉

视觉形成过程是从光源发光开始的，光通过场景中的物体反射或漫射进入人的眼

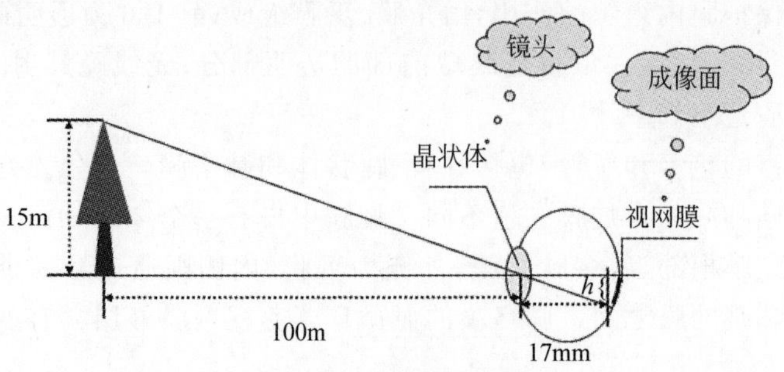

图 1-24 人眼成像原理

睛，同时作用在视网膜上产生视感觉，视网膜得到视觉信息后，经视网膜上的视神经处理并通过视觉通道传送到大脑皮层，经大脑皮层分析处理最终形成视知觉，或者说经过大脑皮层分析处理后，直接对光刺激产生响应，形成了关于场景的图像。数字图像是以亮度集合的形式显示的，人类的视觉系统对亮度有很大的适应范围，从暗视觉门限到炫目极限大概有 10^{10} 量级。瞳孔的大小可以控制射入视网膜上光线的强度，成年人瞳孔直径的变化范围为 2～8mm，相当于 4 级光圈，射入光线的强度相差 16 倍。表 1-2 所示为一些日常所见光源和景物的亮度(单位：cd/m^2)，表 1-3 所示为一些实际情况下的照度。

表 1-2 一些日常所见光源和景物的亮度(单位：cd/m^2)

亮度	示例	分区
10^{10}	通过大气看到的太阳	危险视觉区
10^{9}	电弧光	
10^{8}		
10^{7}		
10^{6}	钨丝白炽灯的灯丝	适亮视觉区
10^{5}	影院屏幕	
10^{4}	阳光下的白纸	
10^{3}	月光/蜡烛的火焰	
10^{2}	可阅读的打印纸	
10		
1		
10^{-1}		
10^{-2}	月光下的白纸	适暗视觉区
10^{-3}		
10^{-4}	没有月亮的夜空	
10^{-5}		
10^{-6}	绝对感知阈值	

表 1-3　一些实际情况下的照度

实 际 情 况	照　　度
无月夜天光照在地面上	约 3×10^{-4} lx
接近天顶的满月照在地面上	约 0.2 lx
办公室工作所必需的照度	20～100 lx
晴朗夏日在采光良好的室内	100～500 lx
夏天太阳不直接照到的露天地面上	10^3～10^4 lx

人类视觉系统所感知的亮度，即主观亮度，与光源实际强度是不同的，在一定范围内光源实际强度与人眼所感知的亮度基本成对数关系。如图 1-25 所示为光强度和主观亮度之间的关系，长实线代表视觉系统能适应的光强范围。

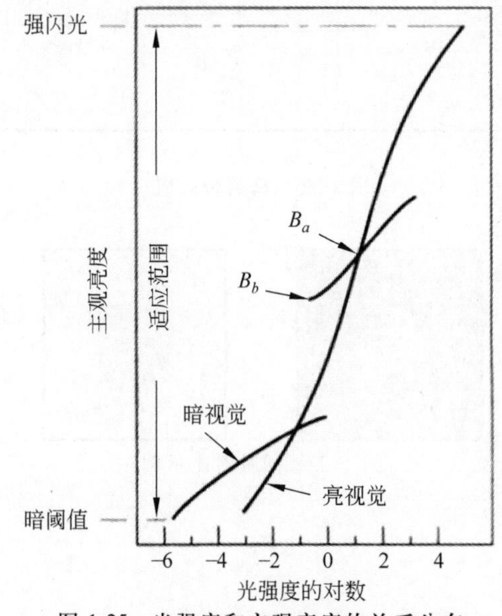

图 1-25　光强度和主观亮度的关系分布

从图 1-25 中可以看出，人类的视觉系统并不能同时在一个范围内工作，而是靠改变它的总体敏感度来适应亮度变化，这就是亮度适应现象。人类的视觉系统在同一时刻所能够区分的亮度的具体范围比总的适应范围要小得多，一般仅在几十级亮度左右。对于任何给定条件的亮度集合，人类视觉系统的当前灵敏度级别称为亮度适应级别，例如，它可能对应图 1-25 中的亮度 B_a。较短的交叉线表示当眼睛适应这一强度级别时人眼所能感知的主观亮度范围。注意这一范围也是有一定限制的，级别 B_b 或低于 B_b 的刺激都会被感知为不可辨别的黑色。

下面两种现象表明，人眼所感觉到的亮度并不是强度的简单函数。第一种现象基于这样一个事实，即人类的视觉系统往往会在不同强度区域的边界处出现“下冲”或“上冲”现象。如图 1-26 所示为这种现象的一个典型例子——马赫带效应。虽然条带的强度恒定，但是在靠近边界处我们实际上感知到了带有毛边的亮度模式，如图 1-26 中的主观亮度曲线。这些看起来有毛边的带称为马赫带，厄恩斯特·马赫于 1865 年首次描述了这个现象。第二种现象称为同时对比，它描述了这样一个事实，即人眼所感知的区域亮度并不简单取决于它的强度，同时会受到背景的影响。如图 1-27 所示，各小图中所有位于中心的正方形都有完全一样的亮度，但是背景暗时它们看起来亮些，背景亮时它们看起来暗些。

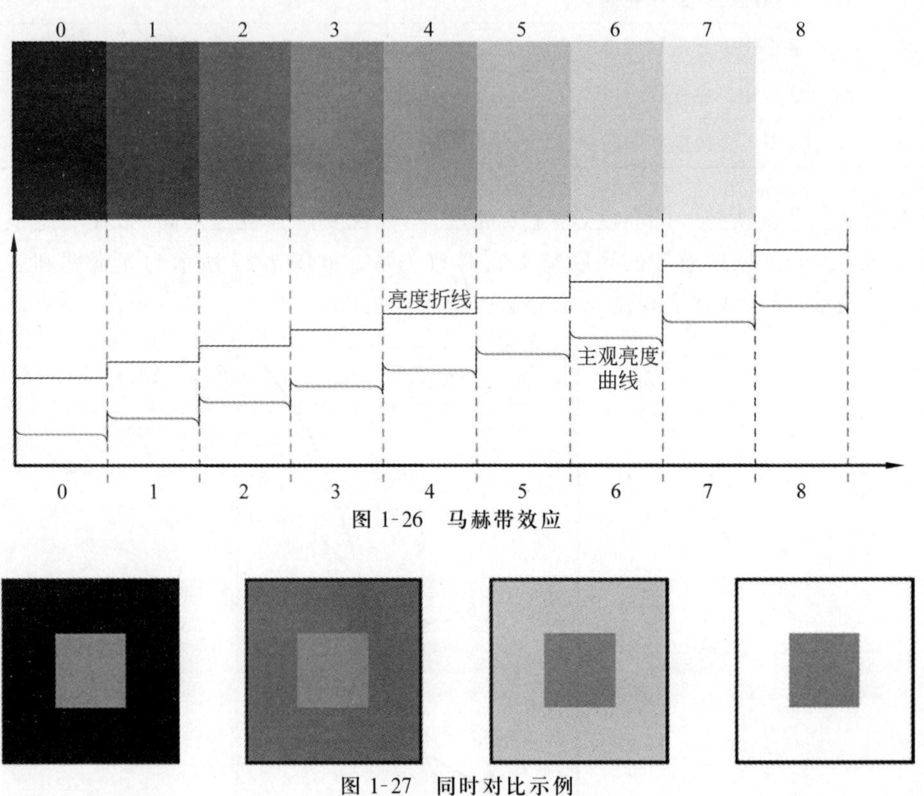

图 1-26　马赫带效应

图 1-27　同时对比示例

1.2.3　形状知觉

人的眼睛具有辨别物体形状的能力，形状知觉是指对物体的轮廓和边界的整体知觉，例如能分辨球是圆形的、桌子是长方形的。心理学家认为，人们对形状的识别开始于对原始特征的分析与检测。这些原始特征包括点、线条、角度、朝向和运动等。视觉系统对这些特征的检测是自动的，不需要意识的努力。图形可以定义为视野中的一个面积，它是借助可见的轮廓从其余部分分离出来的。因此，在图形中，轮廓代表了图形及其背景的一个分界面，它是在视野中邻近成分间出现明度或颜色的突然变化时出现的。一个物体的轮廓不仅受空间上邻近的其他物体轮廓的影响，而且受时间上前后出现的物体轮廓的影响。人在辨别一个形状之前一定先看到轮廓，轮廓的构成用数学语言来说就是对应亮度的二阶导数，但是轮廓不等于形状，如图 1-28 所示，左右图的轮廓是对称的，但实际图形并不对称。人眼会形成主观轮

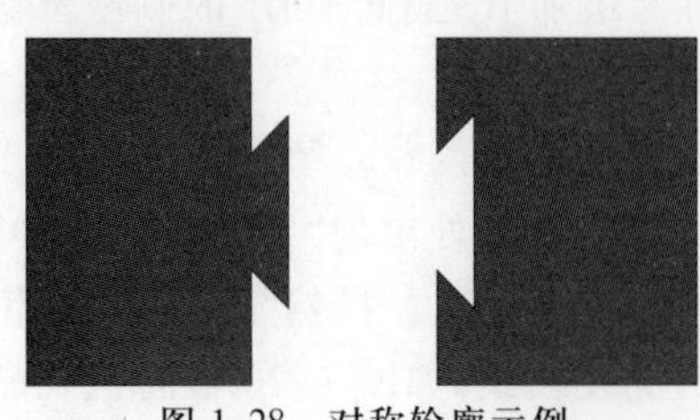

图 1-28　对称轮廓示例

廓,即在没有直接刺激的作用下产生轮廓知觉,以及在一定感觉信息的基础上进行知觉假设。如图 1-29(a)会形成一个白色三角形,图 1-29(b)和图 1-29(c)会形成一个白色四边形,这都是受主观轮廓影响的结果。

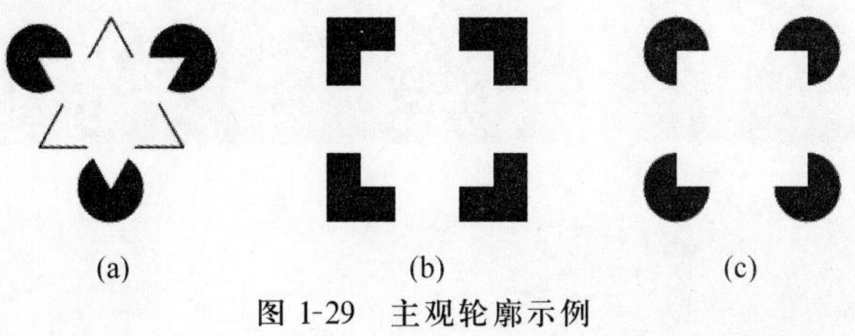

图 1-29 主观轮廓示例

同时,心理学通过一系列研究,提出了图形组织的一些原则,如邻近性、相似性、对称性、良好连续、共同命运、封闭、线条方向和简单性等,这些都是影响视觉形状的因素。图 1-30 是封闭性影响形状示例,图 1-31 是线条性质决定形状示例。

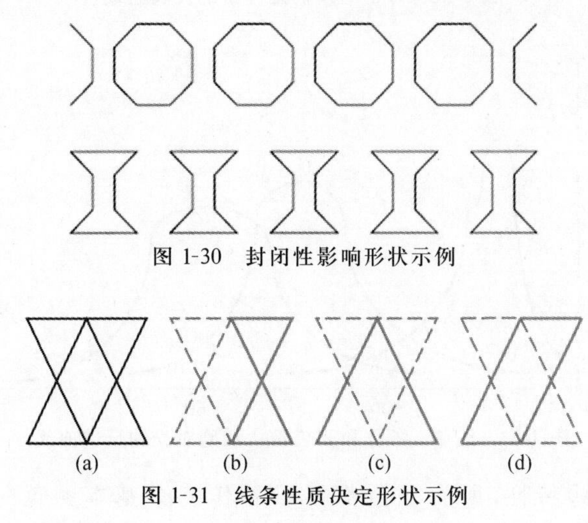

图 1-30 封闭性影响形状示例

图 1-31 线条性质决定形状示例

1.2.4 颜色知觉和色度学

人的颜色知觉的产生是一个复杂的过程,除了需要光源对眼睛产生刺激,还需要人脑对刺激进行解释。人感受到的物体颜色主要取决于反射光的特性,如图 1-32 所示,可见光是由电磁波中相对较窄的频段组成。如果一个物体反射的光在所有可见光波长范围内是平衡的,那么观察者看到的物体呈现白色。如果一个物体反射有限范围的可见光,则物体呈现某种颜色。例如,绿色物体反射 500～570nm 波长范围内的光,吸收其他波长的多数能量。

光的特性是彩色科学的核心,彩色光覆盖电磁波谱 400～700nm 的范围。视网膜表面的锥状细胞是彩色视觉的"传感器"。人眼中的 600 万～700 万个锥状细胞可分为三个主要的感知类别,分别对应红色、绿色和蓝色。大约 65%的锥状细胞对红光敏感,33%的锥状细胞对绿光敏感,只有 2%的锥状细胞对蓝光敏感。图 1-33 显示了人眼中的红色、绿色和蓝色锥状细胞对光的反应曲线。

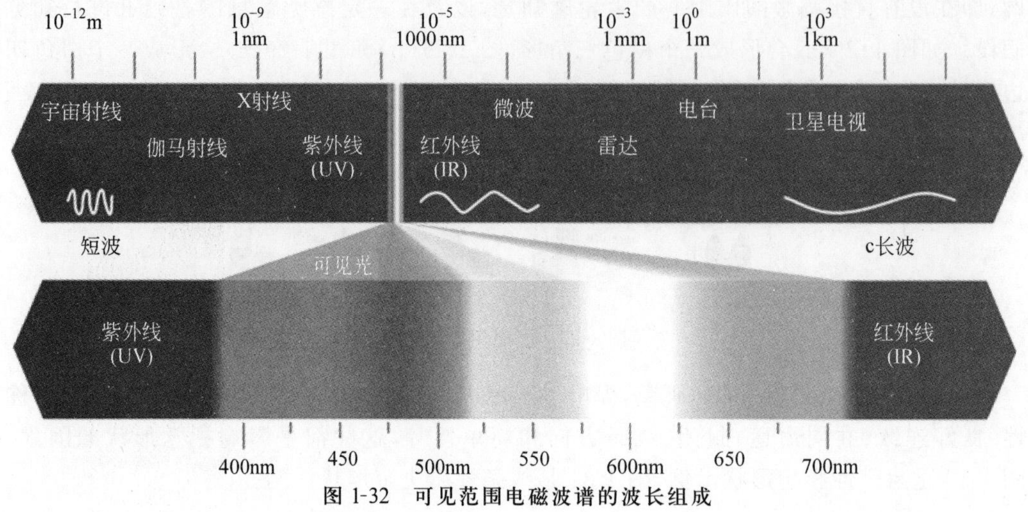

图 1-32　可见范围电磁波谱的波长组成

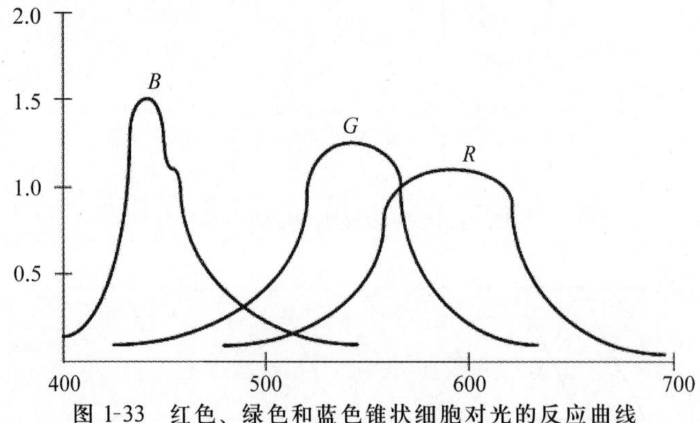

图 1-33　红色、绿色和蓝色锥状细胞对光的反应曲线

根据人眼的这些特性，所有颜色都可以看作三个基本颜色——红(red,R)，绿(green,G)和蓝(blue,B)(三基色)的不同组合。为了建立标准，国际照度委员会(CIE)在1931年规定了三基色的波长，分别为R：700nm，G：546.1nm，B：435.8nm。三基色其中二者的不同叠加可产生三补色：品红(magenta,M，即红加蓝)、蓝绿(cyan,C，即绿加蓝)、黄(yellow,Y，即红加绿)。按一定的比例混合三基色或将一个补色与其相对的基色混合就可以产生白色。

人们区分颜色常用三个基本特性量来表示：亮度、色调和饱和度。亮度与物体的反射率成正比，对无彩色来说，只有亮度一个特性量的变化；对彩色来说，颜色中掺入白色越多亮度就越大，掺入黑色越多亮度就越小。色调与混合光谱中主要光波长相联系。饱和度与色调的纯度有关，纯色是完全饱和的，随着白光的加入，饱和度逐渐降低。

色调和饱和度合起来称为色度。颜色可用亮度和色度共同表示。当把红、绿、蓝三基色混合时，通过改变三者的混合比例可得到白色及各种彩色，如式(1-7)所示。

$$C \equiv rR + gG + bB \tag{1-7}$$

其中，C 表示一种特定色，$\equiv$表示匹配，R、G、B 为三基色，r、g、b 为比例系数，且

$$r + g + b = 1 \tag{1-8}$$

确定颜色的另一种方法是使用CIE色度图，如图1-34所示，图中波长单位是nm，横轴对

应红色比例系数 r，纵轴对应绿色比例系数 g，蓝色比例系数 b 可由式(1-8)求得，它在与纸面垂直的方向上。

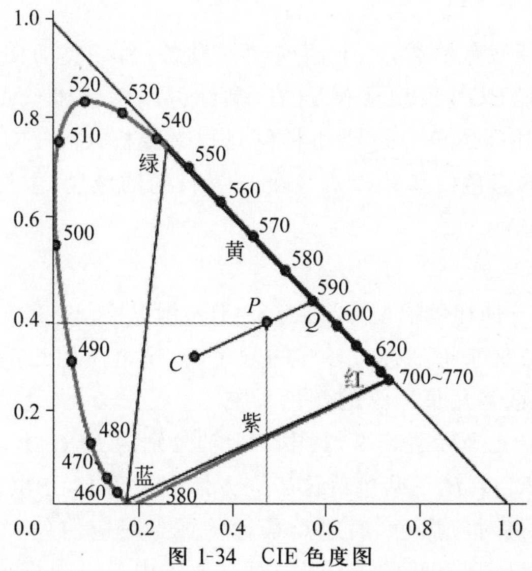

图 1-34 CIE 色度图

从图 1-34 中可以看到：

① 从 380nm 的紫色到 700nm 的红色，各种谱色的位置标在 CIE 色度图周围的边界上。这些都是图 1-34 色度图中的纯色。任何不在边界上而在色度图内部的点都表示混合色。

② 在色度图中每点都对应一种可见的颜色，任何可见的颜色都在色度图中占据确定的位置。位于以(0,0)，(0,1)，(1,0)为顶点的三角形内而在色度图外的点对应不可见的颜色。

③ 移向中心表示混合的白光增加而纯度(饱和度)减少。中心点 C 各种光谱能量相等从而显示为白色，且此处纯度为零。

④ 在色度图中连接任意两个端点的直线上的各点表示将这两个端点所代表的颜色相加可组成的一种颜色。根据这个方法，如果要确定由三种给定颜色所组合成的颜色范围只需要将这三种颜色对应的三个点连成三角形(图 1-34 中给出的三角形是以 CIE 规定的三基色为顶点的)，该三角形中的任意颜色都可由三基色组合而成。需要注意，由给定的三种固定颜色得到的三角形并不能包含色度图中所有颜色，所以只用(单波长)三基色并不能组合得到所有颜色。

⑤ 中心点 C 对应白色，由三基色各 1/3 混合产生。P 点的红色度坐标 $r=0.48$，绿色度坐标 $g=0.40$。由 C 通过 P 画一条直线至边界上的 Q 点(对应波长约为 590nm)，P 点颜色的主波长即为 590nm，此处光谱的颜色即 Q 点的色调(色)。P 点位于从 C 到 Q (纯橙色)点的 66%的地方，所以它的纯度，即饱和度是 66%。

1.2.5 彩色模型

为了正确地使用颜色，还需要建立彩色模型(又称彩色空间或彩色系统)，目的是在某些标准下用通常人们可以接受的方式对彩色加以说明。前面提到，一种颜色可用三基色来描述，所以建立彩色模型就是建立一个三维坐标系统，其中每个空间点都代表某一种颜色。

目前常用的彩色模型有两类，一类面向硬件设备，另一类面向视觉感知。面向硬件设备的彩色模型主要有 RGB 模型、CMY(青、品红、黄)模型和 CMYK(青、品红、黄、黑)模型。RGB 模型主要用于彩色监视器和彩色视频摄像机，CMYK 模型主要用于彩色打印机。面向视觉感知的彩色模型是以彩色处理为目的的应用，主要有 HSI 模型和 HSV 模型等。

1. RGB 彩色模型

RGB 彩色模型是一种加色模型，是通过红(R)、绿(G)、蓝(B)三个颜色通道的变化，以及它们相互之间的叠加来得到各式各样的颜色的，这个模型几乎包括了人类视力所能感知的所有颜色，是目前运用最广泛的颜色系统。

该模型建立在笛卡儿坐标系统里，其中三个轴分别为 R、G、B，模型的空间是一个立方体，如图 1-35 所示，R、G、B 三基色值位于立方体三个角上，二次色青色、品红色和黄色位于另外 3 个角上，原点对应黑色，离原点最远的顶点对应白色。从黑到白的灰度级分布在从原点到离原点最远顶点间的连线上，而立方体内各点对应不同的颜色，可用从原点到该点的矢量表示。为方便使用，一般假定所有的颜色值都归一化，图 1-35 所示的正方体为单位立方体，这样所有的 R、G、B 值都在[0,1]内。

在 RGB 彩色模型中表示的图像由三幅分量图像组成，每种原色对应一幅图像。当用 RGB 监视器显示时，这三幅图像在屏幕上按照一定的规则(如式(1-9))混合生成一幅合成的彩色图像。在 RGB 色彩空间中，将每个像素的比特数称为像素深度。例如，一幅 RGB 图像，其中每一幅红、绿、蓝图像都是 8 位图像，这样每幅 RGB 彩色图像像素就有 24 位的像素深度。全彩色图像通常是指用 24 位表示的 RGB 彩色图像，颜色总数为 $(2^8)^3=16777216$。图 1-36 所示为与图 1-35 对应的 24 位 RGB 彩色立方体。

$$C=0.299R+0.587G+0.114B \tag{1-9}$$

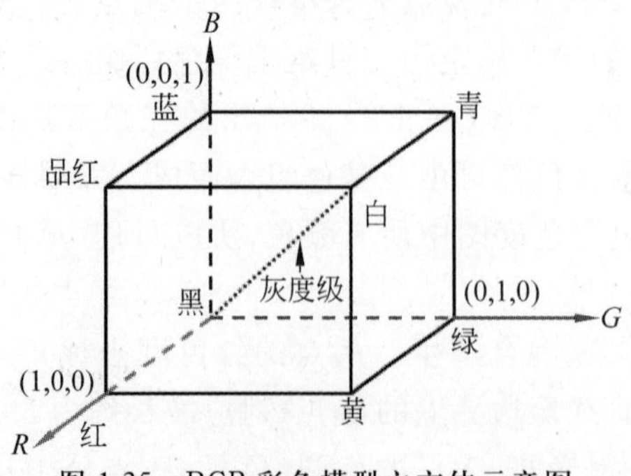

图 1-35　RGB 彩色模型立方体示意图

图 1-36　24 位 RGB 彩色立方体

如果三基色中某一种色与某一种三基色以外的色等量相加后形成白光，则称这两种色为互补色。互补色之间，能够形成相互阻挡的效果。在 RGB 彩色模型中，任意两种三基色等量相加，则成为三基色中另一种色光的互补色，即等量的红色＋绿色＝黄色，互补于蓝色；等量的红色＋蓝色＝品红色(也称洋红，即较浅的紫红)，互补于绿色；等量的绿色＋蓝色＝青色，互补于红色。于是可知以下三对互补色：黄色与蓝色、红色与青色、绿色与品红色，如图 1-37 所示。

2. CMY 和 CMYK 彩色模型

CMY 彩色模型主要用于打印，它的颜色成分为青色(C)、品红色(M)、黄色(Y)。在理论上，将等量的青色、品红色和黄色混合会产生黑色，但在实践中，将这些颜色混合印刷会生成模糊不清的黑色，所以为了生成纯正的黑色(打印中主要的颜色)，印刷行业常加入一种真正的黑色，从而将 CMY 模型提升为 CMYK 彩色模型。CMYK 模型是一种减色模型，如图 1-38 所示，颜色(即油墨)会被添加到一种表面上，如白纸，颜色会“降低”该表面的亮度。例如，当在一种表面涂上青色颜料，再用白光照射时，没有红光从表面反射。即涂有青色颜料的表面所反射的光中不包含红色。

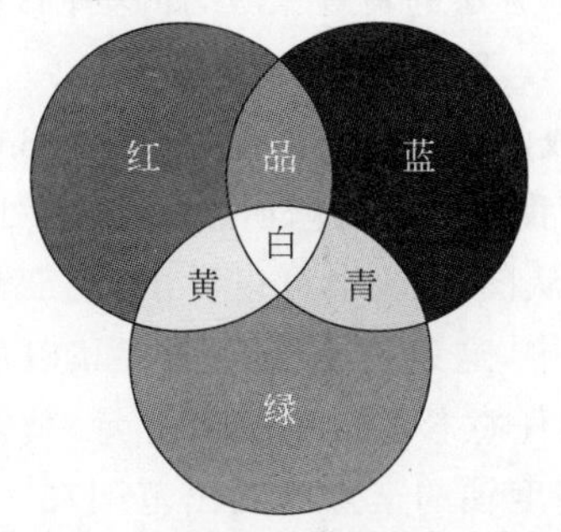

图 1-37 RGB 彩色模型的加色原理

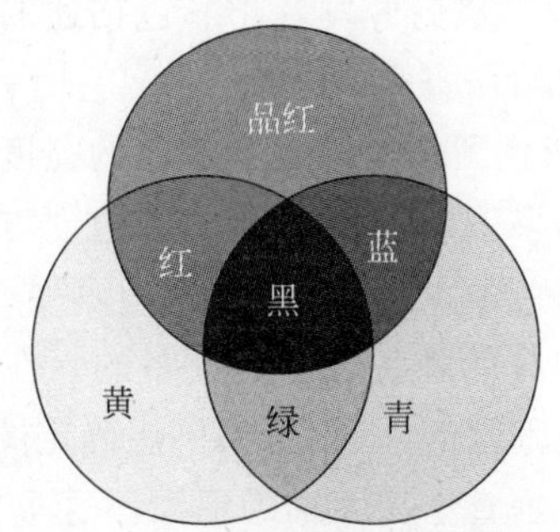

图 1-38 CMYK 彩色模型的减色原理

大多数将颜料堆积于纸上的设备，如彩色打印机和复印机，都需要 CMY 数据输入，或在内部将 RGB 转换为 CMY，近似的转换公式如式(1-10)所示。

$$\begin{bmatrix} C \\ M \\ Y \end{bmatrix} = \begin{bmatrix} 1 \\ 1 \\ 1 \end{bmatrix} - \begin{bmatrix} R \\ G \\ B \end{bmatrix} \tag{1-10}$$

几种常见颜色的 RGB 和 CMY 模型混色表示及对应颜色见表 1-4。

表 1-4 常见颜色的 RGB 和 CMY 模型混色表示及对应颜色

RGB 加色模型混色 (红绿蓝)	CMY 减色模型混色 (红绿蓝)	对应颜色
0 0 0	1 1 1	黑
0 0 1	1 1 0	蓝
0 1 0	1 0 1	绿
0 1 1	1 0 0	青
1 0 0	0 1 1	红
1 0 1	0 1 0	品红
1 1 0	0 0 1	黄
1 1 1	0 0 0	白

3. HSI 彩色模型

HSI 模型[hue-saturation-intensity(lightness)，HSI 或 HSL]是美国色彩学家孟塞尔(H.A.Munseu)于 1915 年提出的，它反映了人类的视觉系统感知彩色的方式，以色调、饱和度和亮度三种基本特性量来感知彩色，其中 H 表示颜色的波长，称为色调；S 表示颜色的深浅程度，称为饱和度；I 表示强度或亮度。

当人们观察一个彩色物体时，习惯用色调、饱和度和亮度来描述它。色调是描述纯色的属性(纯黄色、橘黄色或者红色)；饱和度提供了一种纯色被白光稀释程度的度量；亮度是一个主观的描述，实际上，亮度是不可以测量的，体现了亮度无色的概念，是描述感知彩色的关键参数。亮度(灰度)是单色图像最有用的描述，这个量可以测量且很容易解释。该模型可在彩色图像中从携带的彩色信息(色调和饱和度)里消去亮度分量的影响，使得 HSI 模型成为开发基于彩色描述的图像处理方法的良好工具，而这种彩色描述对人们来说是自然而直观的。

RGB 彩色图像是由三个单色的亮度图像构成的，因此，可以从一幅 RGB 图像中提取出亮度。如果采用图 1-35 中的彩色立方体，假设我们站在黑色顶点(0,0,0)处，那么斜上方正对是白色顶点(1,1,1)，如图 1-39(a)所示。从图 1-35 中可以看出，亮度是沿着连接黑色顶点和白色顶点的连线分布的。在图 1-39 中，这条连接黑色顶点和白色顶点的线(亮度轴)是垂直的。因此，如果想确定图 1-39 中任意彩色点的亮度分量，就需要经过包含彩色点且垂直于亮度轴的平面。这个平面和亮度轴的交点将给出范围在[0,1]的亮度值。另外，饱和度随着彩色点与亮度轴之间的距离的增大而增加。事实上，在亮度轴上点的饱和度为 0，因为沿亮度轴上的所有点都是灰度色调。

为了弄清楚已经给出的 RGB 点是如何决定色调的，图 1-39(b)显示了由三个点(黑色、白色和青色)定义的平面。这个平面含有黑色顶点和白色顶点的事实告诉我们：亮度轴同样在这个平面上。此外，由亮度轴和立方体边界共同定义的平面(三角形)上包含的所有点都有相同的色调(在此例中为青色)。这是因为在彩色三角形内，颜色是这三个顶点颜色的各种组合或是由它们混合而成的，而白色和黑色分量对于色彩的变化没有影响(当然在这个三角形中，点的亮度和饱和度会有变化)。以垂直的亮度轴旋转这个深浅平面可以获得不同的色调。从这些概念可以得到下面的结论：形成 HSI 空间所需的色调、饱和度和亮度可以通过 RGB 彩色立方体得到。即通过几何推理，就可以将任意的 RGB 点转换成 HSI 模型中对应的点。

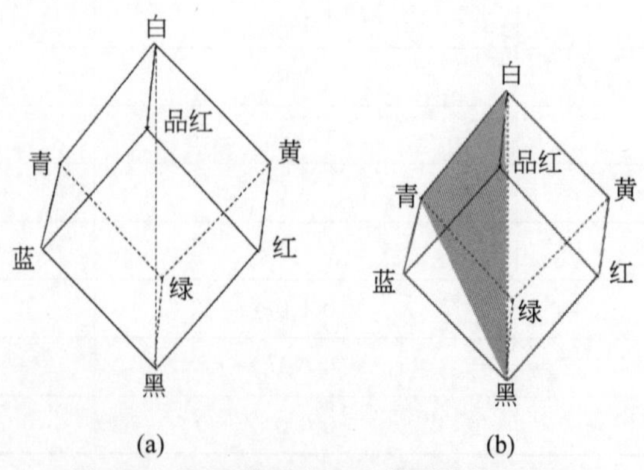

图 1-39 RGB 模型和 HSI 模型的概念关系

基于前面的讨论，我们认识到，HSI 空间由垂直的亮度轴及垂直于此轴的某个平面上彩色点的轨迹组成。当平面沿着亮度轴上下移动时，平面和立方体表面相交定义的边界为三角形或六边形。如果从立方体的亮度轴向下看去可能会更加直观，如图 1-40(a)所示。在这个平面上，各原色之间都相隔 120°，各互补色和各原色之间相隔 60°，这意味着各互补色之间也相隔 120°。

图 1-40(b)显示了六边形和某个任意彩色点(用点的形式显示)色调和饱和度的关系。饱和度(到亮度轴的距离)就是从原点到此点的矢量长度。注意，这个原点由色彩平面和垂直亮度轴的交点决定。这个彩色点的色调由垂直亮度轴到彩色点的矢量长度与红轴形成的夹角决定。通常，距红轴 0°夹角的点表示色调为 0，并且色调从此点逆时针增长。HSI 色彩空间的重要组成部分是垂直亮度轴到彩色点的矢量长度，以及该矢量与红轴的夹角。因此，用六边形，甚至是图 1-40(c)和图 1-40(d)所示的圆形或三角形来定义 HSI 平面是不足为奇的。选择哪个形状并不重要，因为任意形状都可以通过几何变换形成另外两个形状。

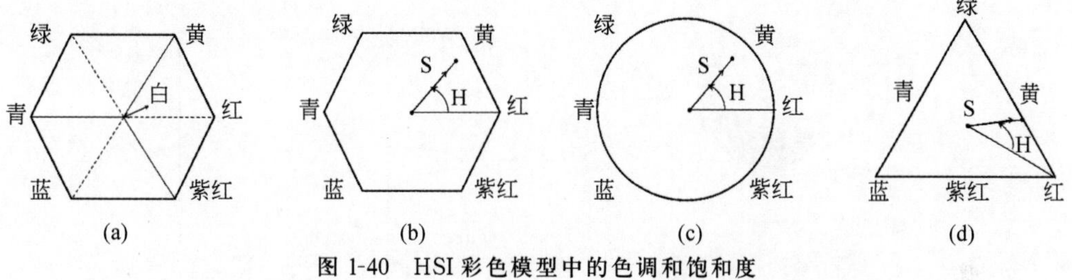

图 1-40　HSI 彩色模型中的色调和饱和度

图 1-41 显示了基于彩色三角形和圆形的 HSI 模型。

1) 将颜色从 RGB 转换为 HSI

给出一幅 RGB 彩色图像，那么每个 RGB 像素的色调 H 可由式(1-11)给出

$$H=\begin{cases}\theta, & G \geqslant B \\ 360-\theta, & G < B\end{cases} \tag{1-11}$$

其中

$$\theta=\arccos\left\{\frac{\frac{1}{2}[(R-G)+(R-B)]}{[(R-G)^2+(R-G)(G-B)]^{1/2}}\right\}$$

饱和度 S 由式(1-12)给出

$$S=1-\frac{3}{R+G+B}[\min(R,G,B)] \tag{1-12}$$

最后，亮度 I 由式(1-13)给出

$$I=\frac{1}{3}(R+G+B) \tag{1-13}$$

假定 RGB 值已经归一化在[0,1]，角度 θ 使用关于 HSI 空间的红轴来度量，正如图 1-40(b)中指出的那样。将式(1-10)中得出的所有结果除以 360°，即可将色调归一化在[0,1]。如果给出的 RGB 值在[0,1]，那么其他两个 HSI 分量就已经在[0,1]了。

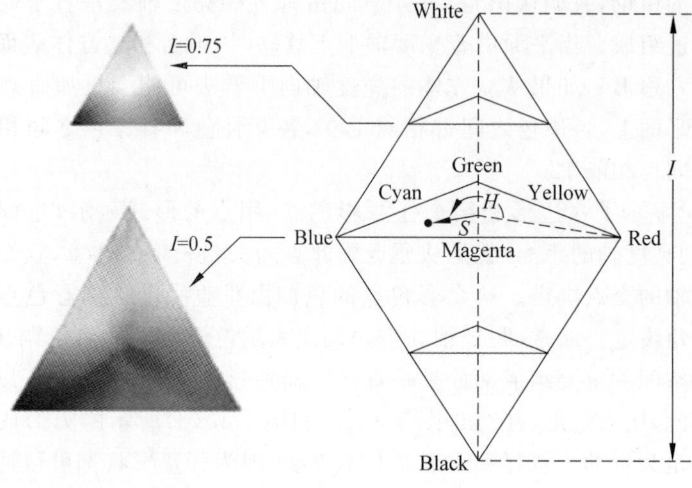

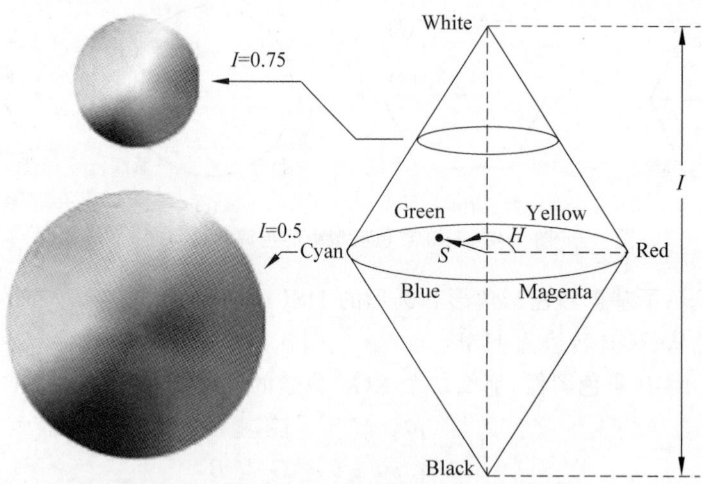

图 1-41 基于彩色三角形和圆形的 HSI 模型

2）将颜色从 HSI 转换为 RGB

给定在[0,1]的 HSI 值，用 360°乘以 H，这样就将色调的值还原成了原来的范围，即[0°,360°]。需要求解对应的 RGB 值，不同范围的 H 值，对应求解的方法不同。

如果 H 在 RG 扇区（$0° \leqslant H < 120°$）内，那么 RGB 分量由下式给出

$$B = I(1 - S) \tag{1-14}$$

$$R = I\left[1 + \frac{S\cos(H)}{\cos(60° - H)}\right] \tag{1-15}$$

$$G = 3I - (B + R) \tag{1-16}$$

如果 H 在 GB 扇区（$120° \leqslant H < 240°$）内，就从中减去 120°。此时 RGB 分量为

$$B = I(1 - S) \tag{1-17}$$

$$R = I\left[1 + \frac{S\cos(H)}{\cos(60° - H)}\right] \tag{1-18}$$

$$G = 3I - (B + R) \tag{1-19}$$

最后，如果 H 在 BR 扇区（$240° \leqslant H \leqslant 360°$）内，就从中减去 240°。此时 RGB 分量分别为

$$G = I(1 - S) \tag{1-20}$$

$$B = I\left[1 + \frac{S\cos(H - 240°)}{\cos(300° - H)}\right] \tag{1-21}$$

$$R = 3I - (G + B) \tag{1-22}$$

值得注意的是，300°～360°为非可见光谱色，没有定义。

4. HSV 彩色模型

HSV(hue, saturation, value)是 A. R. Smith 根据颜色的直观特性在 1978 年创建的一种颜色空间，又称六角锥体模型(hexagonal cone model)。

这个模型中颜色的参数分别是色调(H)、饱和度(S)、明度(V)。色调 H 用角度度量，取值范围为 0°～360°，从红色开始按逆时针方向计算，红色为 0°，绿色为 120°，蓝色为 240°。它们的补色黄色为 60°，青色为 180°，品红为 300°。饱和度 S 表示颜色接近光谱色的程度。一种颜色可以看成某种光谱色与白色混合的结果。其中，光谱色所占的比例越大，颜色就越接近光谱色。颜色的饱和度越高，饱和度就越高，颜色则深而艳。光谱色的白光成分为 0，饱和度达到最高。通常饱和度取值范围为 0%～100%，值越大，颜色越饱和。明度 V 表示颜色的明亮程度，对于光源色，明度值与发光体的光亮度有关；对于物体色，明度值和物体的透射比或反射比有关。明度的取值范围通常为 0%(黑)～100%(白)。

HSV 模型的三维表示从 RGB 立方体演化而来。设想从 RGB 沿立方体对角线的白色顶点向黑色顶点观察，就可以看到立方体的六边形外形。六边形边界表示色彩，水平轴表示纯度，明度沿垂直轴测量，如图 1-42 所示。

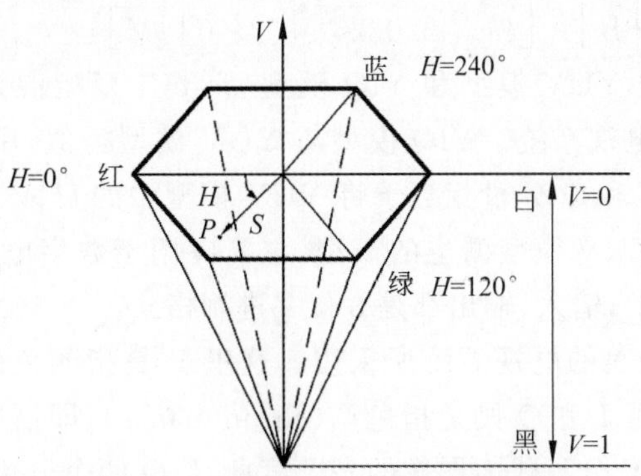

图 1-42 HSV 的六角锥体彩色模型

HSV 模型和 RGB 模型之间的转换如下：

$$\begin{cases} V = \max(R, G, B) \\ S = \dfrac{mm}{V}, mm = \max(r, g, b) - \min(r, g, b) \\ H = h \times 60° \end{cases} \tag{1-23}$$

$$h=\begin{cases}5+b', & r=\max(r,g,b)\text{ 和 }g=\min(r,g,b)\\ 1-g', & r=\max(r,g,b)\text{ 和 }g\neq\min(r,g,b)\\ 1+r', & g=\max(r,g,b)\text{ 和 }b=\min(r,g,b)\\ 3-b', & g=\max(r,g,b)\text{ 和 }b\neq\min(r,g,b)\\ 3+g', & b=\max(r,g,b)\text{ 和 }g=\min(r,g,b)\\ 5-r', & \text{其他}\end{cases} \tag{1-24}$$

其中

$$\begin{cases}r'=\dfrac{V-r}{mm}\\ g'=\dfrac{V-g}{mm}\\ b'=\dfrac{V-b}{mm}\end{cases}$$

5. 其他彩色模型

YUV 彩色模型是一种彩色传输模型，主要用于彩色电视信号传输标准，Y 表示黑白亮度分量，U、V 表示彩色信息色差信号，用于显示彩色图像。这样表示是为了使电视节目可同时被黑白电视及彩色电视接收。电视信号在发射时转换成 YUV 形式，接收时再还原成 RGB 三基色信号，由显像管显示。YUV 与 RGB 的相式转换如下：

$$\begin{bmatrix}Y\\U\\V\end{bmatrix}=\begin{bmatrix}0.299 & 0.587 & 0.114\\ -0.148 & -0.289 & -0.437\\ 0.615 & 0.515 & -0.100\end{bmatrix}\begin{bmatrix}R\\G\\B\end{bmatrix} \tag{1-25}$$

$$\begin{bmatrix}R\\G\\B\end{bmatrix}=\begin{bmatrix}1 & 0 & 1.140\\ 1 & -0.395 & -0.581\\ 1 & 2.032 & 0\end{bmatrix}\begin{bmatrix}Y\\U\\V\end{bmatrix} \tag{1-26}$$

很多时候我们会把 YUV 模型和 YIQ 模型/YCbCr 模型混为一谈。实际上，YUV 模型用于 PAL 制式的电视系统。YIQ 模型与 YUV 模型类似，用于 NTSC 制式的电视系统。YIQ 模型中的 I 和 Q 分量相当于将 YUV 模型中的 U、V 分量做了一个 33°的旋转。YCbCr 模型是由 YUV 模型派生的模型，主要应用于数字电视系统。从 RGB 模型到 YCbCr 模型的转换中，输入、输出都是 8 位二进制格式。

YIQ 模型通常被北美的电视系统所采用。这里 Y 是指颜色的明视度(luminance)，即亮度(brightness)。而 I 和 Q 则是指色调(chrominance)，即描述图像色彩及饱和度的属性。在 YIQ 系统中，Y 分量代表图像的亮度信息，I、Q 两个分量则携带颜色信息，I 分量代表从橙色到青色的颜色变化，而 Q 分量则代表从紫色到黄绿色的颜色变化。将彩色图像从 RGB 模型转换到 YIQ 模型，可以把彩色图像中的亮度信息与色度信息分开，分别独立进行处理。

YIQ 与 RGB 的相互转换公式如下：

$$\begin{bmatrix}Y\\I\\Q\end{bmatrix}=\begin{bmatrix}0.299 & 0.587 & 0.114\\ 0.596 & -0.275 & -0.321\\ 0.212 & -0.523 & 0.311\end{bmatrix}\begin{bmatrix}R\\G\\B\end{bmatrix}$$

$$\begin{bmatrix} R \\ G \\ B \end{bmatrix} = \begin{bmatrix} 1 & 0.956 & 0.621 \\ 1 & -0.272 & -0.647 \\ 1 & -1.107 & 1.704 \end{bmatrix} \begin{bmatrix} Y \\ I \\ Q \end{bmatrix}$$

云存储都可以。

1.3 图像的存储与格式

1.3.1 数字图像的存储基础

图像的视觉直观性强，是目前表达事物的一种常用方式，但是一幅图像需要用大量的数据来表示，所以存储一幅图像所需要的空间比文字大很多。在数字图像处理和分析系统中，大容量且快速的图像存储和传输是必不可少的。数字图像存储的最小单位是比特(bit)，存储器的常用单位包括字节 B(1B＝8bit)、千字节 KB(1KB＝1024B)、兆字节 MB(1MB＝1024KB)、吉字节 GB(1GB＝1024MB)、太字节 TB(1TB＝1024GB)等。用于数字图像处理和分析的数字存储器可分为三类。

(1) 处理和分析过程中需要的快速存储器，如内存和显存。

(2) 用于比较快地重新调用的在线或联机存储器，如分布式存储和云存储。

(3) 不经常使用的数据库存储器，如硬盘、移动硬盘、云存储等。

1.3.2 数字图像数据文件的存储方式

数字图像数据文件的存储方式有很多种，其中常用的有三种：①位映射图像。以点阵形式存取文件，读取时候按点排列顺序读取数据。②光栅图像。也是以点阵形式存取文件，但读取时候以行为单位进行读取。③矢量图像。用数学方法来描述图像。矢量图像是用一系列线段或线段组合体来表示的，线段的灰度(色度)可以是变化的也可以是均匀的，在线段的组合体中各部分可以使用不同的灰度或相同的灰度。矢量图像主要用于存储人工绘制的图形数据，这些数据就像程序文件，包含一系列命令和数据，执行这些命令就可以根据数据画出不同的图案，如 1.1.3 节中的数学函数图像。

1.3.3 数字图像文件格式

不同的系统平台和软件使用不同的图像文件格式。下面介绍几种常用的图像文件格式。

1. BMP 格式

BMP(bitmap)格式是 Windows 操作系统中的标准图像文件格式，能够被多种 Windows 应用程序所支持，与显示设备无关，因此 BMP 位图格式被广泛使用。常用的

BMP 位图格式有 4 种：2 位(黑白)、4 位(16 色)、8 位(256 色)和 24 位(65535 色)。由于此格式在存储过程中几乎不进行压缩，因此包含的图像信息非常丰富。目前还支持 1～32 位的格式，其中对于 4～8 位的图像使用 RLE(行程长度编码)，这种压缩方案不会损失数据，但它最大的缺点是会占用大量的存储空间。

BMP 文件主要由位图文件头(bitmap file header)、位图信息头(bitmap information header)、位图调色板(bitmap palette)和位图数据(bitmap data)4 部分组成。表 1-5 所示为 BMP 文件的组成。表 1-6 所示为 BMP 文件中各成员的含义。

表 1-5 BMP 文件的组成

位图文件的组成部分	各部分的标识名称	各部分的作用与用途
位图文件头	bitmap file header	说明文件的类型和位图数据的起始位置等，占 14 字节
位图信息头	bitmap information header	说明位图文件的大小、位图的高度和宽度、位图的颜色格式和压缩类型等信息，占 40 字节
位图调色板	bitmap palette	由位图的颜色格式字段所确定的调色板数组，数组中的每个元素是一个 RGBQUAD 结构，占 4 字节
位图数据	bitmap date	位图数据，位图的压缩格式确定了该数据阵列是压缩数据还是非压缩数据

表 1-6 BMP 文件各成员含义

文件部分	属性	说明
位图文件头	bfType	文件类型，必须是 0X424D，即字符串“BM”
	bfSize	指定文件大小，包括这 14 字节
	bfReserved1	保留字，不用考虑
	bfReserved2	保留字，不用考虑
	bfoffBits	从文件头到实际位图数据的偏移字节数
位图信息头	biSize	该结构的长度，为 40
	biWidth	图像的宽度，单位是像素
	biHeight	图像的高度，单位是像素
	biPlane	位平面数，必须是 1，不用考虑
	biBitCount	指定颜色位数，1 为 2 色，4 为 16 色，8 为 256 色，16、24、32 为真彩色
	biCompression	指定是否压缩，有效值为 BI_RGB、BI_RLE8、BI_RLE4、BI_BITFIELDS
	biSizeImage	实际位图数据占用的字节数
	biXPelsPerMeter	目标设备水平分辨率，单位是每米的像素数
	biYPelsPerMeter	目标设备垂直分辨率，单位是每米的像素数

续表

文件部分	属　　性	说　　明
位图信息头	biClrUsed	实际使用的颜色数，若该值为 0，则使用颜色数为 2 的 biBitCount 次方种
	biClrImportant	图像中重要的颜色数，若该值为 0，则所有的颜色都是重要的
位图调色板	rgbBlue	该颜色的蓝色分量
	rgbGreen	该颜色的绿色分量
	rgbRed	该颜色的红色分量
	rgbReserved	保留值
位图数据	像素按行优先顺序排列，每一行的字节数必须是 4 的整倍数	

(1) 位图文件头可定义为如下的结构：

```
typedef struct{
            WORD    bfType;
            DWORD   bfSize;
            WORD    bfReserved1;
            WORD    bfReserved2;
            DWORD   bfoffBits;
          }BITMAPFILEHEADER;
```

(2) 位图信息头可定义为如下的结构：

```
typedef struct{
            DWORD   biSize;
            DWORD   biWidth;
            DWORD   biHeight;
            WORD    biPlane;
            WORD    biBitCount;
            DWORD   biCompression;
            DWORD   biSizeImage;
            DWORD   biXPelsPerMeter;
            DWORD   biYPelsPerMeter;
            DWORD   biClrUsed;
            DWORD   biClrImportant;
          }BITMAPINFOHEADER;
```

(3) 位图调色板实质上是一个具有与该位图颜色数目相同的颜色表项组成的颜色表，每个颜色表项占 4 字节，构成一个 RGBQUAD 结构，其定义如下：

```
typedef struct{
            BYTE    rgbBlue;
            BYTE    rgbGreen;
```

```
        BYTE    rgbRed;
        BYTE    rgbReserved;
    }RGBQUAD;
```

(4) 位图数据：对于用到调色板的位图，图像数据就是该像素颜色在调色板中的索引值，对于真彩色图像，图像数据就是实际的 R、G、B 值。对于 2 色位图，用 1 位就可以表示该像素的颜色(一般 0 表示黑，1 表示白)，所以 1 字节可以表示 8 像素。对于 16 色位图，用 4 位可以表示 1 像素的颜色，所以 1 字节可以表示 2 像素。对于 256 色位图，1 字节刚好可以表示 1 像素。

2. GIF 格式

GIF(graphics interchange format，图形交换格式)，是一种公用的图像文件格式标准，版权归 CompuServe 公司所有，用于以超文本标记语言(hypertext markup language)方式显示索引彩色图像，由于网络的流行，其在因特网和其他在线服务系统上得到广泛应用，如网络上常见的 GIF 小动画。CompuServe 公司通过免费发行格式说明书来推广 GIF 格式，但要求使用 GIF 文件格式的软件包含其版权信息的说明。由于 GIF 格式是经过压缩的图像文件格式，所以大多用在网络传输和 Internet 的 HTML 网页文档中，传输速度要比其他图像文件格式快得多。它的最大缺点是最多只能处理 256 种色彩，故不能用于存储真彩色的图像文件，但其 GIF89a 格式能够存储成背景透明的形式，并且可以将数张图像存储为一个文件，从而形成动画效果。制作 GIF 格式文件的软件很多，常见的有 AniMagic GIF、GIF Construction Set、GIF Movie Gear、Ulead GIF Animator 等。

3. TIFF 格式

TIFF(tagged image format file)格式是由 AIDUS 公司为 Macintosh 机开发的一种图像文件格式，现在 Windows 上主流的图像应用程序都支持该格式。在 Macintosh 机和计算机上移植 TIFF 图像十分便捷，大多数扫描仪也都可以输出 TIFF 格式的图像文件。该格式支持的色彩数最高可达 16M 种。其特点是存储的图像质量高，表现图像细微层次的信息较多，有利于原稿阶调与色彩的复制，但占用的存储空间也非常大(相应 GIF 图像的 3 倍，JPEG 图像的 10 倍)。TIFF 格式有压缩和非压缩两种形式，其中压缩形式使用的是 LZW(lempelziv-welch)无损压缩方案。在 Photoshop 中，TIFF 格式能够支持 24 个通道，它是除 Photoshop 自身格式(即 psd 和 pdd)外唯一能够存储多个通道的文件格式。唯一的不足之处是由于 TIFF 格式独特的可变结构，因此对 TIFF 文件解压缩非常困难。TIFF 格式被用来存储一些色彩绚丽、构思奇妙的贴图文件，它将 3DS、Macintosh、Photoshop 有机地结合在一起。该格式支持 RGB、CMYK、Lab、Indexed Color、位图和灰度颜色模式。

4. JPEG 格式

严格地说，JPEG(joint photographic experts group)不是一种图像格式，而是一种图像数据压缩的方法。但由于它的用途广泛，因此常被人们认为是图像格式的一种。

JPEG 由联合图片专家组提出，它定义了图片、图像的共用压缩和编码方法，是目前为止最先进的压缩技术之一。JPEG 主要用于硬件实现，但也用于计算机、Macintosh 机和工作站上的软件。

JPEG主要存储颜色变化的信息，特别是亮度的变化信息。JPEG格式压缩的是图像相邻行和列间的多余信息，是一种很好的图像存储格式。JPEG/JPG可以极大地压缩位图从而减小文件的大小，标准压缩后的文件大小只有原文件大小的1/10，压缩率可达到100∶1。JPEG采用了有损压缩，压缩后的文件丢失了原始图像一些不太重要的数据，如果压缩比设置为80左右，则几乎不会影响到图像的显示品质。但反复以JPEG格式保存图像将会降低图像的质量并出现人工处理的痕迹，甚至使图像明显地分裂成碎块。由于JPEG格式压缩比较大，故这种格式的图像文件不适合放大观看和制成印刷品。

JPEG格式普遍用于以超文本置标语言方式显示索引彩色图像，它和GIF格式一样在因特网和其他在线服务系统上得到广泛应用，但二者区别是，GIF是把RGB图像转换为索引彩色图像，它只能保留图像中最多256种的颜色，为此需要丢弃一些颜色；而JPEG可以保留RGB图像中的所有颜色，此外JPEG可大量压缩图像数据，因此是存储图像数据的经济方法，支持包括CMYK图像、灰度图像和RGB图像格式。

5. TGA格式

TGA(traga format)是True Vision公司为其显示卡开发的一种图像文件格式，创建时间较早，最高色彩数可达32位，其中包括8位Alpha通道，用于显示实况电视。该格式目前已经被广泛应用于计算机的各个领域，而且该格式文件使得Windows与3DS相互交换图像文件成为可能。TGA格式支持带一个单独Alpha通道的32位RGB文件和不带Alpha通道的索引颜色模式、灰度模式、16位和24位RGB文件。以该格式保存文件时可选择颜色深度。

6. EPS格式

EPS格式为压缩的Post Script格式，是为了能在PostScript图形打印机上打印出高品质的图形图像而开发的，最高可以表示32位图形图像。该格式分为Photoshop EPS格式(adobe illustrator eps)和标准EPS格式，其中标准EPS格式又可分为图形格式和图像格式。值得注意的是，在Photoshop中只能打开图像格式的EPS文件。EPS格式包含两部分：第一部分是屏幕显示的低解析度影像，方便影像处理时的预览和定位；第二部分包含各分色的单独资料。EPS文件以DCS/CMYK形式存储，文件中包含CMYK模式4种颜色的单独资料，可以直接输出4色网片。其最大优点是可以在排版软件中以低分辨率预览，而在打印时以高分辨率输出；缺点是存储图像效率低，压缩方案也较差，一般同样的图像经过LZW压缩后，要比EPS图像小得多。

1.3.4 图像显示

图像显示指将图像数据以图的形式(常用的形式是亮度模式的空间排列，即在点(x,y)处显示对应的亮度f)展示出来。对图像处理来说，图像显示是数字图像处理的最后一个环节，所有图像处理结果的显示环节就是把数字图像转换为适合人类使用的形式显示给人看。图像显示对数字图像处理是必要的。由于在图像分析中，分析的结果以数字数据或决策的形式给出，所以图像显示似乎是非必要的，但是在图像分析中往往需要监视和交互控制分析过程，就需要图像显示。所以图像显示对图像处理和分析系统来说都是非常重要的。

用于显示图像的设备有许多。常见图像处理和分析系统的主要显示设备是显示器。输入显示器的图像也可以通过硬件(如U盘)拷贝转换到幻灯片、照片或透明胶片上。除了显示器,可以随机存取的阴极射线管(CRT)和各种打印设备也可用于图像输出和显示。

打印设备也可以看作一种显示图像的设备,一般用于输出较低分辨率的图像。早期在纸上打印灰度图像的一种简便方法是利用标准行打印机的重复打印能力。输出图像上任意一点的灰度值可由该点打印的字符数量和密度来控制。近年来使用的各种热敏、喷墨和激光打印机等具有更优秀的功能,可打印较高分辨率的图像。

1. 半调输出技术

图像的原始灰度级常有几十级到几百级甚至上千级,但有些图像输出设备的灰度级只有两级,如黑白激光打印机(或打印,输出黑;或不打印,输出白)。为了在这些设备上输出灰度图像并保持其原有的灰度级,常采用一种称为半调(halfton)输出的技术。半调输出的原理是利用人眼的集成特性,在每个像素位置打印一个黑圆点,它的尺寸反比于该像素灰度,即在亮的图像区域打印的黑圆点小,而在暗的图像区域打印的黑圆点大,或者说通过控制二值点模式的形式(包括数量、尺寸、形状等)在视觉上获得不同的灰度感觉。当黑圆点足够小、观察距离足够远时,人眼就不容易区分各黑圆点,从而得到比较连续平滑的灰度图像。一般报纸上图片的分辨率约在每英寸100点(dot per inch,DPI),而书籍或杂志上图片的分辨率约在每英寸300点。

半调输出技术的一种具体实现方法是先将图像区域细分成若干单元,取邻近的单元结合起来组成输出区域,这样只要在每个输出区域内将一些单元输出黑,而把其他单元输出白就可得到不同的灰度效果。例如,将一个区域分成2×2个单元,前面的方式可以输出5种不同的灰度,如图1-43所示。将一个区域分成3×3个单元,按照图1-43的方式可以输出10种不同的灰度,如图1-44所示。如果一个单元中某个灰度输出为黑,则在这个单元中所有大于这个灰度的输出仍为黑。按这种方法,要输出256种灰度需要将一个区域分成16×16个单元。需要注意的是,这个方法是通过减少图像的空间分辨率来增加图像的幅度分辨率,所以有可能导致图像采样过粗而影响图像的显示质量。改善图像质量可以通过幅度调制和频率调制来实现。幅度调制通过调整输出黑圆点的尺寸来显示不同的灰度。例如,早期报纸上的图片在每个空间位置打印一个尺寸反比于该处灰度的黑圆点。频率调制输出黑圆点的尺寸是固定的,黑圆点在空间的分布(即黑圆点间的间隔或一定区域内点出现的频率)取决于所需表示的灰度。

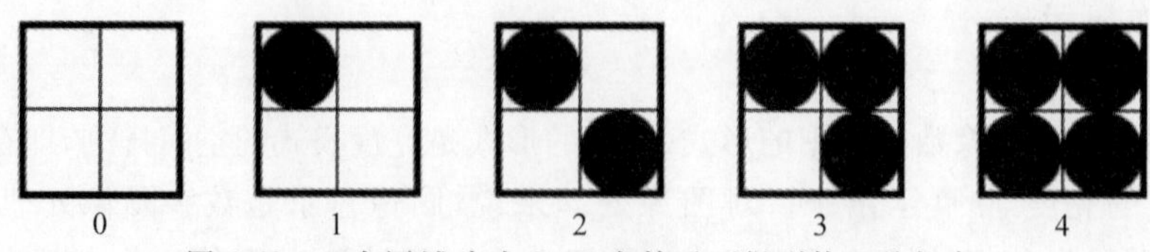

图1-43　一个区域分成2×2个单元可得到的5种灰度

2. 抖动(dithering)输出技术

半调输出技术可以通过牺牲图像的空间点数以增加图像的灰度级数从而保持图像

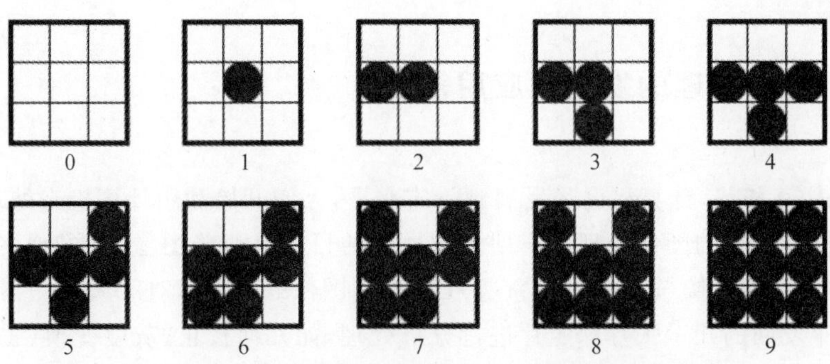

图 1-44 一个区域分成 3×3 个单元可得到的 10 种灰度

细节,但灰度级数有限,为了改善半调输出技术得到的图像质量,可以采用抖动技术,它通过变动图像的幅度值来改善量化过粗图像的显示质量,抖动技术的实现一般是对原始图像 $f(x,y)$加一个随机的小噪声 $d(x,y)$,即将两者加起来进行显示,由于 $d(x,y)$的值与 $f(x,y)$没有任何有规律的联系,因此可以帮助消除由于量化不足而导致图像中出现虚假轮廓的现象。

抖动技术的一种具体实现方法如下:设 b 为图像显示的比特数,$d(x,y)$的值可以这样构造:

$$d(x,y)=\begin{cases}-2^{(6-b)}\\-2^{(5-b)}\\0\\2^{(5-b)}\\2^{(6-b)}\end{cases} \tag{1-27}$$

图 1-45 所示为利用抖动技术进行改善的示例图,图 1-45(a)是 256 个灰度级的原始图像,图 1-45(b)是借助半调技术得到的输出图,由于只有 16 个灰度级,所以在脸部和肩部等灰度变换缓慢的区域有明显的虚假轮廓现象,图 1-45(c)是利用抖动技术进行改善的结果,叠加的抖动值分别为-2,-1,0,1,2,图 1-45(d)也是利用抖动技术进行改善的结果,叠加的抖动值分别为-4,-2,0,2,4。从图中可以看出,抖动技术可以消除由于灰度级数过少而产生的虚假轮廓,但抖动叠加带来噪声,抖动值越大,噪声影响越大。

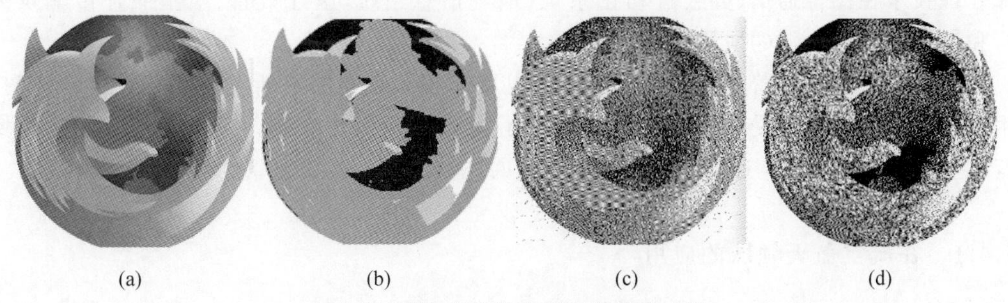

图 1-45 利用抖动技术进行改善的示例

(a)原始图像;(b)半调技术输出图;(c)抖动技术输出图 1;(d)抖动技术输出图 2

1.4 数字图像处理的发展与应用领域

20 世纪 50 年代，计算机已经发展到一定水平，人们开始利用计算机来处理图形和图像信息，这便是早期的图像处理。早期图像处理的目的是改善图像的质量。首次成功获得实际应用的是美国喷气推进实验室(JPL)，利用图像处理技术对航天探测器"徘徊者"7号在 1964 年发回的几千张月球照片进行分析处理，如几何校正、灰度变换、去除噪声等，同时考虑太阳位置和月球环境的影响，由计算机成功绘制出月球表面地图，随后又对探测器发回的近 10 万张照片进行了更为复杂的图像处理，最终获得了月球的地形图、彩色图及全景镶嵌图，为人类登月创举奠定了坚实的基础，也推动了数字图像处理这门学科的诞生。

数字图像处理取得的另一个巨大成就是在医学上获得的成果，1972 年，英国 EMI 公司工程师 Housfield 发明了用于头颅诊断的 X 射线计算机断层摄影装置，即 CT (computer tomograph)。1975 年，EMI 公司又成功研制出用于全身的 CT 装置，获得了人体各部位鲜明、清晰的断层图像。1979 年，Housfield 凭借这项无损伤诊断技术获得了诺贝尔奖。

从 20 世纪 70 年代中期开始，随着计算机技术和人工智能、思维科学研究的迅速发展，数字图像处理向更高、更深层次发展。人们已开始研究如何用计算机系统解释图像，实现类似人类视觉系统理解外部世界。很多国家，特别是发达国家投入更多的人力、物力到这项研究中，取得了不少重要的研究成果。其中代表性的成果是 20 世纪 70 年代末 MIT 的 Marr 提出的视觉计算理论，这个理论成为计算机视觉领域其后多年的主导思想。

20 世纪 80 年代末期，人们开始将数字图像处理技术应用于地理信息系统，研究海图的自动读入、自动生成方法。数字图像处理技术的应用领域不断拓展。

从 20 世纪 90 年代初开始，数字图像处理技术得到了更大的发展。自 1986 年以来，小波理论与变换方法迅速发展，它克服了傅里叶分析不能用于局部分析等方面的不足之处。1988 年，Mallat 有效地将小波分析应用于图像分解和重构。小波分析被认为是信号与图像分析在数学方法上的重大突破。随后数字图像处理技术迅猛发展，目前，数字图像处理技术在图像通信、办公自动化系统、地理信息系统、医疗设备、卫星照片传输及分析和工业自动化领域的应用越来越多。

进入 21 世纪，随着计算机技术的迅猛发展和相关理论的不断完善，数字图像处理技术在许多应用领域都受到广泛重视并取得了重大的开拓性成就。应用比较突出的领域有航空航天、生物医学工程、工业检测、机器人视觉、公安司法、军事制导、文化艺术等。

1.4.1 在航空航天领域的应用

早在 1964 年美国就利用图像处理技术对月球照片进行处理，成功地绘制出月球表面地图，这个重大突破使得图像处理技术在航天技术领域发挥着越来越重要的作用。1983 年，美国发射的 LANDSAT-4 系列陆地卫星采用多波段扫描器(MSS)，以 18 天为周期，在 900km 的高空对地球每一地区进行扫描成像，图像分辨率相当于地面上 40m 左右。这些图像在空中经过数字化、编码等处理后产生数字信号并存入磁带，当卫星经过地面站上空时，再将数字信号高速传送下来，由计算机处理中心进行分析。可以发现，这些图像成像、传输的过程，以及判读分析等环节都需要采用许多数字图像处理技术。“卡西尼”号飞船进入土星轨道后传回地球的土星环照片如图 1-46 所示；“火星快车”拍摄到的火星山体滑坡照片，还有我国嫦娥探测器（图 1-47）拍摄的月球表面照片，以及神舟飞船（见图 1-48）探测太空的照片，都体现了数字图像处理技术在航空航天领域的重要作用。

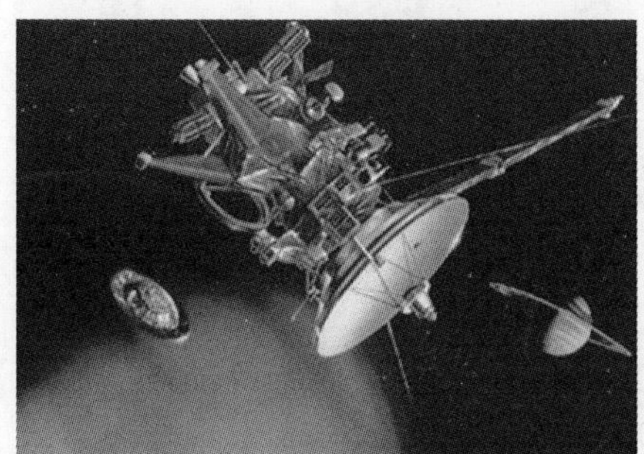

图 1-46 “卡西尼”号和土星环

图 1-47 嫦娥探测器

图 1-48 神舟飞船

1.4.2 在医学领域的应用

自伦琴 1895 年发现 X 射线以来，医学领域利用图像的形式揭示了更多有用的医学信息，医学领域的诊断方式也发生了巨大的变化。随着科学技术的不断发展，从最初辅助诊断发展到现在，已成为临床诊断和远程诊断的有效手段，现代医学已经越来越离不开医学图像。目前的医学图像主要包括 CT（计算机断层扫描）图像、MRI（核磁共振）图像、X 射线透视图像、B 超扫描图像、电子内窥镜图像、显微镜下皮肤切片图像等，如图 1-49 所示。但是由于医学成像设备的成像机理、获取条件和显示设备等因素的限制，人眼很难对某些图像直接做出准确的判断。图像变换和图像增强等技术通过改善图像的清晰度，突出重要的内容，抑制不重要的内容，以满足人眼观察和机器自动分析的需求，大大提高了医生临床诊断的准确性和正确性。

与其他领域的应用相比较，医学影像等卫生领域信息更具独特性，医学图像较普通图像纹理更多，分辨率更高，相关性更大，存储空间要更大，并且为严格确保临床应用的可靠性，其对于压缩、分割等图像预处理、图像分析及图像理解等技术要求更高。医学图像处理跨计算机、数学、图形学、医学等多学科研究领域，医学图像处理技术包括图像变换、图像压缩、图像增强、图像平滑、边缘锐化、图像分割、图像识别、图像融合等。

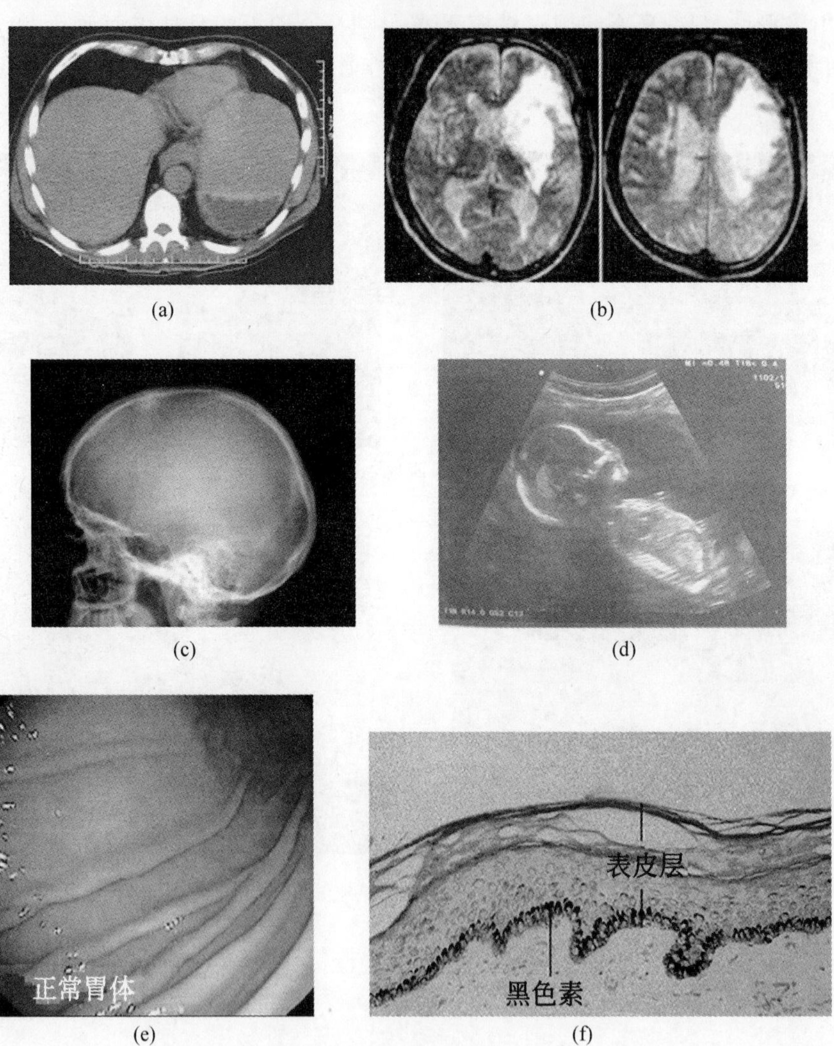

图 1-49 医学图像

(a)CT 图像；(b)MRI 图像；(c) X 射线透视图像；(d) B 超扫描图像；

(e)电子内窥镜图像；(f) 显微镜下的皮肤切片图像

1.4.3 在遥感领域的应用

数字图像处理在遥感领域的应用，主要是获取地形地质及地面设施资料，矿藏探查，森林资源状况、海洋和农业等资源的调查，自然灾害预测预报，环境污染检测，气象卫星云图处理及地面军事目标的识别。例如，资源卫星(Landsat)观测地球变化图，如图 1-50

所示。2008 年汶川地震时对安县的地震灾害监测就是利用中巴资源卫星 02B 卫星观测的，如图 1-51 所示。

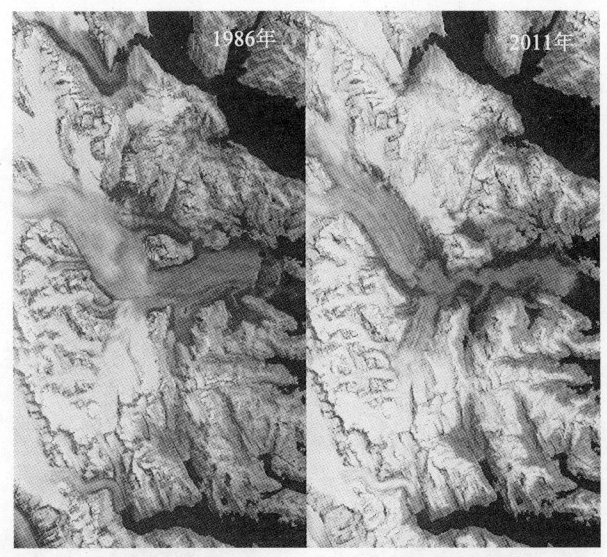

图 1-50　资源卫星（Landsat）拍摄地球变化

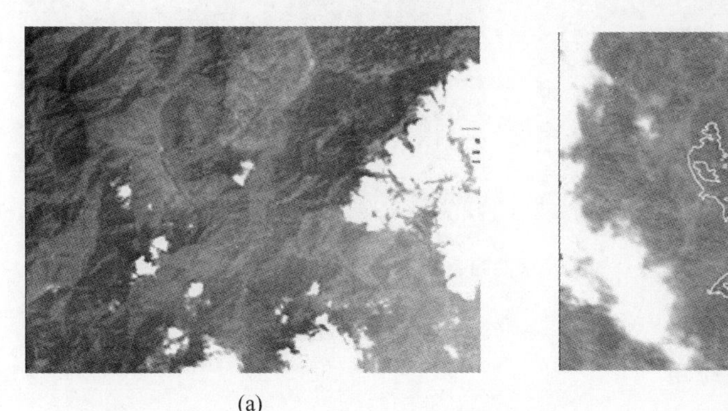

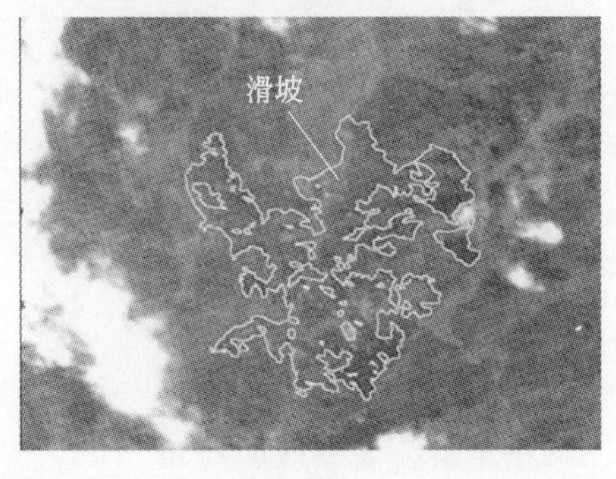

(a)　　　　(b)

图 1-51　安县地震前后的变化

(a)安县地震前 CCD 数据；(b) 安县地震后 CCD 数据

1.4.4　在通信工程领域的应用

当前通信的发展方向是声音、文字、图像和数据结合的多媒体通信。到目前为止，图像通信最为复杂和困难，因为图像的信息量很大，必须采用编码技术对信息进行压缩，如传真通信、会议电视、多媒体通信，以及宽带综合业务等。

1.4.5　在工业生产和控制领域的应用

数字图像处理技术在工业生产和控制领域的应用主要体现在对生产线上零件的分类及检测是否有无质量问题，对生产过程的自动控制，以及对产品进行组装等。目前很多大型企业在智能机器人的帮助下，生产流水线更加自动化，生产效率显著提高。图 1-52 所示为工业机器人，图 1-53 所示为一汽大众的自动组装流水线。

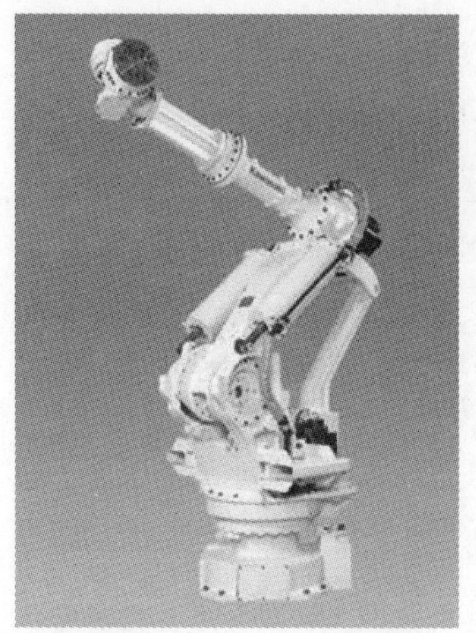

图 1-52　工业机器人

图 1-53　一汽大众的自动组装流水线

1.4.6　在军事公安领域的应用

数字图像处理技术在军事领域的应用主要体现在侦察照片、警戒系统及各种军事演习的模拟系统等，如图 1-54 所示。在公安领域，数字图像处理技术在指纹识别、碎片图像的复原、人脸的鉴别及事故的分析等方面都有广泛的应用，如图 1-55 和图 1-56 所示。

(a)

(b)

图 1-54　数字图像处理技术在军事方面的应用

(a)军事演习沙盘；(b)目标跟踪

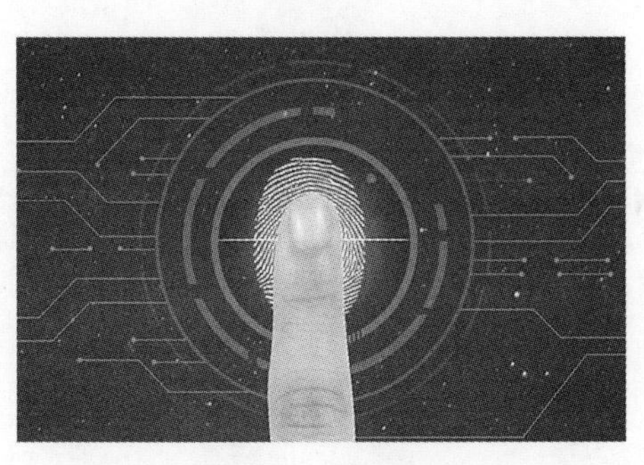

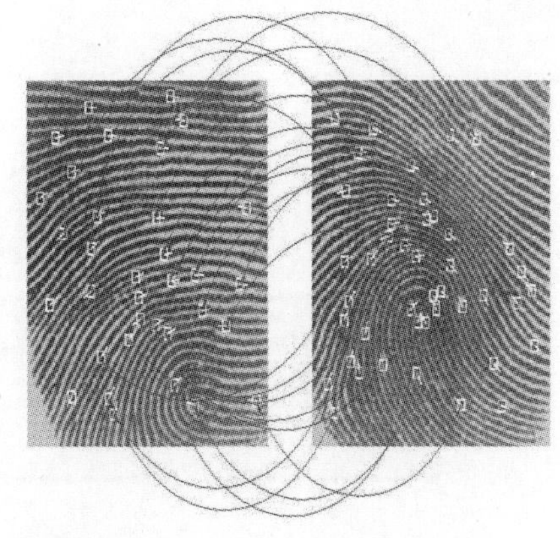

图 1-55　指纹识别

图 1-56　碎片图像的复原

1.4.7　在文化艺术领域的应用

动画的制作、游戏的设计、电视画面的数字编辑、服装的设计、对古画的修复等方面都需要借助数字图像处理技术进行处理。如图 1-57 所示的奥迪汽车广告设计，图 1-58 所示的计算机绘画和图 1-59 所示的计算机辅助服装设计等。

图 1-57　奥迪汽车广告设计

图 1-58　计算机绘画

1.4.8　在安全领域的应用

数字图像处理技术在安全领域的应用体现在公共安全、信息安全及食品安全等方

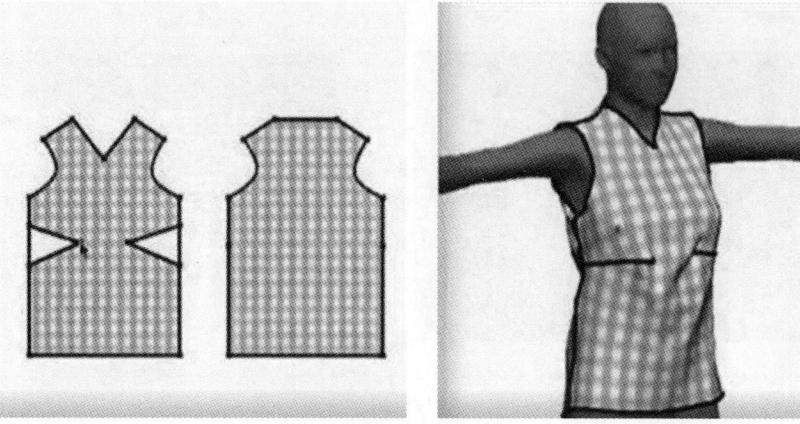

图 1-59　计算机辅助服装设计

面。公共安全方面，在火车站、飞机场等公共场所或是人流量大的地方设置监控器，方便采集图像信息进行分析和处理。信息安全方面，通过指纹验证等方式对信息进行安全的存储和管理。食品安全方面，可以利用图像处理技术对食品、水果蔬菜的农药残留量等进行安全质量检查，确保食品卫生及食品安全。

1.5　MATLAB 环境安装与图像处理库配置

MATLAB 是 matrix laboratory 的缩写，意为矩阵工厂（矩阵实验室），是美国 MathWorks 公司出品的商业数学软件，用于数据分析、无线通信、深度学习、图像处理与计算机视觉、信号处理、量化金融与风险管理、机器人及控制系统等领域。MATLAB 的基本数据单位是矩阵。除了矩阵运算、绘制函数/数据图像等常用功能外，MATLAB 还可以用来创建用户界面及与调用其他语言（包括 C 语言、C++ 语言和 FORTRAN 语言）编写的程序。理论上数字图像是一个二维的整数阵列，因此可以利用矩阵处理的方法来实现图像的处理和分析。

1.5.1　MATLAB 环境安装

以 MATLAB R2022b 为例，从官网或其他提供下载的网站上下载 MATLAB R2022b 的安装文件，具体安装步骤如下。

（1）选择下载的 R2022b_Windows.iso 文件并解压，如图 1-60 所示。

图 1-60　下载 R2022b_Windows.iso 文件并解压

（2）提取镜像文件并安装，单击“高级选项”按钮，选择“我有文件安装密钥”选项，如图 1-61 所示。

（3）许可协议，选中“是”单选按钮，如图 1-62 所示。

图 1-61　选择“我有文件安装密钥”选项

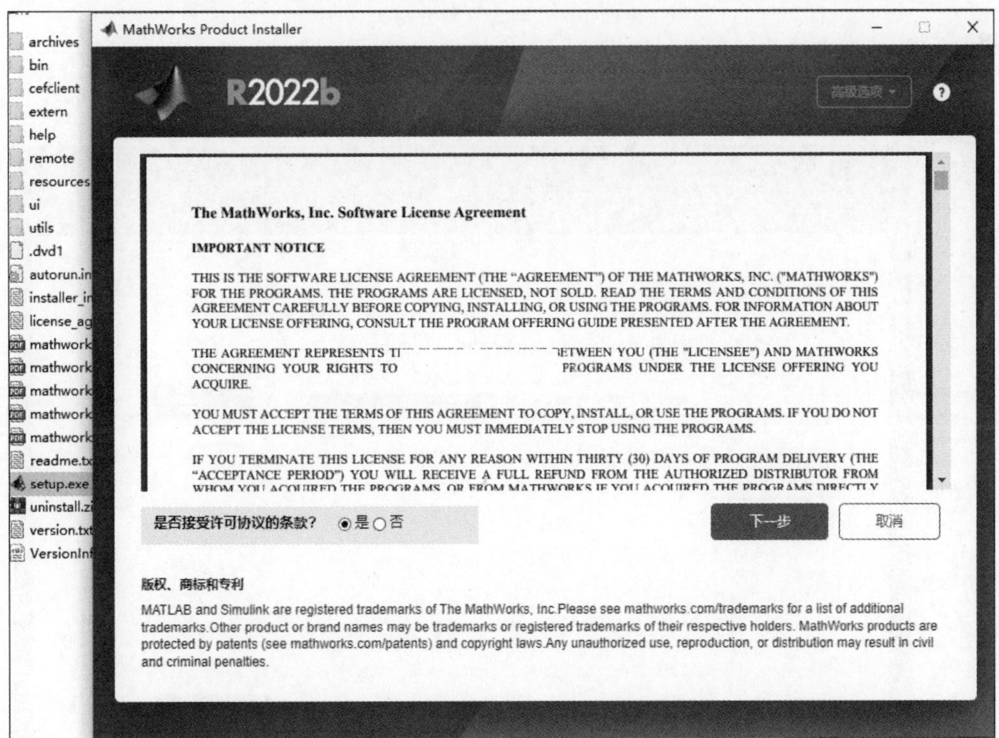

图 1-62　选中“是”单选按钮

（4）输入破解文件夹下 TXT 文本中的安装密钥，如图 1-63 所示。

图 1-63　输入安装密钥

（5）单击“浏览”按钮，选择许可证文件，如图 1-64 所示。

图 1-64　选择许可证文件

(6) 选择目标文件夹,如图 1-65 所示。

图 1-65 选择目标文件夹

(7) 在"选择产品"选项区域勾选要安装的产品,如图 1-66 所示。

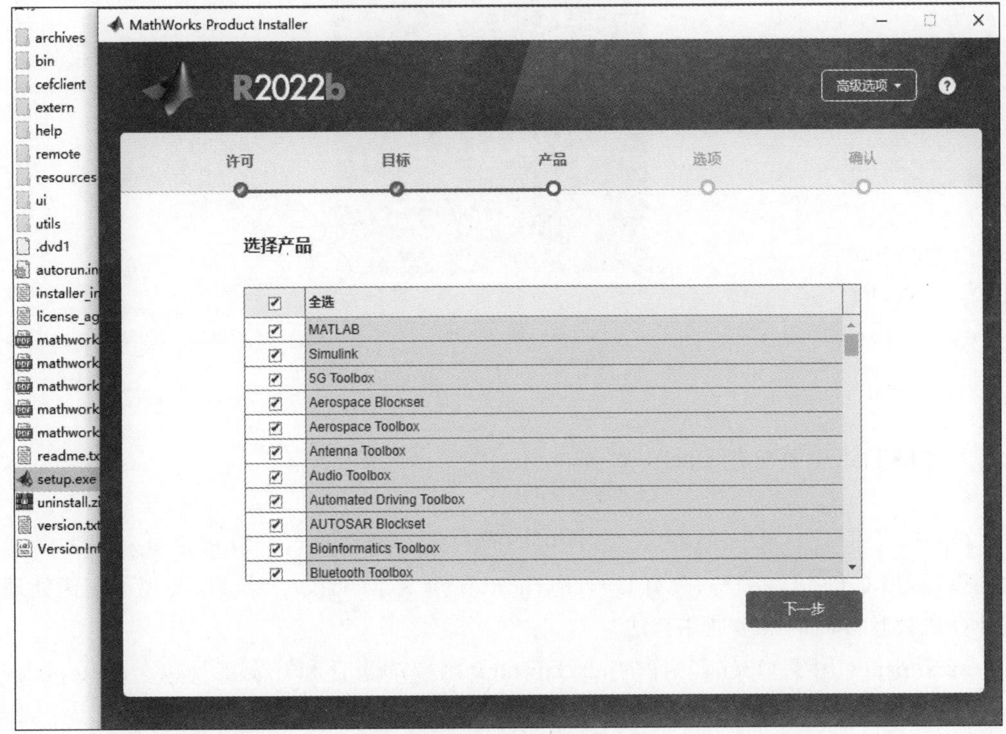

图 1-66 勾选要安装的产品

(8) 安装完成,将 crack 中的 libmwlmgrimpl.dll 复制到 lmgrimpl 中,选择"替换目标中的文件"选项,如图 1-67 所示。

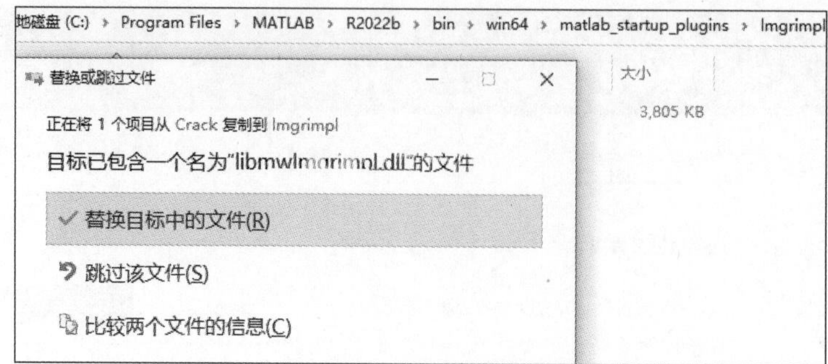

图 1-67 选择"替换目标中的文件"选项

(9) 打开软件,如图 1-68 界面,即可进行相关操作。

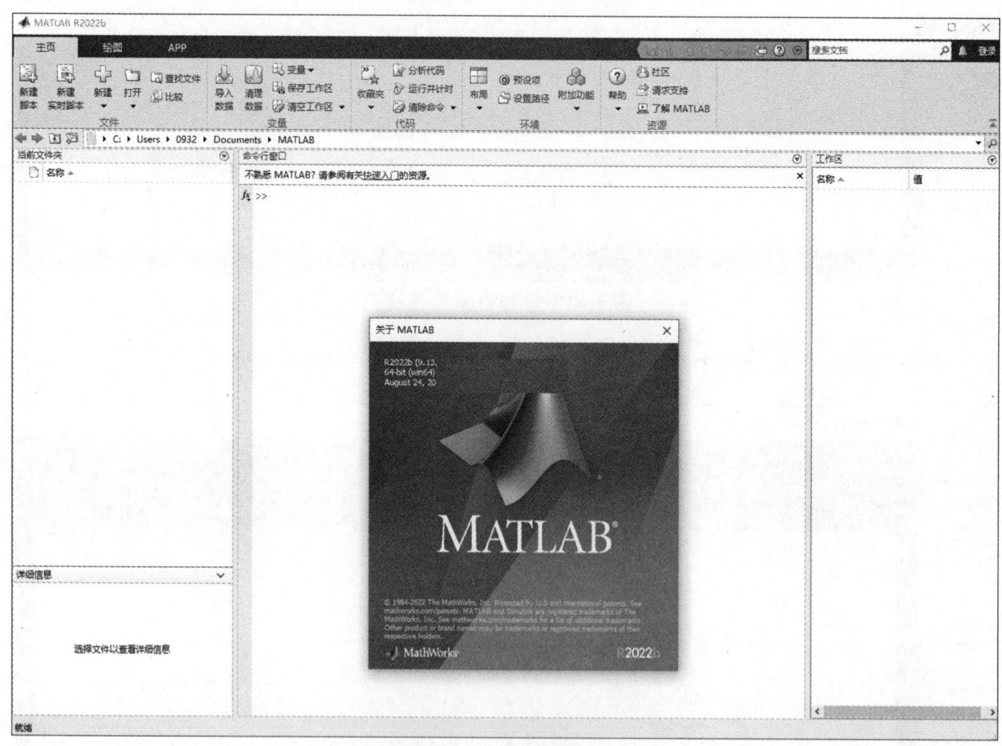

图 1-68 软件界面

1.5.2 MATLAB 中配置 OpenCV

OpenCV 是一个基于 Apache 2.0 许可(开源)发行的跨平台计算机视觉和机器学习软件库,运用 C++ 语言编写,具有 C++、Python、Java 和 MATLAB 接口,实现了图像处理和计算机视觉方面的很多通用算法。

mexopencv 用于 OpenCV 库的 matlab mex 函数的集合和开发工具包。mexopencv

是针对特定 OpenCV 版本开发的，所以必须使用对应的 OpenCV 和 mexopencv 版本。下面介绍在 MATLAB 上配置 OpenCV 3.4.1 和 mexopencv 的过程。

(1) 安装 OpenCV。

先打开 OpenCV 官网，选择对应的 OpenCV 版本，如 OpenCV 3.4.1，然后就可以开始下载对应的 OpenCV 版本。

注意：安装好 OpenCV 后要将路径 D:***\opencv\build\x64\vc15\bin 添加到系统变量 path 中，这里所用的 vs 为 2017，所以选择的文件夹为 vc15，若为 vs2015，则选择的文件夹为 vc14，其他版本选择对应的文件夹即可。

(2) 下载编译好的库 mexopencv，并进行解压。

(3) 根据 mexopencv 文件存放位置(如 D:\mexopencv\bin)在电脑中添加环境变量。

(4) 在 MATLAB 中设置路径，将 mexopencv 的所有文件夹及其子文件夹(D:\mexopencv\opencv_contrib，D:\mexopencv)添加到工作目录。

(5) 设置编译器：在 MATLAB 的命令行中输入>>mex -setup，出现如图 1-69 所示的界面。

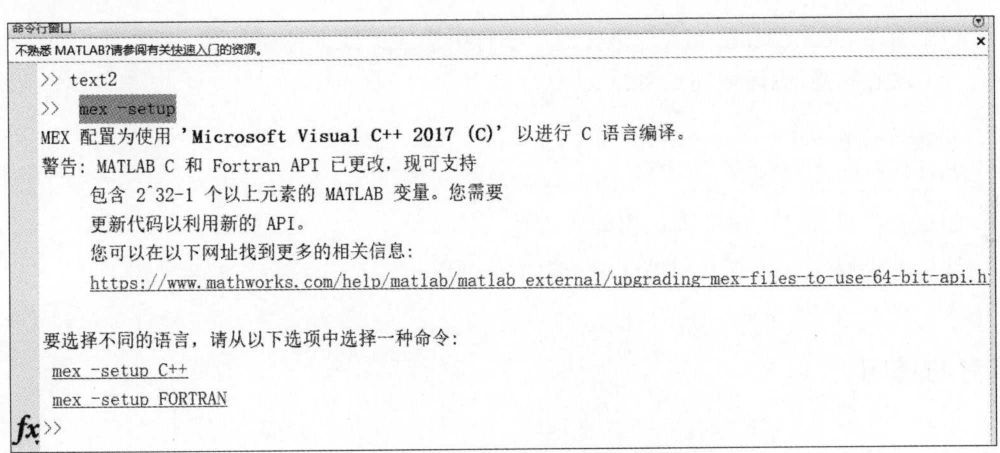

图 1-69 输入>>mex -setup 命令后出现的界面

然后单击 mex -setup C++ 按钮，出现如图 1-70 所示的界面。

```
MEX 配置为使用 'Microsoft Visual C++ 2017' 以进行 C++ 语言编译。
警告: MATLAB C 和 Fortran API 已更改，现可支持
    包含 2^32-1 个以上元素的 MATLAB 变量。您需要
    更新代码以利用新的 API。
    您可以在以下网址找到更多的相关信息:
    https://www.mathworks.com/help/matlab/matlab_external/upgrading-mex-files-to-use-64-bit-api.
>>
```

图 1-70 单击 mex -setup C++ 按钮后出现的界面

(6) 关键的一步是修改 mexopencv 里的一些参数，否则会报错。

首先需要将 mexopencv3_4_1\+mexopencv 目录下的 make.m 文件中的 opts.opencv_path 参数设置为 OpenCV 原先的解压路径，例如“D:\ProgramFiles\OpenCV3.4.1_x64\opencv\build”：opts.opencv_path='D:\ProgramFiles\OpenCV3.4.1_x64\

opencv\build'; % OpenCV location。

然后将其中的一些代码注释掉，否则可能会报 -R2017b 这样的错误：

```
real/imaginary storage format for complex arrays
if ~mexopencv.isOctave() && ~verLessThan('matlab', '9.4')
    % keep using the "separate complex storage", as opposed to the
    % "interleaved complex storage" introduced in R2018a
    % (see MX_HAS_INTERLEAVED_COMPLEX)
    mex_flags = ['-R2017b' mex_flags];
end
```

注释后

```
% real/imaginary storage format for complex arrays
% if ~mexopencv.isOctave() && ~verLessThan('matlab', '9.4')
    % % keep using the "separate complex storage", as opposed to the
    % % "interleaved complex storage" introduced in R2018a
    % % (see MX_HAS_INTERLEAVED_COMPLEX)
    % mex_flags = ['-R2017b' mex_flags];
% end
```

(7) 编译 OpenCV，在 MATLAB 的命令行中输入>> mexopencv.make。

(8) 耐心等待，编译成功后测试。

```
addpath('test');
UnitTest;
```

如果全部显示""PASS"则代表配置成功。

这样就可以实现在 MATLAB 中调用 OpenCV。

思考与练习

1. 什么是数字图像？什么是模拟图像？模拟图像转换为数字图像需要哪些步骤？

2. 什么是采样和量化？它们各有什么特点？

3. 数字图像按照颜色和灰度级的多少可把图像分成哪些类型？

4. 已知如图 1-71 所示的两个像素 p 和 q，求它们之间的欧氏距离、城区距离和棋盘距离。

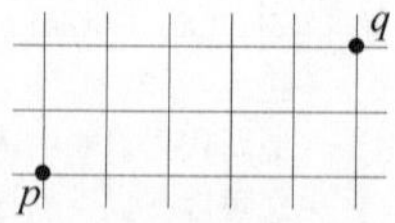

图 1-71 像素关系图

5. 数字图像处理常用的图像文件格式有哪些？

6. 目前常用的颜色模型有两类，分别是什么？每类各有哪些色彩模型？

7. 给定 RGB 彩色立方体的两个点 a 和 b，将它们的对应坐标加起来得到一个新点，设为 c。如果把这三个点对应到 HSI 坐标系中，它们的 H、S、I 值有什么关系？分别用 H_a、H_b、H_c 表示三个点的 H 值，S_a、S_b、S_c 表示三个点的 S 值，I_a、I_b、I_c 表示三个点的 I 值。

第 2 章　图像运算

通常，图像运算(image operation)是指对图像中的所有像素都做相同的处理或运算。广义的图像运算是指对图像进行的处理操作，按涉及的波段不同，图像运算可分为：①单波段运算；②多波段运算。按运算所涉及的像元范围不同，图像运算可分为：①点运算；②邻域运算或局部运算；③几何运算；④全局运算等。按计算方法与像元位置的关系不同可分为：①位置不变运算；②位置可变或位移可变运算。按运算执行的顺序不同，又可分为：①顺序运算；②迭代运算；③跟踪运算等。狭义的图像运算专指图像的代数运算(或算术运算)、逻辑运算和数学形态学运算。本章主要讨论图像的代数运算与逻辑运算，数学形态学运算参见第 9 章。

2.1　代数运算

代数运算是指将两幅或多幅图像通过对应像素之间的加、减、乘、除运算得到输出图像的方法。对于相加和相乘的情形，至少有两幅图像参加运算。

2.1.1　加法运算

加法运算一般表示为 $C(x,y)=A(x,y)+B(x,y)$。主要用于去除"叠加性"随机噪声和生成图像叠加效果。

假设一幅混入噪声的图 $g(x,y)$ 是由原始图 $f(x,y)$ 和噪声图 $h(x,y)$ 叠加而成，即

$$g(x,y)=f(x,y)+h(x,y) \tag{2-1}$$

这里假设在图像各点的噪声是互不相关的，且具有零均值。在这种情况下，可以通过将一系列图像 $g(x,y)$ 相加来消除噪声。设将 M 个图像 $g(x,y)$ 相加求平均得到一幅新图像 $\bar{g}(x,y)$，即

$$\bar{g}(x,y)=\frac{1}{M}\sum_{i=1}^{M}g_i(x,y) \tag{2-2}$$

如果 $h(x,y)$ 的均值为 0，则可以证明 $\bar{g}(x,y)$ 的期望值为

$$E\{\bar{g}(x,y)\}=f(x,y) \tag{2-3}$$

如果考虑新图像和噪声图像各自均存在方差间的关系，则有

$$\sigma_{\overline{g}(x,y)}=\sqrt{\frac{1}{M}}\times\sigma_{h(x,y)} \tag{2-4}$$

可见随着图像数量 M 的增加，噪声在每个像素位置上的影响逐步减少。图 2-1 所示为 M 取不同的值时，噪声削减的情况。其中，图 2-1(a)为 1 幅叠加了零均值高斯随机噪声($\sigma=32$)的 8 位灰度级图像。图 2-1(b)、图 2-1(c)和图 2-1(d)分别为用 2 幅、4 幅和 16 幅同类图(噪声均值和方差一样的不同样本)进行相加平均的结果。由图 2-1 可见，随着图像数量 M 的增加，噪声影响逐步减少。

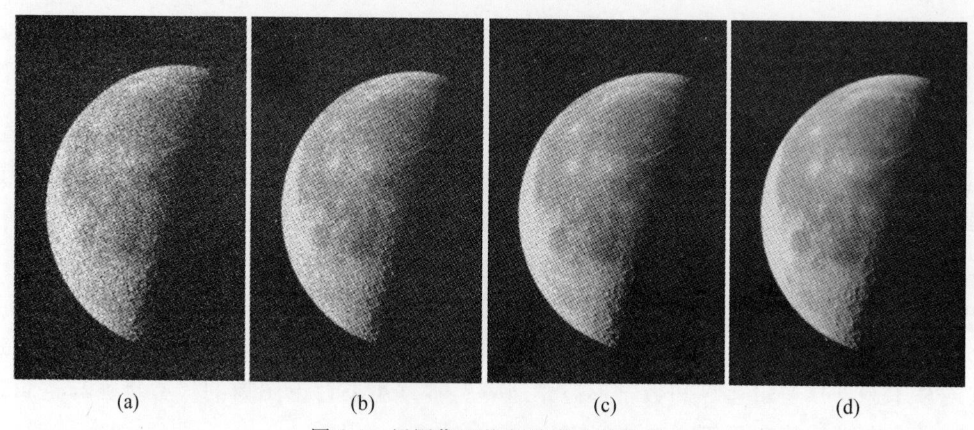

(a) (b) (c) (d)

图 2-1 用图像平均削减噪声的情况

(a)$M=1$；(b)$M=2$；(c)$M=4$；(d)$M=16$

加法运算也可用于生成图像叠加效果，得到各种图像合成的效果，也可以用于两张图片的衔接，如图 2-2 所示。

(a)

(b)

(c)

图 2-2 加法运算的图像叠加效果

(a)原图；(b)原图；(c)叠加效果图

注意：叠加效果生成过程中，假设原图 1 为 P，原图 2 为 Q，效果图为 M，那么

$$M=aP+bQ \tag{2-5}$$

其中，系数 a、b 为待叠加原图为叠加效果所作的贡献，a、b 的取值范围都是[0,1]，并且 $a+b=1$。如果 $a=b$，就代表新生成的效果图 2-2(c)中的像素值是由原图 1 和原图 2 对应位置的像素值的 50%相加得到的。如果是灰度图，则是对应的灰度值乘以各自的系数后相加；如果是彩色图，则是对应彩色通道值乘以各自的系数后相加。如图 2-2(c)所示的效果为图 2-2(a)、图 2-2(b)的系数取 0.5 所得到的。

加法运算生成叠加效果时，待叠加图像的大小可以相同，也可以不同，图 2-2(a)、图 2-2(b)是大小相同的图，而图 2-3(a)、图 2-3(b)的大小是不同的。

(a) (b) (c)

图 2-3 大小不同的两幅图加法运算叠加效果

(a)原图；(b)原图；(c)效果图

加法运算叠加效果在很多商用修图软件上都有类似的应用，例如，Photoshop 软件中的透明度的设置可以利用式(2-5)来实现。还有美图秀秀中给图片加边框的功能，以及拼图的功能都可以利用加法运算来实现。

2.1.2 减法运算

减法运算是指两幅输入图像同样位置像素的相减，得到一个输出图像的过程。一般表示为 $C(x,y)=A(x,y)-B(x,y)$。主要应用于消除背景影响、差影法和求梯度幅度。

1. 消除背景影响

消除背景影响最明显的用途就是去除不需要的叠加性图案。假设背景图像为 $b(x,y)$，前景背景混合图像为 $f(x,y)$，去除了背景的图像为 $g(x,y)$，则

$$g(x,y)=f(x,y)-b(x,y) \tag{2-6}$$

减法运算的消除背景影响效果如图 2-4 所示。

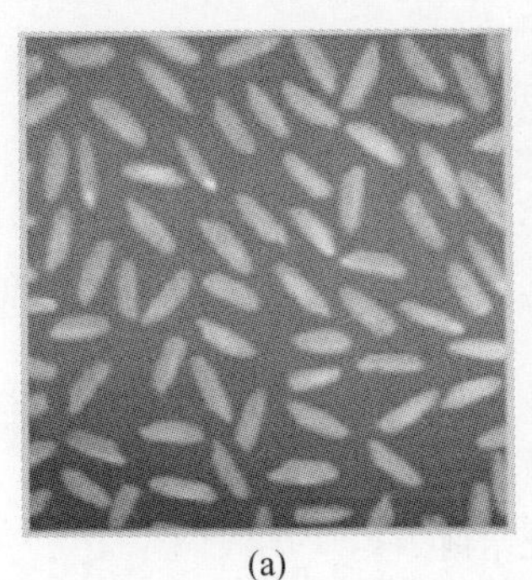

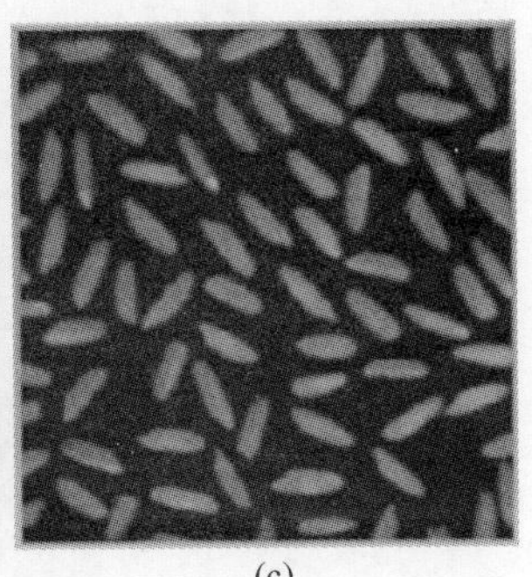

(a) (b) (c)

图 2-4 减法运算的消除背景影响效果

(a)混合图；(b)背景图；(c)去除背景后的图像

2. 差影法

差影法是指把在不同时间拍摄的同一景物的图像或同一景物在不同波段的图像相减，得到差值图像的方法。差值图像提供了图像间的差异信息，能用于指导动态监测、运动目标检测和跟踪、图像背景消除及目标识别等。目前差影法在自动现场监测中的应用非常广泛，例如，在银行金库内，摄像头每隔一固定时间拍摄一幅图像，并与上一幅图像做差影，如果图像差别超过了预先设置的阈值，则表明可能有异常情况发生，应自动或以

某种方式报警。差影法还可用于遥感图像的动态监测，利用差值图像可以发现森林火灾、洪水泛滥、监测灾情变化等；用于监测河口、海岸的泥沙淤积及监视江河、湖泊、海岸等的污染；利用差值图像还能鉴别出耕地及不同作物的覆盖情况。

(1) 差影法可视为加法运算的逆运算，用于混合图像分离，如图 2-5 所示。

(a) (b) (c)

图 2-5 混合图像分离

(a)混合图；(b)被分离图；(c)分离后的图

(2) 检测同一场景两幅图像之间的变化。

假设时刻 1 的图像为 $T_1(x,y)$，时刻 2 的图像为 $T_2(x,y)$，$g(x,y)=T_2(x,y)-T_1(x,y)$，如图 2-6 和图 2-7 所示。

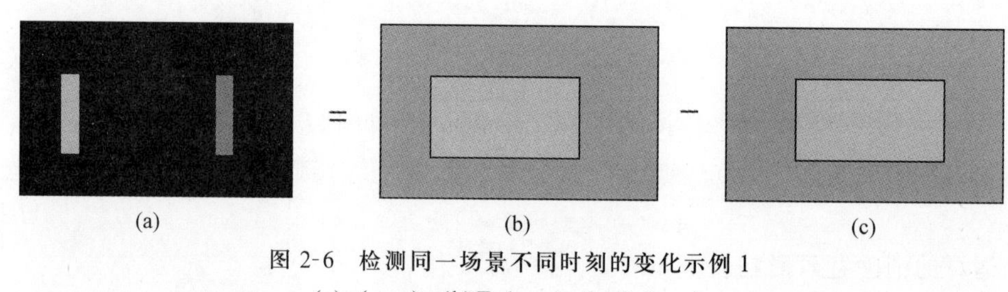

(a) (b) (c)

图 2-6 检测同一场景不同时刻的变化示例 1

(a)$g(x,y)$；(b)$T_1(x,y)$；(c)$T_2(x,y)$

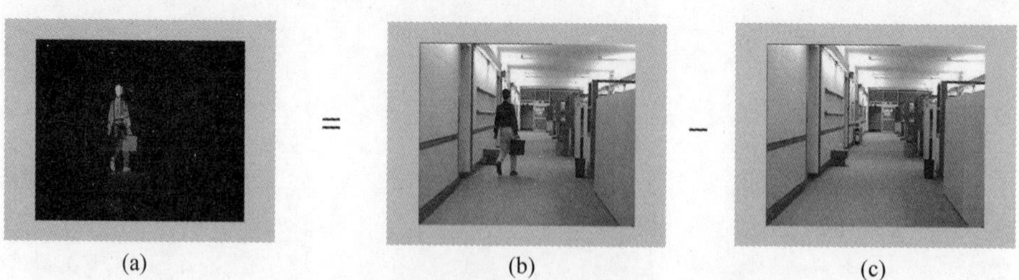

(a) (b) (c)

图 2-7 检测同一场景不同时刻的变化示例 2

(a) $g(x,y)$；(b)$T_1(x,y)$；(c)$T_2(x,y)$

3. 求梯度幅度

梯度的定义参见 6.2 节，表示形式如下：

$$\nabla f(x,y)=i\frac{\partial f}{\partial x}+j\frac{\partial f}{\partial y} \tag{2-7}$$

梯度幅度表示为

$$|\nabla f(x,y)|=\sqrt{\left(\frac{\partial f}{\partial x}\right)^2+\left(\frac{\partial f}{\partial y}\right)^2} \tag{2-8}$$

由于式(2-8)中幅度计算需要进行平方和开根号计算，过于复杂，所以在实际应用时，通常采用差分(减法运算)来近似计算，如式(2-9)所示：

$$|\nabla f(x,y)|=\max[|f(x,y)-f(x+1,y)|,|f(x,y)-f(x,y+1)|] \tag{2-9}$$

注意：(1) 进行减法运算时要注意下限问题，如果两幅图像相减得出的像素低于0，则统一归为0。

(2) 常量问题，输入图像也可以有一个是常量，如$C(x,y)=A(x,y)-M$，M为常量。

2.1.3　乘法运算

乘法运算一般表示为

$$C(x,y)=A(x,y)\times B(x,y) \tag{2-10}$$

两幅图像进行乘法运算可以实现掩模操作，即屏蔽掉图像的某些部分，如用于局部显示或局部屏蔽。一幅图像乘以一个常数通常被称为缩放(参见5.1.4节)，这是一种常见的图像处理操作。通常缩放会产生比简单添加像素偏移量更自然的明暗效果，因此这种操作能更好地维持图像的相关对比度。

1. 掩模操作

如图2-8所示，局部显示用于突出显示图中的蝴蝶；如图2-9所示，利用1、0组成的掩模图与待处理图像相乘可以遮住图像的指定部分。

=

×

图2-8　图像局部显示示例

=　　×

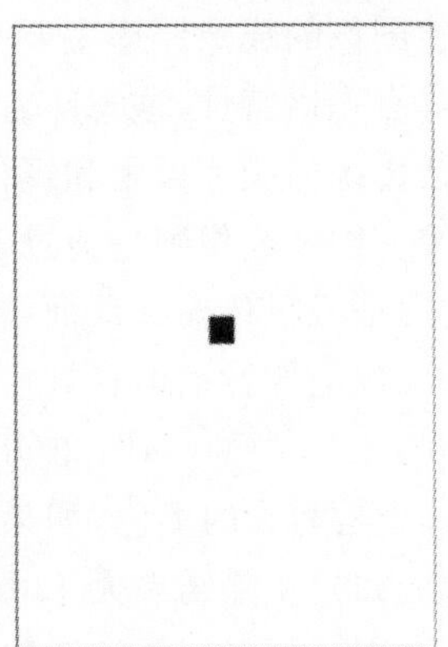

图2-9　局部屏蔽示例

2. 图像乘以一个常数

当一幅图像乘以一个常数，如果是灰度图，常用于改变图像的灰度级，图 2-10 所示为改变图像灰度级。如果是彩色图像，当利用 R、G、B 三个通道分别乘以一个常数时，图像的色彩将会根据实际运算结果改变。若是把彩色模型 RGB 转换为 HIS，只针对 I（亮度）分量乘以一个常数，H（色调）和 S（饱和度）不变，那么只有彩色图像的亮度发生变化，就如同灰度图改变灰度级一样。

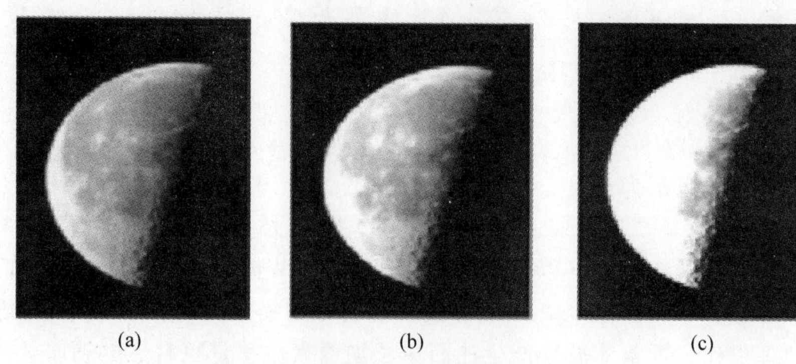

图 2-10　乘法运算改变图像灰度级示例

(a)原图；(b)乘以 1.2；(c)乘以 2

注意：乘法运算时，应注意乘法运算后像素值的上下限问题。

2.1.4　除法运算

除法运算一般表示为

$$C(x,y)=\frac{A(x,y)}{B(x,y)} \tag{2-11}$$

常用于遥感图像处理中，用于求不同谱段的两幅多光谱图像的比率图像，用于消除图像上的阴影部分，加深不同类别物体的差别。如图 2-11 所示，(a)图/(b)图＝(c)图，(c)图为比率图像。

遥感图像的成像原理主要基于物体对不同波段光线的吸收、反射和辐射特性。任何物体都具有光谱特性，这意味着它们对不同波长的光线有不同的反应。遥感图像的获取方法包括传统的胶片摄影和现代的数字成像技术，目前处理和分析的遥感图像大部分是数字成像。数字成像则是通过卫星上的设备捕捉地面信息，并将这些信息转换成数字信号，通过通信卫星传输到地面接收站，最终在计算机中回放成图像。在对遥感图像进行处理时，图像上的波谱信息被量化为辐射值，即图像的亮度(灰度值)，是一种相对的度量值，例如图 2-11 中的(a)图和(b)图。如果直接显示相除结果的比率图像，就是图 2-11 中的(c)图，全是为 0 的黑色，如果需要直观反映比率图像的真实情况，需要对相除的结果做处理，例如把相除结果大于 0 的值表示为 255(白色)，这样处理后(a)图与(b)图的比率图像为(d)图。同时需要注意在相除运算中出现除数为 0 的情况。

(a)

(b)

(c)

(d)

图 2-11 除法运算示例

2.2 逻辑运算与应用

图像的逻辑运算是指将单幅、两幅或多幅图像通过对应像素之间的与、或、非逻辑运算得到输出图像的方法,在图像理解与分析领域比较有用。利用这些方法可以为图像提供模板,与其他运算方法结合可以获得一些特殊效果。

2.2.1 逻辑非运算

逻辑非(NOT)运算,又称逻辑反运算或逻辑补运算,一般只针对单幅图像,主要用于处理二值图像,即反向操作。例如,在二值图像中,进行逻辑非运算就是把黑变成白,白变成黑。照片和底片之间的关系就是逻辑非的关系。图 2-12 所示为二值图进行逻辑非运算示例。

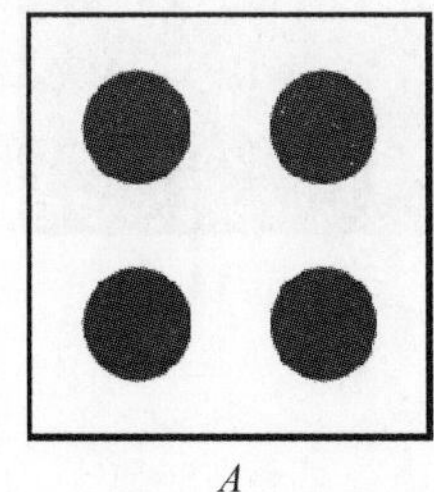
A

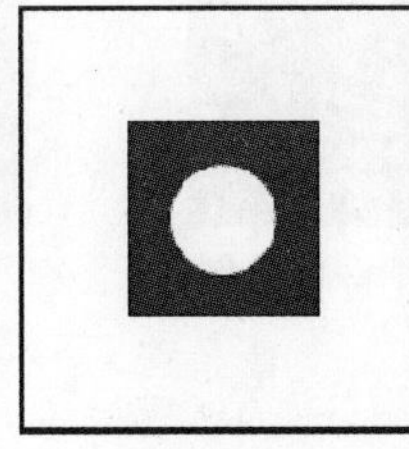
B

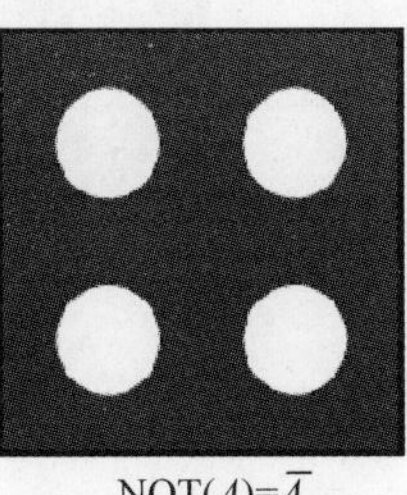
NOT(A)=$\overline{A}$

NOT(B)=$\overline{B}$

图 2-12 二值图进行逻辑非运算示例

逻辑非运算也适用于灰度图像或彩色图像,运算公式如下:

$$g(x,y)=R-f(x,y) \tag{2-12}$$

其中,R 为原图 $f(x,y)$的灰度级或颜色数,$g(x,y)$为逻辑非运算处理后的图像。逻辑非运算主要用于获取一个图像的负像或一个子图像的补图像,如图 2-13 所示。

2.2.2 逻辑与运算

若 p 和 q 分别表示参与逻辑与运算的两幅图像的对应像素,则逻辑与运算可以表示为 p AND q(也可写为 $p \cdot q$ 或 pq),主要用于求两个子图像的相交子图(见图 2-14)和提取感兴趣的子图像(见图 2-15)。

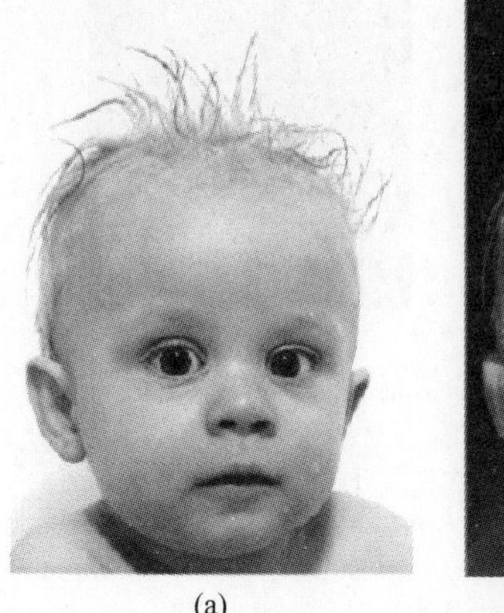

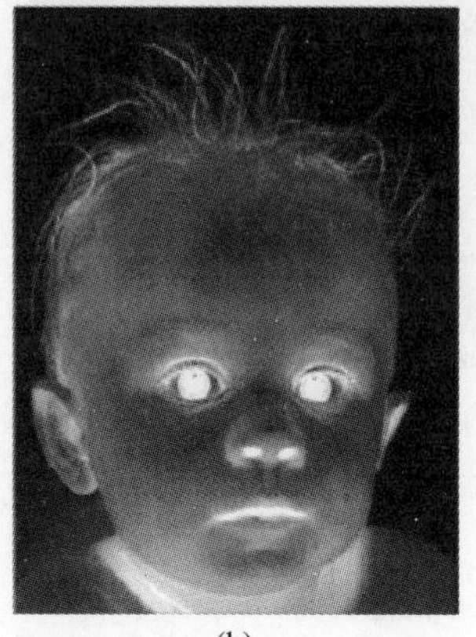

(a) (b)

图 2-13 彩色图像的逻辑非运算效果

(a)原图；(b)逻辑非运算后的效果图

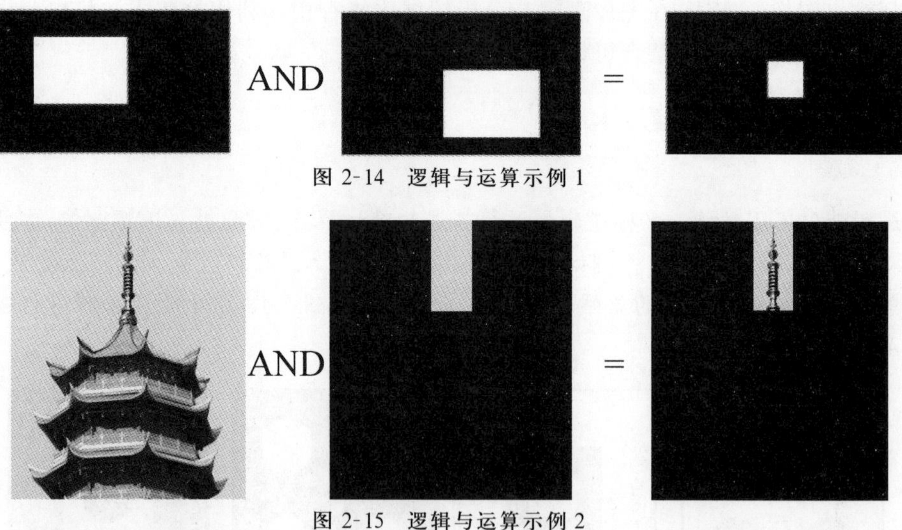

图 2-14 逻辑与运算示例 1

图 2-15 逻辑与运算示例 2

2.2.3 逻辑或运算

若 p 和 q 分别表示参与逻辑或运算的两幅图像的对应像素，则逻辑或运算可以表示为 p OR q（也可写为 $p+q$），主要用于合并子图像（见图 2-16）和提取感兴趣的子图像（见图 2-17）。

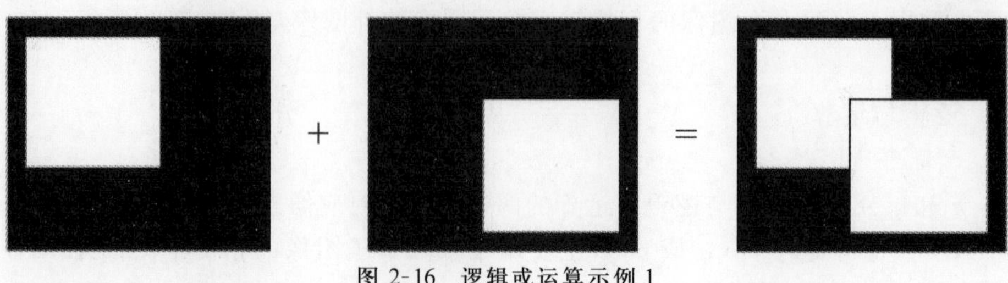

图 2-16 逻辑或运算示例 1

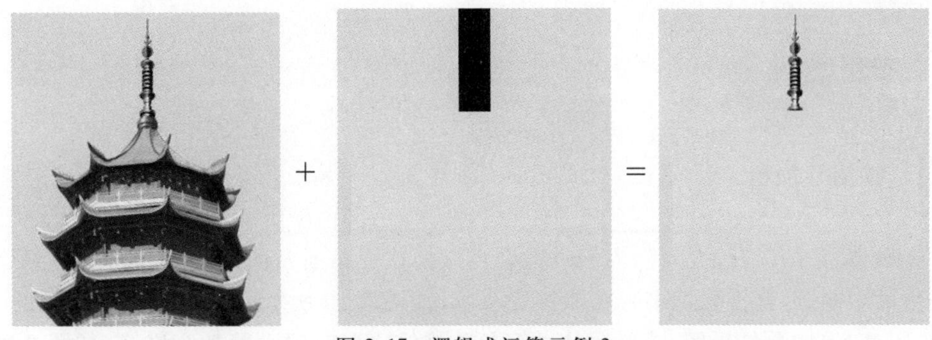

图 2-17　逻辑或运算示例 2

2.2.4　逻辑运算综合示例

如图 2-18 所示，利用两幅简单的图像 A 和 B 经过逻辑运算可以变换出多种效果图，因此逻辑运算的实际应用非常广泛。

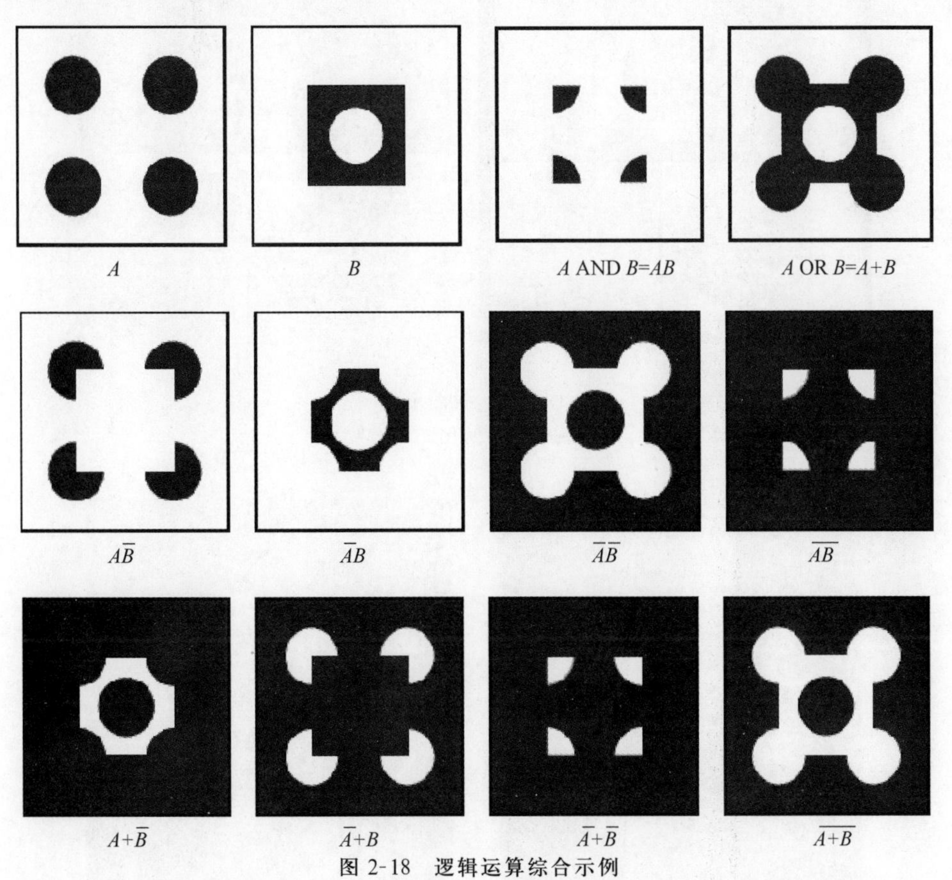

图 2-18　逻辑运算综合示例

2.3 应用案例

2.3.1 拼图并加框

在微博、微信流行的年代,人们经常会在微博或微信朋友圈发照片,但有时会受到照片张数的限制,因此需要把多张照片拼成一张,如图 2-19 所示,图 2-19(a)是待拼的 3 个原图,图 2-19(b)是结果图;或给照片做简单的修饰,例如,给人脸加个修饰,如图 2-20 所示,让人感觉"萌萌哒";或者给照片加个边框来实现特定效果,如图 2-21 所示。这些功能就可以利用代数运算来实现。

(a) (b)

图 2-19 拼图示例

(a) 待拼的 3 个原图; (b)结果图

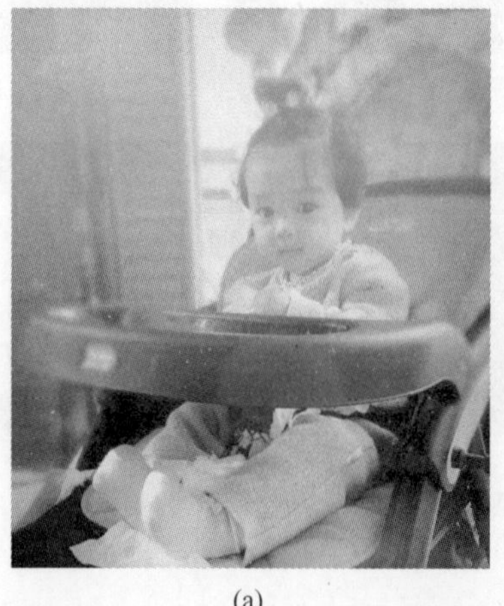

(a)

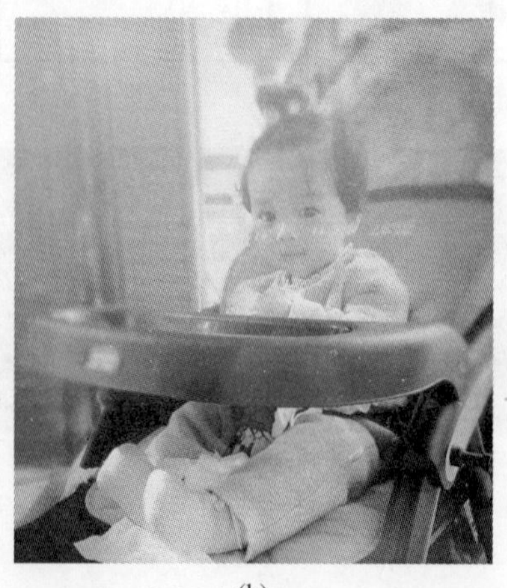

(b)

图 2-20 修饰图示例

(a)原图; (b)小孩脸颊修饰后

(a)

(b)

图 2-21 拼图和修饰图加边框示例

(a) 对图 2-19(b)拼图加边框；(b)对图 2-20(b)修饰图加边框

拼图的实现过程为，首先需要制作一幅可以容纳待拼图片大小的图，然后计算好位置。例如，假设图 2-19 中上图的大小为 880×600，下图两幅图的大小分别为 500×400 和 380×400；需要先制作一幅大小至少为 910×1025 的空图，从坐标为(10,10)的位置开始把大小为 880×600 的图与该空图利用式(2-5)进行加法运算，如果 P 图为空图，那么 a 取 0，b 取 1。然后从(10,620)和(515,620)位置开始利用式(2-5)叠加大小分别为 500×400 和 380×400 的两幅图，同样 a 取 0，b 取 1，如此即可生成如图 2-21(a)所示的图。

加边框的实现过程与拼图类似，不过因为边框大小是固定的，所以给原图加边框的时候可能会涉及对原图进行缩放或旋转等操作(有关缩放或旋转变换参见 3.1.4 节和 5.1.3 节)。图 2-21 中的边框都比较规则，首先读取边框图像中的空白位置，然后从空白位置开始与待加边框的原图利用式(2-5)进行加法运算，a 取 0，b 取 1。如果边框本身就不规则，那就不能简单地进行加法运算，还需要做一些复杂处理。例如，利用乘法运算的局部显示功能，把边框的空白部分作为乘法运算的掩模图将原图局部显示出来，然后与边框图片进行加法运算。图 2-22 所示为图像添加不规则边框的处理过程。

2.3.2 绿幕图像制作

随着数字技术的进步，通道提取成为数字合成的重要功能。很多影视作品中的场景在现实中并不存在或很难实现，这就需要后期通过电脑来制作合成，或者通过把摄影棚中拍摄的内容与外景拍摄的内容用通道提取的方式叠加，创造出更加精彩的视觉效果。通常把通道提取称为抠像。由于抠像的背景常选择蓝色或绿色，故称蓝屏抠像或绿幕抠像。

蓝屏抠像的原则是前景物体上不能包含所选用的背景颜色。理论上讲，只要背景所用的颜色在前景画面中不存在，那么用任何颜色做背景都可以。但实际上，最常用的背景颜色还是蓝色和绿色。原因在于，人类身体的自然颜色中不包含这两种颜色，用它们

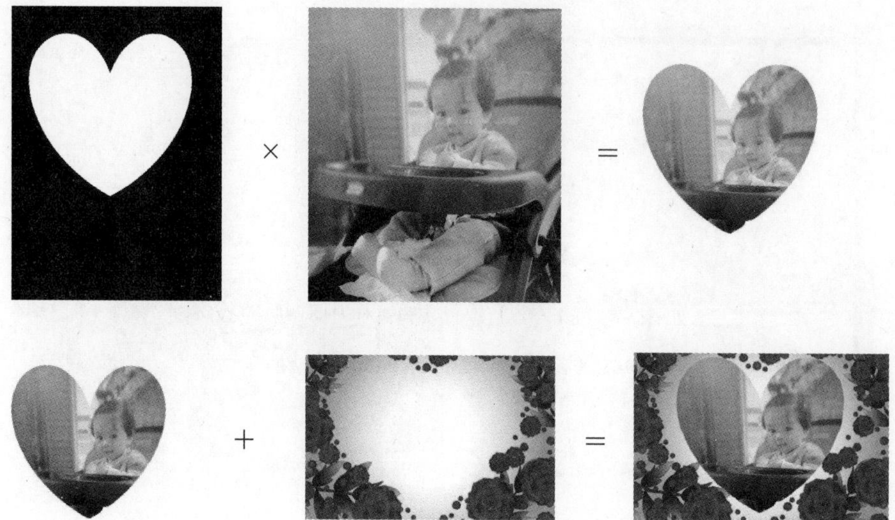

图 2-22　图像添加不规则边框的处理过程

做背景不会和人物混在一起；同时这两种颜色是 RGB 系统中的原色，处理起来也比较方便。我国通常采用蓝色背景，在欧美国家绿色背景和蓝色背景都经常使用，尤其在拍摄人物时常用绿色背景，其主要原因是因为很多欧美人的眼睛是蓝色的。

下面介绍如何利用图像运算实现蓝屏的制作，如图 2-23 所示，蓝屏制作的实现过程如下。

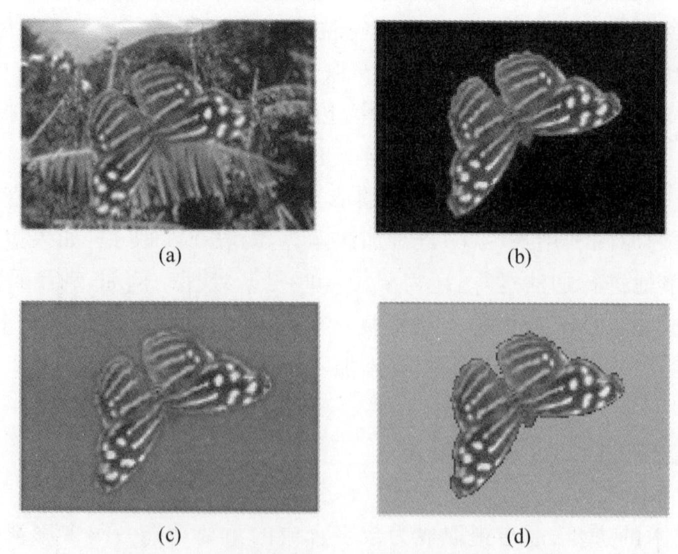

图 2-23　利用图像运算实现蓝屏的制作过程

(a)原图；(b)(a)去掉背景后的图；(c)蓝屏图；(d)绿幕图

(1) 去除原图中的背景，可以利用图像代数运算中的减法运算，把原图背景图减去（假设背景图已知），设 $f(x,y)$ 表示原图，$b(x,y)$ 表示背景图，$g(x,y)$ 表示去掉背景后的图。那么

$$g(x,y)=f(x,y)-b(x,y) \tag{2-13}$$

(2) 经过第一步减法运算后得到的 $g(x,y)$，除目标外其他部分都为黑色，可以进行

如下运算：

$$G(x,y)=\begin{cases}g(x,y), & g(x,y)\neq 0\\ \mathrm{RGB}(0,0,255), & \text{其他}\end{cases} \tag{2-14}$$

即可得到蓝屏图。想要得到绿幕图，把式(2-14)改为式(2-15)，可得到图 2-23(d)所示的绿幕图：

$$G(x,y)=\begin{cases}g(x,y), & g(x,y)\neq 0\\ \mathrm{RGB}(0,255,0), & \text{其他}\end{cases} \tag{2-15}$$

这里需要说明的是，如果背景图未知，那么就要利用其他的技术去除背景，具体方法可以参见 11.1 节。

思考与练习

1. 图像的加法运算与减法运算是否为可逆运算？为什么？请说明理由。

2. 参与逻辑或运算、逻辑与运算的两幅图像是否要求大小一样？为什么？请说明理由。

3. 若一幅彩色图像与一幅灰度图像进行加法运算，要求结果是彩色图像，请详细说明实现步骤。

实验要求与内容

一、实验目的

1. 掌握图像的基本代数运算。

2. 了解图像的逻辑运算。

二、实验要求

1. 利用加法运算实现两幅图像的融合，利用减法运算实现两幅图像的分离。要求：考虑两幅图像尺寸一样和不一样两种情况，考虑不同透明度的融合。例如，给图 2-24(a)加边框后变成图 2-24(b)或图 2-24(c)。

2. 实现利用减法运算发现两幅图像之间的不同。

提高题

1. 设计一个简单的软件，实现包含图像逻辑运算和代数运算，要求有可视化界面，交互友好。

2. 设计一个程序，要求可以实现实时发现场景的变化。

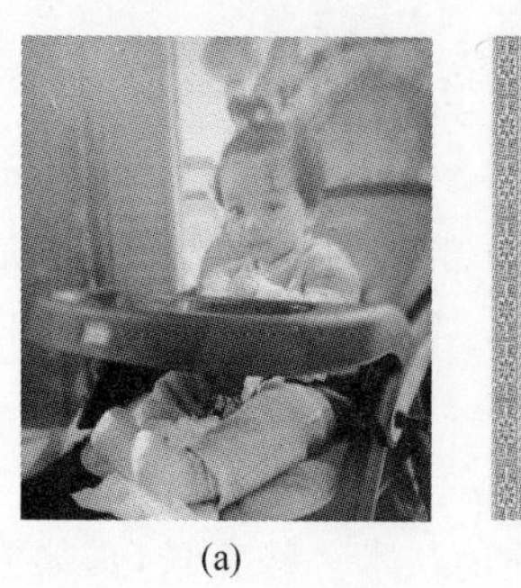
(a)

(b)

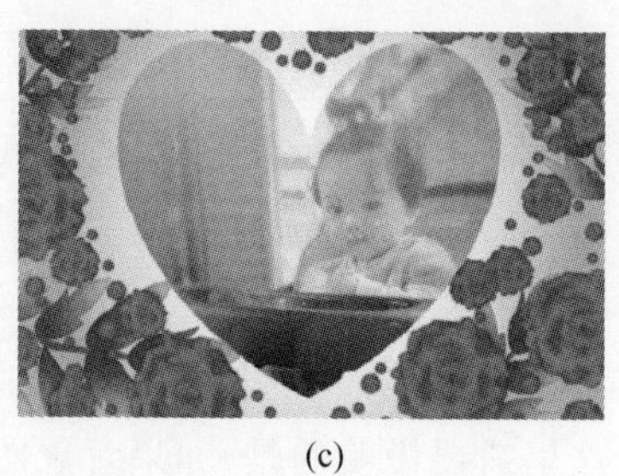
(c)

图 2-24　原图与加边框效果

(a) 原图；(b)加边框效果图 1；(c)加边框效果图 2

三、实验分析

对实验要求 1 中不同的融合方法进行分析。

四、实验体会（包括对本次实验的小结，实验过程中遇到的问题等）

第 3 章　图像增强

人类传递信息的主要媒介是语言和图像，据统计，在人类接收的各种信息中视觉信息占 80%。然而，在实际应用中，由于各种因素如拍摄条件、传输条件等的影响，我们获得的图像或多或少存在缺陷或不尽如人意的地方，如图 3-1 所示，图 3-1(a)偏暗，图 3-1(b)偏亮，因此需要应用图像增强技术来改善图像的视觉效果以满足特定的需求。

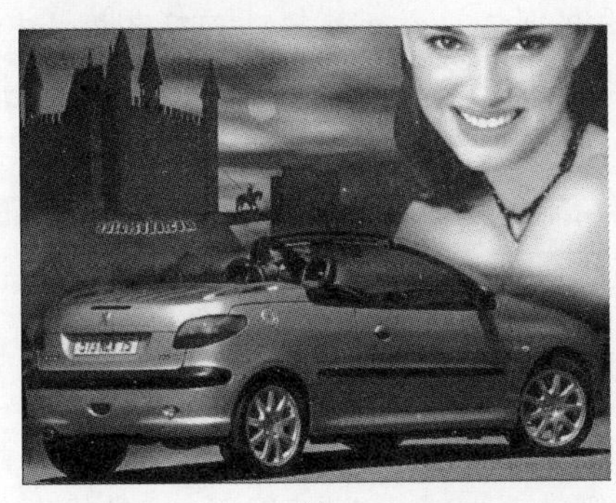

(a)

(b)

图 3-1　待改善视觉效果的示例图

(a)视觉效果图偏暗；(b)视觉效果图偏亮

图像增强技术是数字图像处理的一个重要分支，研究的主要内容是突出图像中包含关键信息的部分，减弱或去除不需要的信息，从而得到更加实用的图像或者转换成更适合人或机器进行分析处理的图像。图 3-2 所示为增强脑部局部区域。图像增强的应用领域也十分广阔，例如，在军事应用中，增强红外图像提取我方感兴趣的敌军目标；在医学应用中，增强 X 射线所拍摄的患者脑部、胸部图像，用来确定病症的准确位置；在空间应用中，对用太空照相机传来的月球图片进行增强处理以改善图像的质量；在农业应用中，用增强的遥感图像了解农作物的分布；在交通应用中，对大雾天气图像进行增强，从而对车牌、路标等重要信息进行识别；在数码相机中，增强彩色图像可以减少光线不均匀、颜色失真等造成的图像退化现象。

图像增强方法就是通过一定的手段对原图像附加一些信息或变换数据，有选择地突出图像中感兴趣的特征或者抑制(掩盖)图像中某些不需要的特征，使图像与视觉响应特性相匹配。图像增强技术根据增强处理过程所在的作用域不同，可分为基于空域的算法和基于频域的算法两大类。基于空域的算法一般是直接对图像灰度级做运算；基于频域的算法一般是在图像的某种变换域内对图像的变换系数值进行某种修正，是一种间接增强的算法。

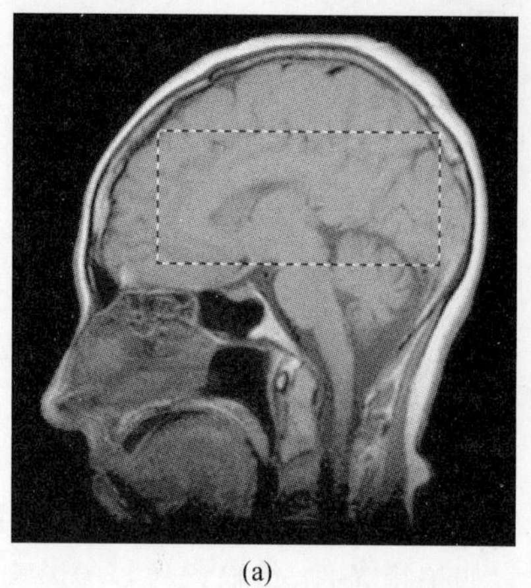

(a)

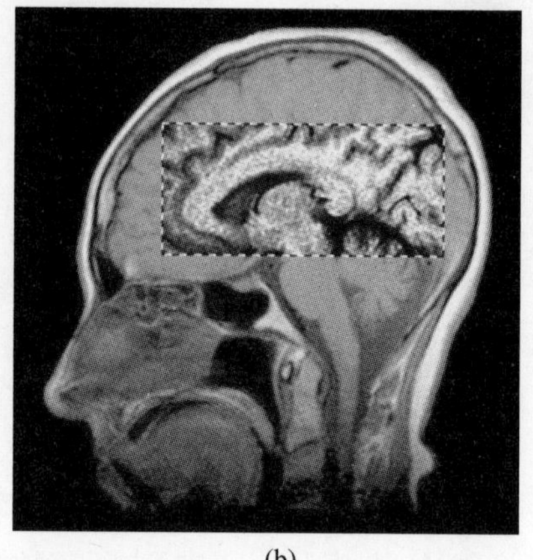

(b)

图 3-2 脑部局部区域增强示例

(a)虚线框部分增强前的图；(b)虚线框部分增强后的效果图

基于空域的算法分为点运算算法和空域滤波算法。点运算算法包括灰度级校正、灰度变换和直方图修正等，其目的是使图像成像均匀、扩大图像动态范围和扩展对比度。空域滤波算法分为图像平滑和图像锐化两种。图像平滑一般用于消除图像噪声，不过在消除噪声的同时容易引起边缘的模糊。常用算法有均值滤波和中值滤波。锐化的目的在于突出物体的边缘轮廓，便于目标识别。常用算法有梯度法、算子、高通滤波、掩模匹配法和统计差值法等。

基于频域的算法分为低通滤波算法、高通滤波算法及带通和带阻滤波算法等。低通滤波算法主要是突出低频分量，使图像显得比较平滑。高通滤波算法主要是突出高频分量，以增强图像的边缘信息。带通和带阻滤波算法是指在某些情况下，信号或图像中的有用成分和希望除掉的成分分别出现在频谱的不同频段，这时就需要允许或阻止特定频段通过的传递函数，以增强特定区域特征。

3.1 图像噪声

图像增强技术出现很大的一个原因是图像在采集、传输、存储过程中会受到各种干扰的影响，主要的干扰是图像噪声。数字图像噪声主要来源于图像的获取和传输过程。如图像获取过程中的环境条件和传感元器件自身的质量，例如，使用 CCD 摄像机获取图像时，光照水平和传感器温度是影响结果图像中噪声数量的主要因素。图像在传输过程中被污染主要是由于传输信道的干扰，例如，使用无线网络传输的图像可能会因为光照或其他大气因素干扰而导致图像污染。

3.1.1 图像噪声的分类

图像噪声种类繁多，其性质也千差万别，因此有必要先来了解图像噪声的产生及分类。

1. 按产生的原因分类

图像噪声产生的原因主要有外部原因和内部原因，外部原因引起的噪声称为外部噪声，内部原因引起的噪声称为内部噪声。这种分类方法有助于理解噪声产生的源头及对噪声位置的定位，对于降噪算法只能起到原理上的帮助。

(1) 外部噪声，指系统外部干扰以电磁波或经电源窜进系统内部而引起的噪声。如电气设备和天体放电现象等引起的噪声，此类噪声通常对模拟图像的影响比较明显，会直接干扰模拟信号，导致模拟图像产生噪声。对于数字图像，外部噪声主要干扰传输和存储的电子设备结构等，导致数字图像数据的变化从而产生噪声。

(2) 内部噪声，一般有以下 4 个产生源头。

① 由光和电的基本性质所引起的噪声。如电流的产生是由电子或空穴粒子的集合定向运动所形成的，这些粒子运动的随机性会引起散粒噪声；导体中自由电子的无规则热运动引起的热噪声；图像由光量子传输，由于光的粒子性，光量子密度会随时间和空间变化，从而引起光量子噪声导致图像产生噪声。

② 电器机械运动引起的噪声。如因各种接头抖动而导致磁头、磁带等一起抖动的现象，导致图像在存储过程中产生噪声。

③ 器材材料本身引起的噪声。如正片和负片的表面颗粒性和磁带磁盘表面缺陷引起的噪声。由于科技的进步，目前此类的噪声对图像的影响比较小。

④ 系统内部设备电路引起的噪声。如图像传感器 CCD 和 CMOS 采集图像内部结构受传感器材料属性、工作环境、电子元器件和电路结构等影响，会引入各种噪声(如光响应非均匀性噪声等)，导致图像在采集过程中产生噪声。

2. 按噪声与信号的关系分类

(1) 加性噪声：加性噪声和图像信号强度是不相关的，如运算放大器，又如图像在传输过程中引进的“信道噪声”、电视摄像机扫描图像中的噪声，此类带有噪声的图像 g 可看作理想无噪声图像 f 与噪声图像 n 之和，即噪声是加性叠加在图像上，所以称为加性噪声。

(2) 乘性噪声：乘性噪声和图像信号是相关的，通常随图像信号的变化而变化，如飞点扫描图像中的噪声、电视扫描光栅和胶片颗粒造成的噪声等，由于载送每一像素信息的载体的变化而产生的噪声受信息本身调制，因此在某些情况下，如果信号变化很小，噪声也不会大。

在图像处理中，为了方便分析处理，通常将乘性噪声近似认为是加性噪声，而且总是假定信号和噪声是相互独立的。

3. 按概率密度函数(PDF)分类

(1) 高斯噪声：在空间域和频域中，由于高斯噪声(又称正态噪声)在数学上的易处理性，因此该噪声模型经常被用于实践中。

(2) 瑞利噪声：瑞利密度对于近似偏移的直方图十分适用。

(3) 伽马(爱尔兰)噪声。

(4) 指数分布噪声。

(5) 均匀分布噪声。

(6) 脉冲噪声(椒盐噪声)：双极脉冲噪声又称椒盐噪声，有时也称为散粒噪声或尖

峰噪声。

3.1.2 图像噪声的特点

1. 噪声的扫描变换

图像系统的输入光电变换是先将二维图像信号扫描变换成一维电信号再进行加工处理，最后再将一维电信号变成二维图像信号。所以噪声也存在着同样的变换方式。

2. 噪声与图像的相关性

光导摄像管的摄像机拍摄的图像信号幅度和噪声幅度无关。而使用超正析摄像机拍摄的图像信号和噪声相关，黑暗部分噪声大，明亮部分噪声小。在数字图像处理技术中，量化噪声是肯定存在的，它和图像相位有关，例如图像内容接近平坦时，量化噪声呈现伪轮廓，但在此时图像信号中的随机噪声会因为颤噪效应反而使量化噪声变得不那么明显。

3. 噪声的叠加性

在串联图像传输系统中，各部分窜入噪声若是同类噪声可以进行功率相加，信噪比依次下降。若不是同类噪声应区别对待，而且要考虑视觉检出特性的影响。因为视觉检出特性中的许多问题仍未研究清楚，所以也只能进行一些主观的评价试验。例如，空间频率特性不同的噪声叠加要考虑到视觉空间频谱的带通特性。而时间特性不同的噪声叠加要考虑视觉滞留和其闪烁的特性等。亮度和色度噪声的叠加一定要清楚视觉的彩色特性。以上的这些都因为视觉特性未获解决而无法进行分析。

3.1.3 常见的噪声概率密度函数

噪声本身的灰度可看作随机变量，其分布可用概率密度函数(PDF)来表示。下面是在图像处理应用中常见的 PDF。

1. 高斯噪声

高斯噪声是一种源于电子电路噪声和由低照明度或高温带来的传感器噪声。它的概率密度函数服从高斯分布(即正态分布)，因此高斯噪声又称正态噪声，其概率密度函数为

$$p(z)=\frac{1}{\sqrt{2\pi\sigma}}e^{-(z-\mu)^2/2\sigma^2} \tag{3-1}$$

式中：z——灰度值；

μ——z 的平均值或期望值；

σ——z 的标准差；

σ^2——z 的方差。

高斯函数曲线图如图 3-3 所示。

如果一个噪声的幅度分布服从高斯分布，而其功率谱密度又是均匀分布的，则称其为高斯白噪声。

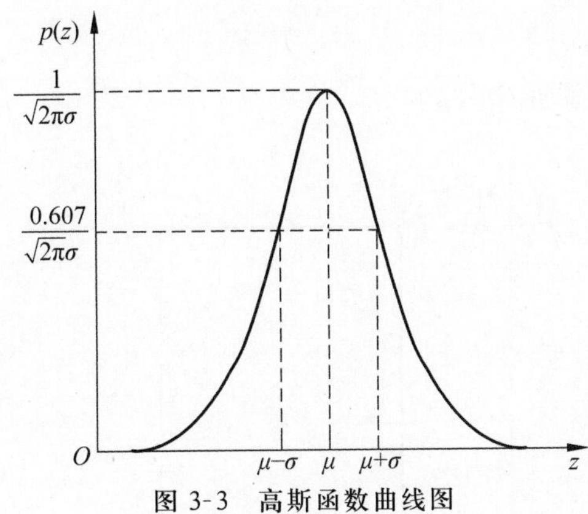

图 3-3 高斯函数曲线图

2. 瑞利噪声

瑞利噪声的概率密度函数为

$$p(z)=\begin{cases}\dfrac{2}{b}(z-a)\mathrm{e}^{-(z-a)^2/b}, & z\geqslant a\\ 0, & z<a\end{cases} \tag{3-2}$$

其中,瑞利噪声概率密度的平均值和方差分别为

$$\mu=a+\sqrt{\pi\cdot b/4}$$

$$\sigma^2=\frac{b(4-\pi)}{4}$$

瑞利函数曲线图如图 3-4 所示。

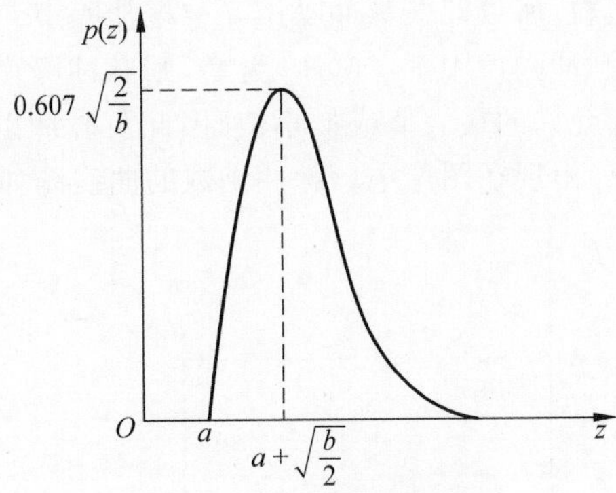

图 3-4 瑞利函数曲线图

3. 均匀分布噪声

均匀分布噪声的概率密度函数为

$$p(z)=\begin{cases}\dfrac{1}{b-a}, & a\leqslant z\leqslant b\\ 0, & \text{其他}\end{cases} \tag{3-3}$$

其中,均匀分布噪声的平均值和方差分别为

$$\mu=\frac{a+b}{2}$$

$$\sigma^2=\frac{(b-a)^2}{12}$$

均匀分布函数曲线图如图 3-5 所示。

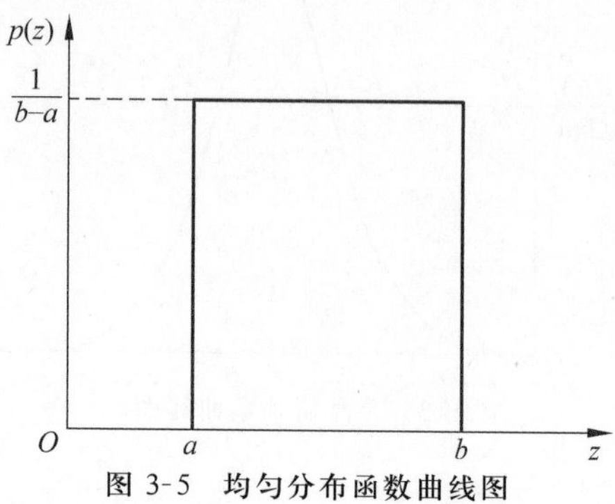

图 3-5 均匀分布函数曲线图

4. 脉冲噪声(椒盐噪声)

脉冲噪声的概率密度为

$$p(z)=\begin{cases}P_a, & z=a\\ P_b, & z=b\\ 0, & 其他\end{cases} \tag{3-4}$$

若表示脉冲噪声在 P_a 或 P_b 均不为零,且在脉冲可能是正的,也可能是负值的情况下,又称双极脉冲噪声。

如果 $b>a$,灰度 b 的值在图像中将显示为一个亮点,而灰度 a 的值在图像中将显示一个暗点。如果 P_a 或 P_b 均不为零,尤其是它们近似相等时,脉冲噪声值就像随机分布在图像上的胡椒和盐粉微粒,所以双极脉冲噪声又称椒盐噪声。

如果式(3-4)表示的脉冲噪声中 P_a 或 P_b 为零,则脉冲噪声又称单极脉冲噪声。通常脉冲噪声总是数字化为允许的最大值或最小值,因此负脉冲以黑点(胡椒点)出现在图像中,正脉冲以白点(盐点)出现在图像中。脉冲函数的曲线图如图 3-6 所示。

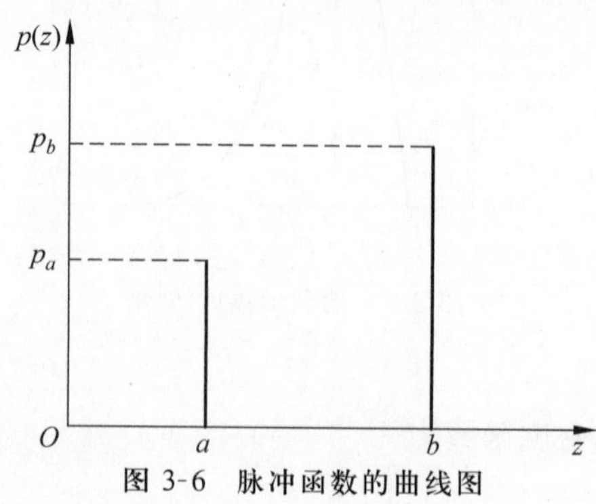

图 3-6 脉冲函数的曲线图

5. 伽马噪声

伽马噪声的概率密度函数为

$$p(z)=\begin{cases}\dfrac{a^b z^{b-1}}{(b-1)!}\mathrm{e}^{-az}, & z\geqslant a\\ 0, & z<a\end{cases} \tag{3-5}$$

其中，$a>0$，b 为正整数，"!"表示阶乘。伽马噪声的概率密度的平均值和方差分别为

$$\bar{z}=\frac{b}{a} \tag{3-6}$$

$$\sigma^2=\frac{b}{a^2} \tag{3-7}$$

伽马分布密度的函数曲线图如图 3-7 所示。

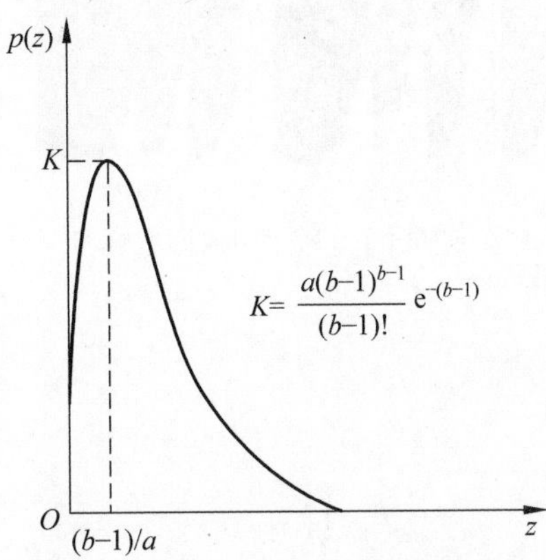

图 3-7 伽马分布密度的函数曲线图

6. 指数噪声

指数噪声的概率密度函数为

$$p(z)=\begin{cases}a\mathrm{e}^{-az}, & z\geqslant 0\\ 0, & z<0\end{cases} \tag{3-8}$$

其中，$a>0$，概率密度的指数噪声平均值和方差分别为

$$\bar{z}=\frac{1}{a} \tag{3-9}$$

$$\sigma^2=\frac{1}{a^2} \tag{3-10}$$

指数分布密度的函数曲线图如图 3-8 所示。

如图 3-10 所示为上述 6 种噪声对图 3-9 所示图像的影响和直方图显示。实验表明：对于上述的 6 种噪声，椒盐噪声是唯一一种引起可见视觉退化的噪声类型。

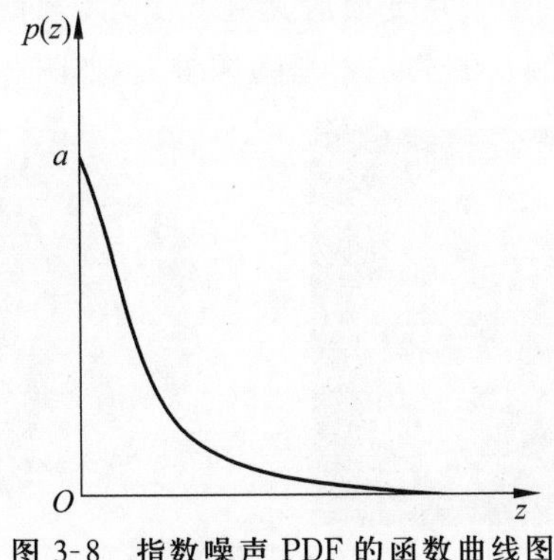

图 3-8 指数噪声 PDF 的函数曲线图

图 3-9 噪声实验测试图

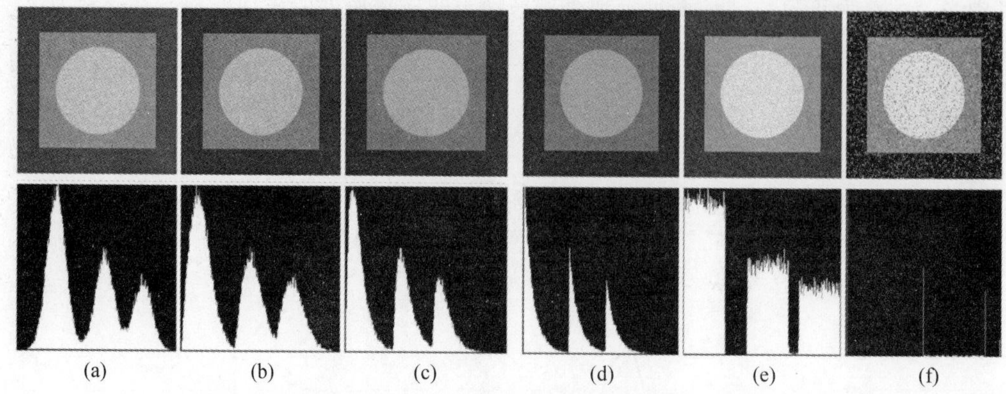

图 3-10　6 种噪声对图 3-9 所示图像的影响和直方图显示示例

(a)高斯噪声；(b)瑞利噪声；(c)伽马噪声；(d)指数噪声；(e)均匀噪声；(f)椒盐噪声

3.2　图像灰度变换

图像灰度变换是所有图像处理技术中最简单的技术，是基于点操作的增强技术，它将每一像素的灰度值按照一定的数学变换公式转换为一个新的灰度值。图像灰度变换的过程可表示为 $g(x,y)=T[f(x,y)]$，灰度变换将输入图像中每个像素 (x,y) 的灰度值 $f(x,y)$，通过映射函数 T 变换成输出图像中的灰度值 $g(x,y)$。根据不同的应用要求，可以选择不同的映射函数，如正比函数和指数函数等。由于是直接应用确定的变换公式（即映射函数）依次对每个像素进行处理，故又称直接灰度变换。根据函数的性质，图像灰度变换的方法有线性灰度变换和非线性灰度变换，其中，线性灰度变换包括图像求反变换、线性比例灰度变换和分段线性灰度变换；非线性灰度变换包括指数变换和对数变换。

3.2.1　图像求反变换

对图像求反是将原图灰度值翻转，简单来说，对于二值图像就是使黑变白，使白变黑，对于灰度图像求反变换曲线如图 3-11 所示，图中的 L 表示图像的灰度级，即灰度图中的最大灰度值 $+1$，原来具有接近 $L-1$ 的较大灰度的像素在变换后其灰度接近 0，而原来较暗的像素变换后成为较亮的像素。普通黑白底片和照片的关系就是图像求反，如图 3-12 所示。

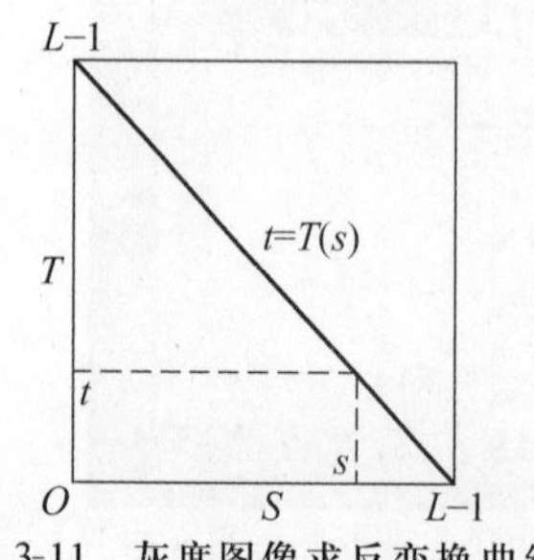

图 3-11　灰度图像求反变换曲线

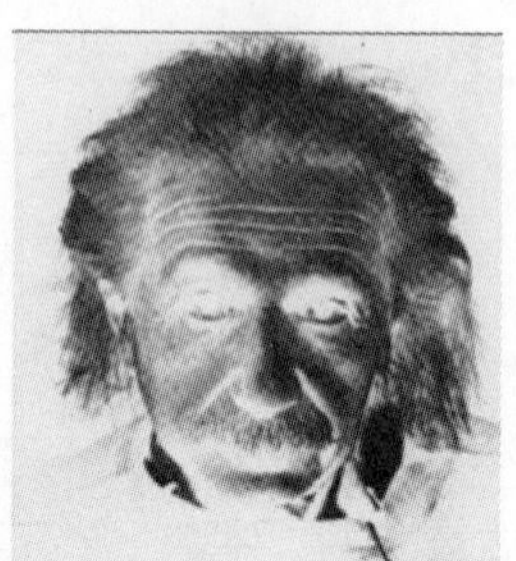

图 3-12　图像求反变换示例

3.2.2 线性比例灰度变换

假设变换前图像 $f(x,y)$ 的灰度范围为 (a,b)，变换后图像 $g(x,y)$ 的灰度范围为 (c,d)，简单的线性比例灰度变换法可以表示为

$$g(x,y)=\frac{d-c}{b-a}[f(x,y)-a]+c \tag{3-11}$$

其中，b 和 a 分别表示输入图像灰度范围的最大值和最小值，d 和 c 分别是输出图像灰度范围的最大值和最小值，a 和 c 的取值 $\geqslant 0$。经过线性比例灰度变换法，图像灰度范围从 $[a,b]$ 变化到 $[c,d]$，如图 3-13 所示。线性比例灰度变换既可以用在整幅图像的灰度变换，也可以用在部分图像的灰度变换。假设原图的灰度范围为 $0\sim M$，若图像中大部分像素的灰度范围分布在区间 $[a,b]$ 内，为了改善区间的视觉效果，那么线性比例灰度变换法可以表示为

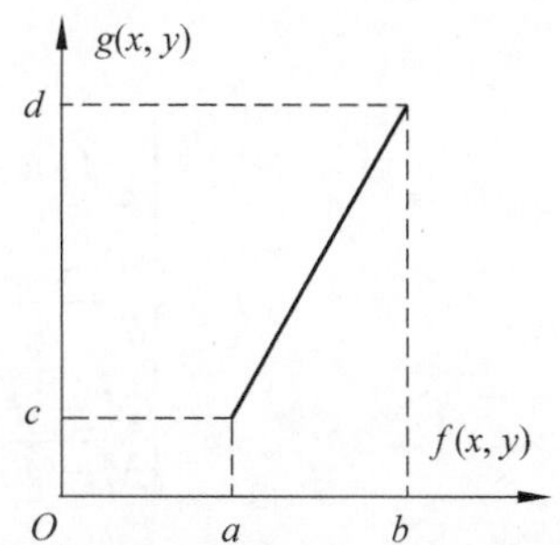

图 3-13　经过线性比例灰度变换，图像灰度范围从 $[a,b]$ 变化到 $[c,d]$

$$g(x,y)=\begin{cases} c, & 0\leqslant f(x,y)\leqslant a \\ \dfrac{d-c}{b-a}[f(x,y)-a]+c, & a\leqslant f(x,y)\leqslant b \\ d, & b\leqslant f(x,y)\leqslant M \end{cases} \tag{3-12}$$

由于人眼对灰度级别的分辨能力有限，只有当相邻像素的灰度值相差一定程度时才能辨别出来。通过线性灰度比例变换，扩大图像的灰度分布范围，使图像中相邻像素灰度的差值增加，所以有时又称灰度拉伸，例如在曝光不足或曝光过度的情况下，图像的灰度值可能会局限在一个很小的范围内，这时得到的图像可能是一个模糊不清，似乎没有灰度层次的图像。采用线性灰度变换对图像中每个像素做灰度拉伸，将有效改善图像视觉效果。如图 3-14 所示为灰度拉伸效果图，图 3-14(a)为原图，图 3-14(b)为线性拉伸后的图。

(a)

(b)

图 3-14　线性灰度拉伸效果图

(a)原图；(b)灰度拉伸后的效果图

3.2.3 分段线性灰度变换

为了突出图像中包含关键信息的目标或灰度范围，相对抑制那些不感兴趣的灰度范围，可采用分段线性灰度变换，它将图像灰度范围分成两段甚至多段，分别作线性变换。进行变换时，把 0～255 整个灰度值范围分为若干线段，每一个线段都对应一个局部的分段线性灰度变换关系。常用的分段线性灰度变换如图 3-15 所示，分段线性灰度变换公式如下：

$$g(x,y)=\begin{cases}\dfrac{c}{a}f(x,y), & 0\leqslant f(x,y)\leqslant a\\ \dfrac{d-c}{b-a}[f(x,y)-a]+c, & a\leqslant f(x,y)\leqslant b\\ \dfrac{N-d}{M-b}[f(x,y)-b]+d, & b\leqslant f(x,y)\leqslant M\end{cases} \tag{3-13}$$

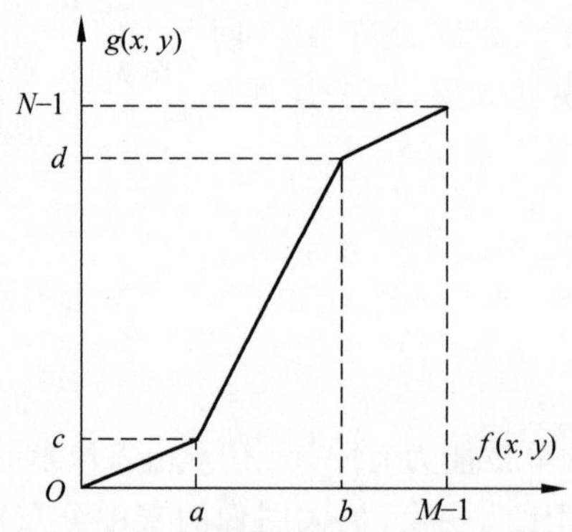

图 3-15 常用的分段线性灰度变换

通过调节节点的位置及分段线段的斜率，可实现对任一灰度范围尽量拉伸或压缩。因此分段线性灰度变换可根据用户的需要，拉伸或压缩需要识别物体的特征灰度细节。下面对一些特殊的情况进行分析。令 $k_1=c/a$，$k_2=(d-c)/(b-a)$，$k_3=(N-d)/(M-b)$，即它们分别为对应直线段的斜率。

(1) 当 $k_1=k_3=0$ 时，如图 3-16(a)所示，表示对于$[a,b]$以外的原图灰度不感兴趣，均令其为 0，而处于$[a,b]$的原图灰度，则均匀的变换成新图灰度。

(2) 当 $k_1=k_2=k_3=0$ 且 $c=d$ 时，如图 3-16(b)、图 3-16(c)所示，表示只对$[a,b]$的灰度感兴趣，指定一个较高的灰度值，而给其他部分指定一个较低的灰度值或 0 值。这种操作又称为灰度级(或窗口)切片或灰度切分。

(3) 当 $k_1=k_3=1$ 且 $c=d=N$ 时，如图 3-16(d)所示，表示在保留背景的前提下，提升$[a,b]$像素的灰度级。这也是灰度切分的一种。

分段线性灰度变换还应用在一些特殊场合，如阶梯量化和阈值切分。阶梯量化是指将图像灰度分阶段量化成较少的级数，获得数据量压缩的效果，不过经过阶梯量化的图像通常视觉效果相对较差，但是图像数据量(空间存储)会大大减少，因此经常被用在图像传输上阶梯量化的分段线性灰度变换阶梯量化变换规律和变换效果示例如图 3-17 所

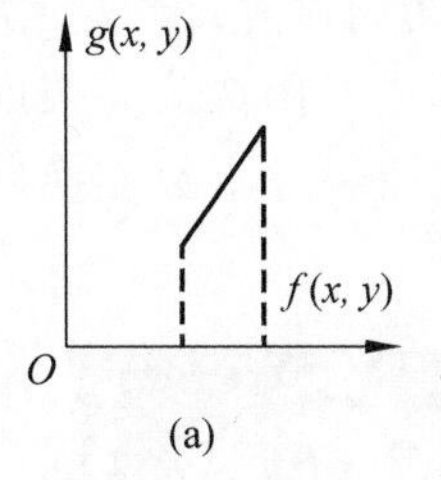

(a)

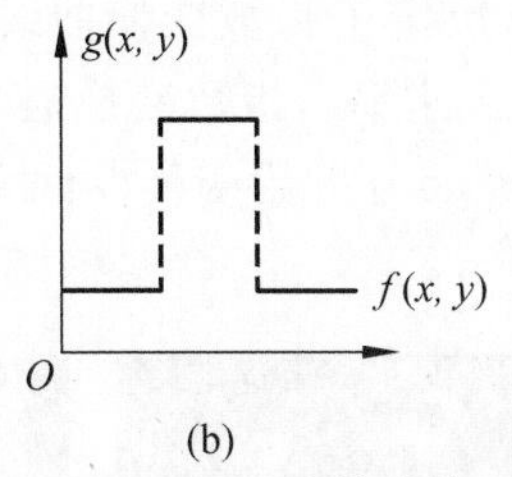

(b)

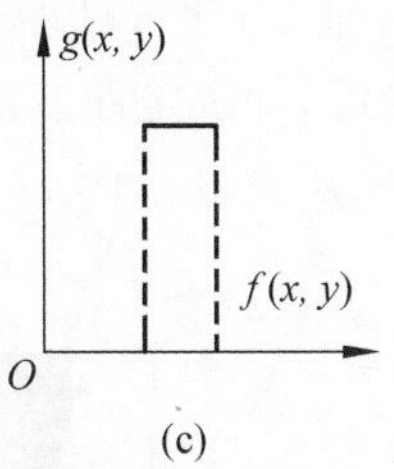

(c)

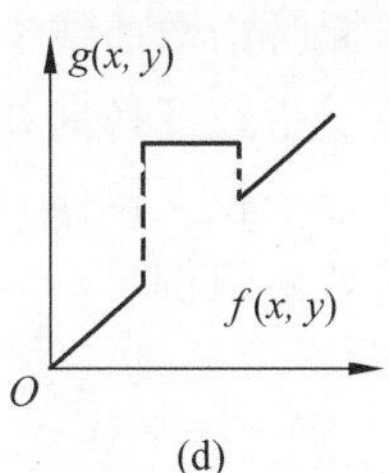

(d)

图 3-16 3 种特殊情况的分段线性灰度变换

示。阈值切分变换是指设定一个阈值，使图像变成二值图，大于阈值的灰度变成一个值，如 255，小于阈值的灰度变成另外一个值，如 0，增强图只剩下两个灰度级，对比度最大但细节全丢失了，阈值切分变换规律和变换效果示例如图 3-18 所示。

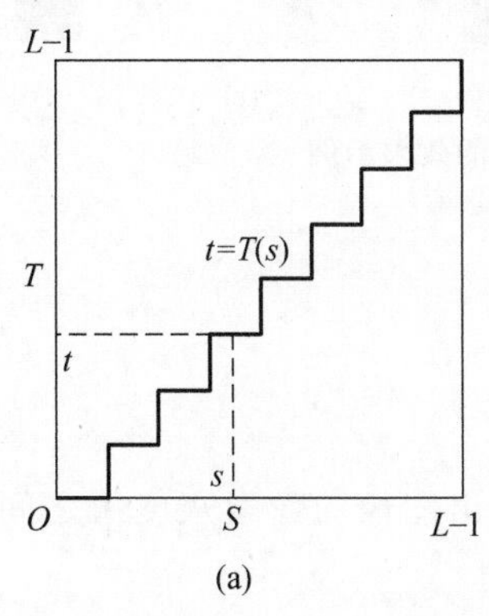

(a)

(b)

(c)

图 3-17 阶梯量化变换和变换效果

(a)阶梯量化变换规律；(b)原图；(c)阶梯量化变换效果图

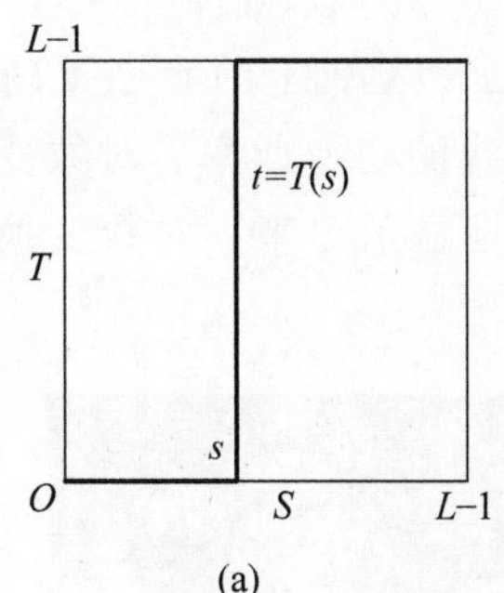

(a)

(b)

(c)

图 3-18 阈值切分变换规律和阈值切分变换效果示例

(a)阈值切分变换规律；(b)原图；(c)阈值切分变换效果图

3.2.4 指数变换

指数变换是指输出图像的像素点的灰度值与对应的输出图像的像素灰度值之间满足指数关系，指数变换公式为

$$g(x,y)=b^{c[f(x,y)-a]}-1 \tag{3-14}$$

其中，a、b、c 是引入的参数，用来调整曲线的位置和形状，当 $f(x,y)=a$ 时，$g(x,y)=$

0,此时指数曲线交于 x 轴,由此可见参数 a 决定了指数变换曲线的初始位置;参数 c 决定了指数变换曲线的陡度,即决定曲线的变换速率。指数变换通常用于对图像的高灰度区给予较大拉伸,压缩低灰度区。图 3-19 所示为指数变换曲线和图像经过指数变换后的效果示例。

图 3-19　指数变换曲线和图像经过指数变换后的效果示例

(a)指数变换曲线;(b)原图;(c)指数变换效果图

3.2.5　对数变换

对数变换是指输出图像的像素点的灰度值与对应的输出图像的像素灰度值之间为对数关系,对数变换公式为

$$g(x,y)=a+\frac{\ln[f(x,y)+1]}{b\times\ln c} \tag{3-15}$$

其中 a,b,c 都是可以选择的参数,式中 $f(x,y)+1$ 是为了避免对 0 求对数,确保 $\ln[f(x,y)+1]\geqslant 0$。当 $f(x,y)=0$ 时,$\ln[f(x,y)+1]=0$,则 $y=a$,则 a 为 y 轴上的截距,确定了变换曲线的初始位置的变换关系,b、c 两个参数确定变换曲线的变换速率。对数变换拉伸了低灰度区,压缩了高灰度区,使低灰度区的图像较清晰地显示出来。对数变换曲线和图像经过对数变换后的效果示例如图 3-20 所示。

图 3-20　对数变换曲线和图像经过对数变换后的效果示例

(a)对数变换曲线;(b)原图;(c)对数变换效果图

3.3 直方图均衡化和规定化

图像直方图是指一个图像像素灰度分布的统计表，其横坐标代表了图像像素的种类，可以是灰度的，也可以是彩色的，纵坐标代表了每一种灰度值(或颜色值)在图像中的像素总数或者占所有像素个数的百分比。图 3-21 所示为在同一场景下获得的不同图像及其所对应的直方图示例。图 3-21(a)对应正常的图像，其直方图基本跨越整个灰度范围，整幅图像层次分明。图 3-21(b)对应动态范围偏小的图像，其直方图的各值集中在灰度范围的中部。由于整幅图像反差小，所以看起来比较暗。图 3-21(c)对应动态范围较大，但其直方图相较于图 3-21(a)的直方图整体向左移动。由于灰度值集中在低灰度一边，整幅图像偏暗。图 3-21(d)对应动态范围也较大，但其直方图相较于图 3-21(a)的直方图整体向右移动。由于灰度值集中在高灰度一边，整幅图像偏亮，与图 3-21(c)正好相反。

从图 3-21 可以看出，图像的视觉效果和其直方图有直接的对应关系。由于直方图反映了图像的特点，所以可以通过改变直方图的形状来达到改善视觉效果，达到增强图像的目的。

3.3.1 直方图均衡化

直方图均衡化(histogram equalization)是一种借助直方图变换实现灰度映射从而达到增强图像视觉效果目的的方法。如果一幅图像的像素的灰度级多且分布均匀，那么这幅图像通常具有较高的对比度和多变的灰度色调，如图 3-21(a)所示。直方图均衡化的基本思想是对图像中像素个数多的灰度级进行拉伸，而对图像中像素个数少的灰度进行压缩，从而扩展图像原取值的动态范围，提高了对比度和灰度色调的变化，使图像更加清晰。直方图均衡化的中心思想是把原始图像的灰度直方图从比较集中的某个灰度范围变成在全部灰度范围内的均匀分布，是一种非线性拉伸，重新分配图像像素值，使一定灰度范围内的像素数量大致相同地把给定图像的直方图分布改变成“均匀”分布直方图分布。

假设原始图像在(x,y)处的灰度为 f，而改变后的图像的灰度为 g，则对图像增强的方法可表述为将在(x,y)处的灰度 f 映射为 g。在灰度直方图均衡化处理中，对图像的映射函数可定义为 $g=\mathrm{EQ}(f)$，这个映射函数 $\mathrm{EQ}(f)$必须满足两个条件(其中 L 为图像的灰度级数)。

(1) $\mathrm{EQ}(f)$在 $0\leqslant f\leqslant L-1$ 范围内是一个单值单增函数。该条件为了保证增强处理后的图像没有打乱原始图像的灰度排列次序，原图各灰度级在变换后仍保持从黑到白(或从白到黑)的排列。

(2) 对于 $0\leqslant f\leqslant L-1$ 有 $0\leqslant g\leqslant L-1$，该条件保证了变换前后灰度值的动态范围一致。

累积分布函数(cumulative distribution function，CDF)可以满足上述两个条件，并且

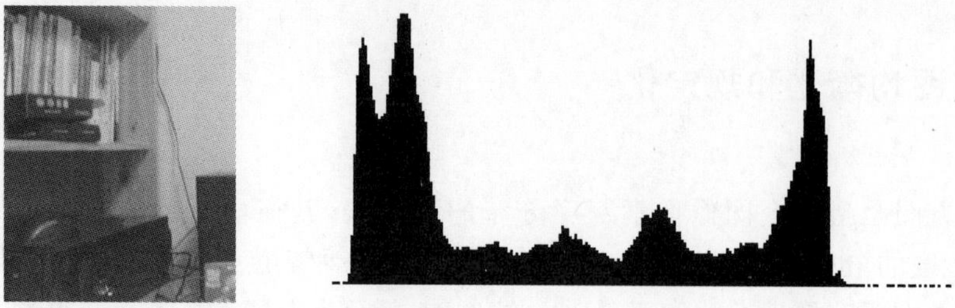

(a)

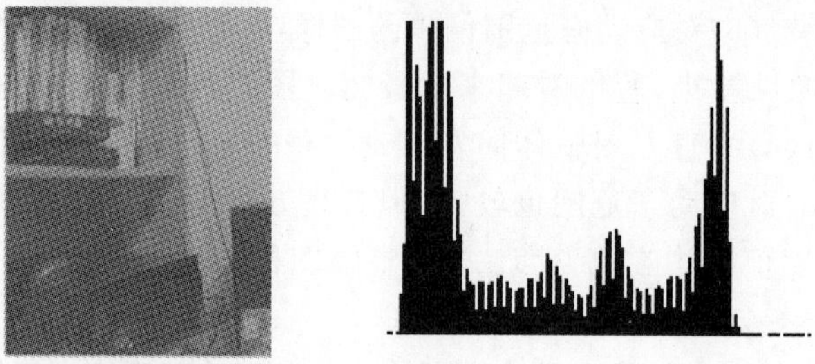

(b)

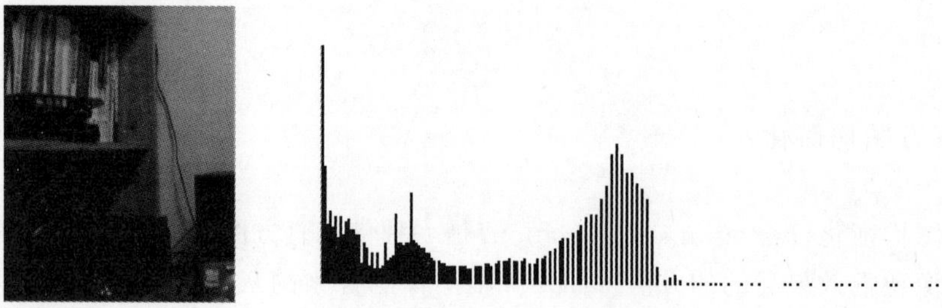

(c)

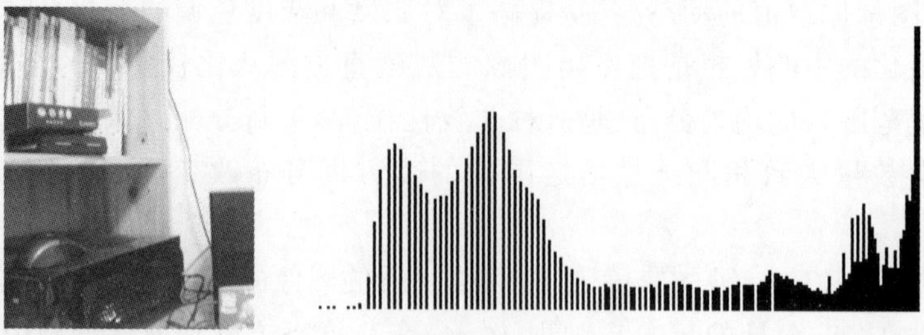

(d)

图 3-21　同一场景下不同图像及所对应的直方图示例

通过该函数可以完成将原图像 f 的分布转换成 g 的均匀分布。事实上图像 $f(x,y)$ 的 CDF 就是图像$f(x,y)$的累积直方图，定义为

$$g_k=\sum_{i=0}^{k}\frac{n_i}{n}=\sum_{i=0}^{k}P_f(f_i),0\leqslant f_k\leqslant 1,k=0,1,\cdots,L-1 \tag{3-16}$$

上述求和区间为 $0\sim k$，根据式(3-16)可以由原图像的各像素灰度值直接得到直方图均衡化后各像素的灰度值。在实际处理变换时，一般先对原始图像的灰度情况进行统计

分析，并计算出原始直方图分布，然后根据计算出的累计直方图分布求出 f_k 到 g_k 的灰度映射关系，按照这个映射关系对原图像各点像素进行灰度转换，即可完成对原图像的直方图均衡化。当然实际中还要对算出的 g_k 取整以满足数字图像的要求。求解的基本步骤如下：

(1) 求出图像中所包含的灰度级 f_k，可以定为 $0\sim L-1$；

(2) 统计各灰度级的像素数目 $n_k(k=0,1,\cdots,L-1)$；

(3) 计算图像直方图；

(4) 利用式(3-16)计算变换函数；

(5) 用变换函数计算映射后输出的灰度级 g_k；

(6) 统计映射后新的灰度级 g_k 的像素数目 n_k；

(7) 计算输出图像的直方图。

例：假设图像像素个数为 64×64=4096，有 8 个灰度级，图像灰度分布情况如表 3-1 所示，求直方图均衡化。

表 3-1 图像灰度分布情况

f_k	n_k	$P(f_k)$
$f_0=0$	790	0.19
$f_1=1/7$	1023	0.25
$f_2=2/7$	850	0.21
$f_3=3/7$	656	0.16
$f_4=4/7$	329	0.08
$f_5=5/7$	245	0.06
$f_6=6/7$	122	0.03
$f_7=1$	81	0.02

利用式(3-16)计算变换函数的过程如下：

$g_0=P_f(f_0)=0.19$

$g_1=P_f(f_0)+P_f(f_1)=0.19+0.25=0.44$

$g_2=P_f(f_0)+P_f(f_1)+P_f(f_2)=0.19+0.25+0.21=0.65$

$g_3=P_f(f_0)+P_f(f_1)+P_f(f_2)+P_f(f_3)=0.19+0.25+0.21+0.16=0.81$

$g_4=P_f(f_0)+P_f(f_1)+P_f(f_2)+P_f(f_3)+P_f(f_4)$
$=0.19+0.25+0.21+0.16+0.08=0.89$

$g_5=P_f(f_0)+P_f(f_1)+P_f(f_2)+P_f(f_3)+P_f(f_4)+P_f(f_5)$
$=0.19+0.25+0.21+0.16+0.08+0.06=0.95$

$g_6=P_f(f_0)+P_f(f_1)+P_f(f_2)+P_f(f_3)+P_f(f_4)+P_f(f_5)+P_f(f_6)$
$=0.19+0.25+0.21+0.16+0.08+0.06+0.03=0.98$

$g_7=P_f(f_0)+P_f(f_1)+P_f(f_2)+P_f(f_3)+P_f(f_4)+P_f(f_5)+P_f(f_6)+P_f(f_7)$
$=0.19+0.25+0.21+0.16+0.08+0.06+0.03+0.02=1$

直方图均衡化计算列表如表 3-2 所示,从表中可以看到,均衡化后的灰度级仅有 5 级,分别是 $g_1=1/7$;$g_3=3/7$;$g_5=5/7$;$g_6=6/7$;$g_7=1$。f_k 和 g_k 的对应关系为:$f_0\to g_1$;$f_1\to g_3$;$f_2\to g_5$;f_3 和 $f_4\to g_6$;f_5、f_6 和 $f_7\to g_7$。直方图均衡化示例 1 如图 3-22 所示。

表 3-2 直方图均衡化计算列表

f_k	n_k	$P(f_k)$	g_k 计算	g_k 舍入	$P(g_k)$
$f_0=0$	790	0.19	0.19	1/7	0.19
$f_1=1/7\approx0.14$	1023	0.25	0.44	3/7	0.25
$f_2=2/7\approx0.29$	850	0.21	0.65	5/7	0.21
$f_3=3/7\approx0.43$	656	0.16	0.81	6/7	0.24
$f_4=4/7\approx0.57$	329	0.08	0.89	6/7	
$f_5=5/7\approx0.72$	245	0.06	0.95	1	0.11
$f_6=6/7\approx0.86$	122	0.03	0.98	1	
$f_7=1$	81	0.02	1.00	1	

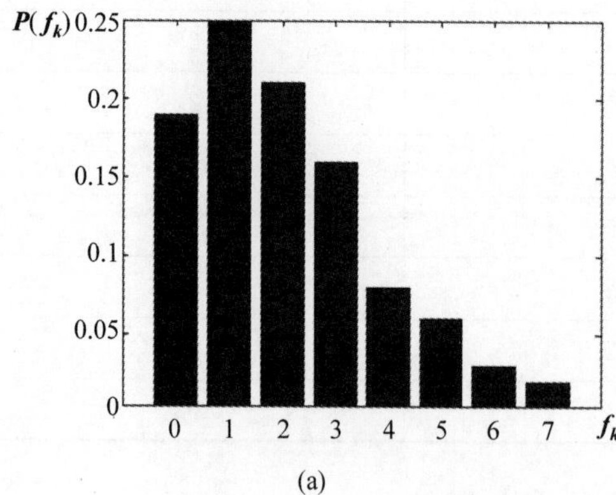

(a)

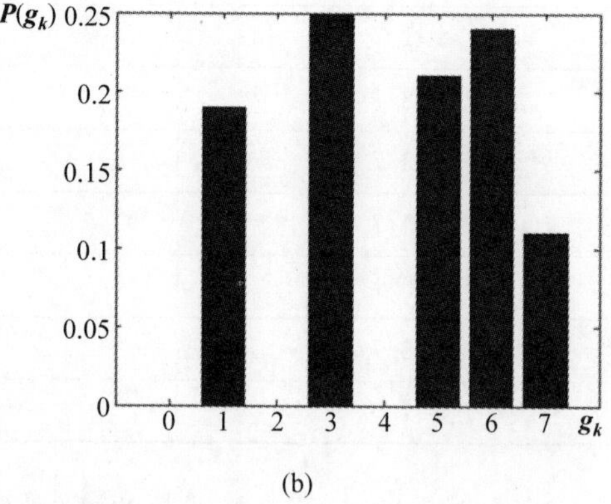

(b)

图 3-22 直方图均衡化示例 1

(a)原图像直方图;(b)均衡化后的直方图

对于背景和前景都太亮或者太暗的图像,直方图均衡化方法非常有用,该方法尤其可以更好地显示 X 光图像中骨骼的结构及曝光过度或曝光不足照片中的细节。直方图均衡化方法的主要优势:它是一个相当直观的技术并且是可逆操作,如果已知均衡化函数,那么就可以恢复原始的直方图,且计算量也不大。然而该方法的缺点是其对处理的数据不加选择,可能会增加背景噪声的对比度并降低有用信号的对比度;变换后图像的灰度级减少,某些细节消失;某些图像(如高峰的直方图)经处理后峰谷不明显。图 3-23 所示为经过直方图均衡化前后的图像和直方图对比。

3.3.2 直方图规定化

尽管直方图均衡化能够自动增强整个图像的对比度,但其增强效果不容易控制,处

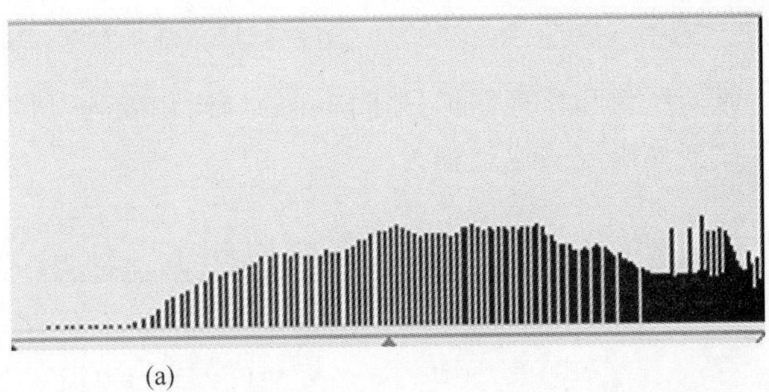

(a)

(b)

图 3-23 直方图均衡化示例 2

(a)偏亮的原图和直方图；(b)直方图均衡化后的图和直方图

理的结果也总是得到全局均匀化的直方图。在实际操作中有时需要变换直方图，使之成为某个特定的形状，从而有选择地增强某个灰度值范围内的对比度。这时可以采用比较灵活的直方图规定化的方法。通常正确地选择直方图规定化的函数可以获得比直方图均衡化更好的效果。

直方图规定化，就是通过一个灰度映像函数，将原灰度直方图按照预先设定的某个形状来调整图像。因此，直方图规定化的关键就是灰度映像函数。

直方图规定化主要有以下 3 个步骤(这里假设 M 和 N 分别为原始图和规定化直方图中的灰度级数，且只考虑 $N \leqslant M$ 的情况)：

(1) 对原始图的直方图进行灰度均衡化。

$$s_k = \mathrm{EH}_r(r_i) = \sum_{i=0}^{k} P_r(r_i) \tag{3-17}$$

(2) 规定需要的直方图，并计算能使规定的直方图均衡化的变换。

$$u_l = \mathrm{EH}_z(z_j) = \sum_{j=0}^{l} P_z(z_j) \tag{3-18}$$

(3) 将原始直方图对应映射到规定的直方图，即将所有 $P_r(r_i)$对应到 $P_z(z_j)$上。

直方图规定化的基本思想：

假设 $P_r(r)$和 $P_z(z)$分别表示原始图像和目标图像灰度分布的 PDF，直方图规定化就是建立 $P_r(r)$和 $P_z(z)$之间的联系。首先对原始图像进行直方图均衡化处理，即求变换函数

$$s = T(r) = \int_0^r P_r(\omega)\mathrm{d}\omega \tag{3-19}$$

对目标图像用同样的变换函数进行均衡化处理，即

$$u = G(z) = \int_0^z P_z(\omega)\mathrm{d}\omega \tag{3-20}$$

原始图像和目标图像做了同样的均衡化处理，所以 $P_s(s)$ 和 $P_u(u)$ 具有同样的均匀密度。变换函数的逆过程为

$$Z = G^{-1}(u) \tag{3-21}$$

用原始图像得到的均匀灰度级 s 来代替逆过程中的 u，结果灰度级即所要求的 PDF $P_z(z)$ 的灰度级，即

$$Z = G^{-1}(u) = G^{-1}(s) \tag{3-22}$$

图 3-24 为原始图像直方图和规定的直方图，下面介绍规定的直方图求解过程。

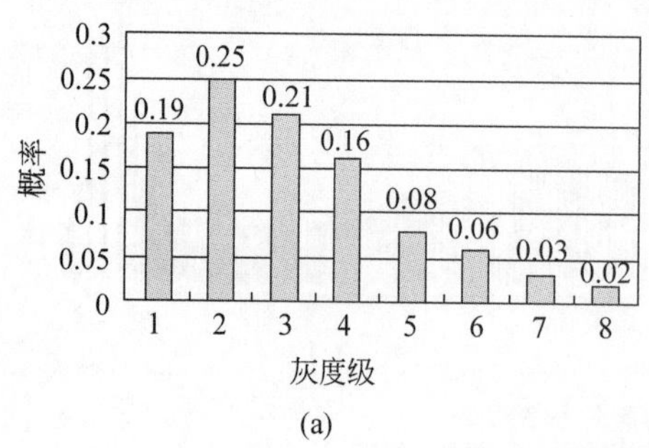

(a)

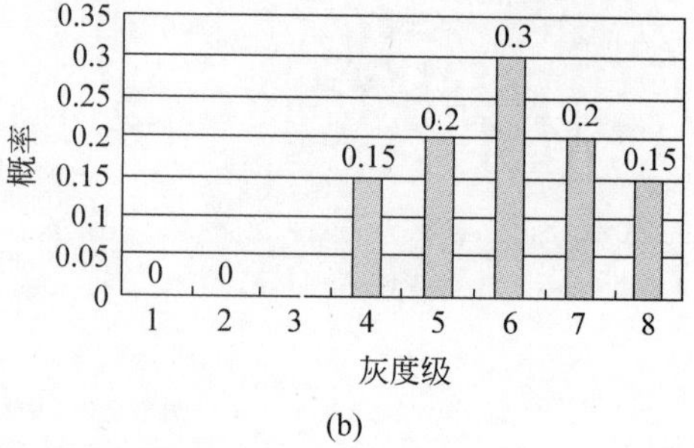

(b)

图 3-24 原始图像直方图和规定的直方图

(a) 原始图像直方图；(b)规定的直方图

假设图像为 64×64 像素，灰度级为 8(如图 3-24 所示)。原始图像直方图数据和规定的直方图数据分别列于表 3-3 和表 3-4 中。

表 3-3 原始图像直方图数据

r_k	n_k	$P_r(r_k)$
$r_0=0$	790	0.19
$r_1=1/7$	1023	0.25
$r_2=2/7$	850	0.21
$r_3=3/7$	656	0.16
$r_4=4/7$	329	0.08
$r_5=5/7$	245	0.06
$r_6=6/7$	122	0.03
$r_7=1$	81	0.02

表 3-4 规定的直方图数据

z_k	$P_z(z_k)$
$z_0=0$	0.19
$z_1=1/7$	0.25
$z_2=2/7$	0.21

续表

z_k	$P_z(z_k)$
$z_3=3/7$	0.16
$z_4=4/7$	0.08
$z_5=5/7$	0.06
$z_6=6/7$	0.03
$z_7=1$	0.02

(1) 首先对原始图像直方图进行均衡化，均衡化过程参见 3.3.1 节，对表 3-3 均衡化处理的直方图数据如表 3-5 所示，其中 r_t 表示图像原来的灰度级，s_k 表示图像均衡化后的灰度级。

表 3-5 对表 3-3 均衡化处理的直方图数据

$r_t \to s_k$	n_k	$P_r(r_k)$
$r_0 \to s_0=1/7$	790	0.19
$r_1 \to s_1=3/7$	1023	0.25
$r_2 \to s_2=5/7$	850	0.21
$r_3+r_4 \to s_3=6/7$	985	0.24
$r_5+r_6+r_7 \to s_4=1$	448	0.11

(2) 利用式(3-17)计算变换函数。

$$u_k=G(z_k)=\sum_{j=0}^{k}P_z(z_j) \tag{3-23}$$

式中：z_k——规定的直方图对应图像的灰度级；

u_k——规定的直方图对应图像均衡化后的灰度级。

$$u_0=G(z_0)=\sum_{j=0}^{0}P_z(z_j)=P_z(z_0)=0.00$$

$$u_1=G(z_1)=\sum_{j=0}^{1}P_z(z_j)=P_z(z_0)+P_z(z_1)=0.00$$

$$u_2=G(z_2)=\sum_{j=0}^{2}P_z(z_j)=P_z(z_0)+P_z(z_1)+P_z(z_2)=0.00$$

$$u_3=G(z_3)=\sum_{j=0}^{3}P_z(z_j)=P_z(z_0)+P_z(z_1)+P_z(z_2)+P_z(z_3)=0.15$$

$$u_4=G(z_4)=\sum_{j=0}^{4}P_z(z_j)=0.35$$

$$u_5=G(z_5)=\sum_{j=0}^{5}P_z(z_j)=0.65$$

$$u_6=G(z_6)=\sum_{j=0}^{6}P_z(z_j)=0.85$$

$$u_7 = G(z_7) = \sum_{j=0}^{7} P_z(z_j) = 1$$

(3) 用直方图均衡化中的 s_k 进行 G 的反变换，得

$$z_k = G^{-1}(s_k) \tag{3-24}$$

然后找出 s_k 与 $G(z_k)$的最接近值，例如，$s_0 = 1/7 \approx 0.14$，与它最接近的是 $G(z_3) = 0.15$，所以用这种方法可得下列变换值：

$$s_0 = \frac{1}{7} \to z_3 = \frac{3}{7} \quad s_1 = \frac{3}{7} \to z_4 = \frac{4}{7}$$

$$s_2 = \frac{5}{7} \to z_5 = \frac{5}{7} \quad s_3 = \frac{6}{7} \to z_6 = \frac{6}{7}$$

$$s_4 = 1 \to z_7 = 1$$

(4) 用式(3-25)找出 r 与 z 的映射关系如图 3-25 所示。根据该映射关系重新分配像素灰度级，可得到对原始图像直方图规定化增强的最终结果。

$$z = G^{-1}[T(r)] \tag{3-25}$$

$$r_0 = 0 \to z_3 = \frac{3}{7} \quad r_1 = \frac{1}{7} \to z_4 = \frac{4}{7}$$

$$r_2 = \frac{2}{7} \to z_5 = \frac{5}{7} \quad r_3 = \frac{3}{7} \to z_6 = \frac{6}{7}$$

$$r_4 = \frac{4}{7} \to z_6 = \frac{6}{7} \quad r_5 = \frac{5}{7} \to z_7 = 1$$

$$r_6 = \frac{6}{7} \to z_7 = 1 \quad r_7 = 1 \to z_7 = 1$$

z_k		r_k	n_k	$P_z(z_k)$
$z_0=0$		0	0	0.00
$z_1=1/7$		1/7	0	0.00
$z_2=2/7$		2/7	0	0.00
$z_3=3/7$	→ $s_0=1/7$	3/7	790	0.19
$z_4=4/7$	→ $s_1=3/7$	4/7	1023	0.25
$z_5=5/7$	→ $s_2=5/7$	5/7	850	0.21
$z_6=6/7$	→ $s_3=6/7$	6/7	985	0.24
$z_7=1$	→ $s_4=1$	1	448	0.11

图 3-25 r 与 z 的映射关系

3.4 图像空域滤波增强

图像空域滤波指使用空域模板进行的图像处理，空域模板本身被称为空域滤波器。图像空域滤波的原理是在待处理的图像中逐点地移动模板，通过事先定义的滤波器系数与滤波模板扫描区域的相应像素值进行运算，从而得到增强的图像。空域滤波器按照以下关系进行分类。

(1) 从数学形态上可以把空域滤波器分为线性滤波器和非线性滤波器。典型的线性滤波如邻域平均法,典型的非线性滤波如中值滤波、最大最小值滤波。

(2) 从处理效果上可以把空域滤波器分为平滑空间滤波器和锐化空间滤波器。平滑空间滤波器用于模糊处理和减小噪声,经常在图像的预处理中使用。而锐化空间滤波器主要用于突出图像中的细节或者增强被模糊了的细节。

空域滤波是在图像空间通过邻域操作完成的,实现的方式基本都是利用模板(窗)进行卷积,实现的基本步骤为:①将模板中心与图中某个像素位置重合;②将模板的各系数与模板下各对应像素的灰度值相乘;③将所有乘积相加,再除以模板的系数个数;④将上述运算结果赋予图中对应模板中心位置的像素。

图 3-26 所示为用 3×3 的模板进行图像空域滤波示例。图 3-26(a)所示为一幅图像中的一部分,其中标了一些像素的灰度值。现设有一个 3×3 的模板如图 3-26(b)所示,模板内标有模板系数。如将 k_0 所在位置与图 3-26(a)中灰度值为 s_0 的像素重合(即将模板中心放在图 3-26(a)中(x,y)位置),则模板卷积的输出响应 R 为

$$R=k_0s_0+k_1s_1+\cdots+k_8s_8 \tag{3-26}$$

然后将 R 赋给增强图,作为在(x, y)位置的灰度值,如图 3-26(c)所示。如果对原图每个像素都进行该操作,就可得到增强图所有位置的新灰度值。如果在设计滤波器时给每个 k 赋不同的值,就可得到不同的增强效果。

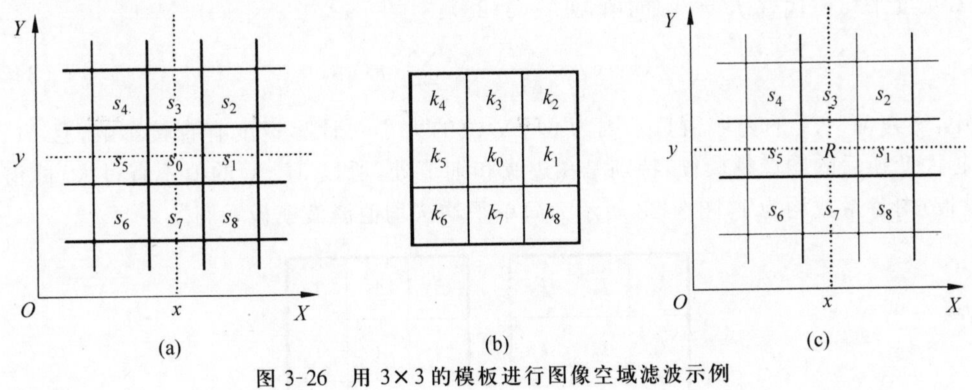

图 3-26 用 3×3 的模板进行图像空域滤波示例

3.4.1 均值滤波

均值滤波是典型的线性滤波算法,其采用的主要方法为邻域平均法。该方法的基本思想是用几个像素灰度的平均值来代替一个像素原来的灰度值,从而实现图像的平滑。图 3-27 所示为均值滤波示例和邻域形状。其中图 3-27(a)所示的图像为为了获取图像中 $f(x,y)$对应像素的新值,新开一个 $M\times N$ 的窗口 S,可以根据窗口内各点的灰度来确定 $f(x,y)$的新值,一般把该窗口 S 称为 $f(x,y)$的邻域,所以均值滤波也称为邻域平均法。邻域的大小和形状可以根据实际需要而定,通常有正方形、长方形和十字形等,如图 3-27 中的图 3-27(b)~图 3-27(d)所示。假设对应 $f(x,y)$像素的新值为 $g(x,y)$,则均值滤波的计算公式如下:

$$g(x,y)=\frac{1}{M\times N}\sum_{(i,j)\in S}f(i,j) \tag{3-27}$$

其中，S 为邻域。

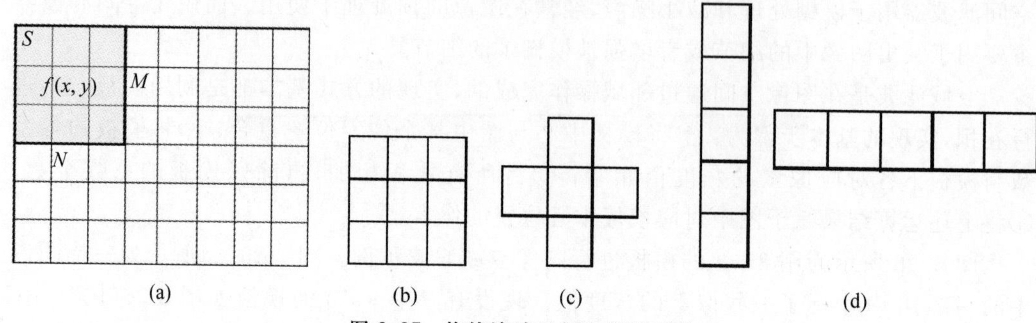

图 3-27 均值滤波示例和邻域形状

(a)窗口 S；(b)3×3 正方形；(c)十字形；(d) 长方形

均值滤波(邻域平均法)常见的方法有简单平均法和加权平均法，简单平均法为常见的线性滤波，而加权平均法可以看作非线性滤波。

1. 简单平均法

设图像像素的灰度值为 $f(x,y)$，取以其为中心的 $M\times N$ 大小的窗口，用窗口内各像素灰度平均值代替 $f(x,y)$的值，见式(3-28)：

$$\bar{f}(x,y)=\frac{1}{M\times N}\sum_{(u,v)\in S}f(u,v) \tag{3-28}$$

其中，S 为 $M\times N$ 的邻域窗口。因为 M、N 值的大小对计算速度有直接影响，且 M、N 值越大变换后的图像越模糊，特别是在边缘和细节处，所以 M、N 的值不宜过大，即窗口(模板)内各系数均为 1，图 3-28 所示为简单平均法均值滤波模板示例。

k_4	k_3	k_2
k_5	k_0	k_1
k_6	k_7	k_8

1	1	1
1	1	1
1	1	1

图 3-28 简单平均法均值滤波模板示例

式(3-27)可以表示为

$$g(x,y)=\frac{1}{M\times N}\sum_{i=0}^{M\times N-1}k_i s_i \tag{3-29}$$

式中：$g(x,y)$——(x,y)位置像素对应均值滤波后的新值；

$M\times N$——模板的大小；

k_i——模板系数；

s_i——对应像素的原灰度值。

图 3-29、图 3-30 所示为分别利用 3×3、5×5、7×7 模板对带有椒盐噪声和高斯噪声的图像进行均值滤波处理的示例。从两图可以看出，均值滤波随着模板大小的增加，噪声去除的效果也提高，但同时图像的模糊程度也随着提高，所以在实际应用中，应根据实

际情况选择合适的模板。

图 3-29 用 3×3、5×5、7×7 模板对带椒盐噪声图像进行均值滤波处理示例

(a)带椒盐噪声的原图；(b)3×3 模板的均值滤波；(c)5×5 模板的均值滤波；(d)7×7 模板的均值滤波

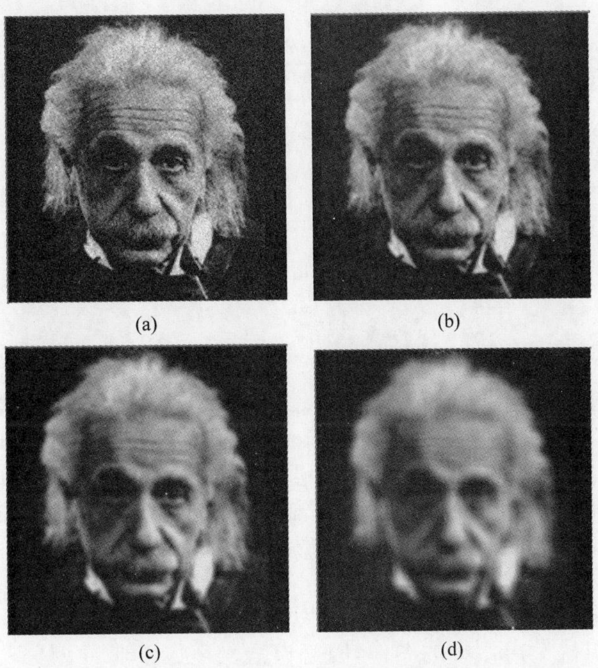

图 3-30 用 3×3、5×5、7×7 模板对带高斯噪声图像进行均值滤波处理示例

(a)带高斯噪声的原图；(b)3×3 模板的均值滤波；(c)5×5 模板的均值滤波；(d)7×7 模板的均值滤波

2. 加权平均法

很多学者认为如果简单进行邻域平均，并没有考虑邻域像素对被求解像素的影响程度，由此提出加权平均法。加权平均法是对不同位置的系数采用不同的数值，接近模板中心的系数较大而模板边界附近的系数较小，如图 3-28 所示的 3×3 加权平均模板，处于该模板中心位置的像素所乘的值比其他任何像素所乘的值更大，因此，在均值计算时模板中心位置的像素的贡献最大。由于对角项和中心点的距离(单位为$\sqrt{2}$)比正交方向相邻像素和中心的距离(单位为 1)更远，所以它的权重比与中心直接相邻的像素更小。赋予中心点最高权重，然后随着与中心点距离的增大而减小系数值的加权策略的目的是在平滑处理中试图降低模糊程度。在应用时可以根据这个原则来确定模板的系数，但是图 3-27 所示的加权平均法模板是常用模板，该模板中所有系数之和等于 16，是 2 的整数次幂，对计算机计算来说是一个非常具有吸引力的特性。如图 3-32 所示为利用图 3-31 的加权平均法模板进行加权均值滤波的效果示例。

1	2	1
2	4	2
1	2	1

图 3-31　加权平均法模板示例

(a)　(b)　(c)

(d)　(e)　(f)

图 3-32　利用图 3-31 的加权平均法模板进行加权均值滤波的效果示例

(a)带椒盐噪声的原图；(b)3×3 模板加权均值滤波；(c)3×3 简单均值滤波；
(d)带高斯噪声的原图；(e)3×3 模板加权均值滤波；(f)3×3 简单均值滤波

如图 3-32 所示，同样是 3×3 模板，利用加权均值滤波的效果比简单均值滤波效果好，特别是对于被椒盐噪声污染的图像，因为椒盐噪声属于脉冲型分布，所以当没有被噪声污染的像素点由于自身所获的权重比较大，邻域中即便存在噪声点也会被平滑；而高斯噪声自身是高斯均匀分布，所以利用加权均值滤波的优势并没有那么明显。

3.4.2　中值滤波

邻域平均法是低通滤波的处理方法，在抑制噪声的同时使图像变得模糊，即图像的细节被削弱。如果既要消除噪声又想更好地保持细节，可以使用中值滤波。中值滤波法是一种非线性平滑技术，该算法将每一像素点的灰度值设置为该点某邻域窗口内所有像素点灰度值的中值。

中值滤波是基于排序统计理论的一种能有效抑制噪声的非线性信号处理技术，其基本原理是用某种形状的模板，将模板内像素按照像素值的大小进行排序，生成单调上升(或下降)的数据序列，然后用该数据序列中间位置的值代替被求位置点的值，从而消除孤立的噪声点。中值滤波也是一种典型的低通滤波器，主要用来抑制脉冲噪声，它能彻底滤除尖波干扰噪声，同时又能较好地保护目标图像边缘。假设增强图像在(x,y)的原灰度值为$f(x,y)$，经过中值滤波法后在对应位置(x,y)的灰度值为$g(x,y)$，则有

$$g(x,y)=\text{median}\{f(x-k,y-l),k,l\in W\} \tag{3-30}$$

其中，W为选定窗口大小，通常为3×3和5×5模板，也可以是不同的形状，如线状、圆形、十字形和圆环形等。通常采用一个含奇数个点的滑动窗口。对于奇数个元素，中值为大小排序后中间的数值；对于偶数个元素，中值为排序后中间两个元素灰度值的平均值。

图3-33所示为带噪声的图像像素值，灰色填充的几个像素值明显比周围邻域像素值大，假设利用3×3的滤波模板，如图3-33中加粗框线框起来的窗口，中值滤波的工作步骤如下。

(1) 将3×3的滤波模板在图中移动，如图中加粗框线的位置。

(2) 读取3×3的滤波模板内各对应像素的灰度值，即(210、200、198、206、302、201、208、205、207)。

(3) 将这些灰度值从小到大(或从大到小)排成1行，即(198、200、201、205、206、207、208、210、302)。

(4) 找出这些值里排在中间，即第5个位置上的值206。

210	200	198	190	203	305
206	302	201	199	200	204
208	205	207	298	201	300
206	204	205	199	200	201
209	210	333	205	210	198
201	205	204	197	200	208

图3-33　带噪声的图像像素值

(5) 将这个中间值赋给对应窗口中心位置的像素，即用206替换3×3的滤波模板中间位置302。

这样就把302的值去除，达到消除噪声点的作用。

如图3-34、图3-35所示，中值滤波法对消除椒盐噪声非常有效，效果比均值滤波法明显；但是对于高斯噪声，中值滤波法和均值滤波法的效果相差不大。中值滤波在光学测量条纹图像的相位分析处理方法中有特殊作用，然而在条纹中心分析方法中作用不大。在图像处理中，中值滤波常用于保护边缘信息，是经典的平滑噪声的方法。

(a) (b) (c) (d)

图 3-34 均值滤波和中值滤波对比示例 1

(a)原图；(b)加椒盐噪声；(c)均值滤波结果；(d)中值滤波结果

(a) (b) (c) (d)

图 3-35 均值滤波和中值滤波对比示例 2

(a)原图；(b)加高斯噪声；(c)均值滤波结果；(d)中值滤波结果

3.4.3 锐化空域滤波器

锐化处理的主要目的是突出灰度的过渡部分。在图像中,物体和物体之间或物体和背景之间的交界处称为边界、边缘或轮廓。边界区域的灰度是突变或不连续的。物体的图像的特征以轮廓、边缘等形式反映出来,对图像目标进行机器识别,首要任务是依据图像边界的灰度特征,对物体、目标和背景进行分割,才能进行分析、识别和检测。图像模糊的实质是受到平均或积分处理,使图像中的边界、轮廓处的灰度突变减小,图像特征削弱。提高图像的清晰度有利于图像的机器或人工识别,需要对图像的轮廓进行补偿所采用的技术称为锐化,或称为边缘增强脸测。图像模糊可通过在空域像素邻域平均法实现,均值处理与积分类似,从数学的观点来看,考察某区域内灰度的变化是微分的概念。微分值大,表明灰度的变化率大,边缘明显、清晰;反之,微分值小,图像函数在某处的表示灰度的变化率小,边缘模糊。当微分值等于 0 时,表示灰度不变。

利用微分运算可以锐化图像。图像处理中最常用的微分方法是利用梯度。对一个连续函数 $f(x,y)$,其梯度是一个矢量,由(用两个模板)分别沿 x 轴和 y 轴方向计算微分的结果构成:

$$\nabla f = \begin{bmatrix} \dfrac{\partial f}{\partial x} & \dfrac{\partial f}{\partial y} \end{bmatrix}^{\mathrm{T}} \tag{3-31}$$

其模以 2 为范数,模计算(对应欧氏距离)为

$$|\nabla f_{(2)}| = \mathrm{mag}(\nabla f) = \left[\left(\frac{\partial f}{\partial x}\right)^2 + \left(\frac{\partial f}{\partial y}\right)^2\right]^{1/2} \tag{3-32}$$

在实际中,为了计算方便也可采用以 1 为范数(城区距离)如式(3-33)所示,以∞为范数(棋盘距离)如式(3-34)所示。

$$|\nabla f_{(1)}| = \left|\frac{\partial f}{\partial x}\right| + \left|\frac{\partial f}{\partial y}\right| \tag{3-33}$$

$$|\nabla f_{(\infty)}| = \max\left\{\left|\frac{\partial f}{\partial x}\right|, \left|\frac{\partial f}{\partial y}\right|\right\} \tag{3-34}$$

还有更多其他方法可以进行简化计算方法,如 roberts 算子、Sobel 算子和拉普拉斯算子等,参见 6.3 节。

一旦计算梯度的算法确定,有许多方法使图像轮廓突出显示。假设 $g(x,y)$ 表示锐化后图像,$f(x,y)$ 为原始图像,$G[f(x,y)]$ 为梯度图像函数,最简单的方法就是令 (x,y) 点上锐化后图像函数 $g(x,y)$ 值等于原始图像 $f(x,y)$ 在该点的梯度值,即

$$g(x,y) = G[f(x,y)] \tag{3-35}$$

此算法的缺点是处理后的图像仅显示轮廓,灰度平缓变化的部分由于梯度值较少而显得较黑。

第二种是选择适当非负门限值 T,大于 T 的部分用梯度值表示,其余部分仍然保留原值,这样就可使图像上某些主要轮廓得以突出,而背景保留。

$$g(x,y) = \begin{cases} G[f(x,y)], & G[f(x,y)] > T \\ f(x,y), & \text{其他} \end{cases} \tag{3-36}$$

式中:T——门限值或阈值。

第三种是背景保留，轮廓取单一灰度值，即

$$g(x,y)=\begin{cases}\mathrm{LG}, & G[f(x,y)]>T\\ f(x,y), & \text{其他}\end{cases} \tag{3-37}$$

式中：LG——根据需要而指定的灰度级。

在这种图像中，有效边缘是用一个固定的灰度级表征的。

第四种是轮廓保留，背景取单一灰度值，即

$$g(x,y)=\begin{cases}G[f(x,y)], & G[f(x,y)]>T\\ \mathrm{LB}, & \text{其他}\end{cases} \tag{3-38}$$

式中：LB——给背景指定的灰度级。

第五种是轮廓、背景分别取单一灰度值，即二值化。

$$g(x,y)=\begin{cases}\mathrm{LG}, & G[f(x,y)]>T\\ \mathrm{LB}, & \text{其他}\end{cases} \tag{3-39}$$

3.5 图像频域滤波增强

图像频域滤波增强方法是把图像从空域变换到频域，然后在频域上进行分析处理，最后再变换回到空域的一种图像增强方法。图像频域滤波增强的基本原理是让图像在变换域某个范围内的分量受到抑制而让其他分量不受影响，从而改变输出图像的频率分布，达到增强图像的目的。

卷积理论是频域技术的基础。假设函数 $f(x,y)$与线性位不变算子 $h(x,y)$的卷积结果是 $g(x,y)$，即 $g(x,y)=h(x,y)*f(x,y)$，那么根据卷积定理在频域有

$$G(u,v)=H(u,v)\cdot F(u,v) \tag{3-40}$$

其中，$G(u,v)$、$H(u,v)$、$F(u,v)$分别是 $g(x,y)$、$h(x,y)$、$f(x,y)$的傅里叶变换，$H(u,v)$称为转移函数或滤波器函数。

在具体的增强应用中，$f(x,y)$是给定的，所以 $F(u,v)$可利用变换得到，需要确定的是 $H(u,v)$，这样具有所需特性的 $g(x,y)$就可由式(3-41)算出 $G(u,v)$而得到：

$$g(x,y)=F^{-1}[H(u,v)\cdot F(u,v)] \tag{3-41}$$

频域滤波增强的主要步骤如下：

(1) 对原始图像 $f(x,y)$进行傅里叶变换得到 $F(u,v)$；

(2) 将 $F(u,v)$与转移函数 $H(u,v)$进行卷积运算得到 $G(u,v)$；

(3) 将 $G(u,v)$进行傅里叶逆变换得到增强图 $g(x,y)$。

图像中的边缘和图像灰度急剧变换之处及噪声等对应图像傅里叶变换的高频部分，图像中灰度值缓慢变化的区域对应于图像傅里叶变换的低频部分。因此可以通过在频域中对图像的特定频率范围进行衰减以实现图像的增强。因而，通常也将 $H(u,v)$称为滤波器传递函数。在以下的讨论中，仅考虑传递函数 $H(u,v)$对频域图像 $F(u,v)$的实部和虚部影响完全相同，这种滤波器称为零相移滤波器。$g(x,y)$可以突出 $f(x,y)$的某一方面的特征，如利用转移函数 $H(u,v)$突出高频分量，以增强图像的边缘信息，即高通滤波；如果是突出低频分量，可以使图像显得比较平滑，即低通滤波。

3.5.1　频域低通滤波

频域低通滤波是对图像特定频率范围内的高频成分进行衰减或截断而实现图像的平滑处理。

1. 理想低通滤波器

理想的二维低通滤波器是"截断"了傅里叶变换中所有高频成分。理想的二维低通滤波器的转移函数如下：

$$H(u,v)=\begin{cases}1, & D(u,v)\leqslant D_0\\ 0, & D(u,v)>D_0\end{cases} \tag{3-42}$$

其中，D_0 为截断频率，是一个非负整数，$D(u, v)$是从点(u, v)到频率平面原点的距离，即

$$D(u,v)=\sqrt{u^2+v^2} \tag{3-43}$$

图 3-36 为理想低通滤波器转移函数的剖面图。其中，图 3-36(a)给出 $H(u,v)$的一个剖面图(设 D 关于原点对称)，图 3-36(b)给出 $H(u,v)$的一个透视图。这里"理想"指小于 D_0 的频率可以完全不受影响地通过滤波器，而大于 D_0 的频率则完全不通过，因此 D_0 又叫截断频率。尽管理想低通滤波器在数学上已经有清楚的定义，在计算机模拟中也可实现，但对于在截断频率处直上直下的理想低通滤波器，用实际的电子器件是不能实现的。

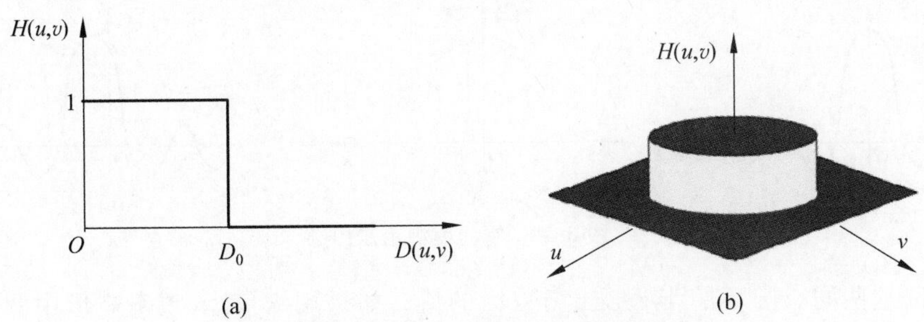

图 3-36　理想低通滤波器转移函数的剖面图

(a)剖面图；(b)三维透视图

使用理想滤波器时，输出图像会变得比较模糊和出现"振铃"(ring)现象，如图 3-37 所示。这可借助卷积定理来解释。为方便解释，考虑一维的情况，对一个理想低通滤波器，其 $h(x)$的一般形式可由求式(5-35)的傅里叶反变换得到，其曲线可见图 3-38(a)。假设 $f(x)$是一幅只有一个亮像素的简单图像，这个亮点可看作一个脉冲的近似，如图 3-38(b)所示。在这种情况下，$f(x)$和 $h(x)$的卷积实际上是把 $h(x)$曲线的中心复制到 $f(x)$中亮点的位置。比较图 3-38(b)和图 3-38(c)可明显看出，卷积使原来清晰的点被模糊函数模糊了，即原来图 3-38(b)中的脉冲线消失了。对更为复杂的原始图像，如认为其中每个灰度值不为零的点都可看作一个其值正比于该点灰度值的一个亮点，整幅图像由这些亮点组合而成，则上述结论仍可成立。

由图 3-37(b)和图 3-37(d)还可以看出，$h(x,y)$在二维图像平面上将显示出一系列

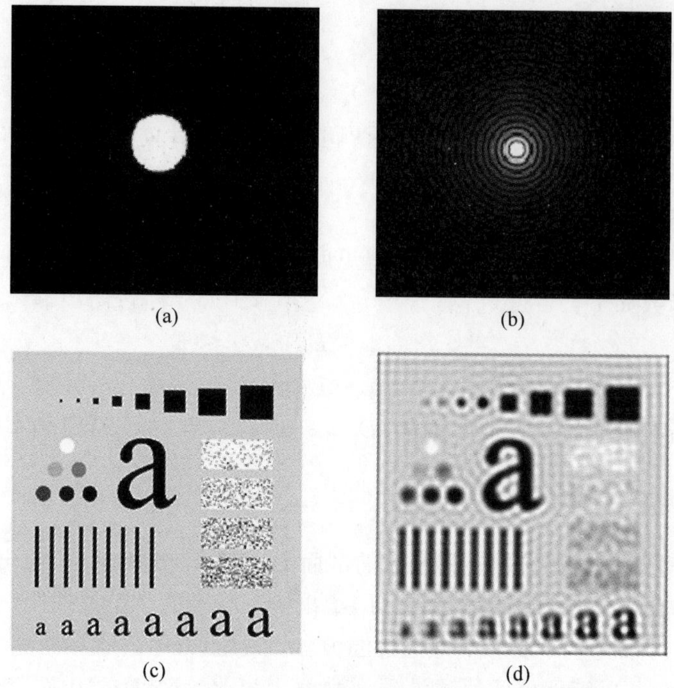

图 3-37 低通滤波示例

(a)原图；(b)低通滤波后的图；(c)原图；(d)低通滤波后的图

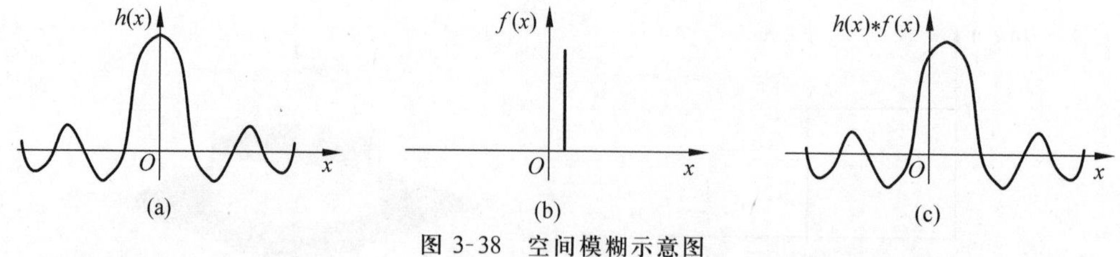

图 3-38 空间模糊示意图

同心圆环，这些同心圆环的半径反比于 D_0 的值。如果用 R 表示频率矩形中圆周的半径，B 表示图像能量百分比，则可以用式(3-44)来描述图像能量百分比：

$$B = 100\% \times \left[\sum_{u \in R} \sum_{v \in R} P(u,v) \Big/ \sum_{u=0}^{N-1} \sum_{v=0}^{N-1} P(u,v) \right] \tag{3-44}$$

其中，$P(u,v)$是 $f(x,y)$的傅里叶频谱的平方，称为 $f(x,y)$的功率谱。

$$P(u,v) = |F(u,v)|^2 = R^2(u,v) + I^2(u,v) \tag{3-45}$$

其中，R、I 分别为傅里叶变换的实部和虚部。

由于傅里叶变换的实部 $R(u,v)$及虚部 $I(u,v)$随着频率 u、v 的升高而迅速下降，能量随着频率的升高而迅速减小，因此在频域平面上能量集中于频率很小的圆域内，当 D_0 增大时能量衰减很快。如果 D_0 较小，就会使 $h(x,y)$产生数量较少但较宽的同心圆环，并使 $g(x,y)$模糊得比较厉害。当增加 D_0 时，就会使 $h(x,y)$产生数量较多但较窄的同心圆环，并使 $g(x,y)$模糊得比较少。如果 D_0 超出 $F(u,v)$的定义域，滤波不会使 $F(u,v)$发生变化，相当于没有滤波。图 3-39 所示为频域低通滤波效果图，D_0 和 B 的值

分别为

$$D_0 = 5, 11, 22, 45$$

$$B = 90\%, 95\%, 98\%, 99\%$$

整个能量的90%被一个半径为5的小圆周包含，大部分尖锐的细节信息都存在于被去掉的10%的能量中。从图3-39(c)可以看出，虽然平滑滤波的效果很好，噪声都被滤除了，但是图像变得非常模糊，图像中的大部分信息都已丢失，基本分辨不清图像的特征；图3-39(d)的截止频率$D_0 = 11$；噪声点也基本上看不到，但是存在明显的振铃现象；图3-39(e)的截止频率$D_0 = 22$，振铃现象减弱，图像比较清晰；图3-39(f)的截止频率$D_0 = 45$，平滑效果很小，基本上和原图像差不多。合理地选取D_0是应用低通滤波器平滑图像的关键。

图3-39 频域低通滤波效果图

(a)原图；(b)对应傅里叶频谱图；(c)$D_0 = 5$；(d)$D_0 = 11$；(e)$D_0 = 22$；(f)$D_0 = 45$

2. 巴特沃斯低通滤波器

物理上可以实现的一种低通滤波器是巴特沃斯(Butterworth)低通滤波器。一个阶为n，截断频率为D_0的巴特沃斯低通滤波器的转移函数为

$$H(u,v) = \frac{1}{1 + [D(u,v)/D_0]^{2n}} \tag{3-46}$$

一般情况下，常取使H最大值降到某个百分比的频率为截断频率。图3-40为阶数为1的巴特沃斯低通滤波器剖面示意图。图3-41为阶数n为1～4的巴特沃斯低通滤波函数$H(u,v)$剖面示意图。

如图3-41所示，巴特沃斯低通滤波转移函数曲线比较平滑，没有明显的跳变，在通过频率和滤除频率之间没有明显截止的尖锐点，因此通常把$H(u,v)$开始小于其最大值的一定比例的点当作其截止频率点,常用的截止频率 D_0 有两种定义:一种是把 $H(u,v)=0.5$ 时的 D 作为截止频率;另一种是把 $H(u,v)$ 降低到 $1/\sqrt{2}$ 时的频率 D 作为截止频率。

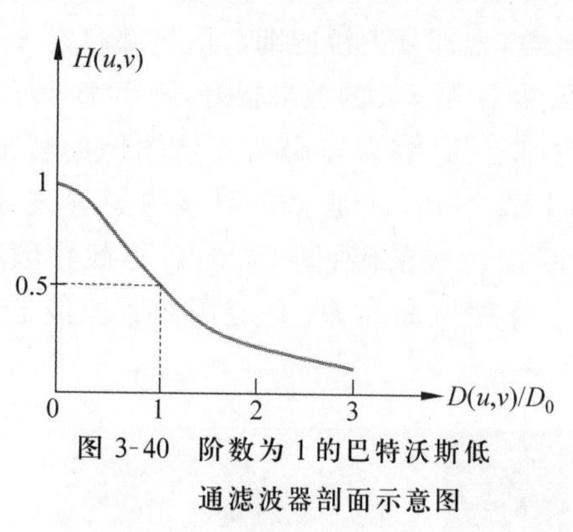

图 3-40 阶数为 1 的巴特沃斯低通滤波器剖面示意图

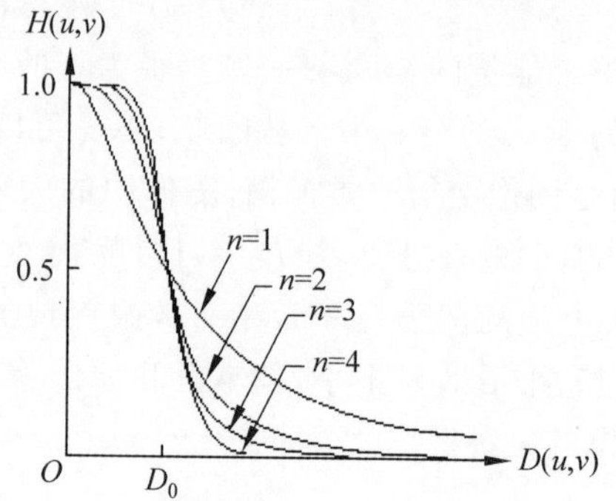

图 3-41 阶数 n 为 1～4 的巴特沃斯低通滤波函数 $H(u,v)$ 剖面示意图

用巴特沃斯低通滤波器得到的输出图像仍保留微量的高频成分,但振铃现象不明显。图 3-42 所示为两种低通滤波器的效果比较。以相同的截止频率分别对图 3-42(a)采用理想低通滤波和阶数为 1 的巴特沃斯低通滤波进行处理,处理结果如图 3-42(b)和图 3-42(c)所示。从图中可以看出,同样的截止频率,巴特沃斯低通滤波的效果明显比理想低通滤波好。

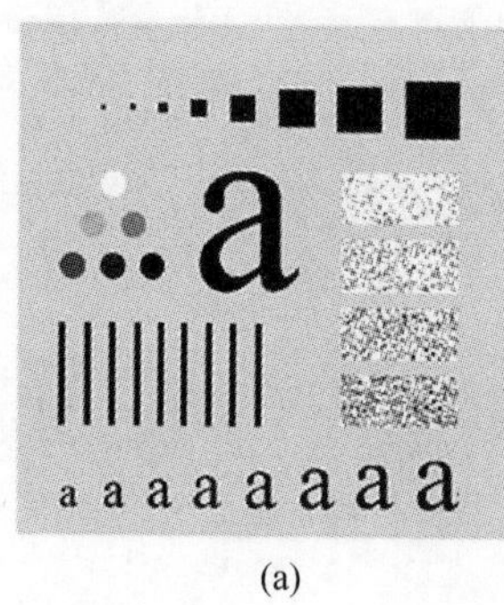

(a)

(b)

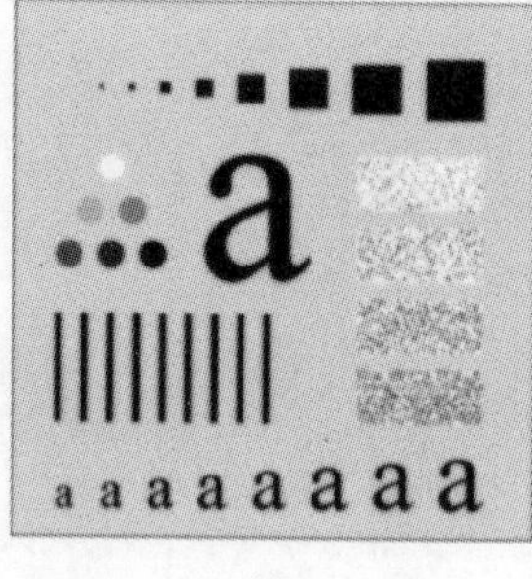

(c)

图 3-42 两种低通滤波器的效果比较

(a)原图;(b)理想低通滤波;(c)巴特沃斯低通滤波

3.5.2 频域高通滤波

图像中的边缘对应高频分量,因此要锐化图像可用高通滤波器,它能消除对应图像中灰度值缓慢变换区域的低频分量。高通滤波可以让高频分量顺利通过,使图像的边缘轮廓变得清晰,所以高通滤波通常也可用于图像边缘的增强和锐化处理。

1. 理想高通滤波器

一个二维的理想高通滤波器定义为

$$H(u,v)=\begin{cases}0, & D(u,v)\leqslant D_0\\ 1, & D(u,v)>D_0\end{cases} \tag{3-47}$$

式中：D_0——截止频率；

$D(u,v)$——从点(u,v)到频率平面原点的距离，由式(3-43)求得。

图 3-43(a)给出了 $H(u,v)$的一个剖面图，图 3-43(b)给出了 $H(u,v)$的一个透视图，它在形状上与理想低通滤波器的正好相反，但和理想低通滤波器一样，理想高通滤波器也不能用实际的电子器件实现。

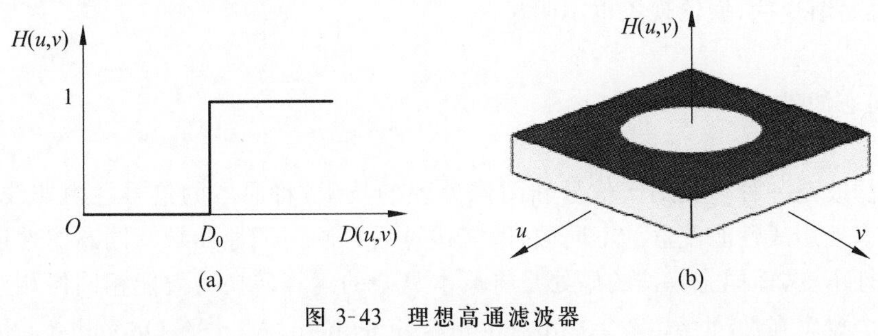

图 3-43 理想高通滤波器

(a)剖面图；(b)透视图

2. 巴特沃斯高通滤波器

形状与巴特沃斯低通滤波器的形状正好相反，一个阶为 n，截断频率为 D_0 的巴特沃斯高通滤波器的转移函数为

$$H(u,v)=\frac{1}{1+[D_0/D(u,v)]^{2n}} \tag{3-48}$$

阶数为 1 的巴特沃斯高通滤波器剖面图如图 3-44 所示，与巴特沃斯低通滤波器类似，巴特沃斯高通滤波器在通过和滤掉的频率之间也没有不连续的分界。由于在高低频率间的过渡比较光滑，所以巴特沃斯高通滤波器得到的输出图振铃现象不明显。

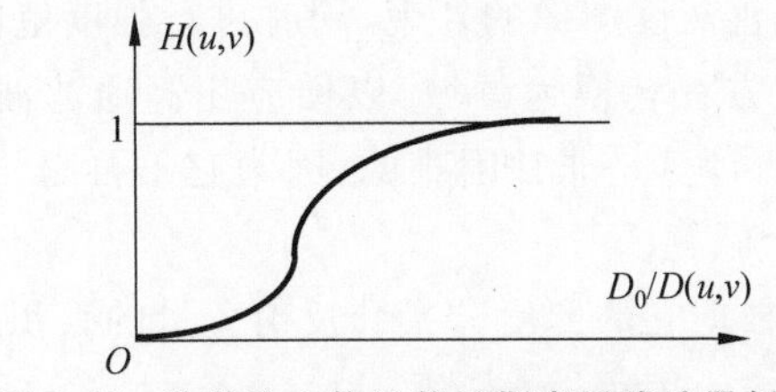

图 3-44 阶数为 1 的巴特沃斯高通滤波器剖面图

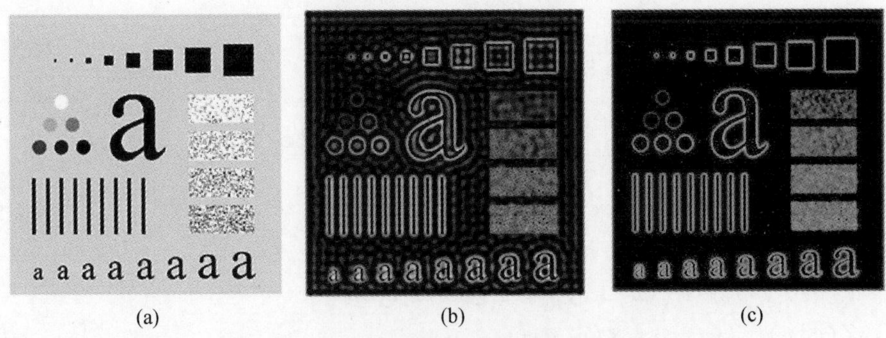

图 3-45 两种高通滤波器的效果比较

(a)原图；(b)理想高通滤波；(c)巴特沃斯高通滤波

巴特沃斯高通滤波器只记录了图像的变化，而不能保持图像的能量。由于低频分量大部分被滤除，所以虽然图中各区域的边界得到了明显的增强，但图中原来较平滑区域内部的灰度动态范围被压缩，使整幅图像比较昏暗。图 3-45 所示为两种高通滤波器的效果比较，图 3-45(b)中，理想高通滤波出现了明显的振铃现象，即图像边缘有抖动现象；而图 3-45(c)中巴特沃斯高通滤波效果较好，但是计算复杂，其优点是有少量的低频通过，故边缘是渐变的，振铃现象也不明显。

3.5.3 同态滤波

同态滤波是一种广泛用于信号和图像处理的技术，将原本的信号经由非线性映射，转换到可以使用线性滤波器的不同域，做完运算后再映射回原始域。同态的性质就是保持相关属性不变，而同态滤波的好处是将原本复杂的运算转换为效能相同但相对简单的运算。这个概念在 20 世纪 60 年代由 Thomas Stockham、Alan V. Oppenheim 和 Ronald W. Schafer 在麻省理工学院提出。

一副图像可以表示为其照度(illumination)分量和反射(reflectance)分量的乘积。虽然照度和反射率在时域是不可分离的，但它们在频域中的近似位置可以被定位。由于照度和反射率是乘法结合的，通过对图像强度取对数，可以使这些成分成为加法，因此图像的这些乘法成分可以在频域中进行线性分离。由于照度可视为环境中的照明，相对变化较小，可视为图像的低频成分；而反射率相对变化较大，则可视为高频成分。通过分别处理照度和反射率对像元灰度值的影响，通常是借由高通滤波器，让图像的照明更加均匀，达到增强阴影区细节特征的目的。也就是说，在对数强度域中，高通滤波用来抑制低频成分和放大高频成分。

操作同态滤波可用于改善灰度图像的外观，同时进行强度范围压缩(照明)和对比度增强(反射)。我们必须将该方程转换为频域，以便应用高通滤波器。然而，在对这个方程进行傅里叶变换后，要进行计算是非常困难的，因为它不再是一个乘积方程。因此，我们使用“log”来帮助解决这个问题。

一个图像 $f(x,y)$ 可以根据它的照度分量和反射分量的乘积来表示

$$f(x,y)=i(x,y)r(x,y)$$

式中：$i(x,y)$——照度分量函数；

$r(x,y)$——反射分量函数。

同态滤波流程图如图 3-46 所示。

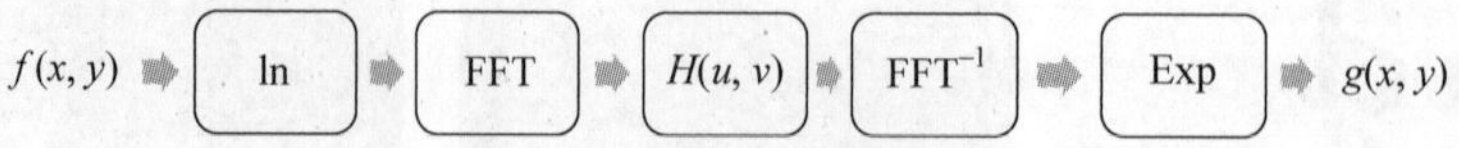

$f(x,y)$ → ln → FFT → $H(u,v)$ → FFT^{-1} → Exp → $g(x,y)$

图 3-46 同态滤波流程图

(1) $z(x,y)=\ln f(x,y)=\ln i(x,y)+\ln r(x,y)$

(2) $F[z(x,y)]=F[\ln i(x,y)]+F[\ln r(x,y)]$

$$Z(u,v)=I(u,v)+R(u,v)$$

(3) 压缩 $i(x,y)$ 分量的变化范围，削弱 $I(u,v)$，增强 $r(x,y)$ 分量的对比度，提升

$R(u,v)$，增强细节。确定 $H(u,v)$。

$S(u,v)=H(u,v)\times I(u,v)+H(u,v)\times R(u,v)$

(4) $i'(x,y)=H(u,v)\times I(u,v)$

$r'(x,y)=H(u,v)\times R(u,v)$

(5) $i_0(x,y)=\exp[i'(x,y)]$

$r_0(x,y)=\mathrm{esp}[r'(x,y)]$

$g(x,y)=i_0(x,y)\times r_0(x,y)$

利用同态滤波去除乘性噪声(multiplicative noise)，可以同时增加对比度及标准化亮度，借此达到图像增强的目的，如图 3-47 所示。

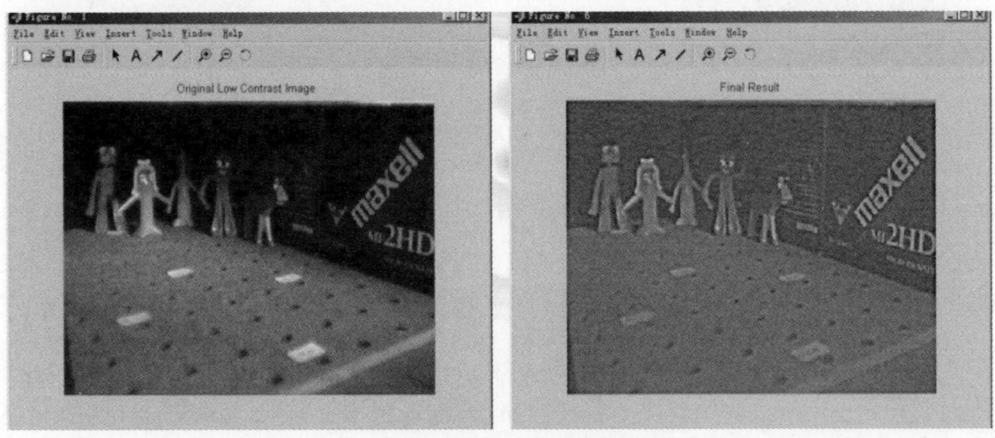

图 3-47　去除乘性噪声前后对比

3.6 应用案例

3.6.1 浮雕效果的制作

浮雕效果是指物体的轮廓、边缘外貌经过修整形成凸出效果，浮雕类似边缘检测，其目的是突出对象的边缘和轮廓。浮雕效果通过图像填充色与灰色的转换，用原填充色描画边缘，使图像呈现凸起或凹进效果，从而呈现“浮雕”图案。浮雕处理可以采用边缘锐化、边缘检测算子检测或其相关类似方法来实现，边缘检测算子参见 6.3 节。利用梯度突出轮廓的方法有多种，参见 3.4.3 节。实现浮雕常用的方法是用当前点的 RGB 值减去相邻点的 RGB 值后，再加上 128 作为新的 RGB 值。例如：

$$g(i,j)=f(i,j)-f(i-1,j)+\text{常数} \tag{3-49}$$

其中，$g(i,j)$表示新图像上(i,j)位置的值，$f(i,j)$表示原图像上(i,j)位置的值，“常数”通常取 128。

由于图片中相邻点的 RGB 值比较接近，因此经过浮雕处理之后，只有颜色的边沿区域，即相邻颜色差异较大的部分的效果才会比较明显，而其他平滑区域相减后基本趋于 0，加上 128 后的值接近 128 即灰色，最终图像整体具有了浮雕效果，如图 3-48

所示。

(a)

(b)

图 3-48　浮雕示例

(a)原图；(b)浮雕效果图

在实际应用中，经过浮雕处理后，有些区域可能还存在一些"彩色"的点或者条状痕迹，可以对新的 RGB 值再做一个灰度处理即可达到效果。

3.6.2　美化人脸

现在常用的修图应用程序(如美图秀秀、Photoshop 等)一般都具备美化人脸的功能，例如在某些社交网页或应用程序上看到的照片，特别是个人照片，通常都会利用美化人脸这个功能，如图 3-49 所示，图 3-49(a)中的人脸上有雀斑，经过图像增强算法处理之后，变成图 3-49(b)所示的效果，雀斑已经被去掉，人脸展现完美效果。下面以图 3-49 为例介绍美化人脸。

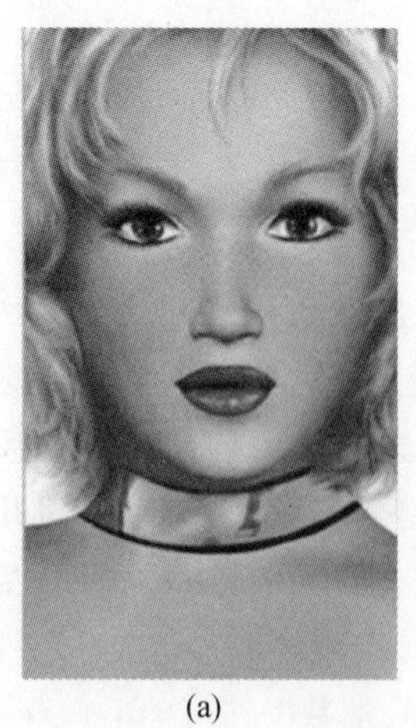
(a)

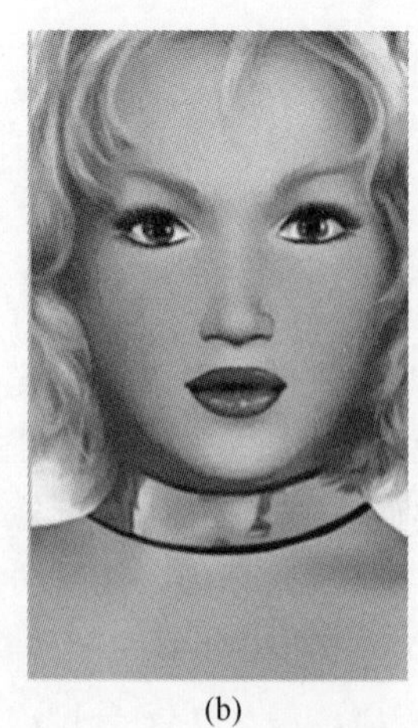
(b)

(c)

图 3-49　美化人脸示例

由于图 3-49(a)图中的人脸有雀斑，在眼睛下面鼻子两侧较明显，因此对该图的美化主要是去雀斑，美化人脸的步骤主要包括平滑和锐化，具体实现步骤如下。

(1) 首先利用 3×3 模板对图 3-49(a)进行中值滤波，对脸上的雀斑进行平滑处理。因为雀斑的分布类似噪声，具有与周围像素突变的特性，所以可以采用去除噪声的方法

来去除雀斑。去除噪声的常见方法有均值滤波和中值滤波等,本例采用中值滤波。

(2) 由于图 3-49(a)中雀斑分布比较密集,利用一次平滑滤波不能全部去掉雀斑,所以可以进行多次平滑处理,平滑结果如图 3-49(c)所示,本例进行了 3 次同样的中值滤波。在实际应用中,可以采用均值滤波和中值滤波结合的方法。

(3) 从图 3-49(c)中可以看到在平滑雀斑的同时,睫毛和头发等细节变模糊了,所以为保持图 3-49(a)的睫毛和头发等细节,又对图 3-49(c)进行锐化操作,锐化可以采用梯度锐化等方法,本例主要采用拉普拉斯算子(参见 6.2.6 节)进行锐化,经过两次拉普拉斯算子锐化,得到图 3-49(b)所示的效果图。

注意:在实际的应用实例中,一般会根据实际图像的本身特性采用不同的方法进行美化。

3.6.3 毛玻璃效果

Photoshop 里的扩散相当于毛玻璃的效果。毛玻璃效果的原理是用当前点四周一定范围内任意一点的颜色来替代当前点颜色,常用的方法是随机采用相邻点进行替代。

```
img8 = img;
for i=2:m-1
    for j=2:n-1
        tmp = randi([0,9]);
        img7(i,j,1) = img(i-1+rem(tmp,3),j-1+mod(tmp,3),1);
        img7(i,j,2) = img(i-1+rem(tmp,3),j-1+mod(tmp,3),2);
        img7(i,j,3) = img(i-1+rem(tmp,3),j-1+mod(tmp,3),3);
    end
end
```

3.6.4 怀旧色效果

怀旧色效果的滤镜风格是使图像颜色发黄的颜色风格。该滤镜模拟久置的相片发生褪色老化的效果。怀旧色效果算法可以用点运算来表示,R、G、B 分量的点运算映射函数分别如下所示:

$$R = 0.393\mathrm{r} + 0.769\mathrm{g} + 0.189\mathrm{b} \tag{3-50}$$

$$G = 0.349\mathrm{r} + 0.686\mathrm{g} + 0.168\mathrm{b} \tag{3-51}$$

$$B = 0.272\mathrm{r} + 0.534\mathrm{g} + 0.131\mathrm{b} \tag{3-52}$$

实现代码如下:

```
for i=1:m
    for j=1:n
        img3(i,j,1) = 0.393 * img(i,j,1)+0.769 * img(i,j,2)+0.189 * img(i,j,3);
        img3(i,j,2) = 0.349 * img(i,j,1)+0.686 * img(i,j,2)+0.168 * img(i,j,3);
        img3(i,j,3) = 0.272 * img(i,j,1)+0.534 * img(i,j,2)+0.131 * img(i,j,3);
    end
end
```

3.6.5 连环画效果

连环画的效果与图像灰度化后的效果相似，它们都是灰度图，但连环画增大了图像的对比度，使整体明暗效果更强。算法如下：

$$R = |g - b + g + r| \times r/256 \tag{3-53}$$

$$G = |b - g + b + r| \times r/256 \tag{3-54}$$

$$B = |b - g + b + r| \times g/256 \tag{3-55}$$

```
for i=1:m
    for j=1:n
        img4(i,j,1) = uint8(abs(uint16(img(i,j,2))-uint16(img(i,j,3))+
uint16(img(i,j,2))+uint16(img(i,j,1))) * uint16(img(i,j,1)) / 256);
        img4(i,j,2) = uint8(abs(uint16(img(i,j,3))-uint16(img(i,j,2))+
uint16(img(i,j,3))+uint16(img(i,j,1))) * uint16(img(i,j,1)) / 256);
        img4(i,j,3) = uint8(abs(uint16(img(i,j,3))-uint16(img(i,j,2))+
uint16(img(i,j,3))+uint16(img(i,j,1))) * uint16(img(i,j,2)) / 256);
    end
end
img4 = rgb2gray(img4);                              %转换为灰度图
```

3.6.6 交叉冲印效果

交叉冲印又称正片负冲，经过该滤镜修饰的照片亮部变黄，暗部变蓝，色彩更加艳丽。交叉冲印滤镜的算法可以用点运算来表示，R、G、B 分量的点运算映射函数如下所示。

$$R = \begin{cases} \dfrac{r^3}{2^{14}}, & r < 128 \\ 256 - \dfrac{(256 - r)^3}{2^{14}}, & \text{其他} \end{cases} \tag{3-56}$$

$$G = \begin{cases} \dfrac{g^2}{128}, & g < 128 \\ 256 - \dfrac{(256 - g)^2}{128}, & \text{其他} \end{cases} \tag{3-57}$$

$$B = \frac{b}{2} + 37 \tag{3-58}$$

```
for i=1:m
    for j=1:n
        if img(i,j,1)<128
            img5(i,j,1) = uint8(uint16(img(i,j,1)) * uint16(img(i,j,1)) *
uint16(img(i,j,1))/ 16384);
```

```
        else
            img5(i,j,1) = uint8(256 - (256 - uint16(img(i,j,1))) * (256 -
uint16(img(i,j,1))) * (256 - uint16(img(i,j,1))) / 16384);
        end

        if img(i,j,2)<128
            img5(i,j,2) = uint8(uint16(img(i,j,2)) * uint16(img(i,j,2)) /
128);
        else
            img5(i,j,2) = uint8(256 - (256 - uint16(img(i,j,2))) * (256 -
uint16(img(i,j,2))) / 128);
        end

        img5(i,j,3) = uint8(uint16(img(i,j,3)) / 2 + 37);
    end
end
```

3.6.7 光照效果

光照效果滤镜的实际原理为，光照强度随着像素点与光源的距离逐渐增加而逐渐衰减，当距离超过光照半径后光照强度为0，整幅图像的像素值修改为光照强度值加上原始值。根据该原理，设计该滤镜算法以下述方式进行滤波。

$$D(x,y)=\sqrt{(x-X)^2+(y-Y)^2} \tag{3-59}$$

$$I(x,y)=I(x,y)+k\times\max(0,1-D(x,y)/R) \tag{3-60}$$

式中：X、Y——光源的坐标；

x、y——待处理像素的坐标值。

K——100；%光照强度系数；

R——100；%光照半径；

X——$n/2$；%光源坐标；

Y——$m/2$。

```
for i=1:m
    for j=1:n
        distance = sqrt((i-Y) * (i-Y) + (j-X) * (j-X));
        img6(i,j,1) = uint8(uint16(img(i,j,1)) + K * max(0,1-distance/R));
        img6(i,j,2) = uint8(uint16(img(i,j,2)) + K * max(0,1-distance/R));
        img6(i,j,3) = uint8(uint16(img(i,j,3)) + K * max(0,1-distance/R));
    end
end
```

3.6.8 羽化效果

在photoshop里，羽化效果是使选定范围的图边缘达到朦胧的效果。羽化值越大，朦胧范围越宽，羽化值越小，朦胧范围越窄。可根据留下图的大小来调节。算法如下：

(1) 通过对 RGB 值增加额外的 V 值实现朦胧效果。

(2) 通过控制 V 值的大小实现范围控制。

$$V = 255 \times \frac{s_1}{s_2} \tag{3-61}$$

式中：s_1——当前点 Point 距中点距离的平方；

s_2——顶点距中点的距离平方×mSize。

```
mSize = 0.6;
centerX = n/2;
centerY = m/2;
diff = (centerX * centerX + centerY * centerY) * mSize;
if n>m
    ratio = m/n;
else
    ratio = n/m;
end
for i=1:m
    for j=1:n
        dx = centerX - j;
        dy = centerY - i;
        if n>m
            dx = dx * ratio;
        else
            dy = dy * ratio;
        end
        dstSq = dx * dx + dy * dy;

        V = 255 * dstSq / diff;
        img8(i,j,1) = img(i,j,1) + V;
        img8(i,j,2) = img(i,j,2) + V;
        img8(i,j,3) = img(i,j,3) + V;
    end
end
```

3.6.9 素描效果

在 photoshop 里把彩色图片打造成素描的效果，仅需要以下步骤：

(1) 去色(转为灰度图)。

(2) 复制去色图层，并且反色(反色相当于 $Y(i,j)=255-X(i,j)$)。

(3) 对反色图像进行高斯噪声模糊。

(4) 模糊后的图像叠加模式选择颜色减淡效果。减淡公式

$$C = \mathrm{MIN}(A + (A \times B)/(255 - B), 255)$$

式中：C——混合结果；

A——去色后的像素点；

B——高斯噪声模糊后的像素点。

```
img9_gray0 = rgb2gray(img);                  %转换为灰度图
img9_gray1 = 255 - img9_gray0;               %反色
w = fspecial('gaussian',[5 5],5);            %构造一个高斯滤波器
img9_gray2 = imfilter(img9_gray1,w);         %高斯模糊
%模糊后的图像叠加模式选择颜色减淡效果
for i=1:m
    for j=1:n
        img9(i,j) = uint8(min(uint16(img9_gray0(i,j)) + (uint16(img9_gray0(i,
j)) * uint16(img9_gray2(i,j))) / (255 - uint16(img9_gray2(i,j))),255));
    end
end
```

3.6.10 强光效果

强光模式提高和降低图像亮度的规律以中性灰为中间点(灰度值是127.5),大于127.5(比中性灰亮)时,提高背景图的亮度,小于127.5(比中性灰暗)时,降低背景图的亮度。

(1) $R>127.5$ 时,$R=R+(255-R)\times(R-127.5)/127.5$; (3-62)

(2) $R<127.5$ 时,$R=R-R\times(127.5-R)/127.5=(R\times R)/127.5$ (3-63)

```
for i=1:m
    for j=1:n
        if img(i,j,1)>127.5
            img10(i,j,1) = uint8(uint16(img(i,j,1)) + (255 - uint16(img(i,j,
1))) * (uint16(img(i,j,1))-127.5) / 127.5);
        else
            img10(i,j,1) = uint8(uint16(img(i,j,1)) * uint16(img(i,j,1)) /
127.5);
        end

        if img(i,j,2)>127.5
            img10(i,j,2) = uint8(uint16(img(i,j,2)) + (255 - uint16(img(i,j,
2))) * (uint16(img(i,j,2))-127.5) / 127.5);
        else
            img10(i,j,2) = uint8(uint16(img(i,j,2)) * uint16(img(i,j,2)) /
127.5);
        end

        if img(i,j,3)>127.5
            img10(i,j,3) = uint8(uint16(img(i,j,3)) + (255 - uint16(img(i,j,
3))) * (uint16(img(i,j,3))-127.5) / 127.5);
        else
            img10(i,j,3) = uint8(uint16(img(i,j,3)) * uint16(img(i,j,3)) /
127.5);
```

```
        end
    end
end
```

思考与练习

1. 设计一个单调的变换函数，使得变换后的图像的最低灰度为 C，最高灰度为$L-1$。

2. 假设对一幅数字图像进行直方图均衡化处理，再对该均衡化后的图像进行第二次直方图均衡化处理，请问两次处理的结果是否相同？为什么？

3. 如果有两幅图像 $f(x,y)$ 和 $g(x,y)$，它们的直方图分别为 h_f 和 h_g。给出根据 h_f 和 h_g 确定如下直方图的条件，并解释如何获得以下情形下的直方图：

(1) $f(x,y)+g(x,y)$。

(2) $f(x,y)-g(x,y)$。

4. 图 3-50 所示的两幅图都是 9×9 的图像，其中白色部分即白色像素点。虽然两幅图的视觉效果不同，但它们的直方图却相同。假设每一幅图像都用一个 3×3 均值模板进行模糊处理。请问：这两幅图像模糊后的直方图是否还相同？说明相同或不同的理由，如果不相同，画出模糊后的直方图。

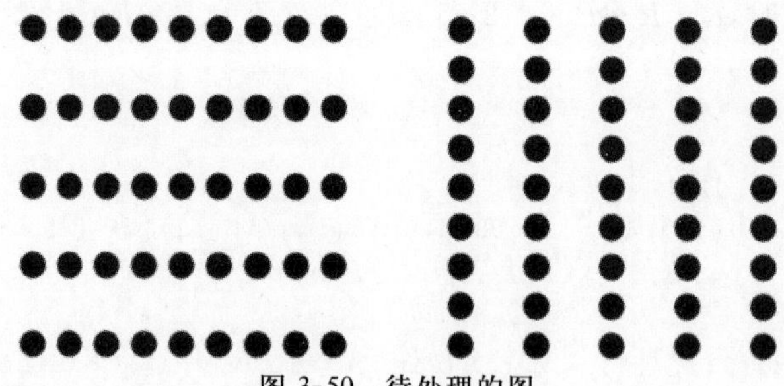

图 3-50　待处理的图

5. 试分析如果用一个 3×3 低通空间滤波器反复对一幅数字图像进行处理，会产生什么现象？如果改为 5×5 低通空间滤波器，结果会有什么不同？

6. 图 3-51 所示为一幅灰度图像的统计直方图，求该灰度图像经过直方图均衡化的直方图。

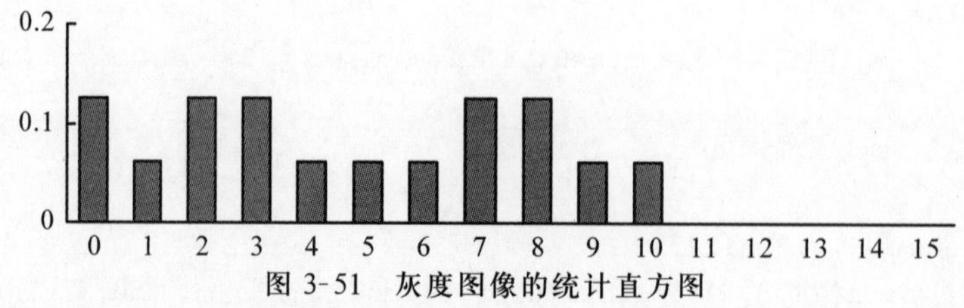

图 3-51　灰度图像的统计直方图

7. 请问利用图 3-52 中哪种模板进行中值滤波对目标的影响较小？即该模板在消除噪声的同时造成相对较小的误差（模板中 * 代表不为零的值），并进行分析。

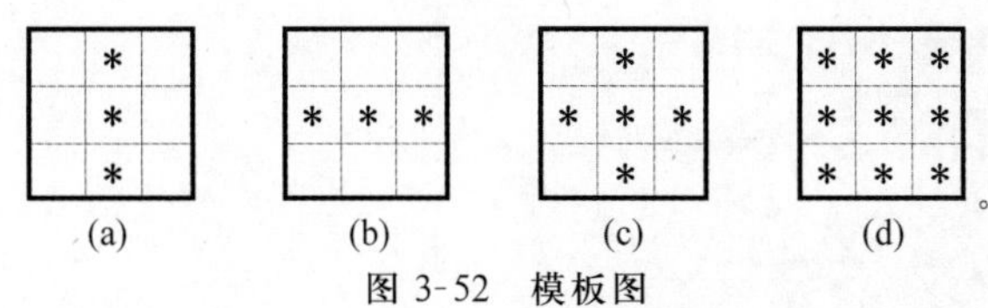

图 3-52 模板图

实验要求与内容

一、实验目的

1. 掌握数字图像的加噪与去噪方法。
2. 掌握数字图像灰度映射的几种方法。
3. 掌握数字图像直方图均衡化算法和直方图规定化算法。
4. 掌握数字图像的空域和频域图像增强方法。

二、实验要求

1. 编程实现对数字图像进行加高斯噪声、椒盐噪声等常用噪声，并能保存加噪的图片。

2. 编程实现线性灰度增强，修改线性变换的参数值，观察图像的变化；实现分段线性灰度增强功能，要求分段坐标可以交互调整。

3. 实现非线性灰度增强算法，要求：任意选择一种非线性变换，参数可以交互调整。

4. 编程实现图像直方图均衡化算法。

5. 编程实现图像的空域平滑，实现利用均值滤波和中值滤波处理带噪声的图像，要求滤波模板可以交互设定。

三、实验分析

1. 对同一幅图像分别利用线性灰度变换和非线性灰度变换进行处理，然后结合图片特点进行分析。

2. 利用直方图均衡化分别处理图 3-53 中的几种不同情况的图，分析比较这些图均衡化前后的灰度直方图的差异性。

3. 比较分析中值滤波和均值滤波对不同噪声影响的图像的处理结果，同时分析不同模板对结果的影响。

四、实验体会（包括对本次实验的小结，实验过程中遇到的问题等）

(a)

(b)

(c)

(d)

(e)

图 3-53　几种不同情况的图

(a)原图；(b)带高斯噪声的图；(c)带椒盐噪声的图；

(d)光线偏亮的图；(e)光线偏暗的图

第 4 章　图像复原

在我们获得的图像中，有些图像变形不是因为传输和存储过程中各种因素影响造成的，而是由特定的一些因素造成的图像质量变化（图像退化）。例如，如果被拍摄的物体本身处于运动状态，这样获得的图像就会存在运动模糊，导致图像质量下降。如图 4-1 所示，图 4-1(a)为运动造成模糊的图像，图 4-1(b)为复原后的图像。图 4-2 所示为离焦状态下的图像和复原图像。所以图像复原技术的主要目的是根据预先确定的目标来改善图像，主要的任务是使退化的图像去掉退化的因素，以最大的保真度恢复成原来的图像。

(a)

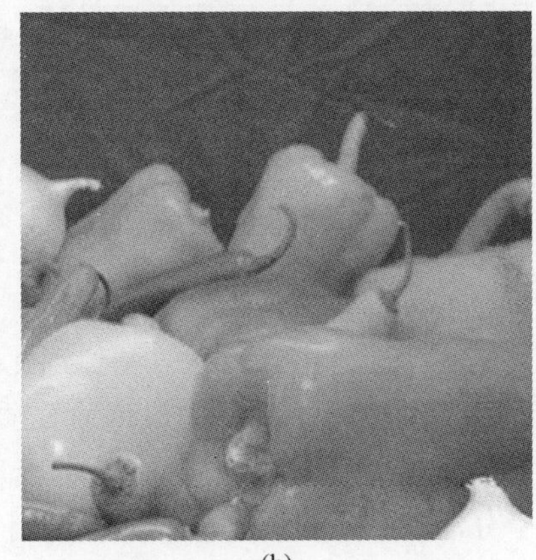

(b)

图 4-1　运动模糊图像复原示例

(a)运动造成的模糊图像；(b)复原后的图像

(a)

(b)

图 4-2　离焦图像复原示例

(a)离焦状态下的图像；(b)复原后的图像

4.1 图像复原概念

图像复原(image restoration)是指利用退化过程的先验知识,去恢复已被退化图像的本来面目。复原的图像质量不仅仅是根据人的主观感觉来判断,更多的是根据某种客观的衡量标准,如复原图像和原图像的平方误差等。图像复原与图像增强之间有相互覆盖的领域,但图像增强主要是一个主观过程,而图像复原则大部分是一个客观过程。图像增强与图像复原的关系如表 4-1 所示。

表 4-1 图像增强与图像复原的关系

	图像复原	图像增强
目标	恢复图像原来的面目	提高图像的视觉效果或增强某种关键特征
手段	通过分析退化原因,建立退化数学模型,并通过退化的逆过程复原图像	主要是根据视觉的特性或某种特征要求主观判断并选择相应技术
标准	客观准则依据	主观评价+客观标准
共同点	都可以通过空域或频域处理技术改善或增强图像	

4.2 图像退化及模型

图像复原的前提是图像退化。图像退化是指图像在形成、记录、处理、传输过程中由于成像系统、记录设备、处理方法和传输介质的不完善,导致的图像质量下降。因此,图像复原主要是面向退化模型的,并且采用相反的过程进行处理,如果我们对退化的原因和过程都十分清楚,即掌握了先验知识,就可以利用其反过程来复原图像。

图像在形成、记录、处理或传输过程中,由于成像系统和技术的不完善等原因,致使最后形成的图像存在种种恶化,称为“退化”。退化的形式有图像模糊或图像有干扰等。例如,目标与成像设备之间的相对高速运动导致的运动模糊,如图 4-3 所示;成像设备的光散射造成的模糊,如图 4-4 所示;成像系统镜头聚焦不准产生的散焦造成的模糊,如图 4-5 所示;成像系统畸变和噪声干扰引起的退化,如图 4-6 所示。常见的图像退化原因如下:

(1) 成像系统的像差、畸变、有限孔径或衍射造成的失真。

(2) 成像系统的离焦、成像系统与景物的相对运动造成的图像模糊。

(3) 底片感光特性曲线的非线性造成的几何失真。

(4) 显示器显示时的失真。

(5) 遥感成像中的大气散射和大气扰动造成的失真。

(6) 图像在成像、数字化、采集和处理过程中引入了噪声。

(7) 模拟图像数字化引入的误差。

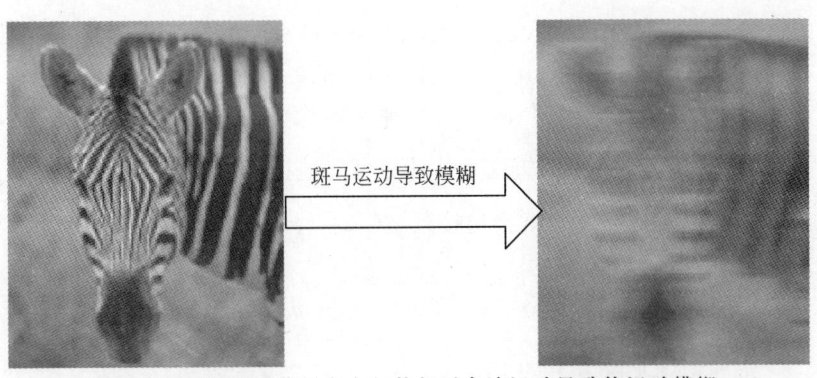

图 4-3　目标与成像设备之间的相对高速运动导致的运动模糊

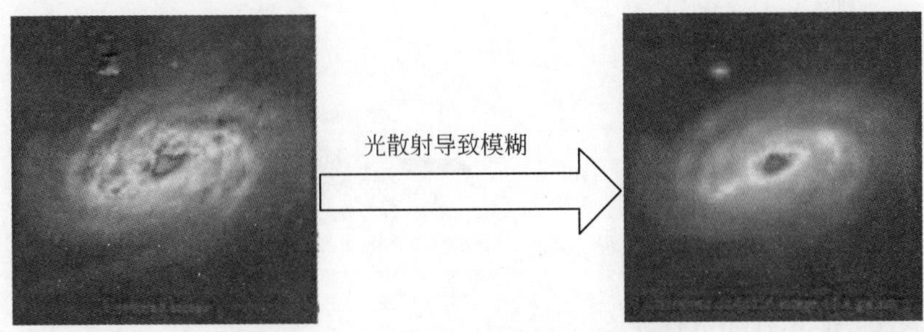

图 4-4　成像设备的光散射造成的模糊

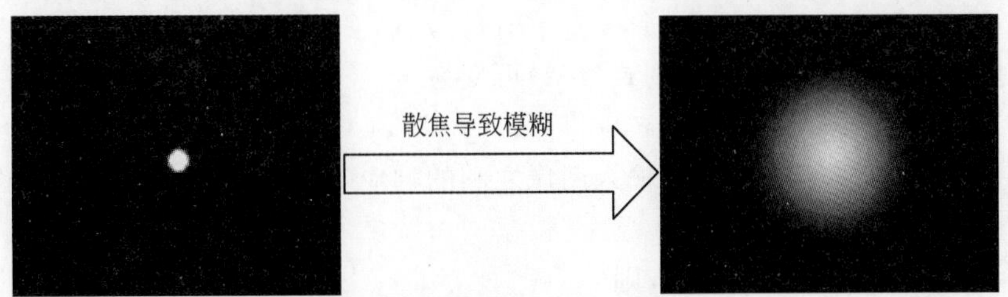

图 4-5　镜头散焦造成的模糊

(a)

(b)

图 4-6　成像系统畸变和噪声干扰引起的退化

(a)广角畸变；(b)噪声干扰

图像复原的一般过程如图 4-7 所示。

图像的退化过程一般被模型化为一个退化函数和一个加性随机噪声项，如图 4-8 所示。对于一幅输入图像 $f(x,y)$，其产生退化后的图像为 $g(x,y)$，如果给定 $g(x,y)$ 和退化函数 $H[.]$ 及加性随机噪声项 $n(x,y)$，那么图像复原的目的就是获得原始图像的一个估计 $\hat{f}(x,y)$。通常，我们希望这个估计尽可能地接近原始输入图像 $f(x,y)$，H 和 n 的信息越多，所得到的 $\hat{f}(x,y)$ 就会越接近 $f(x,y)$。退化后的图像 $g(x,y)$ 与原始图像 $f(x,y)$ 之间的关系可以表示为

$$g(x,y)=H[f(x,y)]+n(x,y) \tag{4-1}$$

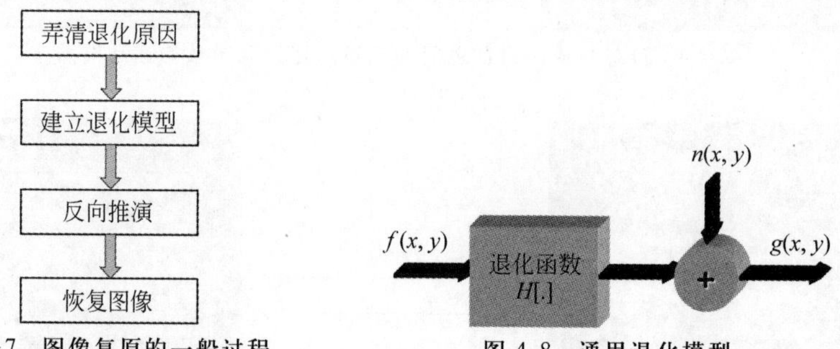

图 4-7 图像复原的一般过程

图 4-8 通用退化模型

退化函数可能具有如下性质。

(1) 线性：如果 $f_1(x,y)$ 和 $f_2(x,y)$ 为两幅输入图像，k_1 和 k_2 为常数，则

$$H[k_1f_1(x,y)+k_2f_2(x,y)]=k_1H[f_1(x,y)]+k_2H[f_2(x,y)] \tag{4-2}$$

(2) 相加性：令 $k_1=k_2=1$，则式(4-2)可变为

$$H[f_1(x,y)+f_2(x,y)]=H[f_1(x,y)]+H[f_2(x,y)] \tag{4-3}$$

式(4-3)表明线性系统对两个输入图像之和的响应等于它分别对两个输入图像响应的和。

(3) 一致性：令 $f_2(x,y)=0$，则

$$H[k_1f_1(x,y)]=k_1H[f_1(x,y)] \tag{4-4}$$

式(4-4)表明线性系统对常数与任意输入乘积的响应等于常数与该输入响应的乘积。

(4) 位置(空间)不变性：对于任意的 $f(x,y)$ 及 a 和 b，有

$$H[f(x-a,y-b)]=g(x-a,y-b) \tag{4-5}$$

式(4-5)表明线性系统在图像任意位置的响应只与在该位置的输入值有关，而与位置本身无关。

如果退化系统具有并满足以上 4 个性质，则式(4-1)可以表示为

$$g(x,y)=h(x,y)\otimes f(x,y)+n(x,y) \tag{4-6}$$

其中，$h(x,y)$ 为退化系统的脉冲响应。根据卷积定理，在频域中有

$$G(x,y)=H(x,y)F(x,y)+N(x,y) \tag{4-7}$$

4.3 空域噪声滤波

当一幅图像唯一存在的退化是噪声时，式(4-1)可以表示为

$$g(x,y)=f(x,y)+n(x,y) \tag{4-8}$$

式(4-8)中噪声项是未知的。当仅存在加性噪声时，可以选择空间滤波方法来估计原图像。在这种特殊情况下，图像的复原和增强几乎一样，除通过一种特殊的滤波来计算特性之外，执行所有滤波的机理完全和在图像增强中讨论的情况相同。

4.3.1 均值滤波

除在图像增强中介绍的算术均值滤波外，本节还要探讨一些其他的滤波器，这些滤波器的性能在很多情况下要优于之前介绍的滤波器。

1. 算术均值滤波

设 $g(x,y)$为退化图像，$\hat{f}(x,y)$为复原后的图像，W 表示中心在(x,y)点、尺寸为 $m\times n$ 的矩形子图像窗口的坐标。算术均值滤波器在 W 定义的区域中计算被噪声污染的图像 $g(x,y)$的平均值，在点(x,y)处的复原图像 $\hat{f}(x,y)$，可以简单使用 W 定义的区域中的像素计算出算术均值，即

$$\hat{f}(x,y)=\frac{1}{mn}\sum_{(s,t)\in W} g(s,t) \tag{4-9}$$

这种方法在消除噪声的同时模糊了图像。

2. 几何均值滤波

使用几何均值滤波器复原的图像可用以下表达式给出：

$$\hat{f}(x,y)=\left[\prod_{(s,t)\in W} g(s,t)\right]^{\frac{1}{mn}} \tag{4-10}$$

其中，每个复原的像素都是由子图像窗口 W 中像素乘积的 $1/mn$ 次幂给出。这种处理方法可以保持更多的图像细节。

3. 谐波均值滤波

设 $g(x,y)$为退化图像，$\hat{f}(x,y)$为复原后的图像，W 表示中心在(x,y)点、尺寸为 $m\times n$ 的矩形子图像窗口的坐标。则使用谐波均值滤波器复原的图像可表示为

$$\hat{f}(x,y)=\frac{mn}{\sum\limits_{(s,t)\in W}\frac{1}{g(s,t)}} \tag{4-11}$$

谐波均值滤波器善于处理像高斯噪声那一类的噪声，且对盐噪声的处理效果很好，但不适用于对“胡椒”噪声的处理。

4. 逆谐波均值滤波

设 $g(x,y)$为退化图像，$\hat{f}(x,y)$为复原后的图像，W 表示中心在(x,y)点、尺寸为

$m \times n$ 的矩形子图像窗口的坐标。则使用逆谐波均值复原的图像可表示为

$$\hat{f}(x,y)=\frac{\sum_{(s,t)\in W} g(s,t)^{k+1}}{\sum_{(s,t)\in W} g(s,t)^{k}} \tag{4-12}$$

式中：k——滤波器的阶数。

逆谐波均值滤波器适用于减少和消除椒盐噪声。当 k 为正数时，该滤波器用于消除胡椒噪声；当 k 为负数时，该滤波器用于消除盐噪声。但它不能同时消除胡椒噪声和盐噪声。当 $k=0$ 时，逆谐波均值滤波器就退变成算术均值滤波器；当 $k=-1$ 时，逆谐波均值滤波器就退变成谐波均值滤波器。

5. 几种滤波方法的实例比较

如图 4-9 所示，图 4-9(a)为电路板的 X 射线图像，图 4-9(b)为附加高斯噪声污染的图像，图 4-9(c)为用 3×3 算术均值滤波器滤波的结果，图 4-9(d)为用 3×3 的几何均值滤波器滤波的结果。

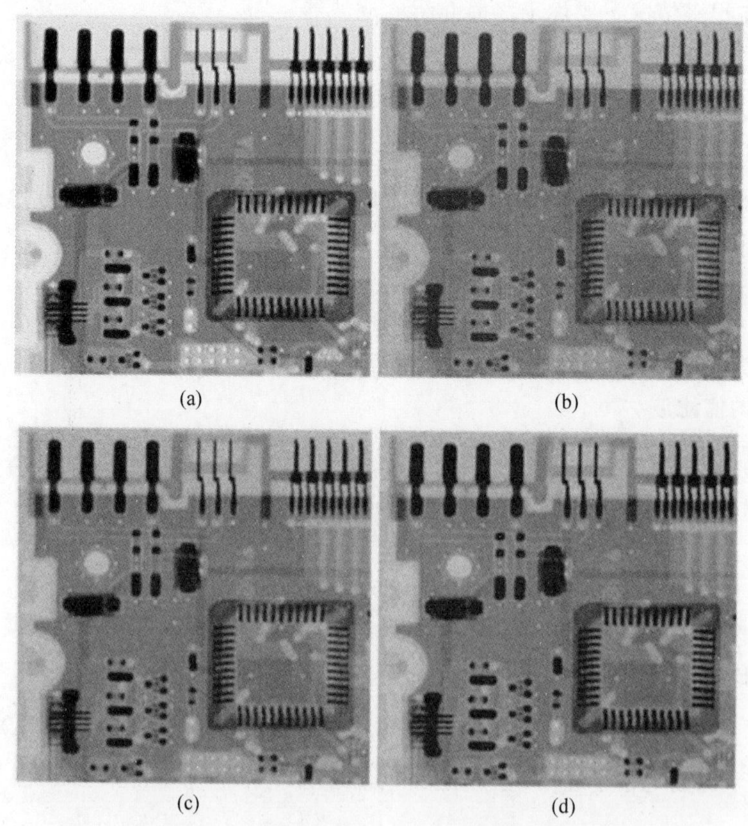

图 4-9　算术均值滤波与几何均值滤波对比

(a)电路板的 X 射线图像；(b)附加高斯噪声污染的图像；
(c)3×3 算术均值滤波器滤波的结果；(d)3×3 几何均值滤波器滤波的结果

如图 4-10 所示，图 4-10(a)为以 0.1 的概率被胡椒噪声污染的图像，图 4-10(b)为以 0.1 的概率被盐噪声污染的图像，图 4-10(c)为用 3×3 大小、$k=1.5$ 的逆谐波滤波器对图 4-10(a)滤波的结果，图 4-10(d)为用 3×3 大小、$k=-1.5$ 逆谐波滤波器对图 4-10(b)

滤波的结果。

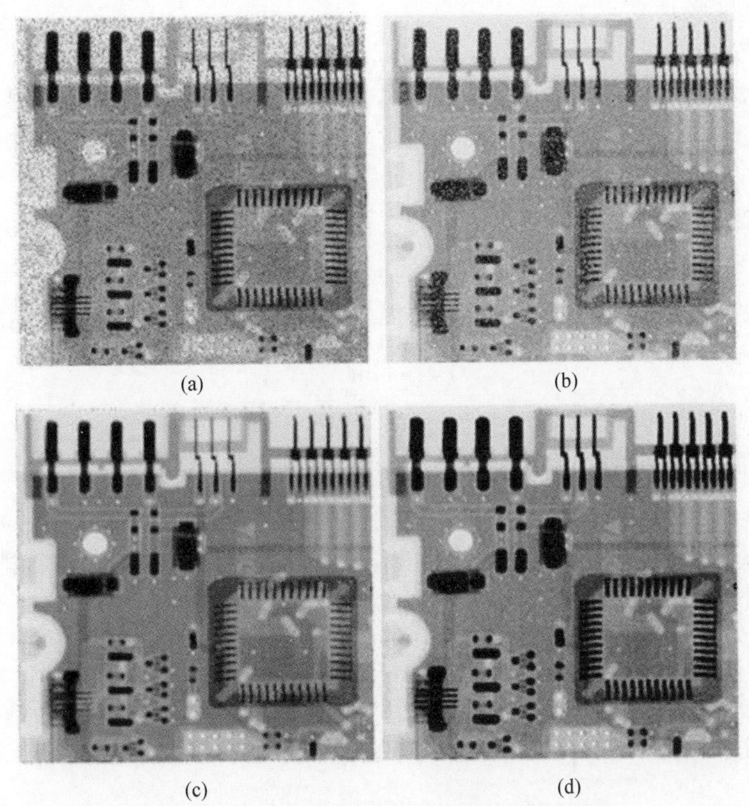

图 4-10　阶数不同的逆谐波滤波器处理结果比较

(a)被胡椒噪声污染的图像；(b)被盐噪声污染的图像；

(c)逆谐波滤波器滤波(a)的结果；(d)逆谐波滤波器滤波(b)的结果

算术均值滤波器和几何均值滤波器适合处理高斯噪声或均匀噪声等随机噪声，逆谐波均值滤波器更适于处理椒盐(脉冲)噪声，但必须知道是暗噪声还是亮噪声，以便选择 k 值符号。如图 4-11 所示，如果 k 值的符号选错了，将会带来不好的结果。

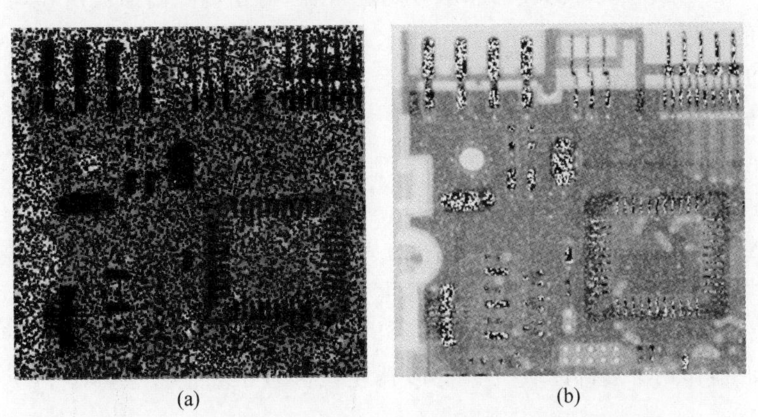

图 4-11　在逆谐波滤波器中错误地选择 k 值符号的结果

(a)用 3×3 的大小和 $k=-1.5$ 的逆谐波滤波器对图 4-10(a)滤波的结果；

(b)用 3×3 的大小和 $k=1.5$ 的逆谐波滤波器对图 4-10(b)滤波的结果

4.3.2 统计排序滤波

在图像增强技术中介绍的中值滤波就属于统计排序滤波，这里将会介绍一些其他的统计排序滤波。统计排序滤波仍然是空间域滤波，其由该滤波器包围的图像区域中的像素值的顺序（排序）来决定滤波器的响应。

1. 中值滤波

设 $g(x,y)$ 为退化图像，$\hat{f}(x,y)$ 为复原后的图像，W 表示中心在 (x,y) 点、尺寸为 $m\times n$ 的矩形子图像窗口的坐标。用模板所覆盖区域中像素的中间值作为滤波结果，即

$$\hat{f}(x,y)=\underset{(s,t)\in W}{\operatorname{median}}\{g(s,t)\} \tag{4-13}$$

具体参见3.4.2节（中值滤波）。

2. 最大值和最小值滤波

设 $g(x,y)$ 为退化图像，$\hat{f}(x,y)$ 为复原后的图像，W 表示中心在 (x,y) 点、尺寸为 $m\times n$ 的矩形子图像窗口的坐标。对模板覆盖区域 W 中的图像像素值进行排序，取序列中最大的一个值作为滤波的结果，即为最大值滤波：

$$\hat{f}(x,y)=\max_{(s,t)\in W}\{g(s,t)\} \tag{4-14}$$

这种滤波器对于发现图像中的最亮点非常有用，一般对于消除胡椒噪声比较有效。

如果取序列中最小的一个值作为滤波的结果，则为最小值滤波，即

$$\hat{f}(x,y)=\min_{(s,t)\in W}\{g(s,t)\} \tag{4-15}$$

这种滤波器对于发现图像中的最暗点非常有用，一般对于消除盐噪声比较有效。

3. 中点滤波

在滤波器涉及的范围内计算最大值滤波和最小值滤波的中值，则为中值滤波，即

$$\hat{f}(x,y)=\frac{1}{2}\left[\max_{(s,t)\in W}\{g(s,t)\}+\min_{(s,t)\in W}\{g(s,t)\}\right] \tag{4-16}$$

这种滤波器结合了顺序统计滤波器和求平均滤波器，对于消除高斯噪声和均匀随机分布噪声有较好的效果。

4. 自适应滤波

自适应滤波器利用尺寸为 $m\times n$ 的矩形窗口 S_{xy} 定义的区域内图像的统计特征进行处理，所以在一般情况下可以得到更好的处理效果。

1）自适应局部噪声滤波

随机变量最简单的统计度量是均值和方差，这些参数是自适应滤波器的基础。均值给出了计算均值的区域中灰度平均值的度量，而方差给出了这个区域的平均对比度的度量。

假设滤波器作用于局部区域 S_{xy}，滤波器在该区域中心任意一点 (x,y) 上的响应包含以下4部分：

(1) $g(x,y)$ 表示噪声图像在点 (x,y) 上的值。

(2) σ_η^2，表示干扰 $f(x,y)$ 形成 $g(x,y)$ 的噪声方差。

(3) m_{L},在 S_{xy} 上像素点的局部值。

(4) σ_{L}^2,在 S_{xy} 上像素点的局部方差。

同时我们希望滤波器具有以下性能:

(1) 如果 σ_η^2 为零,那么滤波器应简单地返回 $g(x,y)$ 的值,即 $\hat{f}(x,y)=g(x,y)$。

(2) 如果 $\sigma_\eta^2<\sigma_{\mathrm{L}}^2$,那么滤波器返回 $g(x,y)$ 的一个近似值,即 $\hat{f}(x,y)\approx g(x,y)$。

(3) 如果 $\sigma_\eta^2=\sigma_{\mathrm{L}}^2$,那么滤波器返回区域 S_{xy} 上像素的平均值。该情况一般发生在局部区域与整体图像有相同特性的条件下,并且将通过简单地求平均值来降低局部噪声。

基于这些假设得到自适应局部噪声滤波器的表达式为

$$\hat{f}(x,y)=g(x,y)-\frac{\sigma_\eta^2}{\sigma_{\mathrm{L}}^2}[g(x,y)-m_{\mathrm{L}}] \tag{4-17}$$

式(4-17)中需要知道或估计的参数是叠加噪声的方差 σ_η^2,其他参数都可以根据区域 S_{xy} 的像素来计算。局部区域 S_{xy} 是图像 $g(x,y)$ 区域的一部分,所以上式中隐含的假设为 $\sigma_\eta^2<\sigma_{\mathrm{L}}^2$。

2) 自适应中值滤波

对于中值滤波器,只要脉冲噪声的空间密度不大,P_a 和 P_b 均小于 0.2 的情况下,一般的中值滤波器都具有较好的效果。自适应中值滤波器是以尺寸为 $m\times n$ 的矩形窗口 S_{xy} 定义的滤波器区域内图像的统计特性为基础的,可以处理具有更大概率的脉冲噪声(如椒盐噪声),在平滑非脉冲噪声的情况下能保留细节。

自适应中值滤波器的自适应体现在滤波器的模板尺寸可根据图像特性进行调节。假设在 S_{xy} 定义的滤波器区域内定义如下变量:

$Z_{\mathrm{min}}=S_{xy}$ 中的最小灰度值。

$Z_{\mathrm{max}}=S_{xy}$ 中的最大灰度值。

$Z_{\mathrm{med}}=S_{xy}$ 中灰度值的中值。

$Z_{xy}=$坐标(x,y)处的灰度值。

$S_{\mathrm{max}}=S_{xy}$ 允许的最大尺寸。

自适应中值滤波算法以两个进程工作,表示为进程 A 和进程 B,如下所示:

进程 A:

$A_1=Z_{\mathrm{med}}-Z_{\mathrm{min}}$

$A_2=Z_{\mathrm{med}}-Z_{\mathrm{max}}$

如果 $A_1>0$ 且 $A_2<0$,则转至进程 B

否则增大窗口尺寸

如果窗口尺寸 $\leqslant S_{\mathrm{max}}$,则重复进程 A

否则输出 Z_{med}

进程 B:

$B_1=Z_{xy}-Z_{\mathrm{min}}$

$B_2=Z_{xy}-Z_{\mathrm{max}}$

如果 $B_1>0$ 且 $B_2<0$,则输出 Z_{xy}

否则输出 Z_{med}

自适应中值滤波有3个主要目的：滤除脉冲(椒盐)噪声、平滑其他非脉冲噪声、减少诸如物体边界细化或粗化等失真。Z_{min}和Z_{max}有可能并不是图像中的最小和最大像素值，但在算法统计上认为是类似脉冲的噪声成分。

根据以上3个目的，可以看出，进程A的目的是确定中值滤波器的输出Z_{min}是否是一个脉冲(黑或白)。如果条件$Z_{min}<Z_{med}<Z_{max}$有效，根据前面的条件，可知Z_{med}不可能是脉冲，所以转入进程B进行测试，看窗口Z_{xy}的中心点本身是否是一个脉冲(回忆可知Z_{xy}是正被处理的点)。若$B_1>0$且$B_2<0$为真，$Z_{min}<Z_{xy}<Z_{max}$就不是脉冲，原因与Z_{min}不是脉冲相同。在这种情况下，算法输出一个不变的像素值Z_{xy}。通过不改变此"中间灰度级"的点，减少图像中的失真。如果$B_1>0$且$B_2<0$为假，则$Z_{xy}=Z_{min}$或$Z_{xy}=Z_{max}$。在任何一种情况下，像素值都是一个极端值，且算法输出中值Z_{med}，但从进程A可知Z_{med}不是噪声脉冲。最后一步与标准的中值滤波器一样，但标准的中值滤波器对图像中所有像素都用中值替代，这样会导致图像细节的丢失。

假设进程A确实找到了一个脉冲，若失败则测试会将它转到进程B。算法会增大窗口尺寸并重复进程A。该循环会一直继续，直到算法找到一个非脉冲的中值(并跳转到进程B)，或者达到了窗口的最大尺寸。如果达到了窗口的最大的尺寸，则算法返回Z_{med}值。需要注意的是，这是并不能保证Z_{med}是一个脉冲。噪声的概率P_a和P_b越小，或者S_{max}在允许的范围内越大，过早出现条件发生的可能性越小。直观地说，这是合理的，因为脉冲的密度越大，就需要越大的模板来消除噪声。

4.4 几何畸变图像的复原

对于式(4-1)，如果$n(x,y)=0$，即假设造成图像退化的原因中没有噪声，只有几何畸变，如线性、位置等引起的变化，那么退化图像与原图像之间的关系可以表示为

$$g(x,y)=H[f(x,y)] \tag{4-18}$$

如果能分析找到产生畸变的原因，就可以建立退化复原函数。

图像几何畸变(image geometric distortion)，是指成像过程中所产生的图像像元的几何位置相对于参照系统(地面实际位置或地形图)发生的挤压、伸展、偏移和扭曲等变形，使图像的几何位置、形状、尺寸、方位等发生改变。

例如，由于光学系统、电子扫描系统失真引起的桶形失真(图4-12)、枕形失真(图4-13)和梯形失真(图4-14)等。

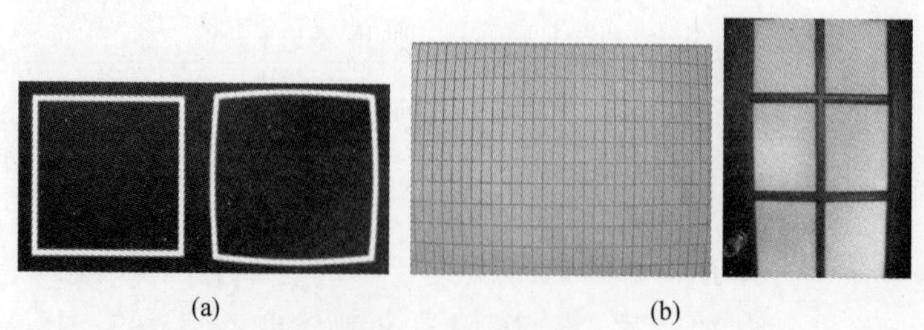

(a) (b)

图4-12 桶形失真

(a)桶形失真使正方形膨胀；(b)桶形失真示例

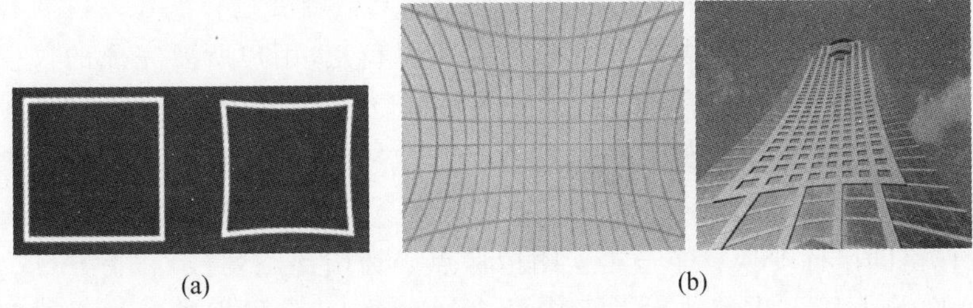
(a) (b)

图 4-13 枕形失真

(a)枕形失真使正方形收缩；(b)枕形失真示例

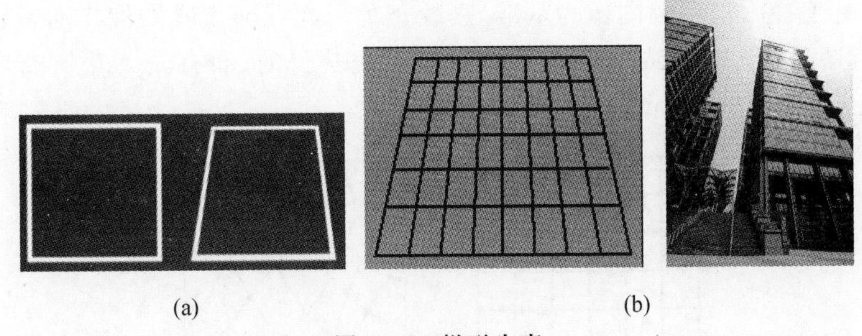
(a) (b)

图 4-14 梯形失真

(a)梯形失真使正方形变梯形；(b)梯形失真示例

例如，从飞行器上所获得的地面图像，由于飞行器的姿态、高度和速度变化引起的不稳定与不可预测的几何失真。这类畸变一般要根据航天器的跟踪资料和地面设置控制点办法进行校正。这种失真被称为非系统失真，非系统失真是随机的。图 4-15 所示为非系统失真的几种情况。

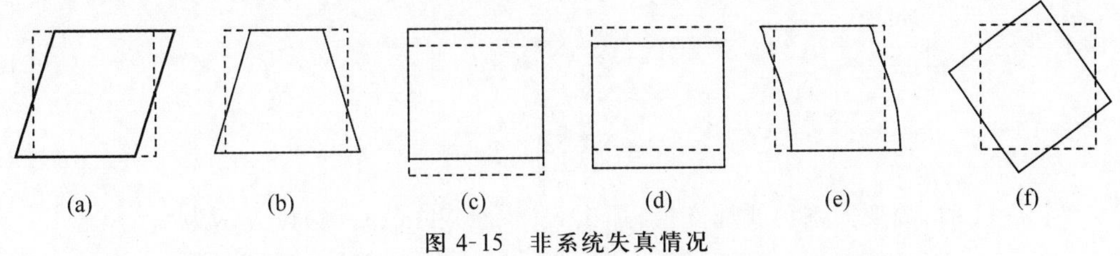
(a) (b) (c) (d) (e) (f)

图 4-15 非系统失真情况

(a)地球自转；(b)高度变化；(c)俯仰；(d)速度变化；(e)流动；(f)偏航

图像的几何畸变一般是指通过一系列数学模型来改正和消除影像成像时因摄影材料变形、物镜畸变、大气折光、地球曲率、地球自转、地形起伏等因素导致的原始图像上各物体的几何位置、形状、尺寸、方位等特征与在参照系统中的表达要求不一致时产生的变形，可通过几何校正消除。

目前用于遥感图像的几何校正有 3 种方案，即系统校正、利用控制点校正及混合校正。系统校正(又称几何粗校正)，即利用摄像机自身的参数等对图像退化进行估计，把摄像机的校准数据、位置等测量值代入理论校正公式进行几何畸变校正。利用控制点校正(又称几何精校正)一般是指用户根据使用目的不同或投影及比例尺不同对图像做进一步的几何校正，即利用地面控制点(ground control point，GCP，遥感图像上易于识别，并可精确定位的点)对因其他因素引起的遥感图像几何畸变进行纠正。混合校正一般是由地面站提供的遥感CCT完成第一阶段的几何粗校正,用户所要完成的仅仅是对图像做进一步的几何精校正。

从物理上看,畸变就是像素点被放置错误,即本该属于此点的像素值却被放置在他处。几何校正通常分两步进行:

(1) 图像空间坐标变换:首先建立图像像点坐标(行号、列号)和物方(或参考图)对应点坐标间的映射关系,求解映射关系中的未知参数,然后根据映射关系对图像各像素坐标进行校正。

(2) 确定各像素的灰度值(灰度内插)。

空间坐标变换常以一幅图像为基准,去校正另一幅几何失真图像。通常设基准图像为 $f(x,y)$,是利用无畸变或畸变较小的摄像系统获得的,而有较大几何畸变的图像用 $g(x',y')$ 表示,图4-16所示是一种畸变情形。

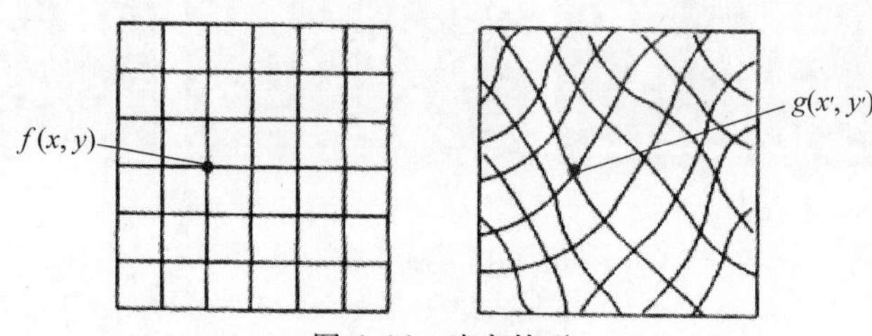

图4-16　畸变情形

假设图4-16中的两幅图像几何畸变的关系可以用解析式来描述,即

$$x'=h_1(x,y) \tag{4-19}$$

$$y'=h_2(x,y) \tag{4-20}$$

通常 $h_1(x,y)$ 和 $h_2(x,y)$ 可用多项式来近似表示,式(4-19)和式(4-20)可表示为

$$x'=\sum_{i=0}^{n}\sum_{j=0}^{n-i}a_{ij}x^i y^j \tag{4-21}$$

$$y'=\sum_{i=0}^{n}\sum_{j=0}^{n-i}b_{ij}x^i y^j \tag{4-22}$$

当 $n=1$ 时,畸变关系为线性变换,那么式(4-21)和式(4-22)可表示为

$$x'=a_{00}+a_{10}x+a_{01}y \tag{4-23}$$

$$y'=b_{00}+b_{10}x+b_{01}y \tag{4-24}$$

上述式子中包含 a_{00}、a_{10}、a_{01}、b_{00}、b_{10} 和 b_{01} 六个未知数,至少需要3个已知点来建立方程式,求解未知数,所以如果畸变图像中存在3个已知点,那么就可以求出畸变关系,从而复原图像。

当 $n=2$ 时,畸变关系式表示为

$$x'=a_{00}+a_{10}x+a_{01}y+a_{20}x^2+a_{11}xy+a_{02}y^2 \tag{4-25}$$

$$y'=b_{00}+b_{10}x+b_{01}y+b_{20}x^2+b_{11}xy+b_{02}y^2 \tag{4-26}$$

上面两个式子包含12个未知数,所以至少需要6个已知点来建立关系,求解未知数,以便求出图像的畸变关系。

几何校正方法一般可分为直接法和间接法两种。

① 直接法是先利用若干已知点坐标，直接求解式(4-21)和式(4-22)中的未知参数；然后从畸变图像出发，根据上述关系依次计算每个像素的校正坐标，同时把像素灰度值赋予对应像素，最后生成一幅校正图像。但是这种方法由于图像像素分布的不规则，会出现像素挤压、疏密不均等现象，导致出现无法求解的像素，因此最后还需对不规则图像通过灰度内插的方式生成规则的栅格图像来校正。

② 间接法是假设恢复的图像像素坐标在基准坐标系统为等距网格的交叉点，从网格交叉点的坐标(x,y)出发，通过若干已知点，求解式(4-21)和式(4-22)中的未知数。根据式(4-21)和式(4-22)推算出各格网点在已知畸变图像上的坐标(x',y')。由于(x',y')一般不是整数，不会直接位于畸变图像像素中心，因而不能直接确定该点的灰度值，而只能在畸变图像上，用该像素周围像素的灰度值进行内插得出该像素的灰度值，作为对应网格点的灰度值，据此获得校正图像。图像灰度内插方法参见5.1.1节。

思考与练习

1. 一幅灰度图像的浅色背景上有一个深色的圆环。如果想将圆环变细，可使用什么方法？

2. 如图4-17所示，图中白色条带的大小为7像素宽、210像素高。两个白色条带之间的间距为17像素，请问如果分别用算术均值滤波器、几何均值滤波器、谐波均值滤波器、中值滤波器、最大值滤波器和最小值滤波器进行处理，处理之后的结果是怎样的？分别讨论3×3、5×5、9×9大小的滤波器。

图4-17　待处理图

实验要求与内容

一、实验目的

1. 掌握图像退化的原因。
2. 掌握几种典型的空域噪声滤波器。
3. 了解图像几何畸变的复原方法。

二、实验要求

1. 编程实现谐波均值滤波和逆谐波均值滤波方法。

2. 编程实现自适应滤波和中值滤波方法。

3. 设计一种方法解决由于运动模糊引起的图像失真,如图 4-18 所示。

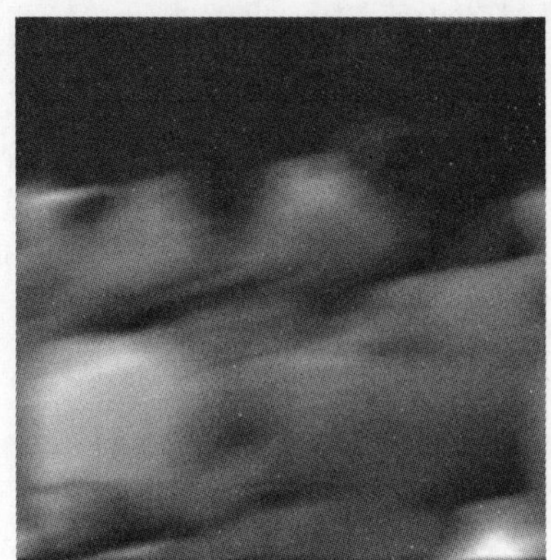

图 4-18　运动模糊失真图

三、实验分析

1. 分析比较谐波均值滤波方法和逆谐波均值滤波方法对不同噪声引起的图像退化的复原效果。

2. 分析自适应中值滤波和中值滤波的差别。

四、实验体会（包括对本次实验的小结，实验过程中遇到的问题等）

第5章　图像变换

图像变换是指按一定的规则，从一幅图像加工成另一幅图像的处理过程。仅通过对图像的像素位置进行图像形状改变的变换，称为图像的几何变换，如4.4节中介绍的几何畸变的空间变换即为几何变换。另一种常用的变换是利用数学变换把图像从空域变换到其他域（如频域）进行分析和处理，称为图像的正交变换。例如，常用正交函数或正交矩阵表示图像而对原图像所作的二维线性可逆变换。一般称原始图像为空间域图像，变换后的图像为转换域图像，转换域图像可反变换为空间域图像。

常见的几何变换有平移变换、旋转变换、比例变换和对称变换等。这些几何变换应用极为广泛，从航空航天、卫星云图到游戏场景制作等都有涉及。例如，从卫星上获得的图像，由于摄像装置被安装在卫星的遥感器或飞机的测试平台上，其位置和姿态不断地变化，拍摄的图像存在平移、旋转、缩放等变形，因此需要进行一系列几何变换才能得到和真实接近的图像，我们经常在天气预报中见到的卫星云图就是利用几何变换处理过的图像。例如，游戏场景制作中的倒影，如图5-1所示，就是利用对称变换中的垂直对称来实现的。图5-2所示为左右对称的图片，对这类图片进行分析处理时，就可以先处理一半图像，然后利用对称性质生成另一半图像，这样可以大大节省处理时间。

图5-1　垂直对称的图像（倒影）

图5-3所示的图像中有很多面包树，如果利用程序或软件来制作一幅这样的数字图像，那么在建模的时候，可以先建立一棵标准的面包树，然后根据需要进行综合变换，生成需要的场景。从图5-3中可以看到，如果以标号为1的树作为标准，要生成标号为2的树就需要进行放大的变换；要生成标号为3的树就需要进行多种变换，例如，树干要变细，高度要变高，还要进行错切和旋转等变换。利用图像的几何变换可以把简单的个体组合成具有复杂视觉效果的图像。

图 5-2 水平对称的图像

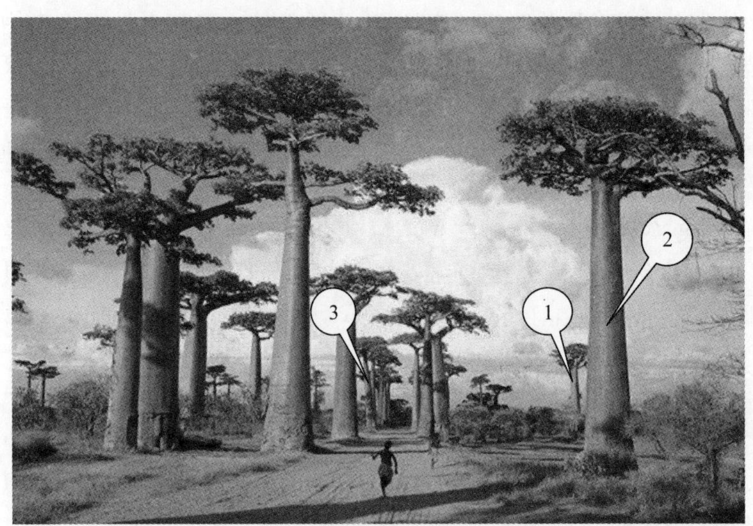

图 5-3 综合变换图像示例

在图像处理中，正交变换被广泛应用于图像特征抽取、增强、压缩和图像编码等处理中，一般常用的变换有傅里叶变换、余弦变换、沃尔什变换和小波变换等。

5.1 图像的几何变换

图像的几何变换，就是按照需要使图像在大小、形状和位置等方面产生变换。为了能够用统一的矩阵线性变换形式来表示和实现这些常见的图像几何变换，需要引入一种新的坐标，即齐次坐标。把二维图像中的点坐标(x,y)表示成齐次坐标(H_x,H_y,H)，当$H=1$时，$(x,y,1)$就称为点(x,y)的规范化齐次坐标。

规范化齐次坐标的前两个数是相应二维点的坐标，仅在原坐标中增加了$H=1$的附加坐标。

由点的齐次坐标(H_x,H_y,H)求点的规范化齐次坐标$(x,y,1)$，可按式(5-1)进行：

$$x=\frac{H_x}{H} \quad y=\frac{H_y}{H} \tag{5-1}$$

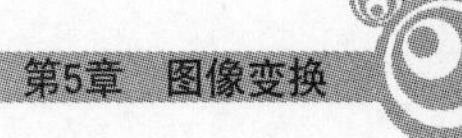

齐次坐标的几何意义相当于点(x,y)落在三维空间$H=1$的平面上，如图5-4所示，如果将XOY平面内的三角形abc的各顶点表示成齐次坐标$(x_i,y_i,1)(i=1,2,3)$的形式，则这些齐次坐标就变成$H=1$平面内的三角形$a_1b_1c_1$的各顶点坐标了。

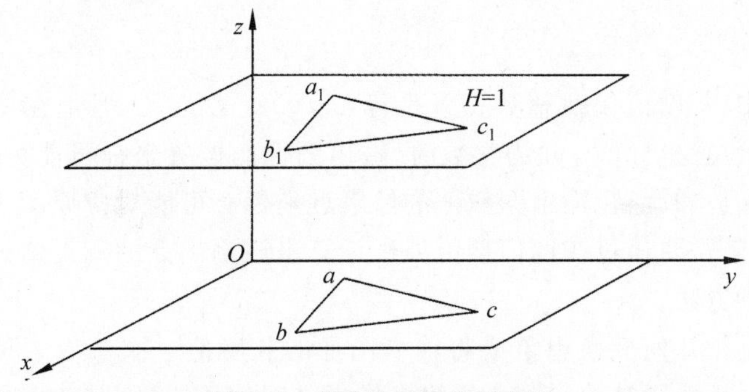

图5-4　齐次坐标的几何意义

利用齐次坐标实现二维图像几何变换的基本变换过程如下。

(1) 将$2\times n$阶的二维点集矩阵$\begin{bmatrix} x_{0i} \\ y_{0i} \end{bmatrix}_{2\times n}$表示成齐次坐标$\begin{bmatrix} x_{0i} \\ y_{0i} \\ 1 \end{bmatrix}_{3\times n}$。

(2) 乘以相应的变换矩阵即可完成。

设变换矩阵$\boldsymbol{T}$为

$$\boldsymbol{T}=\begin{bmatrix} a & b & p \\ c & d & q \\ I & m & s \end{bmatrix} \tag{5-2}$$

则图像几何变换用公式表示为

$$\begin{bmatrix} Hx'_1 & Hx'_2 & \cdots & Hx'_n \\ Hy'_1 & Hy'_2 & \cdots & Hy'_n \\ H & H & \cdots & H \end{bmatrix}_{3\times n}=\boldsymbol{T}\times\begin{bmatrix} x_1 & x_2 & \cdots & x_n \\ y_1 & y_2 & \cdots & y_n \\ 1 & 1 & \cdots & 1 \end{bmatrix}_{3\times n} \tag{5-3}$$

图像上各点的新齐次坐标规范化后的点集矩阵为

$$\begin{bmatrix} x'_1 & x'_2 & \cdots & x'_n \\ y'_1 & y'_2 & \cdots & y'_n \\ 1 & 1 & \cdots & 1 \end{bmatrix}_{3\times n}$$

引入齐次坐标后，表示二维图像几何变换的3×3矩阵的功能就完善了，可以用它完成二维图像的各种几何变换。下面讨论3×3变换矩阵中各元素在变换中的功能。几何变换3×3矩阵的一般形式为

$$\boldsymbol{T}=\begin{bmatrix} a & b & p \\ c & d & q \\ I & m & s \end{bmatrix} \tag{5-4}$$

3×3的变换矩阵$\boldsymbol{T}$可以分成4个子矩阵。其中，$\begin{bmatrix} a & b \\ c & d \end{bmatrix}_{2\times2}$这一子矩阵可以使图像实现恒等、比例、对称(或镜像)、错切和旋转变换；$[p\ q]^{\mathrm{T}}$这一列矩阵可以使图像实现平

移变换；[l m]这一行矩阵可以使图像实现透视变换，但当 $l=0$、$m=0$ 时它无透视作用；[s]这一元素可以使图像实现全比例变换。

5.1.1 灰度插值

在数字图像中，灰度值仅在整数位置坐标(x,y)处被定义，但是在图像的几何变换中，当输入图像的位置坐标(x,y)为整数时，输出图像的位置坐标可能为非整数，反过来也是如此。例如缩放和旋转，输出图像上的像素点坐标有可能对应原图像上多个像素点之间的位置，此时就需要通过灰度值插值处理计算出该输出点的灰度值。灰度值插值处理可采用如下两种方法。

第一种方法是把几何变换想象成将输入图像的灰度值一次一像素地转移到输出图像中。如果一个输入像素被映射到 4 个输出像素之间的位置，则其灰度值就依据插值算法在 4 个输出像素之间进行分配。这种灰度值插值处理方法称为像素移交(pixel carry over)或向前映射法，如图 5-5(a)所示。

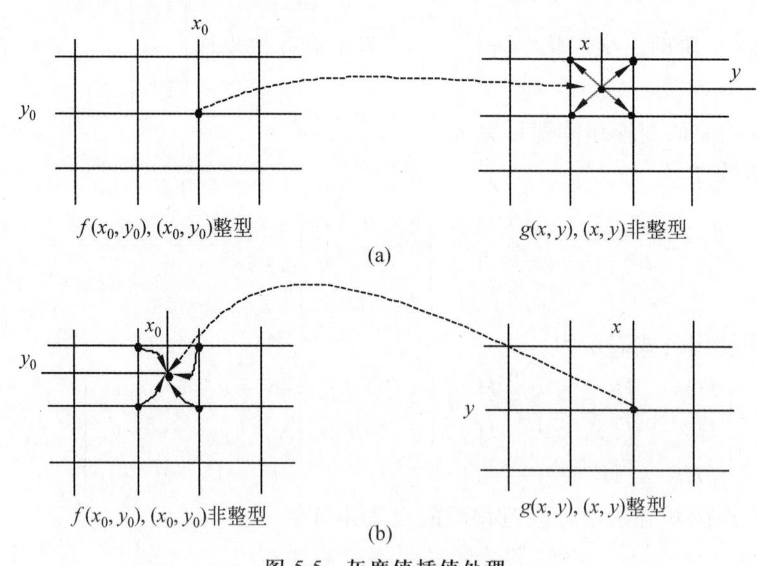

图 5-5 灰度值插值处理

(a)像素移交；(b)像素填充

另一种更有效的灰度级插值处理方法是像素填充(pixel filling)，又称向后映射法。输出图像灰度值一次一像素地映射到原始(输入)图像中，以便确定原始图像灰度值。如果一个输出像素被映射到 4 个输入像素之间，则原始图像灰度值由灰度值插值决定，如图 5-5(b)所示。向后空间变换是向前变换的逆变换。在像素填充法中，变换后(输出)图像的像素通常被映射到原始(输入)图像中的非整数位置，即位于 4 个输入像素之间。因此，为了确定与输入图像相对应位置的灰度值，必须进行插值运算。常用的图像插值算法有最近邻插值、双线性插值和三次卷积插值。

1. 最近邻插值

最简单的插值方法是零阶插值，又称最近邻插值或最近邻域法，即选择离像素所映射位置最近的输入像素的灰度值为插值结果。若几何变换后输出图像上坐标为(x,y)的

像素点在原图像上的对应值坐标为(u,v)，则最近邻插值公式为

$$\begin{cases} g(x,y)=f(x,y) \\ x=[u+0.5] \\ y=[v+0.5] \end{cases} \tag{5-5}$$

其中，$g(x,y)$为输出图像像素点(x,y)的灰度值，$f(x,y)$为输入图像像素点(x,y)的灰度值，[…]表示求整。

与其他两种插值算法相比，最近邻插值算法具有简单快速的特点，但是放大后的图像有很严重的马赛克和边缘锯齿现象。

2. 双线性插值

双线性插值又称一阶插值，和最近邻插值相比可产生更好的效果，如边缘锯齿和马赛克现象得到缓解，但是运算速度比最近邻插值要慢。图5-6中有Q_{12}、Q_{22}、Q_{11}、Q_{21} 4个点，要插值的点为P点，此时需要使用双线性插值。首先在x轴方向上，对R_1和R_2两个点进行插值，然后根据R_1和R_2的灰度值对P点进行插值，这就是所谓的双线性插值。

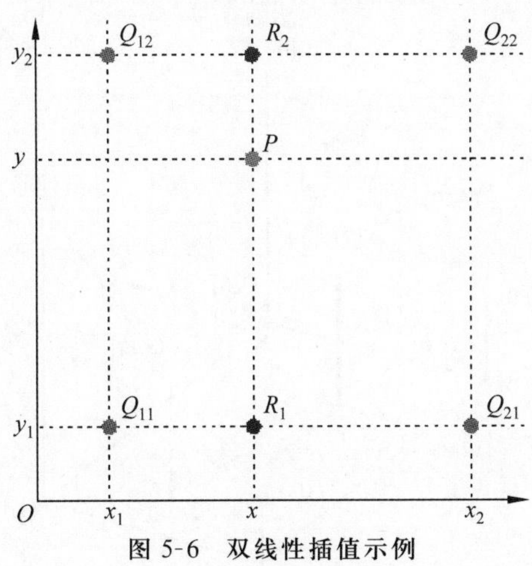

图5-6　双线性插值示例

在数学上，双线性插值是有两个变量的插值函数的线性插值扩展，其核心思想是在x、y两个方向分别进行一次线性插值。

假如想得到未知函数f在点$P(x,y)$的值，并且已知函数f在$Q_{11}=(x_1,y_1)$、$Q_{12}=(x_1,y_2)$、$Q_{21}=(x_2,y_1)$及$Q_{22}=(x_2,y_2)$4个点的值。

首先在x方向进行线性插值，得到

$$\left.\begin{aligned} f(R_1)\approx\frac{x_2-x}{x_2-x_1}f(Q_{11})+\frac{x-x_1}{x_2-x_1}f(Q_{21}),\quad 其中\ R_1=(x,y_1) \\ f(R_2)\approx\frac{x_2-x}{x_2-x_1}f(Q_{12})+\frac{x-x_1}{x_2-x_1}f(Q_{22}),\quad 其中\ R_2=(x,y_2) \end{aligned}\right\} \tag{5-6}$$

然后在y方向进行线性插值，得到

$$f(P)\approx\frac{y_2-y}{y_2-y_1}f(R_1)+\frac{y-y_1}{y_2-y_1}f(R_2) \tag{5-7}$$

这样就得到所要的结果$f(x,y)$：

$$f(x,y) \approx \frac{f(Q_{11})}{(x_2-x_1)(y_2-y_1)}(x_2-x)(y_2-y)+$$
$$\frac{f(Q_{21})}{(x_2-x_1)(y_2-y_1)}(x-x_1)(y_2-y)+$$
$$\frac{f(Q_{12})}{(x_2-x_1)(y_2-y_1)}(x_2-x)(y-y_1)+$$
$$\frac{f(Q_{22})}{(x_2-x_1)(y_2-y_1)}(x-x_1)(y-y_1) \quad (5\text{-}8)$$

如果选择一个坐标系统使得 f 的 4 个已知点坐标分别为(0,0)、(0,1)、(1,1)、(1,0),那么在这 4 个点中插入一个点(x,y),线性内插 x 方向为

$$f(x,0)=f(0,0)+x[f(1,0)-f(0,0)]$$
$$f(x,1)=f(0,1)+x[f(1,1)-f(0,1)] \quad (5\text{-}9)$$

线性内插 y 方向为

$$f(x,y)=f(x,0)+y[f(x,1)-f(x,0)] \quad (5\text{-}10)$$

可见,双线性插值实际上是用双曲抛物面和 4 个已知点来拟合,如图 5-7 所示。

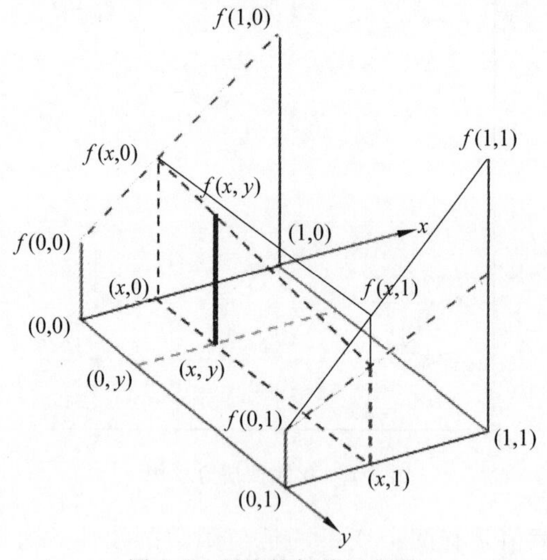

图 5-7 双线性插值示意图

双线性插值法计算量大,但缩放后图像质量高,不会出现像素值不连续的情况。由于双线性插值法具有低通滤波器的性质,会使高频分量受损,所以可能会使图像轮廓在一定程度上变得模糊,如图 5-17(c)所示。

3. 三次卷积插值

三次卷积插值是一种更加复杂的插值方式。该算法利用待采样点周围 16 像素点的灰度值作三次插值,不仅考虑到了 4 个直接相邻点的灰度影响,而且考虑到了各相邻点间灰度值变化率的影响。目的像素值 $f(i+u,j+v)$可由如下插值公式得到:

$$f(i+u,j+v)=[A]\cdot[B]\cdot[C] \quad (5\text{-}11)$$

其中

$$[A]=[S(u+1) \quad S(u+0) \quad S(u-1) \quad S(u-2)]$$

$$[B]=\begin{bmatrix} f(i-1,j-1) & f(i-1,j) & f(i-1,j+1) & f(i-1,j+2) \\ f(i,j-1) & f(i,j) & f(i,j+1) & f(i,j+2) \\ f(i+1,j-1) & f(i+1,j) & f(i+1,j+1) & f(i+1,j+2) \\ f(i+2,j-1) & f(i+2,j) & f(i+2,j+1) & f(i+2,j+2) \end{bmatrix}$$

$$[C]=\begin{bmatrix} S(v+1) \\ S(v) \\ S(v-1) \\ S(v-2) \end{bmatrix}$$

$$S(\omega)=\begin{cases} 1-2|\omega|^2+|\omega|^3, & 0\leqslant|\omega|<1 \\ 4-8|\omega|+5|\omega|^2-|\omega|^3, & 1\leqslant|\omega|<2 \\ 0, & |\omega|\geqslant 2 \end{cases}$$

$S(x)$是对 $\sin(x\times \mathrm{Pi})/x$ 的逼近(Pi 是圆周率 π)。

三次卷积插值算法考虑了待插值像素点周围更多已知像素点的相关性,因此计算得到的待插值像素点的值也会更加接近真实值,图像的效果较双线性插值的效果有了很大提升,精确度较高,基本没有边缘锯齿和马赛克现象,如图 5-17(d)所示。但由于考虑了多达 16 个像素点的值且插值函数是三阶函数,所以计算量急剧增加。同时,受限于矩阵 **B** 的邻域,该算法不能对图像的第一行、第一列、最后两行及最后两列进行插值计算。

5.1.2 图像平移变换

图像平移变换是指将一幅图像中所有的像素都按照指定的平移量在水平方向和垂直方向上移动,平移后的图像与原图像相同。

假设将图像上某个像素点 $P_0(x_0,y_0)$平移至点 $P(x,y)$,其中 x 方向的平移量为 Δx,y 方向的平移量为 Δy。那么,点 $P(x,y)$的坐标为

$$\begin{cases} x=x_0+\Delta x \\ y=y_0+\Delta y \end{cases} \tag{5-12}$$

利用齐次坐标,变换前后图像上的点 $P_0(x_0,y_0)$和 $P(x,y)$之间的关系可以用如下的矩阵变换表示:

$$\begin{bmatrix} x \\ y \\ 1 \end{bmatrix}=\begin{bmatrix} 1 & 0 & \Delta x \\ 0 & 1 & \Delta y \\ 0 & 0 & 1 \end{bmatrix}\begin{bmatrix} x_0 \\ y_0 \\ 1 \end{bmatrix} \tag{5-13}$$

对变换矩阵求逆,可以得到式(5-13)的逆变换为

$$\begin{bmatrix} x_0 \\ y_0 \\ 1 \end{bmatrix}=\begin{bmatrix} 1 & 0 & -\Delta x \\ 0 & 1 & -\Delta y \\ 0 & 0 & 1 \end{bmatrix}\begin{bmatrix} x \\ y \\ 1 \end{bmatrix} \tag{5-14}$$

即$\begin{cases} x_0=x-\Delta x \\ y_0=y-\Delta y \end{cases}$

图 5-8 所示为 $\Delta x=2$,$\Delta y=1$ 时的图像平移变换示例。

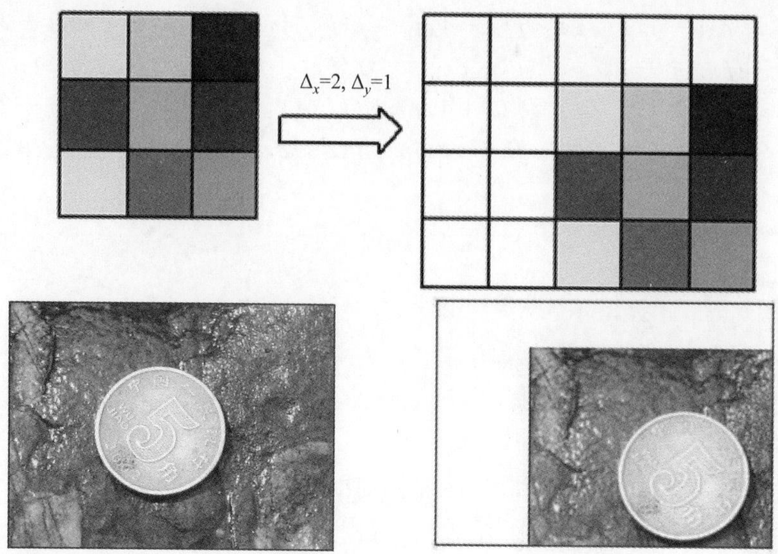

图 5-8　图像平移变换示例

5.1.3　图像旋转变换

一般图像的旋转是以图像的中心为原点，将图像上的所有像素都旋转一个相同的角度来实现。图像的旋转变换就是图像的位置变换，所以旋转后的图像可能会超出显示区域，如图 5-9 所示。一般情况下，可以把超出显示区域的图像截去，如图 5-9(d)所示；也可以扩大图像显示范围以显示所有的图像，如图 5-9(b)所示。

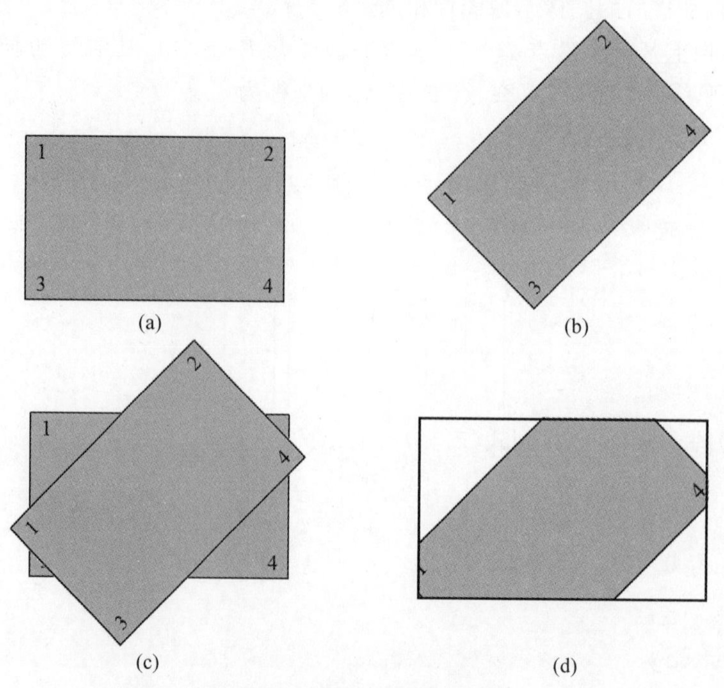

图 5-9　旋转前后的图像关系

(a)旋转前图像；(b)旋转后图像(扩大显示范围后)；

(c)图像旋转前后的关系；(d)旋转后图像在旋转前图像区域的显示范围

图像的旋转变换也可以用矩阵变换表示。设点 $P_0(x_0, y_0)$ 旋转 θ 度后的对应点为 $P(x,y)$，r 为点 $P_0(P)$ 到原点的长度，如图 5-10 所示。旋转前点 $P_0(x_0, y_0)$ 和旋转后点 $P(x,y)$ 的坐标分别是

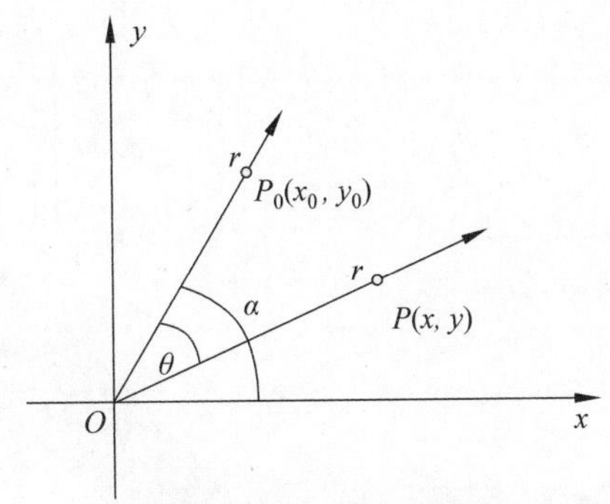

图 5-10 图像旋转θ度

$$\begin{cases} x_0 = r\cos\alpha \\ y_0 = r\sin\alpha \end{cases}$$

$$\begin{cases} x = r\cos(\alpha - \theta) = r\cos\alpha\cos\theta + r\sin\alpha\sin\theta = x_0\cos\theta + y_0\sin\theta \\ y = r\sin(\alpha - \theta) = r\sin\alpha\cos\theta - r\cos\alpha\sin\theta = -x_0\sin\theta + y_0\cos\theta \end{cases} \tag{5-15}$$

写成矩阵表达式为

$$\begin{bmatrix} x \\ y \\ 1 \end{bmatrix} = \begin{bmatrix} \cos\theta & \sin\theta & 0 \\ -\sin\theta & \cos\theta & 0 \\ 0 & 0 & 1 \end{bmatrix} \begin{bmatrix} x_0 \\ y_0 \\ 1 \end{bmatrix} \tag{5-16}$$

其逆运算为

$$\begin{bmatrix} x \\ y \\ 1 \end{bmatrix} = \begin{bmatrix} \cos\theta & -\sin\theta & 0 \\ \sin\theta & \cos\theta & 0 \\ 0 & 0 & 1 \end{bmatrix} \begin{bmatrix} x_0 \\ y_0 \\ 1 \end{bmatrix} \tag{5-17}$$

图像旋转之后，有些像素不能正好落在整数位置，所以会出现许多空洞点，导致图像旋转后效果不好。如图 5-11 所示，要对这些空洞点进行填充处理，此时就需要进行灰度插值，灰度插值方法参见 5.1.1 节。

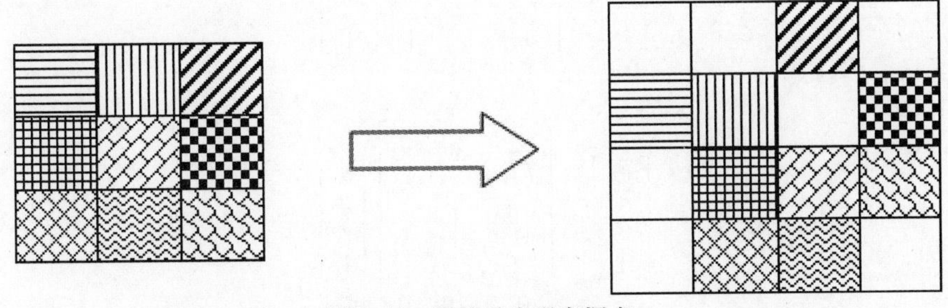

图 5-11 旋转后出现空洞点

图 5-10 表示的旋转是绕坐标轴原点(0,0)进行的，如果是绕某一个指定点(a,b)(如图像中心)旋转，则首先要将坐标系平移到该点再进行旋转，然后将旋转后的图像再平移回原坐标系。图像绕任意一点(a,b)的旋转变换公式如式(5-18)所示。图 5-12 所示为

图像绕其中心逆时针旋转45°后的原图和效果图。

$$\begin{bmatrix} x \\ y \\ 1 \end{bmatrix} = \begin{bmatrix} 1 & 0 & -a \\ 0 & 1 & -b \\ 0 & 0 & 1 \end{bmatrix} \begin{bmatrix} \cos\theta & \sin\theta & 0 \\ -\sin\theta & \cos\theta & 0 \\ 0 & 0 & 1 \end{bmatrix} \begin{bmatrix} 1 & 0 & a \\ 0 & 1 & b \\ 0 & 0 & 1 \end{bmatrix} \begin{bmatrix} x_0 \\ y_0 \\ 1 \end{bmatrix} =$$

$$\begin{bmatrix} \cos\theta & \sin\theta & a(\cos\theta - 1) + b\sin\theta \\ -\sin\theta & \cos\theta & b(\cos\theta - 1) - a\sin\theta \\ 0 & 0 & 1 \end{bmatrix} \begin{bmatrix} x_0 \\ y_0 \\ 1 \end{bmatrix} \tag{5-18}$$

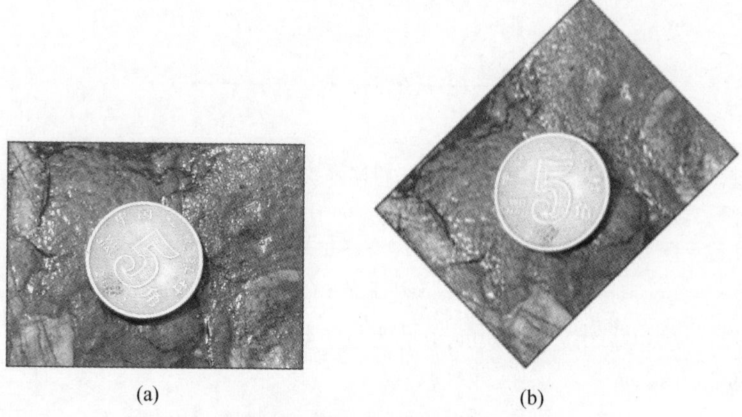

图 5-12 图像绕图像中心逆时针旋转45°的示例

(a)原图；(b)效果图

5.1.4 图像比例变换

图像比例变换是指对图像按照一定的比例进行放大或缩小操作。设原图像中的点$P_0(x_0, y_0)$按比例缩放后，在新图像中的对应点为$P(x, y)$，则$P_0(x_0, y_0)$和$P(x, y)$之间的对应关系用矩阵形式可以表示为

$$\begin{bmatrix} x \\ y \\ 1 \end{bmatrix} = \begin{bmatrix} f_x & 0 & 0 \\ 0 & f_y & 0 \\ 0 & 0 & 1 \end{bmatrix} \begin{bmatrix} x_0 \\ y_0 \\ 1 \end{bmatrix} \tag{5-19}$$

上式的逆运算为

$$\begin{bmatrix} x_0 \\ y_0 \\ 1 \end{bmatrix} = \begin{bmatrix} \frac{1}{f_x} & 0 & 0 \\ 0 & \frac{1}{f_y} & 0 \\ 0 & 0 & 1 \end{bmatrix} \begin{bmatrix} x \\ y \\ 1 \end{bmatrix} \tag{5-20}$$

式(5-19)和式(5-20)中的f_x和f_y分别为图像沿着x轴和y轴方向缩放的比例。f_x和f_y大于1时，表示放大；f_x和f_y小于1时，表示缩小。比例缩放后的图像中的像素可能在原图像中找不到相应的像素点，这时就必须进行插值处理。下面分别讨论图像缩小和放大时如何处理相应的像素点。

1. 图像缩小

图像缩小就是对原有的多个数据进行挑选或处理，获得期望缩小尺寸的数据，并且尽量保持原有的特征不丢失。

设原图像大小为 $M\times N$，缩小为 $k_1M\times k_2N$，($k_1<1$，$k_2<1$)。算法步骤如下：

(1) 设原图为 $F(i,j)$，$i=1,2,\cdots,M$，$j=1,2,\cdots,N$。

压缩后图像是 $G(x,y)$，$x=1,2,\cdots,k_1M$，$y=1,2,\cdots,k_2N$。

(2) $G(x,y)=F(c_1\times x,c_2\times y)$，其中，$c_1=1/k_1$，$c_2=1/k_2$。

例如，图 5-13(a)中所示为原图像，大小为 6×6，当 $k_1=0.6$，$k_2=0.75$，缩小的图像如图 5-13(b)所示，计算过程如下。

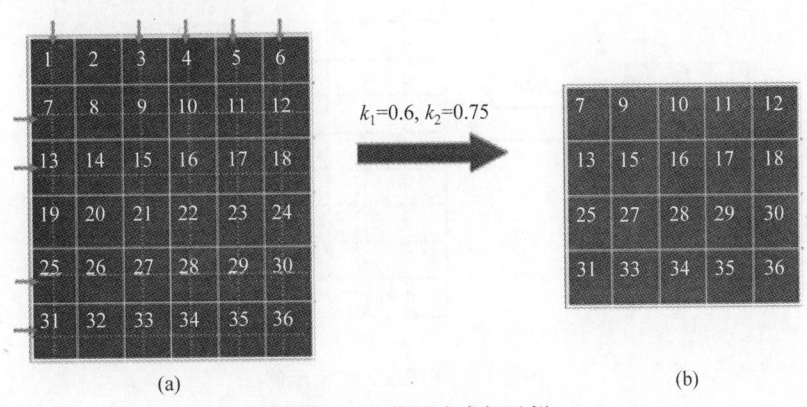

图 5-13　图像缩小求解示例

(a)原图像；(b)缩小后图像

由于原图像的大小为 6×6，所以 i 的取值范围可表示为 $i=[1,6]$，j 的取值范围表示为 $j=[1,6]$，由于 $k_1=0.6$，则缩小后图像横坐标 x 的取值范围可表示为 $x=[1,6\times 0.6]=[1,4]$，纵横坐标 y 的取值范围可表示为 $y=[1,6\times 0.75]=[1,5]$。缩小后图像的空间坐标与原图像坐标的对应关系计算为

$$x=[1/0.6,2/0.6,3/0.6,4/0.6]=[1.67,3.33,5,6.67]=[2,3,5,6]=[i_2,i_3,i_5,i_6],$$

$$\begin{aligned}y&=[1/0.75,2/0.75,3/0.75,4/0.75,5/0.75]=[1.33,2.67,4,5.33,7]\\&=[1,3,4,5,6]=[j_1,j_3,j_4,j_5,j_6]。\end{aligned}$$

注意：在 I,j 和 x,y 转换时，一般采用四舍五入的取整方式，上面的 6.67 和 7 已经超出原图像的坐标最大值 6，所以近似取 6。

图 5-14 为实际图像缩小示例。

图 5-14　实际图像缩小示例

(a)原图；(b)x、y 方向缩小一半的效果；(c)y 方向缩小一半，x 方向不变的效果

2. 图像放大

图像放大从字面上看，似乎是图像缩小的逆操作，但实际上，图像缩小是从多个数据中选出所需要的数据，而图像放大则需要对多出的空位填入适当的值，是对数据的估计，因此二者难易程度是完全不同的。

图像放大最简单的方法(插值法)是，如果需要将原图像放大为 k 倍，假设 k 为整数，那么只需要将原图像中的每个像素值简单插值在新图像中对应的 $k \times k$ 大小的子区域中即可，如图 5-15 所示。

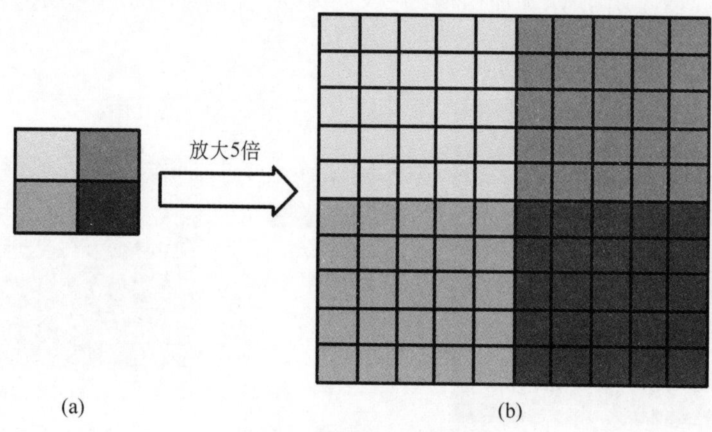

图 5-15 图像放大 5 倍示例

(a)原图；(b)放大后的图像

设原图像大小为 $M \times N$，放大后大小为 $k_1M \times k_2N(k_1>1, k_2>1)$。算法步骤如下：

(1) 旧图像是 $F(i,j), i=1,2,\cdots,M, j=1,2,\cdots,N$。

新图像是 $G(x,y), x=k_11, k_12, \cdots, k_1M, y=k_21, k_22, \cdots, k_2N$。

(2) $G(x,y)=F(c_1 \times i, c_2 \times j), c_1=1/k_1, c_2=1/k_2$。

如图 5-16 所示，图 5-16(a)为原图，图 5-16(b)为简单插值后放大图，当 $k_1=1.5$，$k_2=1.2$ 时，计算过程如下：

$i=[1,3], j=[1,2]$。$x=[1,4], y=[1,3]$。

$x=[1/1.5, 2/1.5, 3/1.5, 4/1.5]=[j_1, j_2, j_3, j_3]$，

$y=[1/1.2, 2/1.2, 3/1.2]=[i_1, i_1, i_2]$。

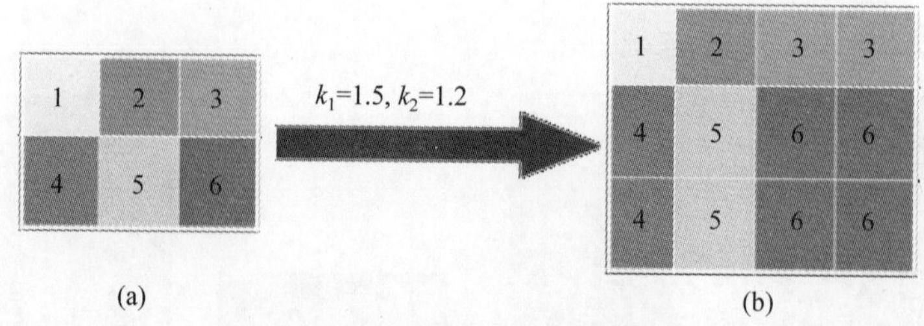

图 5-16 图像放大求解示例

(a) 原图；(b)放大后图像

在实际应用中，因为图像像素的属性包含更多信息，当放大倍数太大时，按照简单插值法处理会出现马赛克效应。所以需要采用更专业的插值方法，如 5.1.1 节描述的几种

插值方法。如图 5-17 所示，图 5-17(b)为对图 5-17(a)采用最近邻插值的方法在 x 方向和 y 方向上各放大一倍，从图中可以看出，存在边缘锯齿模糊和马赛克现象；图 5-17(c)为利用双线性插值的方法放大图片的结果，边缘锯齿模糊和马赛克的现象都较图 5-17(b)有一定的改进；图 5-17(d)为利用三次卷积插值的方法放大图片的结果，几乎看不出锯齿现象，图像细节部分也比图 5-17(b)和图 5-17(c)都好。

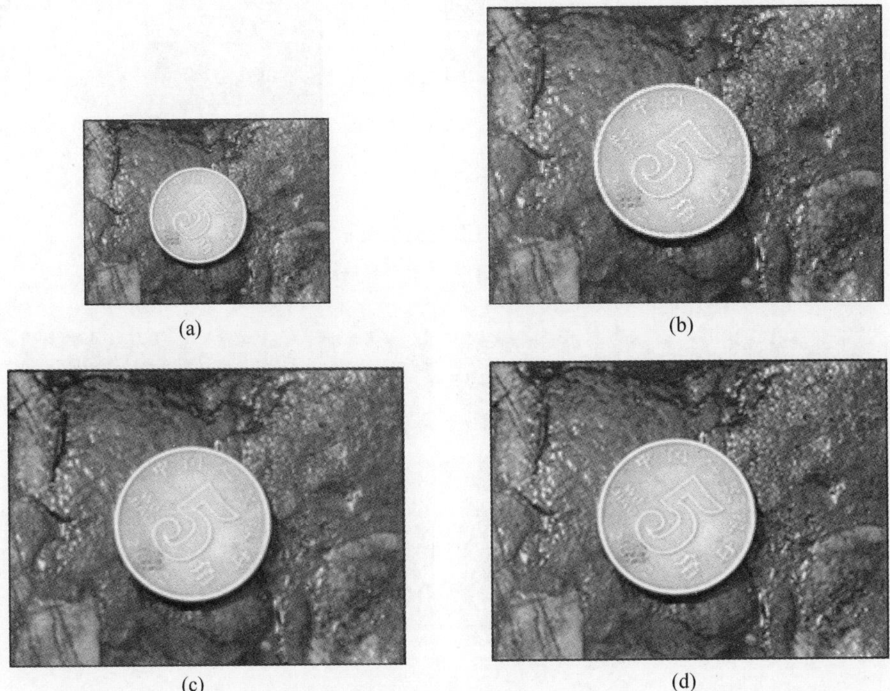

图 5-17　专业插值方法图像放大示例

(a)原图；(b)最近邻插值放大效果图；(c)双线性插值放大效果图；(d)三次卷积插值放大效果图

5.1.5　图像镜像变换

图像镜像变换又称对称变换，主要包括水平镜像和垂直镜像两种，如图 5-18、图 5-19 所示。图像的水平镜像是将图像左半部分和右半部分以图像垂直中轴线为中心进行镜像对换；图像的垂直镜像是将图像上半部分和下半部分以图像水平中轴线为中心进行镜像对换，如图像倒影。

图像的镜像变换也可以用矩阵变换表示。设点 $P_0(x_0, y_0)$进行镜像变换后的对应点为 $P(x, y)$，图像宽为 w，高为 h，变换后，图的宽和高不变。原图像中 $P_0(x_0, y_0)$经过水平镜像后坐标为$(w-x_0, y_0)$，其矩阵表达式为

$$\begin{bmatrix} x \\ y \\ 1 \end{bmatrix} = \begin{bmatrix} -1 & 0 & w \\ 0 & 1 & 0 \\ 0 & 0 & 1 \end{bmatrix} \begin{bmatrix} x_0 \\ y_0 \\ 1 \end{bmatrix} \tag{5-21}$$

逆运算矩阵表达式为

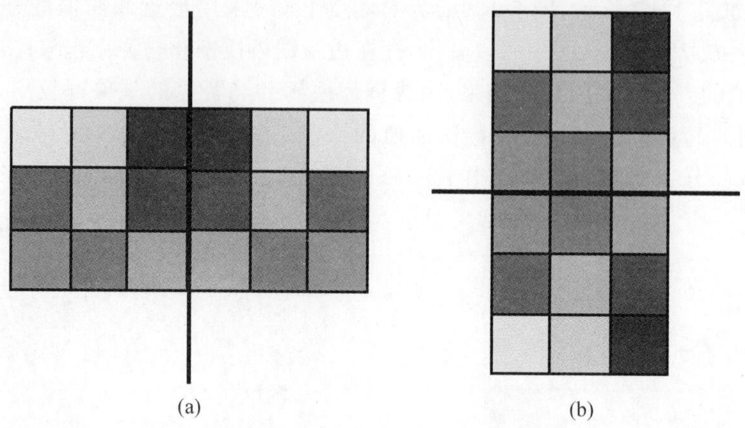

(a) (b)

图 5-18 图像镜像变换示例 1

(a)水平镜像；(b)垂直镜像

(a)

(b)

图 5-19 图像镜像变换示例 2

(a)水平镜像；(b)垂直镜像

$$\begin{bmatrix} x_0 \\ y_0 \\ 1 \end{bmatrix} = \begin{bmatrix} -1 & 0 & w \\ 0 & 1 & 0 \\ 0 & 0 & 1 \end{bmatrix} \begin{bmatrix} x \\ y \\ 1 \end{bmatrix} \tag{5-22}$$

即 $\begin{cases} x_0 = w - x \\ y_0 = y \end{cases}$

同样，$P_0(x_0, y_0)$经过垂直镜像后坐标为$(x_0, h-y_0)$，其矩阵表表达式为

$$\begin{bmatrix} x \\ y \\ 1 \end{bmatrix} = \begin{bmatrix} 1 & 0 & 0 \\ 0 & -1 & h \\ 0 & 0 & 1 \end{bmatrix} \begin{bmatrix} x_0 \\ y_0 \\ 1 \end{bmatrix} \tag{5-23}$$

逆运算矩阵表达式为

$$\begin{bmatrix} x_0 \\ y_0 \\ 1 \end{bmatrix} = \begin{bmatrix} 1 & 0 & 0 \\ 0 & -1 & h \\ 0 & 0 & 1 \end{bmatrix} \begin{bmatrix} x \\ y \\ 1 \end{bmatrix} \tag{5-24}$$

即 $\begin{cases} x_0 = x \\ y_0 = h - y \end{cases}$

5.2 图像的正交变换

图像的正交变换是将图像从空间域(二维平面)变换到变换域(或频率域)的变换。变换的目的是利用频率成分和图像外表之间的对应关系,完成一些在空间域表述困难的图像增强任务。在空间域难以获取的图像性质,在变换域中却非常普通直观,因此可以根据图像在变换域的这些性质对其进行处理,待变换域处理完毕再将处理结果反变换到空间域。图像变换类似于数学中采用的其他变换,例如,求两个数乘积的乘法运算,可采用对数变换的方法将其改为加法运算。

5.2.1 傅里叶变换

傅里叶变换,或称离散傅里叶变换(discrete Fourier transform,DFT)是数字图像处理的一种基础变换,被广泛用于图像特征提取、图像增强等方面。若将傅里叶变换的理论同其物理解释相结合,将有助于解决大多数图像处理问题。傅里叶变换的大部分变换是线性的,其基本线性运算式是严格可逆的,并且满足一定的正交条件。

1. 一维离散傅里叶变换

一个连续函数 $f(x)$,如果对它进行等间隔采样,即可得到一个离散序列。假设共采样 N 个,则这个离散序列可表示为 $\{f(0), f(1), f(2), \cdots, f(N-1)\}$。借助这种表达,令 x 为离散实变量,u 为离散频率变量,将一维离散傅里叶变换对定义为

$$F\{f(x)\} = F(u) = \frac{1}{N}\sum_{x=0}^{N-1} f(x)\exp[-\mathrm{j}2\pi ux], u = 0, 1, \cdots, N-1 \tag{5-25}$$

$$F^{-1}\{F(u)\} = f(x) = \sum_{u=0}^{N-1} F(u)\exp[\mathrm{j}2\pi ux], x = 0, 1, \cdots, N-1 \tag{5-26}$$

根据欧拉公式 $\mathrm{e}^{\pm ix} = \cos x \pm i\sin x$,所以式(5-25)中的指数部分可以替换为 $\exp(-\mathrm{j}2\pi ux) = \cos 2\pi ux - \mathrm{j}\sin 2\pi ux$,同样,式(5-26)中的指数部分也可以替换。

一般情况下,$f(x)$ 是实函数,$F(u)$ 是复函数,表示为

$$F(u) = R(u) + \mathrm{j}I(u) \tag{5-27}$$

其中,$R(u)$ 和 $I(u)$ 分别是 $F(u)$ 的实部和虚部。式(5-27)也常表示成指数形式,即

$$F(u)=|F(u)|\exp[\mathrm{j}\phi(u)] \tag{5-28}$$

$f(x)$的傅里叶频谱，即幅度函数$|F(u)|$可表示为

$$|F(u)|=[R^2(u)+I^2(u)]^{1/2} \tag{5-29}$$

相位角为

$$\phi(u)=\arctan[I(u)/R(u)] \tag{5-30}$$

功率谱为

$$P(u)=|F(u)|^2=R^2(u)+I^2(u) \tag{5-31}$$

2. 二维离散傅里叶变换

设$f(x,y)$是在空间域上等间隔采样得到的$M\times N$的二维离散信号，x和y是离散实变量，u和v为离散频率变量，则二维离散傅里叶变换对定义为

$$F(u,v)=\sqrt{\frac{1}{MN}}\sum_{x=0}^{M-1}\sum_{y=0}^{N-1}f(x,y)\exp\left[-\mathrm{j}2\pi\left(\frac{xu}{M}+\frac{yv}{N}\right)\right],$$
$$u=0,1,\cdots,M-1,v=0,1,\cdots,N-1 \tag{5-32}$$

$$f(x,y)=\sqrt{\frac{1}{MN}}\sum_{u=0}^{M-1}\sum_{v=0}^{N-1}F(u,v)\exp\left[\mathrm{j}2\pi\left(\frac{ux}{M}+\frac{vy}{N}\right)\right],$$
$$x=0,1,\cdots,M-1,y=0,1,\cdots,N-1 \tag{5-33}$$

在图像处理中，有时为了讨论上的方便，取$M=N$，并考虑到正变换与反变换的对称性，可将二维离散傅里叶变换对定义为

$$F(u,v)=\frac{1}{N}\sum_{x=0}^{N-1}\sum_{y=0}^{N-1}f(x,y)\exp\left[-\frac{\mathrm{j}2\pi(xu+yv)}{N}\right] \tag{5-34}$$

$$f(x,y)=\frac{1}{N}\sum_{u=0}^{N-1}\sum_{v=0}^{N-1}F(u,v)\exp\left[\frac{\mathrm{j}2\pi(ux+vy)}{N}\right] \tag{5-35}$$

其中，$x,y,u,v=0,1,\cdots,N-1$。

与一维离散傅里叶变换类似，可将二维离散傅里叶变换的频谱和相位角定义为

$$|F(u,v)|=\sqrt{R^2(u,v)+I^2(u,v)} \tag{5-36}$$

$$\phi(u,v)=\arctan\left[\frac{I(u,v)}{R(u,v)}\right] \tag{5-37}$$

将二维离散傅里叶变换频谱的平方定义为$f(x,y)$的功率谱，记为

$$P(u,v)=|F(u,v)|^2=R^2(u,v)+I^2(u,v) \tag{5-38}$$

反映了二维离散信号的能量在空间频率域上的分布情况。

3. 二维傅里叶变换的性质

(1) 分离性。

一个二维傅里叶变换可通过连续两次运用一维傅里叶变换来实现。式(5-34)和式(5-35)可以写成

$$F(u,v)=\frac{1}{N}\sum_{x=0}^{N-1}\exp\left[-\frac{\mathrm{j}2\pi xu}{N}\right]\sum_{y=0}^{N-1}f(x,y)\exp\left[-\frac{\mathrm{j}2\pi yv}{N}\right],u,v=0,1,\cdots,N-1 \tag{5-39}$$

$$f(x,y)=\frac{1}{N}\sum_{u=0}^{N-1}\exp\left[\frac{\mathrm{j}2\pi ux}{N}\right]\sum_{v=0}^{N-1}F(u,v)\exp\left[\frac{\mathrm{j}2\pi vy}{N}\right],x,y=0,1,\cdots,N-1 \tag{5-40}$$

式(5-39)可分成

$$F(x,v)=N\left(\frac{1}{N}\sum_{y=0}^{N-1}f(x,y)\exp\left[-\frac{\mathrm{j}2\pi yv}{N}\right]\right),v=0,1,\cdots,N-1 \tag{5-41}$$

$$F(u,v)=\frac{1}{N}\sum_{x=0}^{N-1}F(x,v)\exp\left[-\frac{\mathrm{j}2\pi ux}{N}\right],u,v=0,1,\cdots,N-1 \tag{5-42}$$

对每个 x 值,式(5-41)大括号中是一个一维傅里叶变换。因此 $F(x,v)$ 可由沿 $f(x,y)$ 的每一列求变换再乘以 N 得到。在此基础上,对 $F(x,v)$ 每一行求傅里叶变换就可得到 $F(u,v)$,此过程如图 5-20 所示。

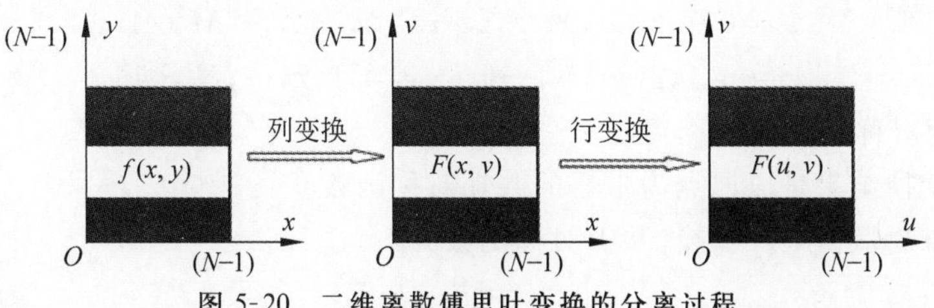

图 5-20 二维离散傅里叶变换的分离过程

(2) 平移性质。

给离散函数 $f(x,y)$ 乘以一个指数项,就相当于把其变换后的傅里叶频谱在频率域进行平移,即

$$f(x,y)\exp\left[\frac{\mathrm{j}2\pi(u_0x+v_0y)}{N}\right]\Leftrightarrow F(u-u_0,v-v_0) \tag{5-43}$$

同样给傅里叶频谱乘以一个指数项,就相当于把其反变换后得到的函数在空间域进行平移,即

$$F(u,v)\exp\left[-\frac{\mathrm{j}2\pi(u_0x+v_0y)}{N}\right]\Leftrightarrow f(x-x_0,y-y_0) \tag{5-44}$$

在数字图像处理中,为了更好地观察二维离散傅里叶变换的频谱,常常要将 $F(u,v)$ 的原点移到图像的中心,即 $(M/2,N/2)$ 处,即将 $f(x,\ y)$ 乘以因子 $(-1)^{x+y}$,再进行二维离散傅里叶变换。

傅里叶变换图如图 5-21 所示。

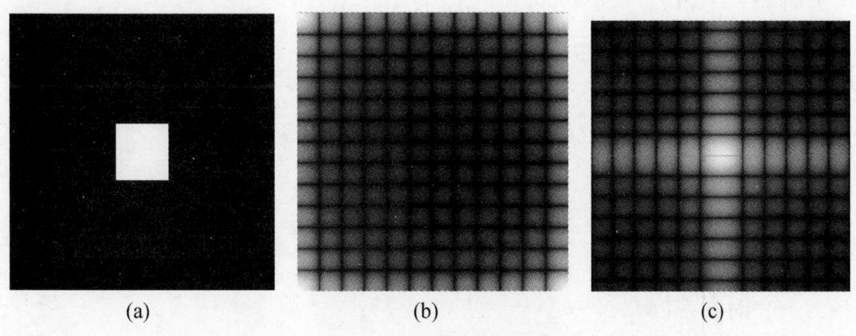

(a) (b) (c)

图 5-21 傅里叶变换图

(a)原图;(b)原图直接进行二维离散傅里叶变换图;

(c)原点移到图像中心后进行二维离散傅里叶变换图

(3) 周期性。

傅里叶变换和它的逆变换是以 N 为周期的，对于一维离散傅里叶变换，有

$$F(u)=F(u+N)$$

二维离散傅里叶变换及其反变换在 u 方向和 v 方向是无限周期的，即

$$F(u,v)=F(u+k_1M,v)=F(u,v+k_2N)=F(u+k_1M,v+k_2N) \tag{5-45}$$

和

$$f(x,y)=F(x+k_1M,y)=f(x,y+k_2N)=f(x+k_1M,y+k_2N) \tag{5-46}$$

其中，k_1 和 k_2 是整数。

$$u=0,1,2,\cdots,M-1 \quad x=0,1,2,\cdots,M-1$$

$$v=0,1,2,\cdots,N-1 \quad y=0,1,2,\cdots,N-1$$

(4) 共轭对称性。

傅里叶变换结果是以原点为中心的共轭对称函数。

对于一维离散傅里叶变换，共轭对称函数为

$$F(u)=F^*(-u)$$

对于二维离散傅里叶变换，共轭对称函数为

$$F(u,v)=F^*(-u,-v)$$

图像傅里叶频谱关于$(M/2,N/2)$的共轭对称性。

设 $f(x,y)$是一幅大小为 $M\times N$ 的图像，首先根据傅里叶变换的周期性公式

$$F(u,v)=F(u+mM,v+nN) \tag{5-47}$$

则有

$$|F(u,v)|=|F(u+M,v+N)| \tag{5-48}$$

其次根据傅里叶变换的共轭对称性可得

$$|F(u,v)|=|F(-u,-v)| \tag{5-49}$$

最后根据式(5-48)和式(5-49)可以得到

$$|F(u,v)|=|F(M-u,N-v)| \tag{5-50}$$

对于式(5-50)，当 $u=0$ 时，可以得到

当 $v=0$ 时，$|F(0,0)|=|F(M,N)|$；

当 $v=1$ 时，$|F(0,1)|=|F(M,N-1)|$；

当 $v=2$ 时，$|F(0,2)|=|F(M,N-2)|$；

……

当 $v=N/2$ 时，$|F(0,N/2)|=|F(M,N/2)|$。

当 $u=M$ 时，可以得到

当 $v=N$ 时，$|F(M,N)|=|F(0,0)|$；

当 $v=N-1$ 时，$|F(M,N-1)|=|F(0,1)|$；

当 $v=N-2$ 时，$|F(M,N-2)|=|F(0,2)|$；

……

当 $v=N/2$ 时，$|F(M,N/2)|=|F(0,N/2)|$。

将上面的关系用坐标图表示，如图 5-22(a)所示，从图中可以看出，A 区与 D 区箭头表示的值关于坐标$(M/2,N/2)$对称。

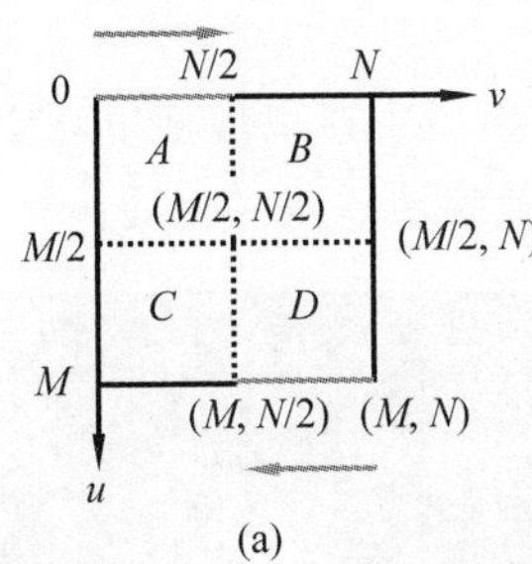

(a)

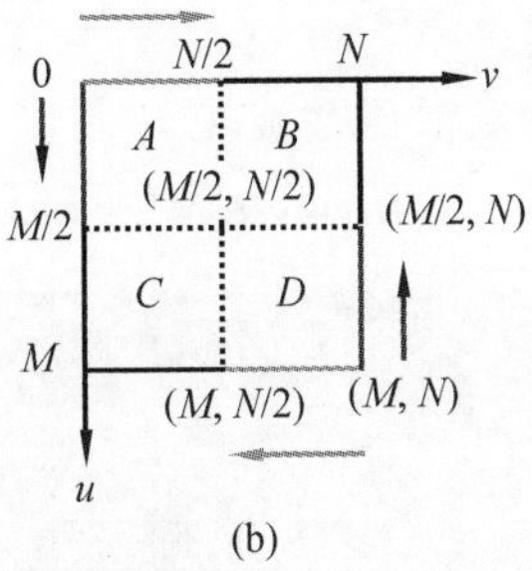

(b)

图 5-22　傅里叶频谱坐标图

同理，对于 $v=0$

当 $u=0$ 时，$|F(0,0)|=|F(M,N)|$；

当 $u=1$ 时，$|F(0,1)|=|F(M-1,N)|$；

当 $u=2$ 时，$|F(0,2)|=|F(M-2,N)|$；

……

当 $u=M/2$ 时，$|F(0,M/2)|=|F(M/2,N)|$。

对于 $v=N$

当 $u=M$ 时，$|F(M,N)|=|F(0,0)|$；

当 $u=M-1$ 时，$|F(M-1,N)|=|F(0,1)|$；

当 $u=M-2$ 时，$|F(M-2,N)|=|F(0,2)|$；

……

当 $u=M/2$ 时，$|F(M/2,N)|=|F(0,M/2)|$。

将上面的关系用坐标图表示，如图 5-22(b)所示，从图中以看出，A 区与 D 区箭头表示的值关于坐标$(M/2,N/2)$对称。

同理可知，图 5-22 中的 B 区与 C 区关于坐标$(M/2,N/2)$对称。图 5-23 和图 5-24 所示为傅里叶变换关于$(M/2,N/2)$对称示例。

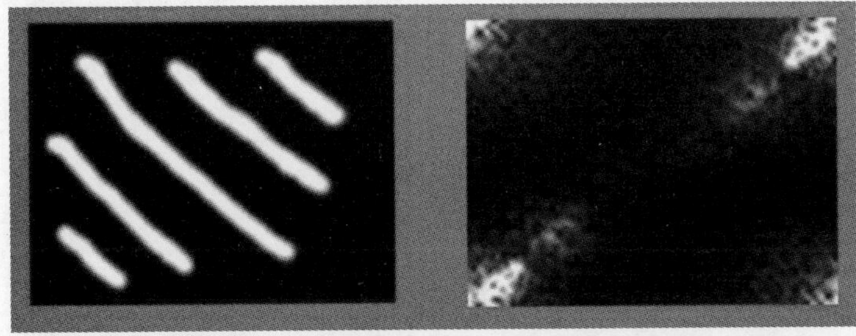

图 5-23　关于坐标$(M/2,N/2)$对称示例 1

图 5-24　关于坐标$(M/2,N/2)$对称示例 2

(5) 旋转性质。

如果空间域中离散函数旋转 θ_0 角度,则在变换域中该离散傅里叶变换函数也将旋转同样的角度,如图 5-25 所示,从图中可以看出二者旋转的角度相同。

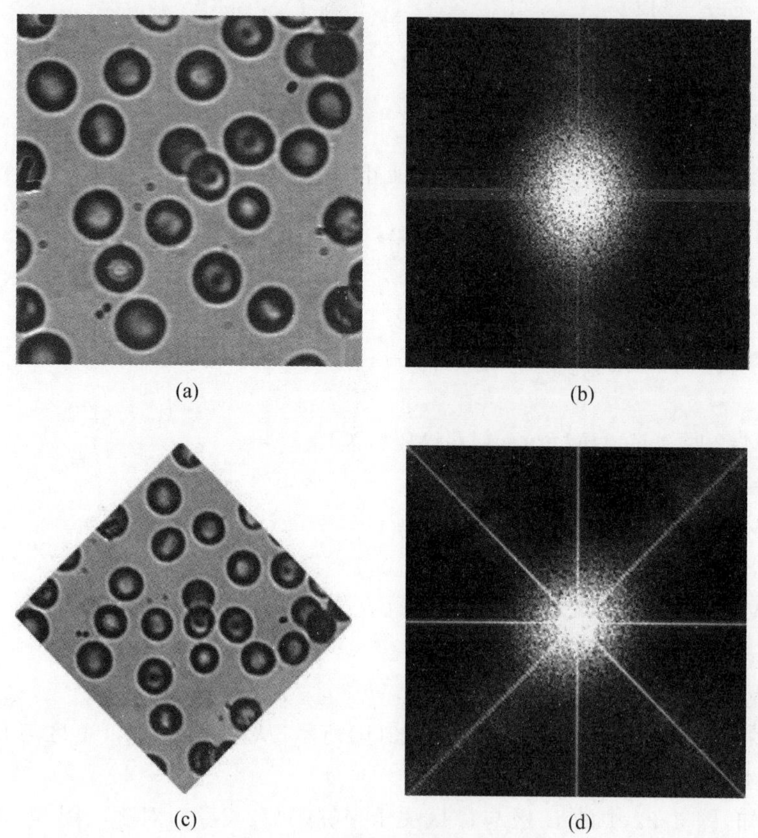

图 5-25 傅里叶变换旋转示例

(a)原图;(b)原图的傅里叶变换图;(c)原图旋转 45°;(d)(c)图的傅里叶变换图

旋转的性质可以借助极坐标变换来解释,$x=r\cos\theta$、$y=r\sin\theta$、$u=w\cos\varphi$、$v=w\sin\varphi$,首先将 $f(x,y)$和 $F(u,v)$转换为 $f(r,\theta)$和 $F(w,\varphi)$,然后代入傅里叶变换对可以得到

$$f(r,\theta+\theta_0)\Leftrightarrow F(w,\varphi+\theta_0) \tag{5-51}$$

(6) 分配律(加法原理)。

根据傅里叶变换对的定义可得到

$$F\{f_1(x,y)+f_2(x,y)\}=F\{f_1(x,y)\}+F\{f_2(x,y)\} \tag{5-52}$$

(7) 尺度变换(缩放)。

给定两个标量 a 和 b,傅里叶变换满足以下两个公式:

$$af(x,y)\Leftrightarrow aF(u,v) \tag{5-53}$$

$$f(ax,by)\Leftrightarrow 1/\mid ab\mid F(u/a,v/b) \tag{5-54}$$

(8) 卷积定理。

卷积定理研究两个函数傅里叶变换之间的关系,这构成了空间域和频域之间的基本关系。

对于两个二维连续函数 $f(x,y)$ 和 $g(x,y)$，它们的卷积定义为

$$f(x,y) * g(x,y) = \iint\limits_{-\infty} f(\alpha,\beta) g(x-\alpha, y-\beta) \mathrm{d}\alpha \mathrm{d}\beta \tag{5-55}$$

设 $f(x,y) \Leftrightarrow F(u,v)$，$g(x,y) \Leftrightarrow G(u,v)$

其二维卷积定理可表示为

$$\begin{aligned} f(x,y) * g(x,y) &\Leftrightarrow F(u,v) \cdot G(u,v) \\ f(x,y) \cdot g(x,y) &\Leftrightarrow F(u,v) * G(u,v) \end{aligned} \tag{5-56}$$

上式表明，在达到相同效果的前提下，与其在一个域中做复杂难懂的卷积，不如在另外一个域中做乘法，这也是傅里叶变换的一个主要优点。

5.2.2 快速傅里叶变换

1. 算法原理

根据傅里叶变换的分离性可知，二维傅里叶变换可通过连续两次一维傅里叶变换得到，因此只需考虑一维傅里叶变换的情况。为计算式(5-25)中的求和，u 的 N 个取值中的每个都需进行 N 次复数乘法(将 $f(x)$ 与 $\exp[-\mathrm{j}2\pi ux/N]$ 相乘)，因为考虑到 x 的取值为 N 个，所以还需要进行 $N-1$ 次加法，即复数乘法和加法的次数都正比于 N^2。由于对 $\exp[-\mathrm{j}2\pi ux/N]$ 可先只计算一次然后存在一个表中以备查用，所以正确地分解式(5-25)可将复数乘法和加法的次数减少为正比于 $N\log_2 N$。这个分解过程是快速傅里叶变换(FFT)算法的基础。快速傅里叶变换算法与原始傅里叶变换算法的计算量之比是 $N/\log_2 N$，当 N 比较大时，节省的计算量是相当可观的。

下面介绍一种被称为逐次加倍法的快速傅里叶变换算法。先将式(5-25)写成

$$F(u) = \frac{1}{N} \sum_{x=0}^{N-1} f(x) W_N^{UX} \tag{5-57}$$

其中

$$W_N = \exp\left[\frac{-\mathrm{j}2\pi}{N}\right] \tag{5-58}$$

设 N 为 2 的正整数次幂，即

$$N = 2^n \tag{5-59}$$

再令 M 为正整数，且

$$N = 2M \tag{5-60}$$

将式(5-60)代入式(5-57)可得到

$$F(u) = \frac{1}{2M} \sum_{x=0}^{2M-1} f(x) W_{2M}^{ux} = \frac{1}{2}\left[\frac{1}{M} \sum_{x=0}^{M-1} f(2x) W_{2M}^{u(2x)} + \frac{1}{M} \sum_{x=0}^{M-1} f(2x+1) W_{2M}^{u(2x+1)}\right] \tag{5-61}$$

由式(5-58)可知 $W_{2M}^{2ux} = W_M^{ux}$，所以式(5-61)可写成

$$F(u) = \frac{1}{2}\left[\frac{1}{M} \sum_{x=0}^{M-1} f(2x) W_M^{ux} + \frac{1}{M} \sum_{x=0}^{M-1} f(2x+1) W_M^{ux} W_{2M}^{u}\right] \tag{5-62}$$

设

$$F_{\text{even}}(u)=\frac{1}{M}\sum_{x=0}^{M-1}f(2x)W_M^{ux} \tag{5-63}$$

$$F_{\text{odd}}(u)=\frac{1}{M}\sum_{x=0}^{M-1}f(2x+1)W_M^{ux} \tag{5-64}$$

这样式(5-62)可以化简为

$$F(u)=\frac{1}{2}[F_{\text{even}}(u)+F_{\text{odd}}(u)W_{2M}^{u}] \tag{5-65}$$

同样，由于 $W_M^{u+M}=W_M^u$ 和 $W_M^{u+M}=-W_M^u$，所以可得

$$F(u+M)=\frac{1}{2}[F_{\text{even}}(u)-F_{\text{odd}}(u)W_{2M}^{u}] \tag{5-66}$$

式(5-65)和式(5-66)表明一个 N 点的变换可通过将原始表达式分成两部分来计算。对于 $F(u)$第一部分，需要根据式(5-63)和式(5-64)计算两个($N/2$)点的变换。这样所得到的 $F_{\text{even}}(u)$和 $F_{\text{odd}}(u)$可代入式(5-65)和式(5-66)以得到 $u=0,1,2,\cdots,N/2-1$ 时的 $F(u)$。$F(u)$另一部分的计算与此类似。实现该算法的关键是将输入数据排列成满足连续运用式(5-65)和式(5-64)的次序。

2. 反变换

只需对正变换的输入做很小的修改就可将上述快速算法用于反变换。先取式(5-26)的复共轭，再将两边同除以 N 得到

$$\frac{1}{N}f^*(x)=\frac{1}{N}\sum_{u=0}^{N-1}F^*(u)\exp\left[-\frac{\mathrm{j}2\pi ux}{N}\right],x=0,1,\cdots,N-1 \tag{5-67}$$

将式(5-67)与式(5-26)相比可知，式(5-67)右边对应一个正变换。把 $F^*(u)$输入一个正变换算法得到 $f^*(x)/N$，对此再求复共轭并乘以 N 就得到所需的反变换 $f(x)$。

同理，在二维傅里叶变换中可先取式(5-35)的复共轭，再将两边同除以 N 得到

$$f^*(x,y)=\frac{1}{N}\sum_{u=0}^{N-1}\sum_{v=0}^{N-1}F^*(u,v)\exp\left[\frac{-\mathrm{j}2\pi(ux+vy)}{N}\right],x,y=0,1,\cdots,N-1 \tag{5-68}$$

式(5-68)右边对应一个正变换。把 $F^*(u,v)$输入一个正变换算法得到 $f^*(x,y)$，对此再求复共轭就得到所需的反变换 $f(x,y)$。对于实函数，有 $f(x)=f^*(x)$和 $f(x,y)=f^*(x,y)$成立。此时就不需要计算复共轭了。

5.2.3 余弦变换

余弦变换是傅里叶变换的一种特殊情况。在傅里叶级数展开式中，如果被展开的函数是实偶函数，那么其傅里叶级数中只包含余弦项，再将其离散化可导出余弦变换，或称离散余弦变换(discrete cosine transform，DCT)。

一维离散余弦变换的定义为

$$C(u)=a(u)\sum_{x=0}^{N-1}f(x)\cos\left[\frac{(2x+1)u\pi}{2N}\right],u=0,1,\cdots,N-1 \tag{5-69}$$

$$f(x)=\sum_{u=0}^{N-1}a(u)C(u)\cos\left[\frac{(2x+1)u\pi}{2N}\right],x=0,1,\cdots,N-1 \tag{5-70}$$

其中

$$a(u)=\begin{cases}\sqrt{1/N}, & u=0\\ \sqrt{2/N}, & u=1,2,\cdots,N-1\end{cases} \tag{5-71}$$

二维离散余弦变换的定义为

$$C(u,v)=a(u)a(v)\sum_{x=0}^{N-1}\sum_{y=0}^{N-1}f(x,y)\cos\left[\frac{(2x+1)u\pi}{2N}\right]\cos\left[\frac{(2y+1)v\pi}{2N}\right],$$

$$u,v=0,1,\cdots,N-1 \tag{5-72}$$

$$f(x,y)=\sum_{x=0}^{N-1}\sum_{y=0}^{N-1}a(u)a(v)C(u,v)\cos\left[\frac{(2x+1)u\pi}{2N}\right]\cos\left[\frac{(2y+1)v\pi}{2N}\right],$$

$$x,y=0,1,\cdots,N-1 \tag{5-73}$$

由式(5-72)可知,二维离散余弦变换的正变换核表达式为

$$G(x,y,u,v)=a(u)a(v)\cos\left[\frac{(2x+1)u\pi}{2N}\right]\cos\left[\frac{(2y+1)v\pi}{2N}\right] \tag{5-74}$$

由式(5-74)可以看出,离散余弦变换正变换核具有可分离性,即

$$G(x,y,u,v)=g(x,u)g(y,v)=a(u)\cos\left[\frac{(2x+1)u\pi}{2N}\right]a(v)\cos\left[\frac{(2y+1)v\pi}{2N}\right] \tag{5-75}$$

其中

$$g=g(x,u)=\sqrt{\frac{2}{N}}a(u)\cos\left[\frac{\pi(2x+1)u}{2N}\right] \tag{5-76}$$

则,二维 DCT 的正、反变换的空间矢量表示形式为

$$\boldsymbol{C}=\boldsymbol{g}\times\boldsymbol{f}\times\boldsymbol{g}^{\mathrm{T}} \tag{5-77}$$

$$\boldsymbol{f}=\boldsymbol{g}^{\mathrm{T}}\times\boldsymbol{C}\times\boldsymbol{g} \tag{5-78}$$

其中

$$\boldsymbol{g}^{\mathrm{T}}=\sqrt{\frac{2}{N}}\begin{bmatrix}\frac{1}{\sqrt{2}} & \frac{1}{\sqrt{2}} & \cdots & \frac{1}{\sqrt{2}}\\ \cos\frac{\pi}{2N} & \cos\frac{3\pi}{2N} & \cdots & \cos\frac{(2N-1)\pi}{2N}\\ \vdots & \vdots & \ddots & \vdots\\ \cos\frac{(N-1)\pi}{2N} & \cos\frac{3(N-1)\pi}{2N} & \cdots & \cos\frac{(2N-1)(N-1)\pi}{2N}\end{bmatrix} \tag{5-79}$$

所以 DCT 正变换和反变换可描述为

$$C(u,v)=\sum_{x=0}^{N-1}\sum_{y=0}^{N-1}f(x,y)\times G(x,y,u,v) \tag{5-80}$$

$$f(x,y)=\sum_{u=0}^{N-1}\sum_{v=0}^{N-1}C(u,v)\times G(x,y,u,v) \tag{5-81}$$

其中,正、反变换核 $Q(x,y,u,v)$ 又称二维 DCT 变换的基函数或基图像。同时由式(5-76)可以看出 DCT 具有对称性。

下面讨论 DCT 变换核的值。

当 $N=2$ 时,二维 DCT 的正变换核的值如下:

$$G(x,y,0,0)=\frac{1}{2}$$

$$G(0,y,1,0)=\frac{1}{2} \qquad G(1,y,1,0)=-\frac{1}{2}$$

$$G(x,0,0,1)=\frac{1}{2} \qquad G(x,1,0,1)=-\frac{1}{2}$$

$$G(1,1,0,0)=G(1,1,1,1)=\frac{1}{2} \quad G(1,1,0,1)=G(1,1,1,0)=-\frac{1}{2}$$

由于二维 DCT 的正反变换核是一样的,所以反变换核的值与正变换核的值相同。

当 $N=4$ 时,二维 DCT 的正变换核的值如下。

由一维解析式定义可得如下展开式:

$$\begin{cases} C(0)=0.500f(0)+0.500f(1)+0.500f(2)=0.500f(3) \\ C(1)=0.653f(0)+0.271f(1)-0.272f(2)-0.653f(3) \\ C(2)=0.500f(0)-0.500f(1)-0.500f(2)+0.500f(3) \\ C(3)=0.271f(0)-0.653f(1)+0.653f(2)-0.271f(3) \end{cases} \tag{5-82}$$

矩阵形式如下:

$$\begin{bmatrix} C(0) \\ C(1) \\ C(2) \\ C(3) \end{bmatrix} = \begin{bmatrix} 0.500 & 0.500 & 0.500 & 0.500 \\ 0.653 & 0.271 & -0.271 & -0.653 \\ 0.500 & -0.500 & -0.500 & 0.500 \\ 0.271 & -0.653 & 0.653 & -0.271 \end{bmatrix} \times \begin{bmatrix} f(0) \\ f(1) \\ f(2) \\ f(3) \end{bmatrix} \tag{5-83}$$

同理,反变换展开形式如下:

$$\begin{cases} f(0)=0.500C(0)+0.653C(1)+0.500C(2)+0.271C(3) \\ f(1)=0.500C(0)+0.271C(1)-0.500C(2)-0.653C(3) \\ f(2)=0.500C(0)-0.271C(1)-0.500C(2)+0.653C(3) \\ f(3)=0.500C(0)-0.653C(1)+0.500C(2)-0.271C(3) \end{cases} \tag{5-84}$$

矩阵形式如下:

$$\begin{bmatrix} f(0) \\ f(1) \\ f(2) \\ f(3) \end{bmatrix} = \begin{bmatrix} 0.500 & 0.653 & 0.500 & 0.271 \\ 0.500 & 0.271 & -0.500 & -0.653 \\ 0.500 & -0.271 & -0.500 & 0.653 \\ 0.500 & -0.653 & 0.500 & -0.271 \end{bmatrix} \times \begin{bmatrix} C(0) \\ C(1) \\ C(2) \\ C(3) \end{bmatrix} \tag{5-85}$$

图 5-26 所示为离散余弦变换示例,从图 5-26(b)中可以看出图 5-26(a)的大部分能量集中在低频部分。

5.2.4 沃尔什变换

傅里叶变换和余弦变换在快速算法中都要用到复数乘法,占用的计算时间比较多。在某些应用领域中,需要更便利、更有效的变换方法。沃尔什变换就是其中的一种。

沃尔什函数是在 1923 年由美国数学家 J.L Walsh 提出来的。沃尔什的原始论文给出了沃尔什函数的递推公式,这个公式是按照函数的序数由正交区间内过零点平均数来

(a)　　　　(b)

图 5-26　离散余弦变换示例

(a)原图；(b)离散余弦变换图

定义的。1931 年，美国数学家佩利(R.E.A.C.Paley)又给沃尔什函数提出了一个新的定义。他指出，沃尔什函数可以用有限个拉德马赫(Rademacher)函数的乘积来表示。这样得到的函数的序数与沃尔什得到的函数的序数完全不同。因为这种定序方法是用二进制来定序的，所以又称二进制序数或自然序数。利用只包含+1 和−1 阵元的正交矩阵可以将沃尔什函数表示为矩阵形式。1867 年，英国数学家希尔威斯特(J.J.Sylvester)已经研究过这种矩阵。1893 年，法国数学家哈达玛(M.Hadamard)将这种矩阵加以普遍化，建立了所谓的哈达玛矩阵。利用克罗内克乘积算子(Kronecker product operator)不难把沃尔什函数表示为哈达玛矩阵形式。利用这种形式定义的沃尔什函数称为克罗内克序数，即哈达玛序的沃尔什函数也是沃尔什函数的第三种定序法。

与傅里叶变换相比，沃尔什变换的主要优点为存储空间少和运算速度高，这一点对图像处理来说是至关重要的，特别是在大量数据需要进行实时处理时，就更加显示出它的优越性。

1. 拉德马赫函数

拉德马赫函数集是一个不完备的正交函数集，由它可以构成完备的沃尔什函数。拉德马赫函数定义如下：

$$R(n,t)=\mathrm{sgn}(\sin 2^{n}\pi t) \tag{5-86}$$

式中：n——序号，$n=0,1,\cdots,N-1$；

t——连续时间变量。

$\mathrm{sgn}(x)=\begin{cases}1, & x>0\\ -1, & x<0\end{cases}$，其中，当 $x=0$ 时，$\mathrm{sgn}(x)$无定义。

由 sin 函数的周期性知道 $R(n,t)$也是周期性函数。由式(5-86)可见：

当 $n=0$ 时，$R(0,t)$的周期为 2；

当 $n=1$ 时，$R(1,t)$的周期为 1；

当 $n=2$ 时，$R(2,t)$的周期为 1/2；

当 $n=3$ 时，$R(3,t)$的周期为 $1/2^{2}$；

……

所以 $R(n,t)$ 一般情况下可用下式表示：

$$R(n,t)=R\left(n,t+\frac{1}{2^{n-1}}\right),n=0,1,2,\cdots \tag{5-87}$$

拉德马赫函数波形图如图 5-27 所示。

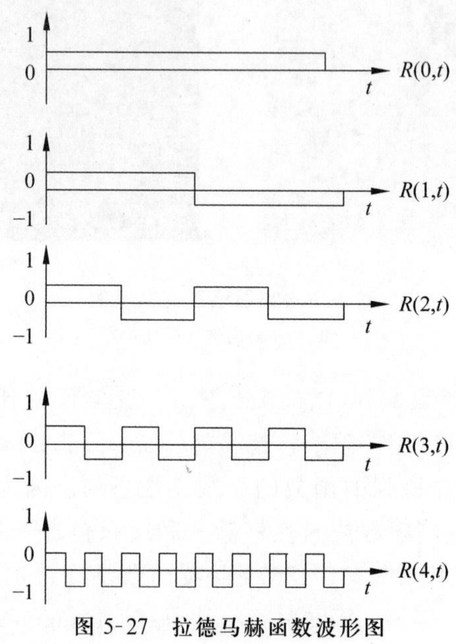

图 5-27　拉德马赫函数波形图

如图 5-27 所示，拉德马赫函数有如下一些规律。

(1) $R(n,t)$ 的取值只有 $+1$ 和 -1。

(2) $R(n,t)$ 是 $R(n-1,t)$ 的二倍频。因此，如果已知最高次数 $m=n$，则其他拉德马赫函数可由脉冲分频器来产生。

(3) 如果已知 n，那么 $R(n,t)$ 在 $0<t<1$ 范围内有 2^{n-1} 个周期。

(4) 如果在 $t=(k+1/2)/2^n$ 处取样，那么可得到一个离散的数据序列 $R(n,k)$，其中，$k=0,1,2\cdots,2^n-1$。

2. 按沃尔什排列的沃尔什函数

按沃尔什排列的沃尔什函数定义如下：

$$\mathrm{Wal_W}(i,t)=\prod_{k=0}^{p-1}[R(k+1,t)]^{g(i)_k} \tag{5-88}$$

式中：$R(k+1,t)$——任意拉德马赫函数；

$g(i)$——i 的格雷码；

$g(i)_k$——此格雷码的第 k 位数；

n——序号，$n=0,1,\cdots,N-1$。

格雷码(Gray Code)是因弗兰克·格雷(Frank Gray，1887—1969)于 1953 年公开的专利"Pulse Code Communication"而得名。在一组数的编码中，若任意两个相邻的代码只有一位二进制数不同，则称这种编码为格雷码。它是一种数字排序系统，其中的所有相邻整数在它们的数字表示中只有一个数字不同。它在任意两个相邻的数之间转换时，只有一个数位发生变化，大大地减少了由一个状态到下一个状态时逻辑的误差。

表 5-1 所示为自然数的二进制数与格雷码的对应关系。

表 5-1 二进制数与格雷码的对应关系

十进制数	二进制数	格雷码	十进制数	二进制数	格雷码
0	0000	0000	8	1000	1100
1	0001	0001	9	1001	1101
2	0010	0011	10	1010	1111
3	0011	0010	11	1011	1110
4	0100	0110	12	1100	1010
5	0101	0111	13	1101	1011
6	0110	0101	14	1110	1001
7	0111	0100	15	1111	1000

二进制数转格雷码的方法是从最右边一位起,依次将每一位与左边一位异或(XOR或⊕),作为对应格雷码该位的值,最左边一位不变(相当于左边是 0)。

设一个十进制自然数的二进制数为

$$n=(n_{p-1}n_{p-2}\cdots n_k\cdots n_2n_1n_0)_{\mathrm{B}}$$

并设该数的格雷码为

$$g=(g_{p-1}g_{p-2}\cdots g_k\cdots g_2g_1g_0)_{\mathrm{G}}$$

其中,n_k 和 g_k 分别为二进制数和格雷码内的码位数字,并且 n_k、$g_k\in\{0,1\}$。它们之间的关系可用下式表示:

$$\begin{cases} g_{p-1}=n_{p-1} \\ g_{p-2}=n_{p-1}\oplus n_{p-2} \\ g_{p-2}=n_{p-2}\oplus n_{p-3} \\ \vdots \\ g_k=n_{k+1}\oplus n_k \\ \vdots \\ g_1=n_2\oplus n_1 \\ g_0=n_1\oplus n_0 \end{cases} \tag{5-89}$$

例如,二进制数的 0110 转换为格雷码的过程如下。

① 二进制最右边 0 和它左边的 1 异或,得到 1,这就是格雷码的最右边的数。

② 二进制右边第二位的 1 与它左边的 1 异或,得到 0,这就是格雷码右边的第二位数。

③ 二进制右边第三位数 1 与它左边的 0 异或,得到 1,这就是格雷码右边的第三位。

④ 保持最高位不变,这样就得到了格雷码 0101。

将格雷码转换为二进制数就是解码的过程。解码过程为从左边第二位起,将每位与左边一位的解码后的值异或,作为该位解码后的值和编码一样,最高位,也就是最左边的一位依然是不变的。

设正整数的格雷码为

$$g=(g_{p-1}g_{p-2}\cdots g_k\cdots g_2g_1g_0)_{\mathrm{G}}$$

且该数的二进制数为

$$n=(n_{p-1}n_{p-2}\cdots n_k\cdots n_2n_1n_0)_{\mathrm{B}}$$

则它们之间的关系可用下式表示：

$$\begin{cases}n_{p-1}=g_{p-1}\\ n_{p-2}=g_{p-1}\oplus g_{p-2}\\ n_{p-2}=g_{p-1}\oplus g_{p-2}\oplus g_{p-3}\\ \quad\vdots\\ n_k=g_{p-1}\oplus g_{p-2}\oplus g_{p-3}\oplus\cdots\oplus g_k\\ \quad\vdots\\ n_2=g_{p-1}\oplus g_{p-2}\oplus g_{p-3}\oplus\cdots\oplus g_2\\ n_1=g_{p-1}\oplus g_{p-2}\oplus g_{p-3}\oplus\cdots\oplus g_2\oplus g_1\\ n_0=g_{p-1}\oplus g_{p-2}\oplus g_{p-3}\oplus\cdots\oplus g_2\oplus g_1\oplus g_0\end{cases}\tag{5-90}$$

例如，n 的格雷码为 1011，求其二进制数。

$$(n)_{\mathrm{G}}=(1011)_{\mathrm{G}}$$

所以，$g_3=1, g_2=2, g_1=1, g_0=1$

$$n_3=g_3=1$$
$$n_2=g_3\oplus g_2=1\oplus 0=1$$
$$n_1=g_3\oplus g_2\oplus g_1=1\oplus 0\oplus 1=0$$
$$n_0=g_3\oplus g_2\oplus g_1\oplus g_0=1\oplus 0\oplus 1\oplus 1=1$$

即二进制数为 1101。

例如，当 $p=3$ 时，对前 8 个 $\mathrm{Wal_W}(i,t)$ 取样，则

$$\begin{aligned}
&\mathrm{Wal_W}(0,t)=1 && —\{1,1,1,1,1,1,1,1\}\\
&\mathrm{Wal_W}(1,t)=R(1,t) && —\{1,1,1,1,-1,-1,-1,-1\}\\
&\mathrm{Wal_W}(2,t)=R(1,t)\,R(2,t) && —\{1,1,-1,-1,-1,-1,1,1\}\\
&\mathrm{Wal_W}(3,t)=R(2,t) && —\{1,1,-1,-1,1,1,-1,-1\}\\
&\mathrm{Wal_W}(4,t)=R(2,t)\,R(3,t) && —\{1,-1,-1,1,1,-1,-1,1\}\\
&\mathrm{Wal_W}(5,t)=R(1,t)\,R(2,t)\,R(3,t) && —\{1,-1,-1,1,-1,1,1,-1\}\\
&\mathrm{Wal_W}(6,t)=R(1,t)\,R(3,t) && —\{1,-1,1,-1,-1,1,-1,1\}\\
&\mathrm{Wal_W}(7,t)=R(3,t) && —\{1,-1,1,-1,1,-1,1,-1\}
\end{aligned}$$

取样后得到的按沃尔什排列的沃尔什函数矩阵为

$$\boldsymbol{H}_{\mathrm{W}}=\begin{bmatrix}1&1&1&1&1&1&1&1\\1&1&1&1&-1&-1&-1&-1\\1&1&-1&-1&-1&-1&1&1\\1&1&-1&-1&1&1&-1&-1\\1&-1&-1&1&1&-1&-1&1\\1&-1&-1&1&-1&1&1&-1\\1&-1&1&-1&-1&1&-1&1\\1&-1&1&-1&1&-1&1&-1\end{bmatrix}$$

3. 按佩利(Paley)排列的沃尔什函数

按佩利排列的沃尔什函数也可以由拉德马赫函数产生,表示如下:

$$\mathrm{Wal_P}(i,t)=\prod_{k=0}^{p-1}[R(k+1,t)]^{i_k} \tag{5-91}$$

式中:$R(k+1,t)$——拉德马赫函数;

i_k——将函数序号写成二进制数的第 k 位数字,$i_k\in\{0,1\}$;

p——正整数。

即

$$(i)=(i_{n-1}i_{n-2}\cdots i_2 i_1 i_0)_\mathrm{B}$$

例如,$p=3$ 时,求 $\mathrm{Wal_P}(1,t)$。

因为 $i=1$,所以二进制数为

$$\begin{matrix}[0 & 0 & 1]\\ \uparrow & \uparrow & \uparrow\\ \text{第 2 位} & \text{第 1 位} & \text{第 0 位}\end{matrix}$$

代入式(5-91)得

$$\begin{aligned}\mathrm{Wal_P}(i,t)&=\prod_{k=0}^{p-1}[R(k+1,t)]^{i_k}\\ &=[R(1,t)]^1\times[R(2,t)]^0\times[R(3,t)]^0=R(1,t)\end{aligned}$$

因此,当 $p=3$ 时,对前 8 个 $\mathrm{Wal_P}(i,t)$ 取样,则

$\mathrm{Wal_P}(0,t)=1$ ——$\{1,1,1,1,1,1,1,1\}$

$\mathrm{Wal_P}(1,t)=R(1,t)$ ——$\{1,1,1,1,-1,-1,-1,-1\}$

$\mathrm{Wal_P}(2,t)=R(2,t)$ ——$\{1,1,-1,-1,1,1,-1,-1\}$

$\mathrm{Wal_P}(3,t)=R(1,t)\,R(2,t)$ ——$\{1,1,-1,-1,-1,-1,1,1\}$

$\mathrm{Wal_P}(4,t)=R(3,t)$ ——$\{1,-1,1,-1,1,-1,1,-1\}$

$\mathrm{Wal_P}(5,t)=R(1,t)\,R(3,t)$ ——$\{1,-1,1,-1,-1,1,-1,1\}$

$\mathrm{Wal_P}(6,t)=R(2,t)\,R(3,t)$ ——$\{1,-1,-1,1,1,-1,-1,1\}$

$\mathrm{Wal_P}(7,t)=R(1,t)\,R(2,t)\,R(3,t)$ ——$\{1,-1,-1,1,-1,1,1,-1\}$

取样后得到的按佩利排列的沃尔什函数矩阵为

$$\boldsymbol{H}_\mathrm{P}=\begin{bmatrix}1&1&1&1&1&1&1&1\\1&1&1&1&-1&-1&-1&-1\\1&1&-1&-1&1&1&-1&-1\\1&1&-1&-1&-1&-1&1&1\\1&-1&1&-1&1&-1&1&-1\\1&-1&1&-1&-1&1&-1&1\\1&-1&-1&1&1&-1&-1&1\\1&-1&-1&1&-1&1&1&-1\end{bmatrix}$$

4. 按哈达玛(Hadamard)排列的沃尔什函数

按哈达玛排列的沃尔什函数是从 2^n 阶哈达玛矩阵得来的。2^n 阶哈达玛矩阵每一行的符号变化规律,对应某个沃尔什函数在正交区间内符号变化的规律,即 2^n 阶哈达玛矩阵的每一行对应着一个离散沃尔什函数。2^n 阶哈达玛矩阵如下:

$$\boldsymbol{H}_1=[1] \tag{5-92}$$

$$\boldsymbol{H}_2=\begin{bmatrix}1 & 1\\ 1 & -1\end{bmatrix} \tag{5-93}$$

$$\boldsymbol{H}_4=\begin{bmatrix}\boldsymbol{H}_2 & \boldsymbol{H}_2\\ \boldsymbol{H}_2 & -\boldsymbol{H}_2\end{bmatrix}=\begin{bmatrix}1 & 1 & 1 & 1\\ 1 & -1 & 1 & -1\\ 1 & 1 & -1 & -1\\ 1 & -1 & -1 & 1\end{bmatrix} \tag{5-94}$$

$$\boldsymbol{H}_N=\boldsymbol{H}_{2^n}=\boldsymbol{H}_2\otimes\boldsymbol{H}_{2^{n-1}}=\begin{bmatrix}\boldsymbol{H}_{2^{n-1}} & \boldsymbol{H}_{2^{n-1}}\\ \boldsymbol{H}_{2^{n-1}} & -\boldsymbol{H}_{2^{n-1}}\end{bmatrix}=\begin{bmatrix}\boldsymbol{H}_{\frac{N}{2}} & \boldsymbol{H}_{\frac{N}{2}}\\ \boldsymbol{H}_{\frac{N}{2}} & -\boldsymbol{H}_{\frac{N}{2}}\end{bmatrix} \tag{5-95}$$

式(5-95)是哈达玛矩阵的递推关系式。利用这个关系式可以产生任意 2^n 阶哈达玛矩阵。这个关系也叫作克罗内克积(Kronecker product)关系,或直积关系。

按哈达玛排列的沃尔什函数也可以由拉德马赫函数产生,表示如下:

$$\mathrm{Wal_H}(i,t)=\prod_{k=0}^{p-1}[R(k+1,t)]^{\langle i_k\rangle} \tag{5-96}$$

式中:$R(k+1,t)$——拉德马赫函数;

$<i_k>$——倒序的二进制数的第 k 位数,$i_k\in\{0,1\}$;

p——正整数。

即

$$(i)=(i_{n-1}i_{n-2}\cdots i_2i_1i_0)$$

倒序后为

$$\langle i\rangle=(i_0i_1i_2\cdots\ i_{n-2}\quad i_{n-1}\ )$$

$$\cdots\qquad\uparrow\qquad\uparrow$$

第1位第0位

例如,当 $p=3$ 时,对前 8 个 $\mathrm{Wal_H}(i,t)$取样,则

$\mathrm{Wal_H}(0,t)=1$ ——{1, 1, 1, 1, 1, 1, 1, 1}

$\mathrm{Wal_H}(1,t)=R(3,t)$ ——{1,−1, 1,−1, 1,−1, 1,−1}

$\mathrm{Wal_H}(2,t)=R(2,t)$ ——{1, 1,−1,−1, 1, 1,−1,−1}

$\mathrm{Wal_H}(3,t)=R(2,t)\,R(3,t)$ ——{1,−1,−1, 1, 1,−1,−1, 1}

$\mathrm{Wal_H}(4,t)=R(1,t)$ ——{1, 1, 1, 1,−1,−1,−1,−1}

$\mathrm{Wal_H}(5,t)=R(1,t)\,R(3,t)$ ——{1,−1, 1,−1,−1, 1,−1, 1}

$\mathrm{Wal_H}(6,t)=R(1,t)\,R(2,t)$ ——{1, 1, −1,−1,−1,−1, 1,1}

$\mathrm{Wal_H}(7,t)=R(1,t)\,R(2,t)\,R(3,t)$ ——{1,−1,−1, 1,−1, 1, 1,−1}

取样后得到的按哈达玛排列的沃尔什函数矩阵为

$$
\boldsymbol{H}_{\mathrm{H}}=\begin{bmatrix}
1 & 1 & 1 & 1 & 1 & 1 & 1 & 1 \\
1 & -1 & 1 & -1 & 1 & -1 & 1 & -1 \\
1 & 1 & -1 & -1 & 1 & 1 & -1 & -1 \\
1 & -1 & -1 & 1 & 1 & -1 & -1 & 1 \\
1 & 1 & 1 & 1 & -1 & -1 & -1 & -1 \\
1 & -1 & 1 & -1 & -1 & 1 & -1 & 1 \\
1 & 1 & -1 & -1 & -1 & -1 & 1 & 1 \\
1 & -1 & -1 & 1 & -1 & 1 & 1 & -1
\end{bmatrix}
$$

5.2.5 快速沃尔什变换

离散沃尔什变换(DWHT)也有快速算法。利用快速算法,运算速度可大大提高,完成一次变换只需 $N\log_2 N$ 次加减法。

由于沃尔什-哈达玛变换有清晰的分解过程,而且快速沃尔什变换可由沃尔什-哈达玛变换修改得到,所以下面着重讨论快速沃尔什-哈达玛变换。

1. 离散沃尔什-哈达玛变换

(1) 一维离散沃尔什变换。

一维离散沃尔什变换定义为

$$W(u)=\frac{1}{N}\sum_{x=0}^{N-1}f(x)\mathrm{Wal}_{\mathrm{H}}(u,x) \tag{5-97}$$

一维离散沃尔什逆变换定义为

$$f(x)=\sum_{u=0}^{N-1}W(u)\mathrm{Wal}_{\mathrm{H}}(u,x) \tag{5-98}$$

表示为矩阵如下:

$$\begin{bmatrix} W(0) \\ W(1) \\ \vdots \\ W(N-1) \end{bmatrix}=\frac{1}{N}[\boldsymbol{H}_{\mathrm{N}}]\begin{bmatrix} f(0) \\ f(1) \\ \vdots \\ f(N-1) \end{bmatrix} \tag{5-99}$$

和

$$\begin{bmatrix} f(0) \\ f(1) \\ \vdots \\ f(N-1) \end{bmatrix}=[\boldsymbol{H}_{\mathrm{N}}]\begin{bmatrix} W(0) \\ W(1) \\ \vdots \\ W(N-1) \end{bmatrix} \tag{5-100}$$

式中:$[\boldsymbol{H}_{\mathrm{N}}]$——$N$ 阶哈达玛矩阵。

由哈达玛矩阵的特点可知,沃尔什-哈达玛变换的本质是将离散序列 $f(x)$的各项值的符号按一定规律改变后进行加减运算。因此,它比采用复数运算的 DFT 和采用余弦运算的 DCT 要简单得多。

例如,将一维信号序列{0,0,1,1,0,0,1,1}做 DWHT 变换及反变换。

$$\begin{bmatrix} W(0) \\ W(1) \\ W(2) \\ W(3) \\ W(4) \\ W(5) \\ W(6) \\ W(7) \end{bmatrix} = \frac{1}{8}\begin{bmatrix} 1 & 1 & 1 & 1 & 1 & 1 & 1 & 1 \\ 1 & -1 & 1 & -1 & 1 & -1 & 1 & -1 \\ 1 & 1 & -1 & -1 & 1 & 1 & -1 & -1 \\ 1 & -1 & -1 & 1 & 1 & -1 & -1 & 1 \\ 1 & 1 & 1 & 1 & -1 & -1 & -1 & -1 \\ 1 & -1 & 1 & -1 & -1 & 1 & -1 & 1 \\ 1 & 1 & -1 & -1 & -1 & -1 & 1 & 1 \\ 1 & -1 & -1 & 1 & -1 & 1 & 1 & -1 \end{bmatrix}\begin{bmatrix} 0 \\ 0 \\ 1 \\ 1 \\ 0 \\ 0 \\ 1 \\ 1 \end{bmatrix} = \begin{bmatrix} 1/2 \\ 0 \\ -1/2 \\ 0 \\ 0 \\ 0 \\ 0 \\ 0 \end{bmatrix}$$

(2) 二维离散沃尔什变换。

很容易将一维 DWHT 的定义推广到二维 DWHT。二维 DWHT 的正变换核和逆变换核分别为

$$W(u,v) = \frac{1}{MN}\sum_{x=0}^{M-1}\sum_{y=0}^{N-1} f(x,y)\mathrm{Wal_H}(u,x)\mathrm{Wal_H}(v,y) \tag{5-101}$$

和

$$f(x,y) = \sum_{u=0}^{M-1}\sum_{v=0}^{N-1} W(u,v)\mathrm{Wal_H}(u,x)\mathrm{Wal_H}(v,y) \tag{5-102}$$

式中：$x,u=0,1,2,\cdots,M-1$；

$y,v=0,1,2,\cdots,N-1$。

例如，求 $\boldsymbol{f}_1 = \begin{bmatrix} 1 & 3 & 3 & 1 \\ 1 & 3 & 3 & 1 \\ 1 & 3 & 3 & 1 \\ 1 & 3 & 3 & 1 \end{bmatrix}$ 信号的二维 DWHT。

假设 $M=N=4$，其二维 DWHT 变换核为

$$\boldsymbol{H}_4 = \begin{bmatrix} 1 & 1 & 1 & 1 \\ 1 & -1 & 1 & -1 \\ 1 & 1 & -1 & -1 \\ 1 & -1 & -1 & 1 \end{bmatrix}$$

那么，

$$\boldsymbol{W}_1 = \frac{1}{4^2}\begin{bmatrix} 1 & 1 & 1 & 1 \\ 1 & -1 & 1 & -1 \\ 1 & 1 & -1 & -1 \\ 1 & -1 & -1 & 1 \end{bmatrix}\begin{bmatrix} 1 & 3 & 3 & 1 \\ 1 & 3 & 3 & 1 \\ 1 & 3 & 3 & 1 \\ 1 & 3 & 3 & 1 \end{bmatrix}\begin{bmatrix} 1 & 1 & 1 & 1 \\ 1 & -1 & 1 & -1 \\ 1 & 1 & -1 & -1 \\ 1 & -1 & -1 & 1 \end{bmatrix} = \begin{bmatrix} 2 & 0 & 0 & -1 \\ 0 & 0 & 0 & 0 \\ 0 & 0 & 0 & 0 \\ 0 & 0 & 0 & 0 \end{bmatrix}$$

从以上例子可看出，二维 DWHT 具有能量集中的特性，而且原始数据中数字越是均匀分布，经变换后的数据越集中于矩阵的边角上。因此，二维 DWHT 可用于压缩图像信息。

(3) 快速沃尔什变换(FWHT)。

快速沃尔什变换是输入序列 $f(x)$ 按奇偶进行分组，分别进行 DWHT。可以表示为

$$W(u) = \frac{1}{2}[W_e(u) + W_o(u)] \tag{5-103}$$

以 8 阶沃尔什-哈达玛变换为例，说明其快速算法。

$$\boldsymbol{H}_1=[1]$$

$$\boldsymbol{H}_2=\begin{bmatrix}1 & 1\\1 & -1\end{bmatrix} \tag{5-104}$$

$$\begin{aligned}\boldsymbol{H}_8=\boldsymbol{H}_2\otimes\boldsymbol{H}_4&=\begin{bmatrix}\boldsymbol{H}_4 & \boldsymbol{H}_4\\\boldsymbol{H}_4 & -\boldsymbol{H}_4\end{bmatrix}=\begin{bmatrix}\boldsymbol{H}_4 & 0\\0 & \boldsymbol{H}_4\end{bmatrix}\begin{bmatrix}\boldsymbol{I}_4 & \boldsymbol{I}_4\\\boldsymbol{I}_4 & -\boldsymbol{I}_4\end{bmatrix}\\&=\begin{bmatrix}\boldsymbol{H}_2 & \boldsymbol{H}_2 & 0 & 0\\\boldsymbol{H}_2 & -\boldsymbol{H}_2 & 0 & 0\\0 & 0 & \boldsymbol{H}_2 & \boldsymbol{H}_2\\0 & 0 & \boldsymbol{H}_2 & -\boldsymbol{H}_2\end{bmatrix}\begin{bmatrix}\boldsymbol{I}_4 & \boldsymbol{I}_4\\\boldsymbol{I}_4 & -\boldsymbol{I}_4\end{bmatrix}\\&=\begin{bmatrix}\boldsymbol{H}_2 & 0 & 0 & 0\\0 & \boldsymbol{H}_2 & 0 & 0\\0 & 0 & \boldsymbol{H}_2 & 0\\0 & 0 & 0 & \boldsymbol{H}_2\end{bmatrix}\begin{bmatrix}\boldsymbol{I}_2 & \boldsymbol{I}_2 & 0 & 0\\\boldsymbol{I}_2 & -\boldsymbol{I}_2 & 0 & 0\\0 & 0 & \boldsymbol{I}_2 & \boldsymbol{I}_2\\0 & 0 & \boldsymbol{I}_2 & -\boldsymbol{I}_2\end{bmatrix}\begin{bmatrix}\boldsymbol{I}_4 & \boldsymbol{I}_4\\\boldsymbol{I}_4 & -\boldsymbol{I}_4\end{bmatrix}=[\boldsymbol{G}_0][\boldsymbol{G}_1][\boldsymbol{G}_2]\end{aligned} \tag{5-105}$$

其中

$$[\boldsymbol{G}_0]=\begin{bmatrix}\boldsymbol{H}_2 & 0 & 0 & 0\\0 & \boldsymbol{H}_2 & 0 & 0\\0 & 0 & \boldsymbol{H}_2 & 0\\0 & 0 & 0 & \boldsymbol{H}_2\end{bmatrix} \tag{5-106}$$

$$[\boldsymbol{G}_1]=\begin{bmatrix}\boldsymbol{I}_2 & \boldsymbol{I}_2 & 0 & 0\\\boldsymbol{I}_2 & -\boldsymbol{I}_2 & 0 & 0\\0 & 0 & \boldsymbol{I}_2 & \boldsymbol{I}_2\\0 & 0 & \boldsymbol{I}_2 & -\boldsymbol{I}_2\end{bmatrix} \tag{5-107}$$

$$[\boldsymbol{G}_2]=\begin{bmatrix}\boldsymbol{I}_4 & \boldsymbol{I}_4\\\boldsymbol{I}_4 & -\boldsymbol{I}_4\end{bmatrix} \tag{5-108}$$

① 第一种快速运算。根据式(5-99)可知，把式(5-105)代入式(5-99)，可得 8 阶沃尔什-哈达玛变换，

$$W(u)=\frac{1}{8}\boldsymbol{H}_8 f(x)=\frac{1}{8}[\boldsymbol{G}_0][\boldsymbol{G}_1][\boldsymbol{G}_2]f(x) \tag{5-109}$$

假设

$$[f_1(x)]=[\boldsymbol{G}_2][f_{(}x)]$$
$$[f_2(x)]=[\boldsymbol{G}_1][f_1(x)]$$
$$[f_3(x)]=[\boldsymbol{G}_0][f_2(x)]$$

则式(5-109)可以表示为

$$W(u)=\frac{1}{8}f_3(x) \tag{5-110}$$

$[f_1(x)]=[\boldsymbol{G}_2][f(x)]$的 8 阶沃尔什-哈达玛展开式为

$$\begin{bmatrix} f_1(0) \\ f_1(1) \\ f_1(2) \\ f_1(3) \\ f_1(4) \\ f_1(5) \\ f_1(6) \\ f_1(7) \end{bmatrix} = [\boldsymbol{G}_2] \begin{bmatrix} f(0) \\ f(1) \\ f(2) \\ f(3) \\ f(4) \\ f(5) \\ f(6) \\ f(7) \end{bmatrix} = \begin{bmatrix} f(0)+f(4) \\ f(1)+f(5) \\ f(2)+f(6) \\ f(3)+f(7) \\ f(0)-f(4) \\ f(1)-f(5) \\ f(2)-f(6) \\ f(3)-f(7) \end{bmatrix}$$

$[f_2(x)]=[\boldsymbol{G}_1][f_1(x)]$的 8 阶沃尔什-哈达玛展开式为

$$\begin{bmatrix} f_2(0) \\ f_2(1) \\ f_2(2) \\ f_2(3) \\ f_2(4) \\ f_2(5) \\ f_2(6) \\ f_2(7) \end{bmatrix} = [\boldsymbol{G}_1] \begin{bmatrix} f_1(0) \\ f_1(1) \\ f_1(2) \\ f_1(3) \\ f_1(4) \\ f_1(5) \\ f_1(6) \\ f_1(7) \end{bmatrix} = \begin{bmatrix} f_1(0)+f_1(2) \\ f_1(1)+f_1(3) \\ f_1(0)-f_1(2) \\ f_1(1)-f_1(3) \\ f_1(4)+f_1(6) \\ f_1(5)+f_1(7) \\ f_1(4)-f_1(6) \\ f_1(5)-f_1(7) \end{bmatrix}$$

$[f_3(x)]=[\boldsymbol{G}_0][f_2(x)]$的 8 阶沃尔什-哈达玛展开式为

$$\begin{bmatrix} f_3(0) \\ f_3(1) \\ f_3(2) \\ f_3(3) \\ f_3(4) \\ f_3(5) \\ f_3(6) \\ f_3(7) \end{bmatrix} = [\boldsymbol{G}_0] \begin{bmatrix} f_2(0) \\ f_2(1) \\ f_2(2) \\ f_2(3) \\ f_2(4) \\ f_2(5) \\ f_2(6) \\ f_2(7) \end{bmatrix} = \begin{bmatrix} f_2(0)+f_2(1) \\ f_2(0)-f_2(1) \\ f_2(2)+f_2(3) \\ f_2(2)-f_2(3) \\ f_2(4)+f_2(5) \\ f_2(4)-f_2(5) \\ f_2(6)+f_2(7) \\ f_2(6)-f_2(7) \end{bmatrix}$$

上述运算过程如图 5-28 所示，快速沃尔什-哈达玛运算由基本的蝶式计算单元组成，因此快速沃尔什-哈达玛运算又称蝶形运算，基本蝶式计算单元的运算规则为

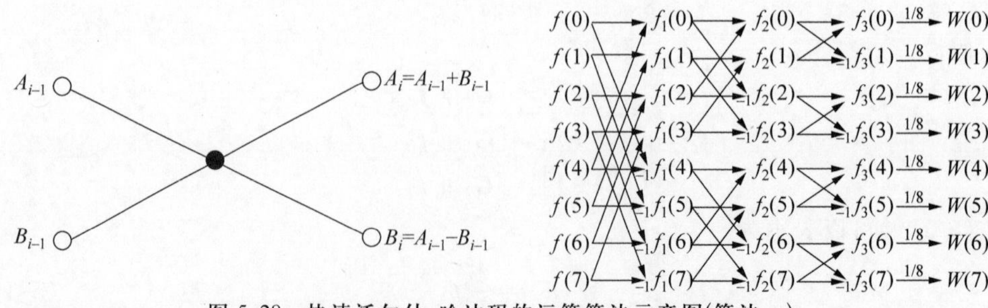

图 5-28 快速沃尔什-哈达玛的运算算法示意图(算法一)

② 第二种快速运算。由于矩阵 $\boldsymbol{H}_8$、$\boldsymbol{G}_0$、$\boldsymbol{G}_1$、$\boldsymbol{G}_2$ 均为对称矩阵，即 $\boldsymbol{H}_8{}^{\mathrm{T}}=\boldsymbol{H}_8$、$\boldsymbol{G}_0{}^{\mathrm{T}}=\boldsymbol{G}_0$、$\boldsymbol{G}_1{}^{\mathrm{T}}=\boldsymbol{G}_1$、$\boldsymbol{G}_2{}^{\mathrm{T}}=\boldsymbol{G}_2$，所以

$$
\begin{aligned}
\boldsymbol{H}_8^{\mathrm{T}} &= \{[\boldsymbol{G}_0][\boldsymbol{G}_1][\boldsymbol{G}_2]\}^{\mathrm{T}} \\
&= [\boldsymbol{G}_2]^{\mathrm{T}}[\boldsymbol{G}_1]^{\mathrm{T}}[\boldsymbol{G}_0]^{\mathrm{T}} \\
&= [\boldsymbol{G}_2][\boldsymbol{G}_1][\boldsymbol{G}_0] \\
&= \boldsymbol{H}_8
\end{aligned}
\tag{5-111}
$$

将式(5-111)代入式(5-109),可得

$$
W(u)=\frac{1}{8}\boldsymbol{H}_8 f(x)=\frac{1}{8}[\boldsymbol{G}_2][\boldsymbol{G}_1][\boldsymbol{G}_0]f(x) \tag{5-112}
$$

假设

$$
\begin{aligned}
&[f_1(x)]=[\boldsymbol{G}_0][f(x)] \\
&[f_2(x)]=[\boldsymbol{G}_1][f_1(x)] \\
&[f_3(x)]=[\boldsymbol{G}_2][f_2(x)]
\end{aligned}
$$

则式(5-112)可以表示为

$$
W(u)=\frac{1}{8}f_3(x)
$$

上述运算过程如图 5-29 所示。

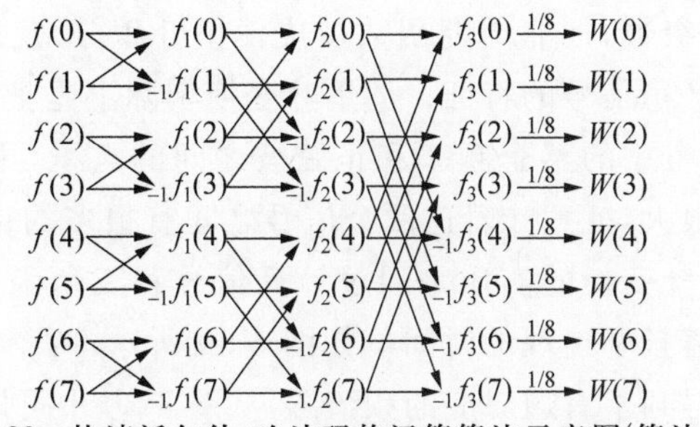

图 5-29 快速沃尔什-哈达玛的运算算法示意图(算法二)

对于一般情况,$N=2^p$,$p=0,1,\cdots$,则矩阵$[\boldsymbol{H}_{2^p}]$可分解成 P 个矩阵$[\boldsymbol{G}_P]$之乘积,即

$$
\begin{aligned}
[\boldsymbol{H}_{2^p}] &= \prod_{r=0}^{p-1}[\boldsymbol{G}_r]=[\boldsymbol{G}_0][\boldsymbol{G}_1][\boldsymbol{G}_2]\cdots[\boldsymbol{G}_{P-1}] \\
&= [\boldsymbol{G}_{P-1}][\boldsymbol{G}_{P-2}]\cdots[\boldsymbol{G}_1][\boldsymbol{G}_0]
\end{aligned}
\tag{5-113}
$$

任意 2^r 阶快速沃尔什-哈达玛变换蝶式流图不准用上述方法引申。从式(5-113)可以看出,离散沃尔什-哈达玛变换只有加减运算,没有乘除运算,运算速度快。$[\boldsymbol{H}]$是对称矩阵,$[\boldsymbol{H}]=[\boldsymbol{H}]'$,因此,正反变换均用一样的公式,一样的运算程序,甚至用一样的硬件,给工程带来极大方便。

5.2.6 小波变换

1. 小波变换由来

小波(Wavelet),顾名思义就是小区域、长度有限、均值为 0 的波形。所谓“小”是指它具有衰减性;而“波”则是指它的波动性,即振幅正负相间的震荡形式。小波变换的概念是由法国从事石油信号处理的工程师 J.Morlet 于 1974 年首先提出的,通过物理的直

观和信号处理实际经验的需要建立了反演公式，但当时未能得到数学家的认可。1986年，著名数学家 Y.Meyer 偶然构造出一个真正的小波基，在与 S.Mallat 合作建立了构造小波基的统一方法和多尺度分析之后，小波分析开始蓬勃发展起来，其中比利时女数学家 I.Daubechies 撰写的《小波十讲》(*Ten Lectures on Wavelets*)对小波的普及起了重要的推动作用。

与傅里叶变换相比，小波变换是空间(时间)和频率的局部变换，因而能有效地从信号中提取信息。通过伸缩和平移等运算功能对函数或信号进行多尺度的细化分析，解决了傅里叶变换不能解决的许多问题，小波变换也因此被誉为"数学显微镜"，它是调和分析发展史上里程碑式的进展。小波变换涉及应用数学、物理学、计算机科学、信号与信息处理、图像处理、地震勘探等多个学科。数学家认为，小波分析是一个新的数学分支，它是泛函分析、傅里叶分析、样调分析、数值分析的完美结晶；信号和信息处理专家认为，小波分析是时间-尺度分析和多分辨分析的一种新技术，它在信号分析、语音合成、图像识别、计算机视觉、数据压缩、地震勘探、大气与海洋波分析等方面的研究都取得了有科学意义和应用价值的成果。

傅里叶变换的实质是利用两个在方向上都无限伸展的正弦曲线波作为正交基函数，把周期函数展成傅里叶级数，把非周期函数展成傅里叶积分，反映了整个信号的时间频谱特性，较好地揭示了平稳信号的特征。傅里叶变换实际上是把信号分解成不同频率的正弦波的叠加。如果信号中的某个频率和正弦波之间的点积(用于衡量两个矢量/信号重叠的程度)导致振幅很大，就意味着这两个信号之间有很多的重叠，也就是信号中包含这个特定的频率。傅里叶变换的实质是通过计算信号和三角函数的相关性来求出信号中的频率，所以无法知道频率出现的时间。如图 5-30 所示，两个不同的时序信号使用傅里叶变换处理后，分别得到了右边对应的频谱图，从图 5-30 中可以看出，虽然信号 1 和信号 2 的原始信号有很明显的差距，如信号 1 中在整个时间段内都存在 4 种不同的频率(4Hz、30Hz、60Hz、90Hz)，而信号 2 中的 4 种频率是依次出现的。但它们的频谱图表现却很相近，主要原因是它们有一样的频率，表现在图上为都有相同的 4 个峰。因此通过傅里叶变换，无法识别两个相差很大的信号。

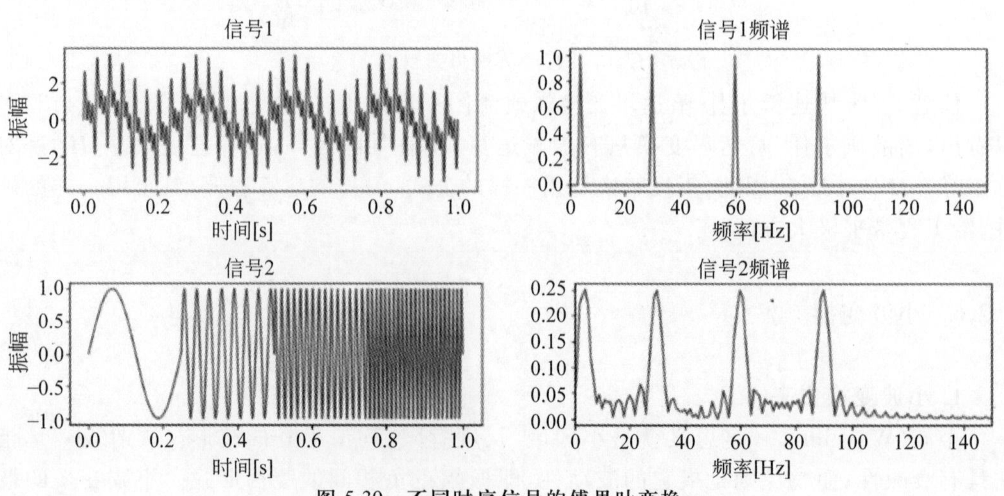

图 5-30　不同时序信号的傅里叶变换

小波变换把傅里叶变换中无限长的三角函数基换成了有限长的会衰减的小波基。它具有多分辨率分析(multi-resolution analysis)的特点,且在时频两域都具有表征信号局部特征的能力。

小波变换是指用母小波通过移位和缩放后得到的一系列小波表示一个信号,本质上就是一组可控制通带范围的多尺度滤波器,每一尺度下的小波系数反映了对应通带的信息,改变小波函数的尺度也就改变了滤波器的带通范围。如图5-31所示,当伸缩平移到这一种重合情况时,相乘会得到一个很大的值,即信号里包含这样的频率。然而,与傅里叶变换不同的是,不仅可以知道信号里有这样的频率,而且知道它在时域上存在的具体位置。

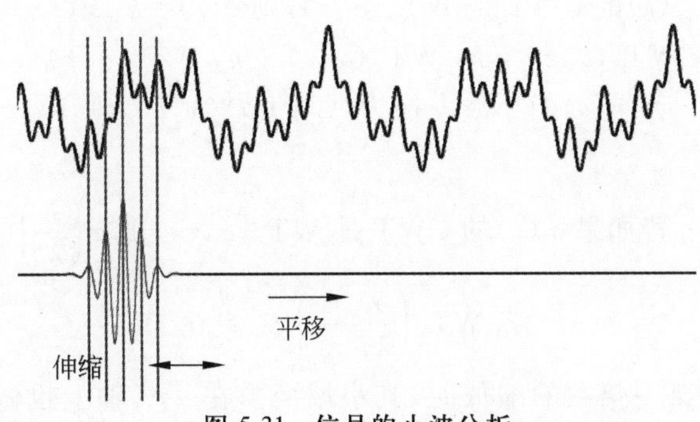

图5-31　信号的小波分析

2. 一维小波变换

一维小波变换有连续小波变换和离散小波变换两种。

1) 连续小波变换(continuous wavelet transform,CWT)

连续小波是把一个称作小波的函数(从负无穷到正无穷,积分为零)在某个尺度下与待处理信号卷积,并且尺度可连续取值的小波。

连续小波的定义如式(5-114)所示。

$$\mathrm{WT}(\alpha,\tau)=\frac{1}{\sqrt{\alpha}}\int_{-\infty}^{\infty} f(t)\psi\left(\frac{t-\tau}{\alpha}\right)\mathrm{d}t \tag{5-114}$$

式中:α——尺度,控制小波函数的伸缩,$\alpha>0$;

τ——平移量,控制小波函数的平移,可正可负;

式(5-14)包含两个变量:尺度 α 和平移量 τ。尺度 α 控制小波函数的伸缩,平移量 τ 控制小波函数的平移。尺度对应于频率(反比),平移量 τ 就对应于时间。

信号 $f(t)$ 与被缩放和平移的小波函数 ψ 之积在信号存在的整个期间里求和。CWT 变换的结果是产生许多小波系数,它们是缩放因子(scale)和位置(position)的函数。小波逆变换则是由这些系数重建原来的函数或信号。

基本小波函数是 $\psi(t)\in L^2(R)$。为了保证小波变换有意义,并且存在逆变换,基本小波函数必须满足以下三个条件。

(1) $\psi(t)$ 是一个正负交替的函数或振荡的信号,因其函数值在正负两部分的某种能量相等,所以平均值等于零,即

$$\int\psi(t)\mathrm{d}t=0 \tag{5-115}$$

(2) $\psi(t)$是一个“小的波”(small wave 或 wavelet),这种振荡波形的主要能量集中在有限的范围内,或者随着自变量的增大波形幅值快速衰减到零,即

$$\int |\psi(t)| \mathrm{d}t < \infty \tag{5-116}$$

(3) 使小波变换存在逆变换而施加的限制,即

$$\int_{-\infty}^{\infty} \frac{|\hat{\psi}(\omega)|^2}{|\omega|} \mathrm{d}\omega < \infty \tag{5-117}$$

连续小波变换具有如下性质。

(1) 叠加性：一个多分量信号的小波变换等于各分量的小波变换之和。如果$x(t)$的CWT是$\mathrm{WT}_x(\alpha,\tau)$,$y(t)$的CWT是$\mathrm{WT}_y(\alpha,\tau)$,则$z(t)=k_1 x(t)+k_2 y(t)$的CWT为

$$\mathrm{WT}_z(\alpha,\tau)=k_1 \mathrm{WT}_x(\alpha,\tau)+k_2 \mathrm{WT}_y(\alpha,\tau) \tag{5-118}$$

(2) 平移不变性：若$f(t)$的小波变换为$(\mathrm{CWT}\psi)(\alpha,\tau)$,则$f(t-t_0)$的小波变换为$(\mathrm{CWT}\psi)(\alpha,\tau-t_0)$。

(3) 伸缩共变性：若如果$x(t)$的CWT是$\mathrm{WT}_x(\alpha,\tau)$,则$x\left(\frac{t}{\lambda}\right)$的CWT为

$$\sqrt{\lambda}\,\mathrm{WT}_x\left(\frac{\alpha}{\lambda},\frac{\tau}{\lambda}\right),\lambda>0 \tag{5-119}$$

当信号在时域做某一倍数的缩放时,其小波变换在α,τ轴上也做同倍数的缩放,形状不变。

(4) 自相似性：对应不同尺度参数α和不同平移参数τ的连续小波变换之间是自相似的。

(5) 冗余性：连续小波变换中存在信息表述的冗余度(redundancy)。

小波变换的冗余性事实上也是自相似性的直接反映,它主要表现在以下两方面。

① 由连续小波变换恢复原信号的重构公式不是唯一的。即信号$f(t)$的小波变换与小波重构不存在一一对应关系,而傅里叶变换与傅里叶反变换是一一对应的。

② 小波变换的核函数即小波函数$\psi(\alpha,\tau)$存在许多选择(例如,它们可以是非正交小波、正交小波、双正交小波,甚至允许是彼此线性相关的)。

CWT的变换过程如下：

(1) 小波$\psi(t)$和原始信号$f(t)$的开始部分进行比较。

(2) 计算系数C表示该部分信号与小波的近似程度。C值越高表示信号与小波相似程度越高。

(3) 小波右移k得到的小波函数为$\psi(t-k)$,然后重复步骤(1)和步骤(2),直到信号结束。

(4) 扩展小波,如扩展一倍,得到的小波函数为$\psi(t/2)$。

(5) 重复步骤(1)～步骤(4)。

连续小波变换过程如图5-32所示。

2) 离散小波变换(discrete wavelet transform, DWT)

在连续小波变换中,参数α和τ都是连续变化的,可以有无穷多个取值,但这种计算对于计算机来说是无法在有限时间内完成的,所以需要把α和τ根据一定的规则进行离散化,这就是离散小波变换。离散小波变换是一种多分辨率分析技术,它将信号或图像

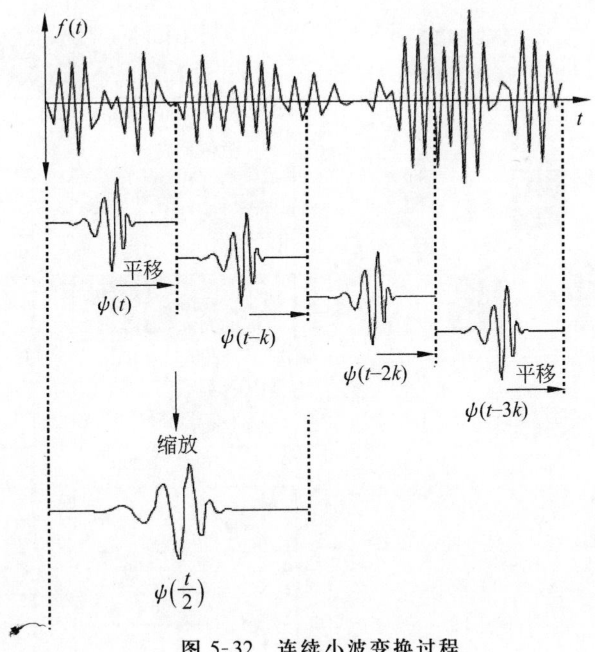

图 5-32 连续小波变换过程

分解成不同尺度和频率的分量，其中低频分量表示信号或图像的平均振幅，高频分量表示信号或图像的细节和突变。

离散小波变换的基本过程是，首先将原始信号或图像通过低通滤波器和高通滤波器进行分解，生成低频和高频两个子信号或图像分量，即近似系数和细节系数。然后对近似系数进行相同的处理，直到得到所需的尺度和频率。一般情况下，缩放因子 a 的幂增加为 2，即 2^j（j 为大于零的整数），平移因子 b 增加整数值。

假设有一个频率为 2000Hz 的信号。在第一个阶段，把信号分成低频部分和高频部分，即 0～1000Hz 和 1000～2000Hz。在第二阶段，取低频部分，再次将其分为两部分，0～500Hz 和500～1000Hz。以此类推，直到满足条件为止，离散小波变换过程如图 5-33 所示。

3. 二维小波变换

一维离散小波变换很容易扩展到二维函数。在二维情况下，一般只考虑可分离小波，即尺度函数是可分离的，因此需要一个二维尺度函数和三个二维小波。每个二维小波都是两个一维函数的积，即

$$\varphi(x,y)=\varphi(x)\varphi(y) \tag{5-120}$$

$$\psi^H(x,y)=\psi(x)\varphi(y) \tag{5-121}$$

$$\psi^V(x,y)=\varphi(x)\psi(y) \tag{5-122}$$

$$\psi^D(x,y)=\psi(x)\psi(y) \tag{5-123}$$

其中，$\varphi(x,y)$为一个可分离二维尺度函数，$\psi(x)$为一维尺度函数。$\psi^H(x,y)$、$\psi^V(x,y)$、$\psi^D(x,y)$均为“方向敏感”可分离二维小波函数，且分别表示沿着列的（水平边缘）方向、行的（垂直边缘）方向及对角线方向边缘的灰度变化，$\psi(x)$为一维小波函数。

二维离散小波变换跟一维离散小波变换一样，可以使用数字滤波器和下取样器来实

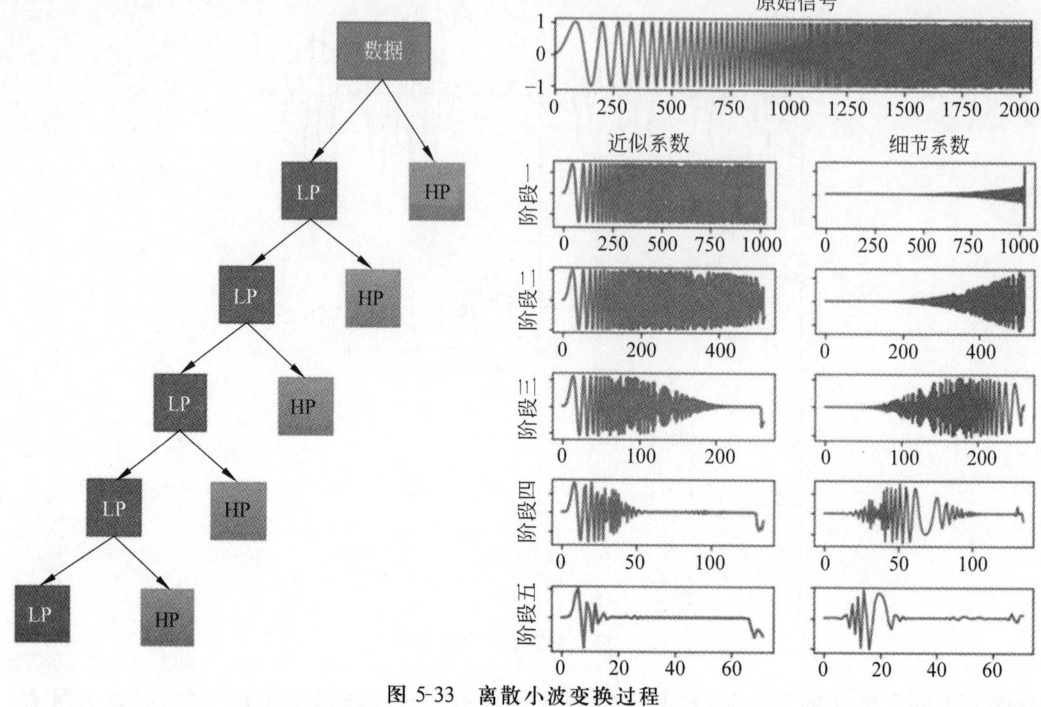

图 5-33　离散小波变换过程

现。采用可分离的二维尺度和小波函数，首先取图像的各行的一维小波变换，然后取结果的各列的一维小波变换。

二维小波变换的基本过程是，首先对图像的每一行进行一维离散小波变换，获得原始图像在水平方向上的低频分量 L 和高频分量 H，然后对变换所得数据的每一列进行一维离散小波变换，获得原始图像在水平和垂直方向上的低频分量 LL、水平方向上的低频和垂直方向上的高频 LH、水平方向上的高频和垂直方向上的低频 HL 以及水平和垂直方向上的高频分量 HH。每对图像进行一次小波变换，会分解产生一个低频子带(LL)和三个高频子带(LH、HL、HH)，后续小波变换基于上一级低频子带 LL 进行，依次重复，即可完成对图像的 i 级小波变换，其中 $i=(1,2,3,\cdots,I)$。图 5-34 所示为 $i=1$ 时的一级小波变换分布，以及 $i=2$ 时的二级小波变换分布，每个子带分别包含各自对应的小波系数。可以看到，其实每次小波变换可以看作对图像在行水平方向、列垂直方向分别进行隔点采样，如此空间分辨率每次变换就变为上一级的 1/2，因此第 i 级小波变换后，其子带空间分辨率为原图的 $1/2^i$。

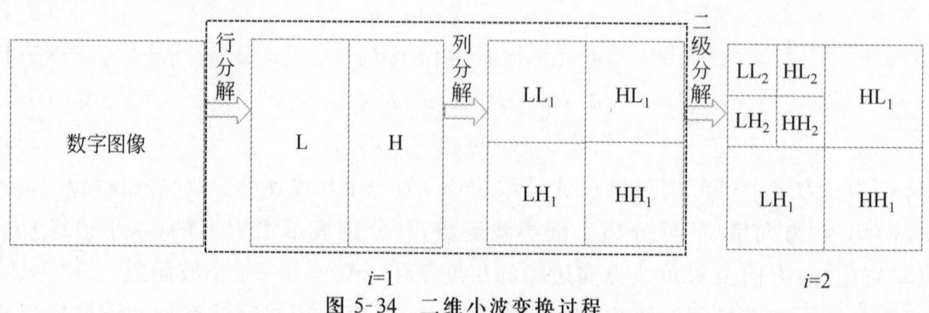

图 5-34　二维小波变换过程

假设输入图像 I 大小为 $M\times N$，且 $M=2^m$、$N=2^n$，对其进行一级小波分解，过程如下：

(1) 利用一维滤波器 h 和 g 分别对输入图像 I 进行行滤波，丢弃奇数行，得到大小为 $M/2\times N$ 的中间输出 I_L 和 I_H。

(2) 一维滤波器 h 和 g 分别对中间输出 I_L 和 I_H 进行列滤波，丢弃奇数列，得到大小为 $M/2\times N/2$ 的分解输出 I_{LL}、I_{LH} 和 I_{HL}、I_{HH}，如图 5-35 所示。

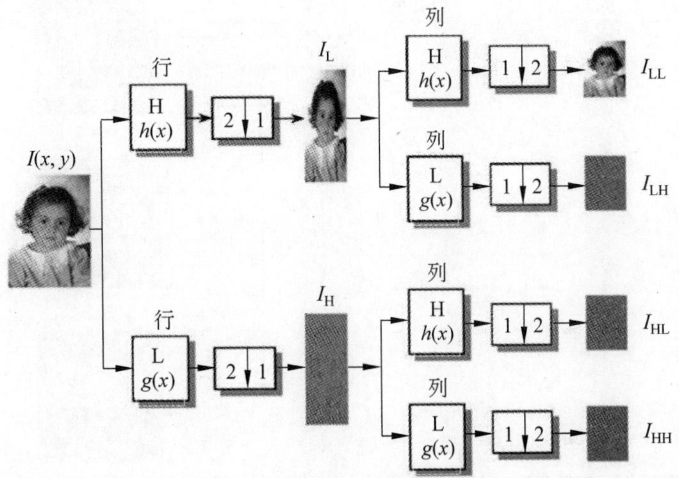

图 5-35 图像小波分解过程

以 Lena 图为例，首先使用一维小波对图像每一行的像素值进行变换，产生每一行像素的平均值和细节系数，然后使用一维小波对这个经过行变换的图像的列进行变换，产生这个图像的平均值和细节系数，小波分解过程如图 5-36 所示。

小波变换是可逆的，进行小波分解得到的子图可通过组合重构原图，其实现原理如图 5-37 所示。

4. 哈尔小波变换

1) 哈尔基函数

哈尔(Haar)小波是最常用的小波基函数。哈尔基函数在 1909 年提出，它是一组由分段常值函数(piecewise-constant function)组成的函数集。这个函数集定义在半开区间[0,1)上，每个分段常值函数的数值在一个小范围里是 1，其他地方为 0。现以图像为例并使用线性代数中的矢量空间来说明哈尔基函数。

如果一幅图像仅由 $2^0=1$ 像素组成，则这幅图像在[0,1) 区间中就是一个常值函数。用 $\phi_0^0(x)$ 表示这个常值函数，用 $\mathbf{V}^0$ 表示由这个常值函数生成的矢量空间，则构成矢量空间 $\mathbf{V}^0$ 的基函数为

$$\mathbf{V}^0: \phi_0^0(x)=\begin{cases}1, & 0\leqslant x<1\\ 0, & 其他\end{cases} \tag{5-124}$$

如果一幅图像由 $2^1=2$ 像素组成，这幅图像在[0,1)区间中有两个等间隔的子区间：[0,1/2)和[1/2,1)，每个区间中各有一个常值函数，分别用 $\phi_0^1(x)$ 和 $\phi_1^1(x)$ 表示。用 $\mathbf{V}^1$ 表示由 2 个子区间中的常值函数生成的矢量空间，即

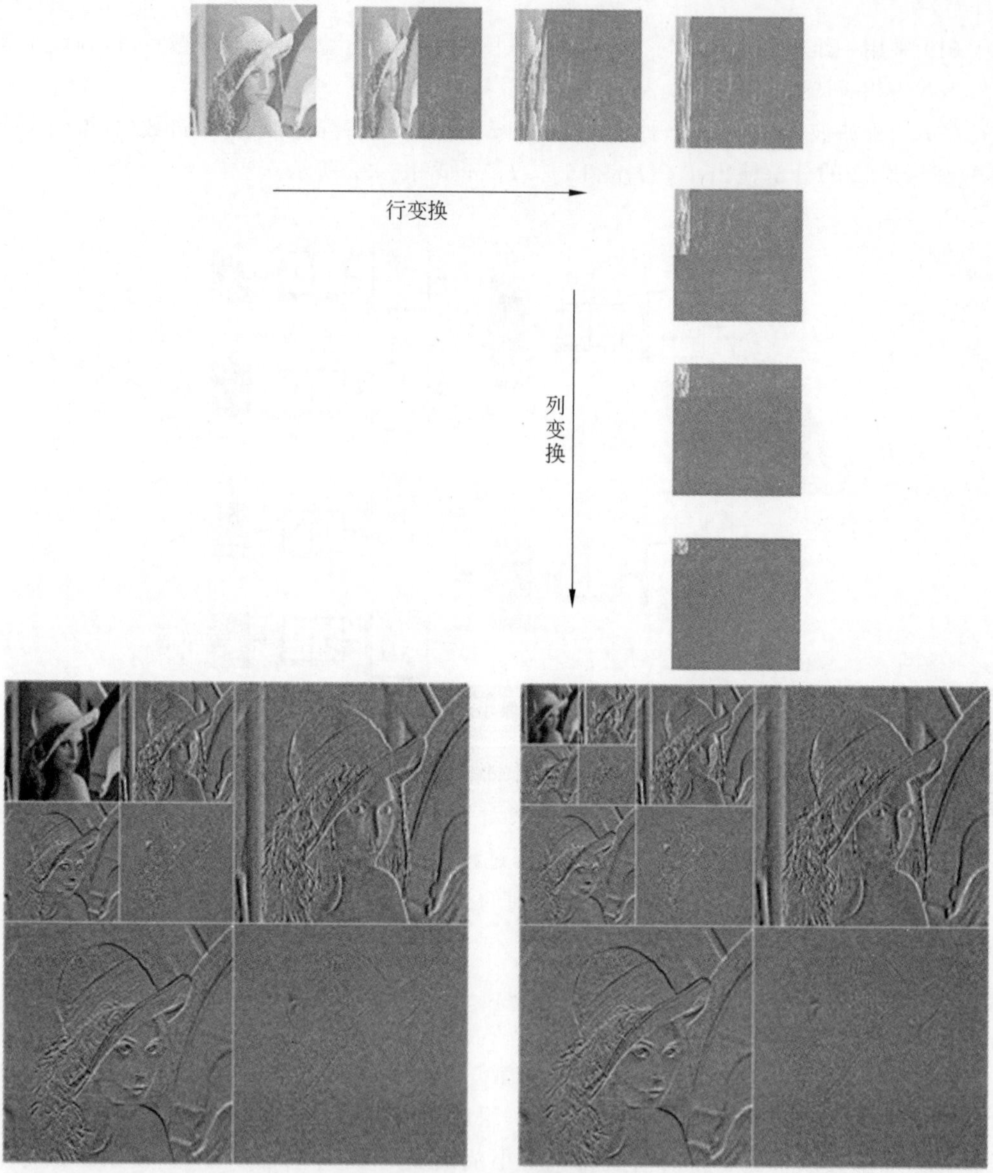

行变换

列变换

图 5-36　Lena 图的小波分解

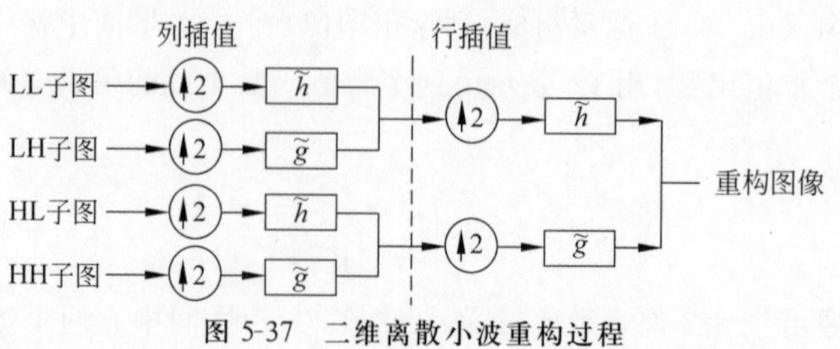

图 5-37　二维离散小波重构过程

$$V^1: \phi_0^1(x) = \begin{cases} 1, & 0 \leqslant x < 0.5 \\ 0, & \text{其他} \end{cases}$$
$$\phi_1^1(x) = \begin{cases} 1, & 0.5 \leqslant x < 1 \\ 0, & \text{其他} \end{cases} \tag{5-125}$$

这两个常值函数就是构成矢量空间 V^1 的基函数。

如果一幅图像由 $2^2=4$ 像素组成，这幅图像在[0,1)区间中被分成 4 个等间隔的子区间：[0,1/4)、[1/4,1/2)、[1/2,3/4)和[3/4,1)，它们的常值函数分别用 $\phi_0^2(x)$、$\phi_1^2(x)$、$\phi_2^2(x)$和 $\phi_3^2(x)$表示，用 V^2 表示由 4 个子区间中的常值函数生成的矢量空间，即

$$\phi_0^2(x) = \begin{cases} 1, & 0 \leqslant x < 1/4 \\ 0, & \text{其他} \end{cases} \qquad \phi_1^2(x) = \begin{cases} 1, & 1/4 \leqslant x < 1/2 \\ 0, & \text{其他} \end{cases}$$
$$\phi_2^2(x) = \begin{cases} 1, & 1/2 \leqslant x < 3/4 \\ 0, & \text{其他} \end{cases} \qquad \phi_3^2(x) = \begin{cases} 1, & 3/4 \leqslant x < 1 \\ 0, & \text{其他} \end{cases} \tag{5-126}$$

这 4 个常值函数就是构成矢量空间 V^2 的基函数。

可以按照这种方法继续定义基函数和由它生成的矢量空间。总之，为了表示矢量空间中的矢量，每个矢量空间 V^j 都需要定义一个基(basis)函数。为生成矢量空间 V^j 而定义的基函数也叫作哈尔尺度函数，这种函数通常用符号 $\phi_i^j(x)$表示。哈尔基函数定义为

$$\phi(x) = \begin{cases} 1, & 0 \leqslant x < 1 \\ 0, & \text{其他} \end{cases} \tag{5-127}$$

哈尔尺度函数表示为

$$\phi_i^j(x) = \phi(2^j x - i), i = 0, 1, \cdots, (2^j - 1)$$

式中：j——尺度因子，改变 j 使函数图形缩小或者放大；

i——平移参数，改变 i 使函数沿 x 轴方向平移。

空间矢量 V^j 定义为

$$V^j = sp\{\varphi_i^j(x)\}, \quad i = 0, 1, \cdots, (2^j - 1) \tag{5-128}$$

式中：sp——线性生成。

由于定义了基和矢量空间，就可以把由 2^j 像素组成的一维图像看作矢量空间 V^j 中的矢量。这些矢量都是在单位区间[0,1)上定义的函数，所以在 V^j 矢量空间中的每个矢量也被包含在 V^{j+1} 矢量空间中，即 $V^0 \in V^1 \in \cdots \in V^j \in V^{j+1}$。

2) 哈尔小波函数

哈尔小波函数(Haar wavelet functions)通常用 $\psi(x)$表示，定义为

$$\psi(x) = \begin{cases} 1, & 0 \leqslant x < 1/2 \\ -1, & 1/2 \leqslant x < 1 \\ 0, & \text{其他} \end{cases} \tag{5-129}$$

哈尔小波尺度函数通常用 $\psi_i^j(x)$表示，定义为

$$\psi_i^j(x) = \psi(2^j x - i), i = 0, 1, \cdots, (2^j - 1) \tag{5-130}$$

用小波函数构成的矢量空间一般用 W^j 表示，定义为

$$W^j = sp\{\psi_i^j(x)\}, i = 0, 1, \cdots, (2^j - 1) \tag{5-131}$$

式中：sp——线性生成；

j——尺度因子，改变 j 使函数图形缩小或者放大；

i——平移参数，改变 i 使函数沿 x 轴方向平移。

根据哈尔小波函数的定义，可以生成 $\boldsymbol{W}^0$、$\boldsymbol{W}^1$ 和 $\boldsymbol{W}^2$ 等矢量空间的小波函数。如生成矢量空间 $\boldsymbol{W}^2$ 的哈尔小波

$$\psi_0^2(x)=\begin{cases}1, & 0\leqslant x<1/8\\ -1, & 1/8\leqslant x<2/8\\ 0, & \text{其他}\end{cases}\quad \psi_1^2(x)=\begin{cases}1, & 2/8\leqslant x<3/8\\ -1, & 3/8\leqslant x<4/8\\ 0, & \text{其他}\end{cases}$$

$$\psi_2^2(x)=\begin{cases}1, & 4/8\leqslant x<5/8\\ -1, & 5/8\leqslant x<6/8\\ 0, & \text{其他}\end{cases}\quad \psi_3^2(x)=\begin{cases}1, & 6/8\leqslant x<7/8\\ -1, & 7/8\leqslant x<1\\ 0, & \text{其他}\end{cases}\tag{5-132}$$

对应的函数图如图 5-38 所示。

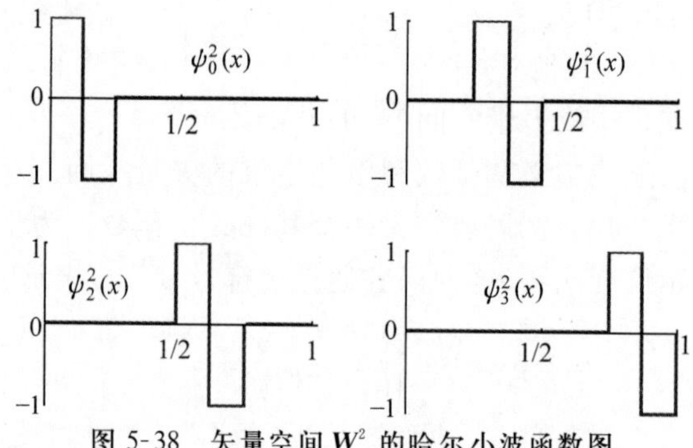

图 5-38 矢量空间 $\boldsymbol{W}^2$ 的哈尔小波函数图

5. 哈尔小波变换及特点

把由 4 像素组成的一幅图像用一个平均像素值和三个细节系数表示，这个过程称为哈尔小波变换（Haar wavelet transform），也称哈尔小波分解（Haar wavelet decomposition）。这个概念可以推广到使用其他小波基的变换。

下面用一个具体的例子来说明哈尔小波变换的过程。

假设有一幅分辨率只有 4 像素 P_0、P_1、P_2、P_3 的一维图像，对应的像素值(或图像位置)的系数分别为[9　7　3　5]，计算该图像的哈尔小波变换系数。

步骤 1：求平均值(averaging)。计算相邻像素对的平均值，得到一幅分辨率比较低的新图像，它的像素数目变成了 2 个，即新的图像的分辨率是原来的 1/2，相应的像素值为[8 4]。

步骤 2：求差值(differencing)。为了将由 2 像素组成的图像重构成由 4 像素组成的原始图像，就需要存储一些图像的细节系数(detail coefficient)，以便在重构时找回丢失的信息。方法是把像素对的第一个像素值减去这个像素对的平均值，或者使用这个像素对的差值除以 2。

在这个例子中，第一个细节系数是(9−8)=1，因为计算得到的平均值是 8，存储这个细节系数就可以恢复原始图像的前 2 像素值即 9 和 7。同理，第二个细节系数是(3−4)=−1，存储这个细节系数就可以恢复后 2 像素值即 3 和 5。因此，原始图像就可以用 2 个平均值和 2 个细节系数表示：

[8 4 1 −1]

步骤 3：重复步骤 1 和步骤 2，把由第一步分解得到的图像进一步分解成分辨率更低的图像。最终，整幅图像表示为

[6　2　1　−1]

哈尔小波变换过程如表 5-2 所示。

表 5-2　哈尔小波变换过程

分　辨　率	平　均　值	细 节 系 数
4	[9　7　3　5]	
2	[8　4]	[1　−1]
1	[6]	[2]

哈尔小波变换特点如下：

(1) 变换过程中没有丢失信息，因为能够从所记录的数据中重构出原始图像。

(2) 对于给定的变换，可从所记录的数据中重构出各种分辨率的图像。例如，在分辨率为 1 的图像基础上重构出分辨率为 2 的图像，在分辨率为 2 的图像基础上重构出分辨率为 4 的图像。

(3) 通过变换后产生的细节系数的幅度值比较小，为图像压缩提供了一种途径，如去掉一些微不足道的细节系数而不影响对重构图像的理解。

在上例中的求均值和差值的过程实际上是一维小波变换的过程，现在用数学方法重新描述哈尔小波变换。

(1) $I(x)$图像用 $\mathbf{V}^2$ 中的哈尔基函数表示。

图像 $I(x)=[9\ 7\ 3\ 5]$有 $2^j=2^2=4$ 像素，因此可以用生成矢量空间 $\mathbf{V}^2$ 中的基函数的线性组合表示：

$$I(x)=9\varphi_0^2(x)+7\varphi_1^2(x)+3\varphi_2^2(x)+5\varphi_3^2(x) \tag{5-133}$$

$I(x)=9\times$ $\phi_0^2(x)$
$+7\times$ $\phi_1^2(x)$
$+3\times$ $\phi_2^2(x)$
$+5\times$ $\phi_3^2(x)$

(2) $I(x)$图像用 $\mathbf{V}^1$ 和 $\mathbf{W}^1$ 中的函数表示。

生成 $\mathbf{V}^1$ 矢量空间的基函数为 $\varphi_0^1(x)$和 $\varphi_1^1(x)$，生成矢量空间 $\mathbf{W}^1$ 的哈尔小波函数为 $\psi_1^1(x)$和 $\psi_0^1(x)$，$I(x)$可表示为

$$I(x)=c_0^1\varphi_0^1(x)+c_1^1\varphi_1^1(x)+d_0^1\psi_0^1(x)+d_1^1\psi_1^1(x) \tag{5-134}$$

$I(x)=\ 8\times$ $\phi_0^1(x)$
$+\ 4\times$ $\phi_1^1(x)$
$+\ 1\times$ $\psi_0^1(x)$
$+-1\times$ $\psi_1^1(x)$

(3) $I(x)$图像用 $\mathbf{V}^0$、$\mathbf{W}^0$ 和 $\mathbf{W}^1$ 中的函数表示。

生成矢量空间 $\mathbf{V}^0$ 的基函数为 $\varphi_0^0(x)$，生成矢量空间 $\mathbf{W}^0$ 的小波函数为 $\psi_0^0(x)$，生成

矢量空间 $\boldsymbol{W}^1$ 的小波函数为 $\psi_0^1(x)$ 和 $\psi_1^1(x)$，$I(x)$ 可表示为

$$I(x)=c_0^0\varphi_0^0(x)+d_0^0\psi_0^0(x)+d_0^1\psi_0^1(x)+d_1^1\psi_1^1(x) \tag{5-135}$$

$I(x)=\ 6\times\ \phi_0^0(x)$

$+\ 2\times\ \psi_0^0(x)$

$+\ 1\times\ \psi_0^1(x)$

$+-1\times\ \psi_1^1(x)$

6. 二维哈尔小波变换

一幅图像可看作由许多像素组成的一个大矩阵，在进行图像压缩时，为降低对存储器的要求，人们通常把它分成许多图像块，例如以 8×8 像素为一块，并用矩阵表示，然后分别对每个图像块进行处理。在小波变换中，由于小波变换中使用的基函数的长度是可变的，一般无须把输入图像进行分块，以免产生“块效应”。为便于理解小波变换的奥妙，还是从一个小的图像块入手，并且继续使用哈尔小波对图像进行变换。

假设有一幅灰度图像，其中的一个图像块用矩阵 $\boldsymbol{A}$ 表示为

$$\begin{bmatrix} 64 & 2 & 3 & 61 & 60 & 6 & 7 & 57 \\ 9 & 55 & 54 & 12 & 13 & 51 & 50 & 16 \\ 17 & 47 & 46 & 20 & 21 & 43 & 42 & 24 \\ 40 & 26 & 27 & 37 & 36 & 30 & 31 & 33 \\ 32 & 34 & 35 & 29 & 28 & 38 & 39 & 25 \\ 41 & 23 & 22 & 44 & 45 & 19 & 18 & 48 \\ 49 & 15 & 14 & 52 & 53 & 11 & 10 & 56 \\ 8 & 58 & 59 & 5 & 4 & 62 & 63 & 1 \end{bmatrix}$$

一个图像块是一个二维的数据阵列，可以先对阵列的每一行进行一维哈尔小波变换，然后再对行变换之后的阵列的每一列进行一维哈尔小波变换，最后对变换之后的图像数据阵列进行编码。

利用一维哈尔小波变换对图像矩阵的每一行进行变换，即求均值与差值。在图像块矩阵 $\boldsymbol{A}$ 中，第一行的像素值为 R_0：[64 2 3 61 60 6 7 57]。

步骤 1：在 R_0 行上取每一对像素的平均值，并将结果放到新一行 N_0 的前 4 个位置，其余的 4 个数是 R_0 行每一对像素的差值的一半(即细节系数)：

R_0：[64 2 3 61 60 6 7 57]

N_0：[33 32 33 32 31 −29 27 −25]

步骤 2：对行 N_0 的前 4 个数使用与第一步相同的方法，得到 2 个平均值和 2 个细节系数，并放在新一行 N_1 的前 4 个位置，其余的 4 个细节系数直接从行 N_0 复制到 N_1 的相应位置上：

N_1：[32.5 32.5 0.5 0.5 31 −29 27 −25]

步骤 3：重复步骤 1 和步骤 2，对剩余的一对像素求平均值和差值，如下：

N_2：[32.5 0 0.5 0.5 31 −29 27 −25]

使用上述方法，对矩阵的每一行进行计算，得到行变换后的矩阵 $\boldsymbol{A}'$：

$$\begin{bmatrix} 32.5 & 0 & 0.5 & 0.5 & 31 & -29 & 27 & -25 \\ 32.5 & 0 & -0.5 & -0.5 & -23 & 21 & -19 & 17 \\ 32.5 & 0 & -0.5 & -0.5 & -15 & 13 & -11 & 9 \\ 32.5 & 0 & 0.5 & 0.5 & 7 & -5 & 3 & -1 \\ 32.5 & 0 & 0.5 & 0.5 & -1 & 3 & -5 & 7 \\ 32.5 & 0 & -0.5 & -0.5 & 9 & -11 & 13 & -15 \\ 32.5 & 0 & -0.5 & -0.5 & 17 & -19 & 21 & -23 \\ 32.5 & 0 & 0.5 & 0.5 & -25 & 27 & -29 & 31 \end{bmatrix}$$

其中，每一行的第一个元素是该行像素值的平均值，其余的元素是这行的细节系数。使用同样的方法，对 $\boldsymbol{A}'$ 的每一列进行计算，得到 $\boldsymbol{A}''$：

$$\begin{bmatrix} 32.5 & 0 & 0 & 0 & 0 & 0 & 0 & 0 \\ 0 & 0 & 0 & 0 & 0 & 0 & 0 & 0 \\ 0 & 0 & 0 & 0 & 4 & -4 & 4 & -4 \\ 0 & 0 & 0 & 0 & 4 & -4 & 4 & -4 \\ 0 & 0 & 0.5 & 0.5 & 27 & -25 & 23 & -21 \\ 0 & 0 & -0.5 & -0.5 & -11 & 9 & -7 & 5 \\ 0 & 0 & 0.5 & 0.5 & -5 & 7 & -9 & 11 \\ 0 & 0 & -0.5 & -0.5 & 21 & -23 & 25 & -27 \end{bmatrix}$$

其中，左上角的元素表示整个图像块的像素值的平均值，其余元素是该图像块的细节系数。根据这个事实，如果从矩阵中去掉表示图像的某些细节系数，事实证明重构的图像质量仍然可以接受。具体做法是设置一个阈值 d，如 $d \geqslant 5$ 的细节系数就把它当作"0"看待，这样经过变换之后的矩阵就变成 $\boldsymbol{A}'''$：

$$\begin{bmatrix} 32.5 & 0 & 0 & 0 & 0 & 0 & 0 & 0 \\ 0 & 0 & 0 & 0 & 0 & 0 & 0 & 0 \\ 0 & 0 & 0 & 0 & 0 & 0 & 0 & 0 \\ 0 & 0 & 0 & 0 & 0 & 0 & 0 & 0 \\ 0 & 0 & 0 & 0 & 27 & -25 & 23 & -21 \\ 0 & 0 & 0 & 0 & -11 & 9 & -7 & 0 \\ 0 & 0 & 0 & 0 & 0 & 7 & -9 & 11 \\ 0 & 0 & 0 & 0 & 21 & -23 & 25 & -27 \end{bmatrix}$$

"0"的数目增加了 18 个，即去掉了 18 个细节系数。这样的好处是能够提高编码的效率。对 $\boldsymbol{A}'''$ 矩阵进行逆变换，得到了重构的近似矩阵 $\boldsymbol{AA}$：

$$\begin{bmatrix} 59.5 & 5.5 & 7.5 & 57.5 & 55.5 & 9.5 & 11.5 & 53.5 \\ 5.5 & 59.5 & 57.5 & 7.5 & 9.5 & 55.5 & 53.5 & 11.5 \\ 21.5 & 43.5 & 41.5 & 23.5 & 25.5 & 39.5 & 32.5 & 32.5 \\ 43.5 & 21.5 & 23.5 & 41.5 & 39.5 & 25.5 & 32.5 & 32.5 \\ 32.5 & 32.5 & 39.5 & 25.5 & 23.5 & 41.5 & 43.5 & 21.5 \\ 32.5 & 32.5 & 25.5 & 39.5 & 41.5 & 23.5 & 21.5 & 43.5 \\ 53.5 & 11.5 & 9.5 & 55.5 & 57.5 & 7.5 & 5.5 & 59.5 \\ 11.5 & 53.5 & 55.5 & 9.5 & 7.5 & 57.5 & 59.5 & 5.5 \end{bmatrix}$$

矩阵 **A** 的数据与矩阵 **AA** 的数据差别不是很大。将原图像块矩阵和重构的数据用彩色图表示，如图 5-39 所示。对比两图可见，经过变换并且去掉某些细节系数之后重构的图，其图像质量的损失还是能够接受的。

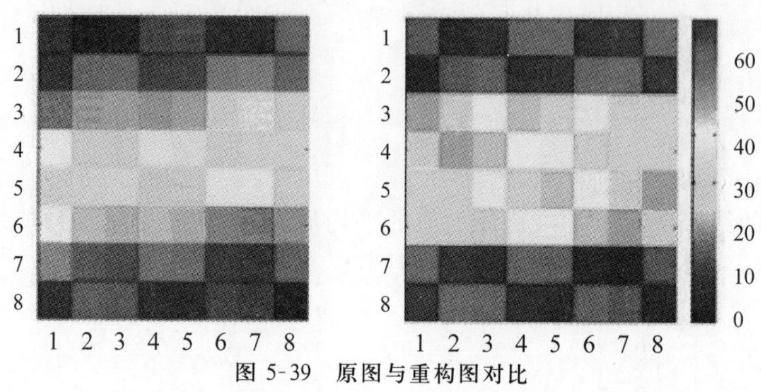

图 5-39 原图与重构图对比

5.3 应用案例

5.3.1 水中倒影的制作

5.1 节中提到倒影可以利用垂直镜像结合其他技术得到。下面介绍倒影的制作过程。

1. 制作原图的倒立效果

图 5-40 所示为制作倒影的原图，利用 5.1.5 节中介绍的垂直镜像原理，得到图 5-41 所示的结果，该图只有垂直镜像的效果，还没有达到水中倒影的视觉效果。

图 5-40 原图

2. 模糊倒立图的边缘

因为水的波动和光的折射等影响，物体在水中的倒影看起来比原物体模糊，所以需

图 5-41　倒立图（垂直镜像）

要对倒立图进行模糊处理。利用 3.4.2 节中的中值滤波，可以实现边缘模糊。本例采用 3×3 中值滤波的模板对图 5-41 做中值滤波，结果如图 5-42 所示。

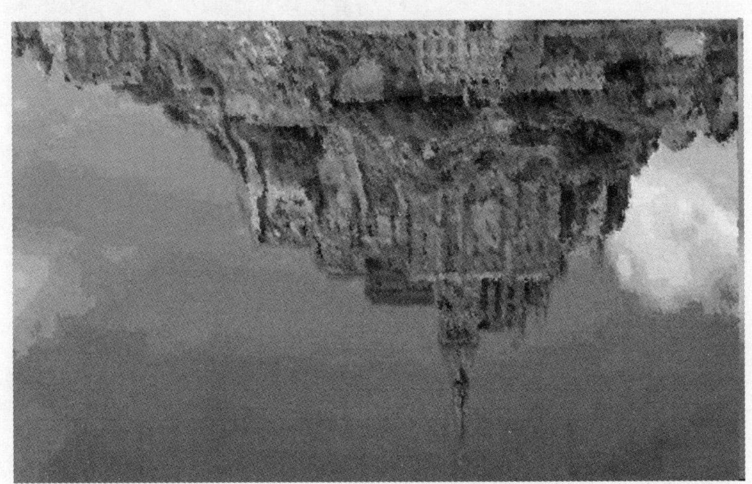

图 5-42　对垂直镜像图中值滤波结果图

3. 与水波纹图进行融合

为了获得更加逼真的倒影视觉效果，可以增加一张水波纹的图，如图 5-33 所示。利用 2.1.1 节中的加法运算，将水波纹图和图 5-42 设置不同的透明度进行加法运算。利用公式 $M=aP+bQ$，其中 P 为图 5-43，Q 为图 5-42，设置 $a=0.15$、$b=0.85$，得到图 5-44 所示的倒影图。

4. 原图与水波纹倒影图拼接

最后把图 5-40（原图）和图 5-44 拼接起来，就可以得到倒影的效果图，如图 5-45 所示。首先生成一张高度为原图 2 倍，大小、宽度不变的空白图像，如本例原图大小为 500×305，生成的空白图像为 500×610；其次读入原图，将其放在开始的位置上，即放在 (0,0) 到 (499,304) 这段区间上；最后读入图 5-44，将其放在从 (0,305) 到 (499,609) 的位置上，即可得到图 5-45。

图 5-43　水波纹图

图 5-44　具有水波纹的倒影图

注意，本例处理的图像均为 256 色位图图像。

5.3.2　基于小波变换的图像融合

一幅图像中的物体、特征和边缘在图像中是表现在不同大小的尺度上，即图像中的某些边缘或细节是在一定尺度范围内存在的。在较大尺度的图上，往往轮廓和边缘特征比较明显，而在较小尺度上，细节特征比较明显。图像的小波分解是多尺度、多分辨率分解，其对图像多尺度分解可以看作对图像多尺度边缘的提取过程，而且小波的多尺度分解还具有方向性。

基于小波变换的图像融合是将原始图像进行小波分解，得到一系列不同频段的子图像，然后利用不同的融合规则对子图像进行处理，最后利用小波逆变换得到融合图像。为了获得更好的融合效果并突出重要的特征细节信息，不同频率分量、不同分解层、不同方向均可以采用不同的融合规则及融合算子进行融合处理；另外，同一分解层上的不同

图 5-45　倒影拼接结果图

局部区域上采用的融合算子也可以不同，这样可以充分挖掘被融合图像的互补及冗余信息、有针对地突出/强化感兴趣的特征和细节信息。

基于小波变换的图像融合步骤如下。

(1) 对原始图像进行预处理和图像配准。

(2) 对处理过的图像分别进行小波分解，得到低频和高频分量。

(3) 对低频和高频分量采用不同的融合规则进行融合。

(4) 进行小波逆变换。

(5) 得到融合图像。

设 A、B 为两幅原始图像，F 为融合后的图像。融合的基本步骤如下。

(1) 每幅图像进行小波变换，构建图像的塔形分解。

(2) 各分解层分别进行融合处理，各分解层上的不同频率分量可采用不同的融合算子进行融合处理，最终得到融合后的小波金字塔。

(3) 融合后所得小波金字塔进行小波逆变换（即进行图像重构），得到的重构图像即为融合图像。

基于小波变换的融合步骤如图 5-46 所示。

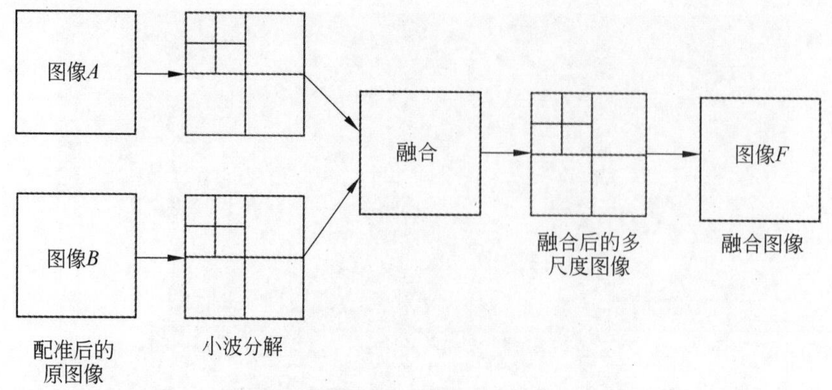

图 5-46　基于小波变换的融合步骤

小波分解后的子图像融合规则根据不同的需要进行设计,简单的像素级图像融合方法主要有像素灰度平均或加权平均、像素灰度最大值和像素灰度最小值。

1. 加权平均的图像融合方法

为了便于说明和简化叙述,这里以两个源图像的融合为例来说明图像的融合过程和融合方法。对于三个或多个源图像融合的情形,可以以此类推。假设参加融合的两个源图像分别为 A、B,图像大小为 $N_1 \times N_2$,经融合后得到的融合图像为 F,那么对 A、B 两个源图像的灰度加权平均融合过程可以表示为

$$F(n_1,n_2)=C_1A(n_1,n_2)+C_2B(n_1,n_2) \tag{5-136}$$

式中:n_1——图像中像素的行号,$n_1=1,2,\cdots,N_1$;

n_2——图像中像素的列号,$n_2=1,2,\cdots,N_2$;

C_1,C_2——加权系数,$C_1+C_2=1$,C_1 和 C_2 在不同图像融合中取值不同。

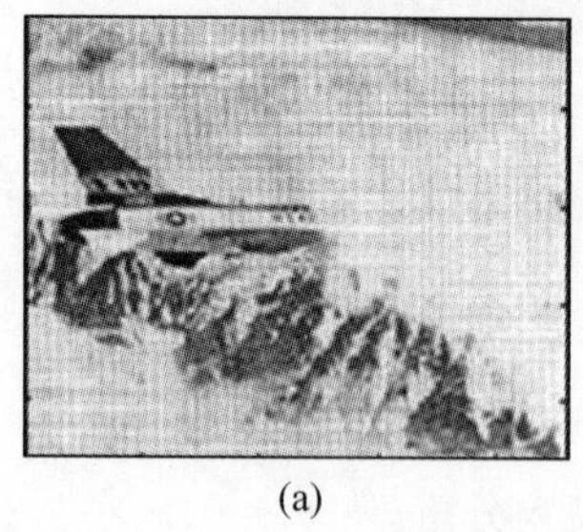
(a)

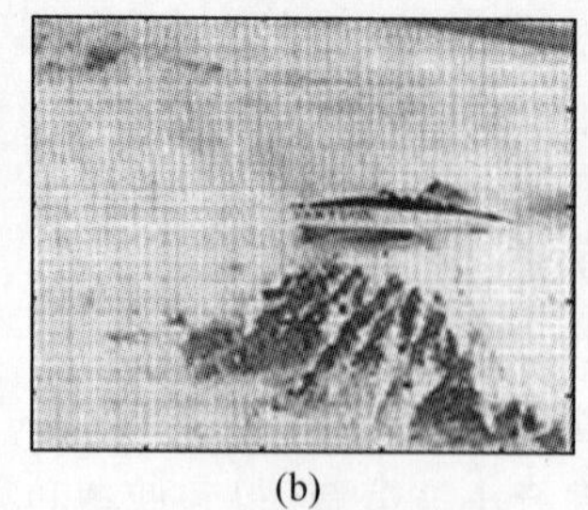
(b)

(c)

图 5-47　加权平均的图像融合示例

(a)图像 A;(b)图像 B;(c)图像 F

如图 5-47 所示,当 C_1 取 0.8、C_2 取 0.2 时,可以看到图像 F 中的飞机全部显示,但是总体上亮度更亮。

2. 像素灰度值最大值图像融合方法

基于像素灰度值最大值的图像融合方法可以表示为

$$F(n_1,n_2)=\max(A(n_1,n_2),B(n_1,n_2)) \tag{5-137}$$

即在融合处理时,比较源图像 A、B 中对应位置处像素灰度的大小,以其中灰度值较大的像素作为融合后图像 F 在相应位置处的像素。如图 5-48 所示,图像 F 中没有飞机,这是因为图像 A 和图像 B 中的飞机都是黑色的,取最大值时,飞机尾部所在的位置的灰度

值在图像 B 中更大,所以取了图像 B 中的值,导致了图像 A 中飞机尾部位置的灰度消失。同理,飞机头部也是同样原因引起的消失。

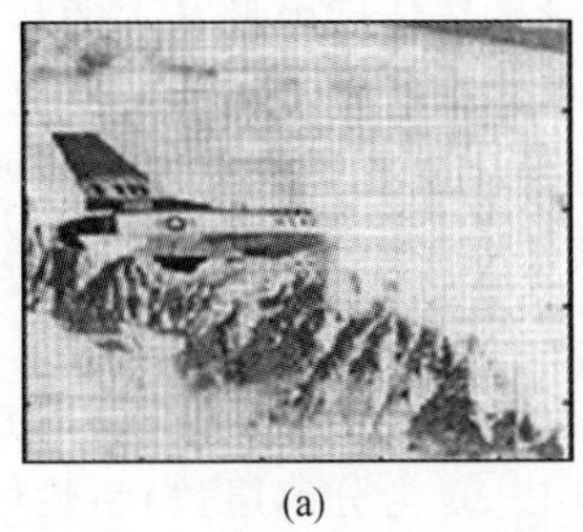
(a)
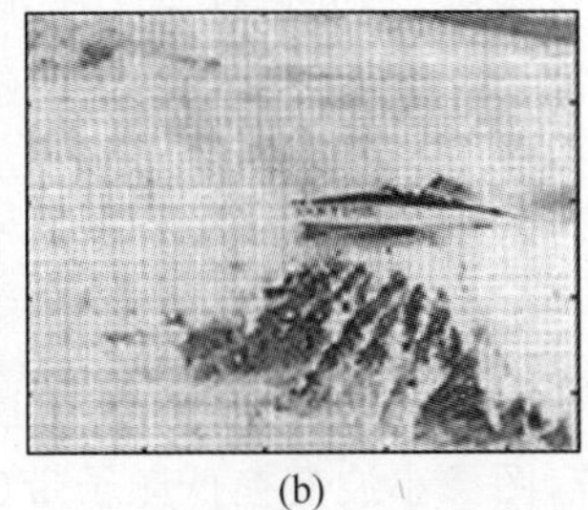
(b)
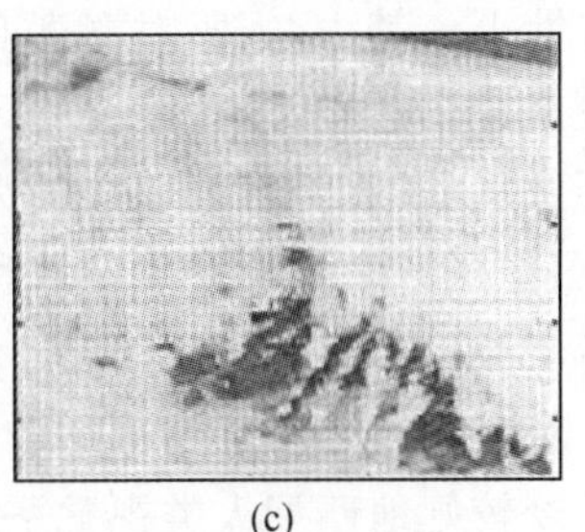
(c)

图 5-48 像素灰度值最大值图像融合示例

(a)图像 A;(b)图像 B;(c)图像 F

3. 像素灰度值最小值图像融合方法

基于像素灰度值最小值的图像融合方法可以表示为

$$F(n_1,n_2)=\min(A(n_1,n_2),B(n_1,n_2)) \tag{5-138}$$

即在融合处理时,比较源图像 A、B 中对应位置处像素灰度的大小,以其中灰度值较小的像素作为融合后图像 F 相应位置处的像素。如图 5-49 所示,图像 F 中飞机显示较明显,这是因为图像 A 和图像 B 中的飞机都是黑色的,取最小值时,飞机尾部所在的位置在图像 A 中的灰度值小,所以取了图像 A 中的值,而飞机尾部位置的灰度值在图像 B 中更小,所以取了图像 B 中的值。由此可见,对同样的两幅图进行融合,采用的方法不同,得到的结果也会不一样。

(a)
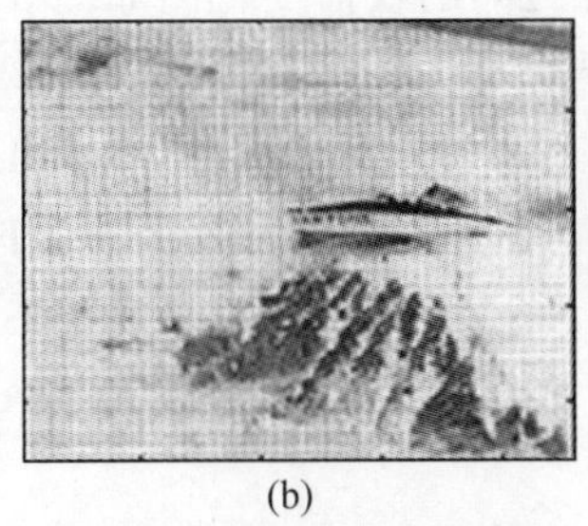
(b)

(c)

图 5-49 像素灰度值最小值图像融合示例

(a)图像 A;(b)图像 B;(c)图像 F

尽管简单的像素图像融合方法具有算法简单、融合速度快的优点,但在多数应用场合,简单的图像融合方法是难以取得满意的融合效果的。简单的像素灰度值加权平均往往会带来融合图像对比度下降等副作用,而像素灰度值的简单选择(选大或选小)只可能应用于极少场合,同时,其融合过程往往需要人工干预,不利于机器视觉及其目标的自动识别。

基于小波分解的图像融合方法是一种多尺度、多分辨率图像融合方法,对具有不同空间分辨率的不同分解层,分别采用不同的融合算子进行融合处理,可有效地将来自不同图像的特征与细节融合在一起。Campell、Robson 及 Wilson 的试验与研究表明,人眼的视觉特性是一个多信道(multichannel)模型。或者说,人眼具有多频信道分解特性(multifrequency channel decomposition)。每个频道对应不同的空间频率调制,而且各频道的带宽是倍频递增的。换句话说，人的视网膜图像就是在不同的频率通道中进行处理的。对于图像来说，人类视觉系统的主要特性一般体现在亮度特性、频域特性和图像类型特性上。其中，人眼对亮度变化敏感，亮度特性是人类视觉系统特性中最基本的特性。一般来说，人眼对于高亮度的区域所附加的噪声敏感度较小。对于频域特性来说，如果将图像从空域变换到频域，那么频率越高，人眼的分辨能力就越低。从图像类型特性来说，图像可分为大块平滑区域和纹理密集区域。人类视觉系统对于平滑区域的敏感性要远高于纹理密集区域。

基于小波分解的图像融合恰恰是在不同的空间频带上进行融合处理的，因而小波变换可以较好地匹配人类视觉系统，图像小波变换低频子带（LL_n，n 为分解层数）系数代表它所在的小波块对应的图像块的平均亮度，其中大的系数代表图像中平均亮度高的区域、小的系数代表图像中平均亮度低的区域：高频（HL_i，LH_i，HH_i，$i=1,2,\cdots,n$）系数则代表图像的纹理和边缘部分，其中绝对值大的系数代表图像复杂纹理和边缘部分、绝对值小的系数则代表图像的平滑部分。

假设源图像 2 在同一坐标系上最左边的坐标设为 $A(x_1,y_1)$，而源图像 1 在同一坐标系上最右边的坐标为 $B(x_2,y_2)$，显然 A 与 B 之间的区域即为两幅图的重叠区域。利用小波分解的具体融合过程如下：

设 A 与 B 之间的区域宽度为 width，重合区域的点 C 的坐标为(x_3,y_3)，设 $d=\dfrac{x_3-x_1}{\text{width}}$，重叠区域的 4 个特征分量分别为 LL_1、LH_1、HL_1、HH_1 和 LL_2、LH_2、HL_2、HH_2 则融合后的图像对应的像素点的特征分量值分别为 LL_3、LH_3、HL_3、HH_3，其赋值计算公式如式(5-139)所示，而两幅图像之间的权值变化图如图 5-50 所示。

$$\begin{cases}LL_3=d\times LL_1+(1-d)\times LL_2\\ LH_3=d\times LH_1+(1-d)\times LH_2\\ HL_3=d\times HL_1+(1-d)\times HL_2\\ HH_3=d\times HH_1+(1-d)\times HH_2\end{cases}\tag{5-139}$$

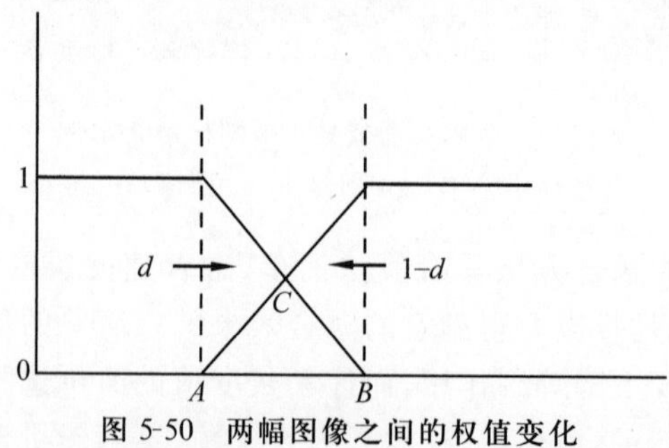

图 5-50　两幅图像之间的权值变化

这里选取了在不同光照的情况下拍摄的一个大型建筑物的左右两部分带重叠区域的两幅图片，如图 5-51(a)和图 5-51(b)所示。经过前期的配准处理，采用最大值融合、平均融合和小波分解融合的方法对上述两幅图片进行拼接，拼接结果分别为图 5-52、图 5-53 和图 5-54。从中可以看出最大值融合和平均融合有很明显的接缝，而采用小波分解融合所得出的拼接效果图光滑无缝，效果符合实际情况。

(a)

(b)

图 5-51 大型建筑物图像
(a)待拼接低亮度图像；(b)待拼接高亮度图像

图 5-52 以最大值融合后的拼接效果图

图 5-53 权值 d 取 0.5 的平均融合后的拼接效果图

图 5-54 采用小波分解融合后的拼接效果图

思考与练习

1. 令 $F(109,775)=113$、$F(109,776)=109$、$F(110,775)=105$、$F(110,776)=103$，试问 $F(110.27,776.44)=?$ 请用最邻近插值法求解，并求出各系数的值。

2. 求经过如下变换后的几何变换式：绕着点(64,120)逆时针旋转 30°，然后再放大 1.5 倍。

3. 设计一个几何变换程序，可以实现根据输入的参数进行平移、旋转、比例缩放等功能。

4. 设有一个一维序列{1,1,2,2}，求它经过傅里叶变换后的值。

5. 设有二维函数 $f(x,y)$，$f(0,0)=1$、$f(0,1)=1$、$f(1,0)=1$、$f(1,1)=1$，求它的傅里叶变换 $F(u,v)$。

6. 已知 4 阶离散余弦变换矩阵为

$$\begin{bmatrix} 0.500 & 0.653 & 0.500 & 0.271 \\ 0.500 & 0.271 & -0.500 & -0.653 \\ 0.500 & -0.271 & -0.500 & 0.653 \\ 0.500 & -0.653 & 0.500 & -0.271 \end{bmatrix}$$

求该 4 阶离散余弦反变换矩阵。

7. 画一个二维四子带滤波器组解码器来重构图 5-35 中的 $I(x,y)$。

实验要求与内容

一、实验目的

1. 掌握图像基本几何变换。
2. 掌握灰度插值方法。
3. 掌握数字图像离散傅里叶变换技术和逆变换技术。
4. 掌握数字图像离散余弦变换、沃尔什-哈达玛变换。

二、实验要求

1. 编程实现对指定图像进行平移变换，要求可以交互选择图像，并指定平移方向的大小。

2. 编程实现对指定图像进行镜像变换，要求可以交互选择图像，并指定镜像方式。

3. 编程实现对指定图像进行旋转变换，要求可以交互选择图像，并指定旋转角度和旋转点。

4. 编程实现对指定图像进行比例变换，要求可以交互选择图像，并指定尺度大小。

对于尺度大于 1 的情况,可以指定选择插值方法。

5. 编程实现对指定图像进行傅里叶变换,并能完成傅里叶逆变换。

6. 编程实现对指定图像进行离散余弦变换。

7. 编程实现对指定图像进行沃尔什-哈达玛变换。

8. 提高题。

(1) 实现彩色图像(真彩色)的傅里叶变换和逆变换。

(2) 实现教材中的案例——水中倒影的制作,要求可以交互选择图像。

(3) 实现教材中的案例——基于小波变换的图像拼接。

三、实验分析

1. 对比分析不同插值方法对放大图像结果的影响。

2. 对比分析傅里叶变换和余弦变换的结果。

四、实验体会(包括对本次实验的小结,实验过程中遇到的问题等)

第 6 章　图像分割

从本章开始，我们主要着眼于分析图像的内容，即从图像中寻找我们关注的对象并进行处理和分析。

图像分割（image segmentation）就是将图像细分为构成它的子区域或物体，细分的程度取决于要解决的问题。在实际应用中，当感兴趣的物体或区域已经被检测出来后，就会停止分割。具体来说，图像分割就是把图像细分为若干特定的、具有独特性质的图像子区域（像素的集合），并提取感兴趣目标的技术和过程。图像分割的目的是简化或改变图像的表示形式，使图像更容易理解和分析。图像分割通常用于定位图像中的物体和边界（线、曲线等）。更精确地，图像分割是对图像中的每个像素添加标签的一个过程，这一过程使得具有相同标签的像素具有某种相同的视觉特性。图像分割是由图像处理到图像分析的关键步骤。例如，图 6-1（a）中我们感兴趣的是那匹马；在图 6-1（b）中，如果要进行人脸识别，那么我们感兴趣的就是红线框出来的人脸部分。

(a)

(b)

图 6-1　示例图

本章主要介绍用于灰度图像分割的相关概念和算法，本章的多数分割算法均基于灰度值（也可以是其他某种特征值）的两个基本性质之一：不连续性和相似性。不连续性分割是指以灰度突变为基础分割一幅图像，如图像的边缘。相似性分割一般是根据一组预定义的准则将一幅图像分割为相似的区域，例如，阈值处理区域生长、区域分裂和区域聚合都是基于相似性分割的算法。

6.1 图像分割基础

图像分割是计算机视觉中的一项基本任务，是实现根据图像的视觉属性将图像分割成多个区域或阶段的重要过程。图像分割具有广泛的现实意义，其在物体识别与追踪、自动驾驶、医学成像、增强现实等多个领域具有广泛的应用。

6.1.1 图像分割的定义

如果把图像看成一个集合，那么图像分割相当于把一个大集合分成多个小集合。令 R 代表整个图像区域，对 R 的分割可看作将 R 分成若干满足以下条件的非空子集（子区域）$R_1, R_2, R_3, \cdots, R_n$ 的过程：

(1) $\bigcup_{i=1}^{n} R_i = R$。

(2) R_i 是一个连通集，$i=1,2,\cdots,n$。

(3) 对所有的 i 和 j，$i \neq j$，有 $R_i \cap R_j = \varnothing$。

(4) $P(R_i) = \text{TRUE}, i=1,2,\cdots,n$。

(5) 当 $i \neq j$ 时，对于任何的 R_i 和 R_j 的邻接区域，$P(R_i \cup R_j) = \text{FALSE}$。

其中，$P(R_i)$ 是定义在集合 R_i 的点上的一个逻辑属性，并且 $\varnothing$ 表示空集，$\cup$ 表示集合的并，$\cap$ 表示集合的交。若 R_i 和 R_j 的并集形成一个连通集，则认为这两个区域是邻接的。

条件(1)指出，分割必须是完全的，分割所得到的全部子区域的总和（并集）应能包括图像区域 R 中的所有像素，或者说分割应将图像中的每个像素都分进某一个子区域中。条件(2)要求同一个子区域内的像素应当是连通的，或者说一个区域中的点以某些预定义的方式连接（即这些点必须是 4 连接或 8 连接的）。条件(3)说明各个子区域是互不重叠的，或者说 1 像素不能同属于两个区域。条件(4)说明在分割后得到的属于同一个区域中的像素应该具有某些相同特性，例如，如果 R_i 中的所有像素都有相同的灰度级，则 $P(R_i) = \text{TRUE}$。最后，条件(5)说明在分割后得到的分属不同区域的像素应该具有一些不同的特性，即两个相邻区域 R_i 和 R_j 在属性 P 上的意义必须是不同的。对图像的分割总是根据一些分割的准则进行的，条件(1)与条件(3)说明分割准则应可适用于所有区域和所有像素，而条件(4)与条件(5)说明分割准则应能帮助确定各区域像素代表性的特性。

根据以上的定义和讨论可知，图像分割就是将图像划分成满足上述条件的若干互不相交子区域的过程，子区域是某种意义下具有共同属性像素的连通集合。

6.1.2 图像分割的依据和分类

图像分割的依据是各区域具有不同的特性，这些特性可以是灰度、颜色、纹理等。对灰度图像的分割常可依据像素灰度值的不连续性和相似性这两个性质，各区域内部的像素一般具有灰度相似性，而在各区域之间的边界上一般具有灰度不连续性，所以图像分割算法

可据此分为基于灰度不连续性的算法，如边缘检测算法、边界跟踪算法等；基于灰度相似性的算法，主要包括种子区域生长法、区域分裂合并法、阈值分割和分水岭法等。此外，根据分割过程中处理策略的不同，图像分割算法又可分为并行算法和串行算法。在并行算法中，所有判断和决定都可独立和同时地做出；而在串行算法中，早期处理的结果可被其后的处理过程所利用。一般串行算法所需计算时间比并行算法要长，但抗噪声能力一般也较强。上述两个准则既相互独立又互为补充，所以分割算法可根据这两个准则分成以下 4 类：①并行边界类；②串行边界类；③并行区域类；④串行区域类。这种分类法既能满足上述图像分割定义的条件，也能满足现有图像分割算法分类中提到的各种算法。

近年来，随着深度学习技术的发展，图像分割领域出现语义分割、实例分割和全景分割 3 个子领域，用来实现图像分割中每个像素的分类及区分它们之间的正确关系。语义分割是指将图像划分为多个类别，并把每个像素分配给不同的类别，即对于一张图像，分割出所有的目标(包括背景)，但这一方法无法区分同一类别目标的不同个体，如图 6-2(b)所示，图中所有的人都是红色的，无法区分不同的人。实例分割不仅能进行像素级别的分类，还能在具体类别的基础上区分不同的目标，即将图像中除背景外的所有目标都分割出来，同时区分同一目标中的不同个体，如图 6-2(c)所示，每个人都用不同的颜色表示。全景分割是指在实例分割的基础上，可以分割出背景目标，如图 6-2(d)所示。

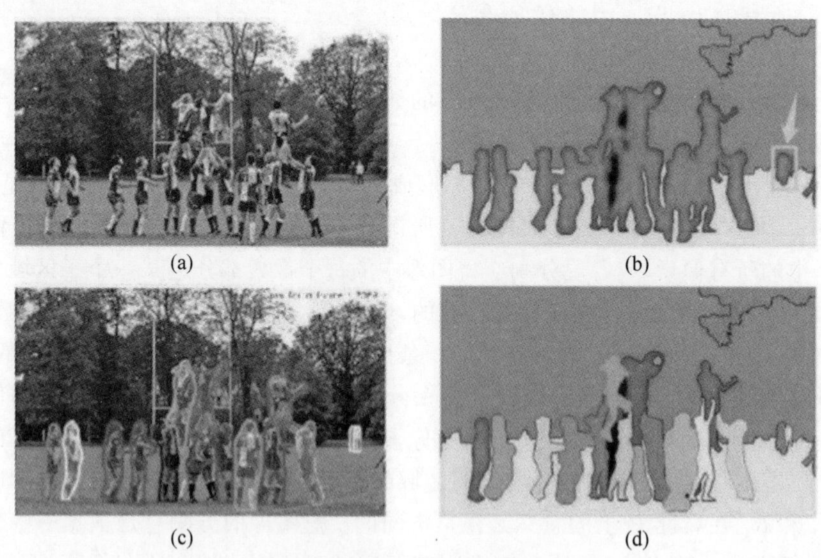

图 6-2　图像分割子领域示例

(a)原图；(b)语义分割；(c)实例分割；(d)全景分割

6.2　边缘检测

6.2.1　边缘的概念和性质

边缘(edge)是指图像局部特性变化最显著的部分。边缘主要存在于目标与目标、目标与背景、区域与区域(包括不同色彩)之间,是图像分割、纹理特征和形状特征等图像分析的重要基础。常见的边缘剖面有三种:①阶梯状;②脉冲状;③屋顶状。阶梯状边缘剖面处于图像中两个具有不同灰度值的相邻区域之间;脉冲状边缘剖面主要对应细条状的灰度值突变区域;而屋顶状边缘剖面的上升沿和下降沿都比较缓慢,处于灰度值由小到大再到小的变化转折。边缘是灰度不连续的结果,这种不连续性可利用求灰度值剖面导数的方法方便地检测到,一般常用一阶导数和二阶导数来检测边缘,如图 6-3 所示。

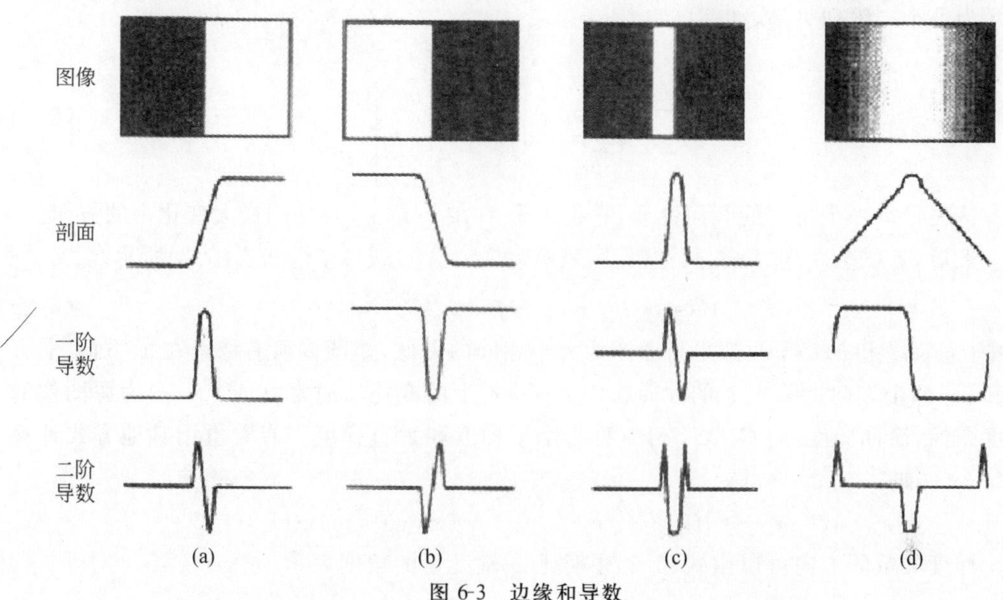

图 6-3 边缘和导数

(a)阶梯状(暗→明);(b)阶梯状(明→暗);(c)脉冲状;(d)屋顶状

图 6-3(a)中,对灰度值剖面的一阶导数在图像由暗变明的位置有一个向上的阶跃,而在其他位置都为零。这表明可用一阶导数的幅度值来检测边缘的存在,幅度峰值一般对应边缘位置。对灰度值剖面的二阶导数在一阶导数的阶跃上升区有一个向上的脉冲,而在一阶导数的阶跃下降区有一个向下的脉冲。在这两个阶跃之间有一个过零点,它的位置正对应图像中边缘的位置。所以可用二阶导数的过零点检测边缘位置,而用二阶导数在过零点附近的符号确定边缘像素在图像边缘的暗区或明区。分析图 6-3(b)可以得到相似的结论,其图像是由明变暗,与图 6-3(a)相比,剖面左右对换,一阶导数上下对换,二阶导数左右对换。

图 6-3(c)中,因为脉冲状边缘剖面与图 6-3(a)的一阶导数形状相同,所以图 6-3(c)的一阶导数形状与图 6-3 (a)的二阶导数形状相同,而它的两个二阶导数过零点正好分别对应脉冲的上升沿和下降沿。通过检测脉冲状边缘剖面二阶导数的两个过零点就可确定脉冲的范围。

图 6-3(d)中,因为屋顶状边缘剖面可看作将脉冲边缘底部展开而得到,所以它的一阶导数是将图 6-3(c)脉冲状边缘剖面的一阶导数的上升沿和下降沿展开得到的,而它的二阶导数是将脉冲状边缘剖面二阶导数的上升沿和下降沿展开得到的。通过检测屋顶状边缘剖面一阶导数的过零点就可以确定屋顶位置。

对图像中边缘剖面的检测可借助空域微分算子的卷积完成。实际上,数字图像中求导数就是利用差分近似微分的准则来进行的。下面介绍几种简单的空域微分算子。

6.2.2 梯度算子

在图像处理中，一阶导数通常是通过梯度来实现的，因此，利用一阶导数检测边缘点的方法就称为梯度算子法。对于一个连续图像函数 $f(x,y)$，它在点(x,y)的梯度$\nabla \boldsymbol{f}$ 可表示为一个二维列矢量，如式(6-1)所示。

$$\nabla \boldsymbol{f}(x,y)=\begin{bmatrix} G_x \\ G_y \end{bmatrix}=\begin{bmatrix} \dfrac{\partial f}{\partial x} \\ \dfrac{\partial f}{\partial y} \end{bmatrix} \tag{6-1}$$

该矢量有一个重要的几何性质，它指出了 f 在点 $f(x,y)$处的最大变化率的方向。

矢量$\nabla \boldsymbol{f}$ 的大小(长度)，又称幅度，表示为 $M(x,y)$或$|\nabla \boldsymbol{f}|$，如式(6-2)所示。

$$M(x,y)=\mathrm{mag}(\nabla \boldsymbol{f})=\sqrt{G_x^2+G_y^2} \tag{6-2}$$

式中，G_x、G_y 和 $M(x,y)$都是与原图像大小相同的图像，是图像所有像素在 x 方向、y 方向和 xy 两个方向上关于 f 的性质在(x,y)位置上的变化。通常称 $M(x,y)$为源图像的梯度图像，简称梯度，而 G_x、G_y 分别称为水平梯度和垂直梯度。有时也用其他方式计算 $M(x,y)$，如

$$M(x,y)\approx|G_x|+|G_y| \quad 或 \quad M(x,y)\approx\max\{G_x,G_y\}$$

梯度矢量的方向可以由式(6-3)中对于 x 轴度量的角度表示：

$$\alpha(x,y)=\arctan\left(\frac{G_y}{G_x}\right) \tag{6-3}$$

与梯度图像的情况相同，$\alpha(x,y)$也是与由 G_y 除以 G_x 的阵列创建的尺寸相同的图像。任意点(x,y)处的边缘方向与该点处梯度矢量的方向 $\alpha(x,y)$正交。

在实际计算中常用小区域模板卷积来近似计算上面 3 式中的偏导数。因为对 G_x、G_y 各用一个模板，所以需要两个模板组合起来构成一个梯度算子。根据模板的大小，以及模板中元素(系数)值的不同，对应了多种不同的算子。

在数字图像处理中，把待处理的平面数字图像看作一个大矩阵，图像的每个像素对应矩阵的每个元素，假设图像的分辨率是 1024×768，那么对应的大矩阵的行数为 1024，列数为 768。用于滤波的是一个滤波器小矩阵(又称卷积核)，滤波器小矩阵一般是个方阵，即行数和列数相同，例如，常见的用于边缘检测的就是两个 3×3 的小矩阵。将图像大矩阵和滤波小矩阵对应位置元素相乘再求和的操作就叫作卷积(convolution)，卷积过程如图 6-4 所示。

对于数字图像而言，如果把图像看成二维离散函数，那么图像梯度其实就是对这个二维离散函数求导：

$$G(x,y)=\mathrm{d}x(i,j)+\mathrm{d}y(i,j) \tag{6-4}$$

$$\mathrm{d}x(i,j)=I(i+1,j)-I(i,j) \tag{6-5}$$

$$\mathrm{d}y(i,j)=I(i,j+1)-I(i,j) \tag{6-6}$$

其中，I 是图像像素的值(如 RGB 值)，(i,j)为像素的坐标。

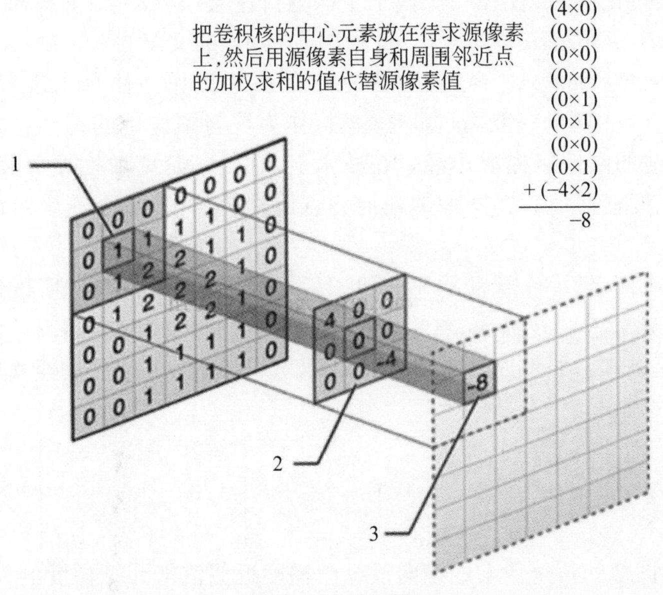

图 6-4　卷积过程

1—源图像像素　2—卷积核(或模板)　3—卷积后的像素新值(如梯度值)

在数字图像中，更多的情况是使用差分来近似导数，最简单的梯度近似表达式如下：

$$G_x = f(x,y) - f(x-1,y) \tag{6-7}$$

$$G_y = f(x,y) - f(x,y-1) \tag{6-8}$$

6.2.3　Roberts 算子

Roberts(罗伯茨)算子是一种最简单的算子，由 Roberts 在 1963 年提出，是一种利用局部差分算子寻找边缘的算子。

Roberts 算子是一个 2×2 的模板，如图 6-5 所示，利用对角线方向相邻两像素之差近似梯度幅值的原则来检测边缘，又称 4 点差分法。Roberts 梯度计算公式如式(6-9)所示。从图像处理的实际效果来看，检测垂直边缘的效果好于检测斜向边缘的效果，其边缘定位较准，对噪声敏感，无法抑制噪声的影响，适用于边缘明显且噪声较少的图像分割。

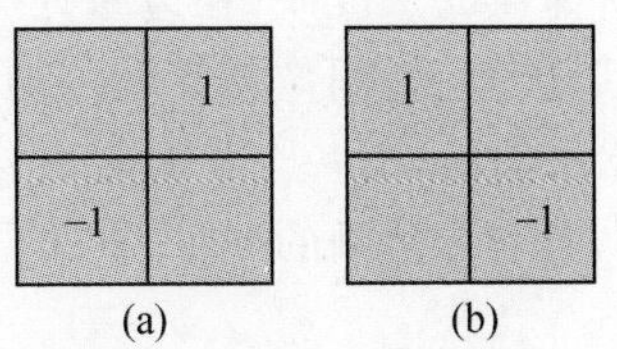

图 6-5　Roberts 算子模板

(a)G_x 模板；(b)G_y 模板

$$\begin{aligned} G_x &= f(x,y) - f(x-1,y-1) \\ G_y &= f(x-1,y) - f(x,y-1) \\ |\nabla \boldsymbol{f}| &= \sqrt{G_x^2 + G_y^2} \end{aligned} \tag{6-9}$$

6.2.4　Sobel 算子

Sobel(索贝尔)算子是一种常用的边缘检测算子，这个著名的 Sobel 算子的作者当年

并没有公开发表过论文，仅仅在一次博士生课题讨论会(1968年)上提出一篇名为 *A 3×3 Isotropic Gradient Operator for Image Processing* 的文章，后在1973年出版的一本专著 *Pattern Classification and Scene Analysis* 的脚注里作为注释出现和公开的。[2] 在算法实现过程中，Sobel算子一般通过3×3模板作为核与图像中的每个像素点做卷积和运算，然后选取合适的阈值以提取边缘。在技术上，它是一阶离散性差分算子，用来计算图像亮度函数的灰度近似值。在图像的任何一点使用此算子，将会产生对应的灰度矢量或法矢量。

Sobel算子有两个，一个检测水平边缘，另一个检测垂直边缘。所以该算子包含两组3×3的矩阵，分别为横向及纵向，将二者分别与图像作平面卷积，即可分别得到横向及纵向的亮度差分近似值。如果以 A 代表原始图像，G_x 及 G_y 分别代表经横向及纵向边缘检测的图像，其公式如下：

$$G_x = \begin{bmatrix} -1 & 0 & +1 \\ -2 & 0 & +2 \\ -1 & 0 & +1 \end{bmatrix} * A \qquad G_y = \begin{bmatrix} -1 & -2 & -1 \\ 0 & 0 & 0 \\ +1 & +2 & +1 \end{bmatrix} * A \tag{6-10}$$

那么可利用图像的每个像素的横向及纵向梯度近似值来计算梯度的大小，如式(6-11)所示：

$$|\nabla \boldsymbol{f}| = \sqrt{G_x^2 + G_y^2} \tag{6-11}$$

然后再用式(6-12)计算梯度方向。

$$\theta = \arctan\left(\frac{G_y}{G_x}\right) \tag{6-12}$$

6.2.5 Prewitt算子

Prewitt(普瑞维特)算子是一种利用局部差分平均方法寻找边缘的算子，它体现了3对像素点像素值之差的平均概念，是一种一阶微分算子的边缘检测，利用像素点上下、左右邻点的灰度差，在边缘处达到极值检测边缘，去掉部分伪边缘，对噪声具有平滑作用。其原理是在图像空间利用两个方向模板与图像进行邻域卷积，这两个方向模板一个检测水平边缘，另一个检测垂直边缘。如果以 A 代表原始图像，G_x 及 G_y 分别代表经横向及纵向边缘检测的图像，其公式如下：

$$G_x = \begin{bmatrix} -1 & 0 & +1 \\ -1 & 0 & +1 \\ -1 & 0 & +1 \end{bmatrix} * A \qquad G_y = \begin{bmatrix} -1 & -1 & -1 \\ 0 & 0 & 0 \\ +1 & +1 & +1 \end{bmatrix} * A \tag{6-13}$$

那么可利用图像每个像素的横向及纵向梯度近似值来计算梯度的大小，如式(6-14)所示：

$$\nabla \boldsymbol{f} = |G_x| + |G_y| \quad 或 \quad \nabla \boldsymbol{f} = \max\{G_x, G_y\} \tag{6-14}$$

然后再用式(6-12)计算梯度方向。

6.2.6 Laplacian算子

Laplacian(拉普拉斯)算子是一种二阶导数算子，通常写成 Δ 或 ∇^2，是为了纪念皮埃尔-西蒙·拉普拉斯而命名的。Laplacian 算子是不依赖于边缘方向的二阶微分算子，是一个标量而不是矢量，具有旋转不变，即各向同性的性质，对一个连续函数 $f(x,y)$，它在图像中点(x,y)的拉普拉斯值定义如式(6-15)所示。

$$\nabla^2 f=\frac{\partial^2 f}{\partial x^2}+\frac{\partial^2 f}{\partial y^2} \tag{6-15}$$

在数字图像中，对拉普拉斯值的计算也可借助各种模板实现，对模板的基本要求是对应中心像素的系数应是正的，而对应中心像素邻近像素的系数应是负的，且它们的和应该是零。常用的两种模板如图 6-9 中所示。拉普拉斯算子是一种二阶导数算子，对图像中的噪声相当敏感。另外它常产生双像素宽的边缘，且也不能提供边缘方向的信息。由于以上原因，拉普拉斯算子主要用于已知边缘像素后确定该像素是在图像的暗区还是明区，但也可根据其检测过零点的性质(图 6-6)帮助确定边缘的位置。

0	−1	0
−1	4	−1
0	−1	0

(a)

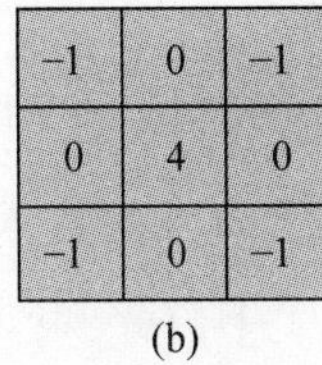

−1	0	−1
0	4	0
−1	0	−1

(b)

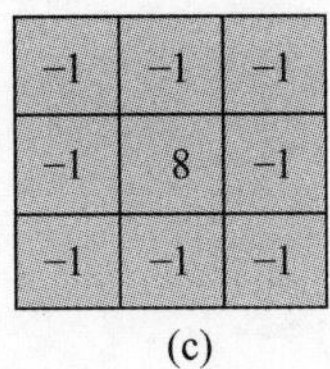

−1	−1	−1
−1	8	−1
−1	−1	−1

(c)

图 6-6　Laplacian 算子模板

Laplacian 算子在进行边缘检测时对噪声十分敏感，所以一般在其进行边缘检测前需要滤除噪声，为此，马尔(Marr)和希尔得勒斯(Hildreth)根据人类视觉特性提出了一种新的边缘检测的方法，该方法将高斯滤波和拉普拉斯算子结合在一起，故称 LoG(Laplacian of Gassian)算法，又称高斯拉普拉斯算法。该算法首先对图像做高斯滤波，再求其 Laplacian 二阶导数，即图像与高斯拉普拉斯函数(Laplacian of the Gaussian function)进行滤波运算。最后，通过检测滤波结果的零交叉(zero crossings)来获得图像或物体的边缘。LoG 算法常用于数字图像的边缘提取和二值化，用的 LoG 算子是 5×5 的模板。由于 LoG 算子到中心的距离与位置加权系数的关系曲线像墨西哥草帽的剖面，所以 LoG 算子也叫墨西哥草帽滤波器，如图 6-7 所示。

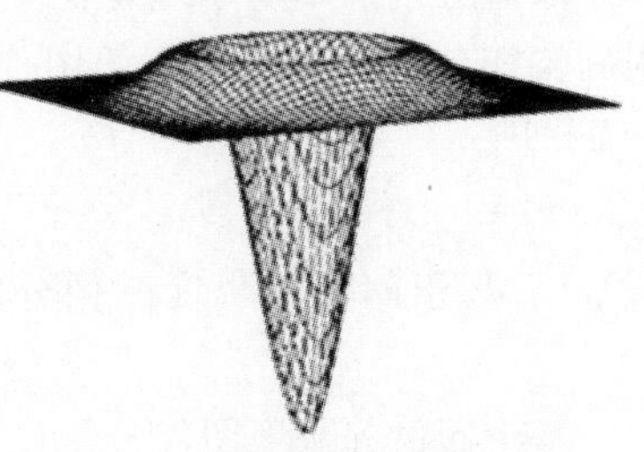

图 6-7　LoG 算子到中心的距离与位置加权系数的关系曲线

该算法的步骤如下。

(1) 对原图像进行 LoG 卷积。

(2) 检测图像中的过零点(即从负到正或从正到负)。

(3) 对过零点进行阈值化。

二维 LoG 函数如式(6-16)所示：

$$\mathrm{LoG}(x,y)=-\frac{1}{\pi\sigma^4}\left[1-\frac{x^2+y^2}{2\sigma^2}\right]\mathrm{e}^{-\frac{x^2+y^2}{2\sigma^2}} \tag{6-16}$$

二维高斯拉普拉斯算子可以通过任何一个方形核进行逼近，只要保证该核所有元素的和或均值为 0，如图 6-8 所示是以 5×5 的核进行逼近。

−2	−4	−4	−4	−2
−4	0	8	0	−4
−4	8	24	8	−4
−4	0	8	0	−4
−2	−4	−4	−4	−2

0	0	1	0	0
0	1	2	1	0
1	2	−16	2	1
0	1	2	1	0
0	0	1	0	0

图 6-8　LoG 算子近似模板

6.3　阈值分割

阈值分割是一种传统且常用的图像分割方法，其因实现简单、计算量小、性能较稳定而成为图像分割中最基本和应用最广泛的分割技术。它特别适用于目标和背景占据不同灰度级范围的图像。它可以极大地压缩数据量，大大简化了分析和处理的步骤，因此在很多情况下，它是进行图像分析、特征提取与模式识别之前必要的图像预处理过程。图像阈值分割的目的是按照灰度级对像素集合进行划分，得到的每个子集形成一个与现实景物相对应的区域，各区域内部具有一致的属性，而相邻区域不具有一致属性。这种划分可以通过从灰度级出发选取一个或多个阈值来实现。

阈值分割的基本原理是：通过设定不同的特征阈值，把图像像素点分成若干类。常用的特征包括直接来自原始图像的灰度或彩色特征；由原始灰度或彩色值变换得到的特征。

6.3.1　基于阈值的灰度图像分割

基于阈值的灰度图像分割最简单的方法就是利用一个或多个灰度值来分割灰度图像。例如，具有明显双峰直方图的灰度图(见图 6-9 所示的直方图)的分割具体步骤如下：①对一幅灰度取值在 0 到 $L-1$ 之间的图像确定一个灰度阈值 $T(0<T<L-1)$；②将图像中每个像素的灰度值与阈值 T 相比较，并将对应的像素根据比较结果(分割)划为两类——像素的灰度值大于阈值的为一类，像素的灰度值小于阈值的为另一类(灰度值等于阈值的像素可归入这两类之一)。这两类像素一般对应图像中的两类区域。

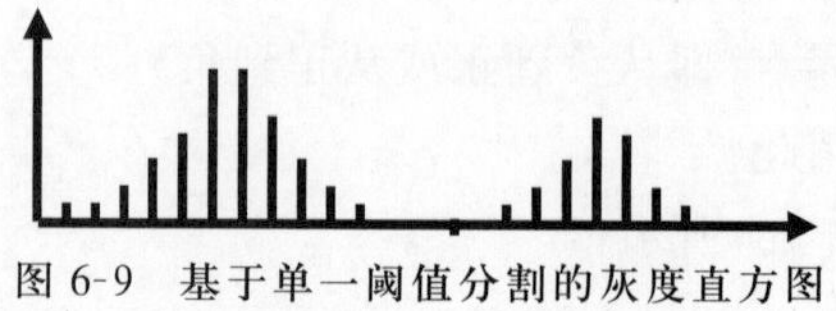
图 6-9　基于单一阈值分割的灰度直方图

利用单一阈值 T 分割后的图像可用式(6-17)和式(6-18)表示。其中，式(6-17)一般用于表示从暗的背景上分割出亮的物体，而式(6-18)一般用于表示从亮的背景上分割出暗的物体。

$$g(x,y)=\begin{cases}1, & f(x,y)\geqslant T\\ 0, & f(x,y)<T\end{cases} \tag{6-17}$$

$$g(x,y)=\begin{cases}1, & f(x,y)\leqslant T\\ 0, & f(x,y)>T\end{cases} \tag{6-18}$$

其中，$f(x,y)$表示原图像像素灰度值，$g(x,y)$表示进行分割后的图像像素灰度值。图 6-10 所示为阈值分割前后的细胞图。

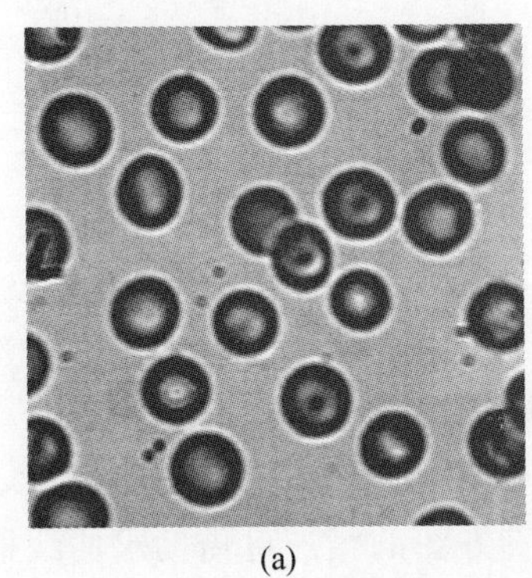
(a)

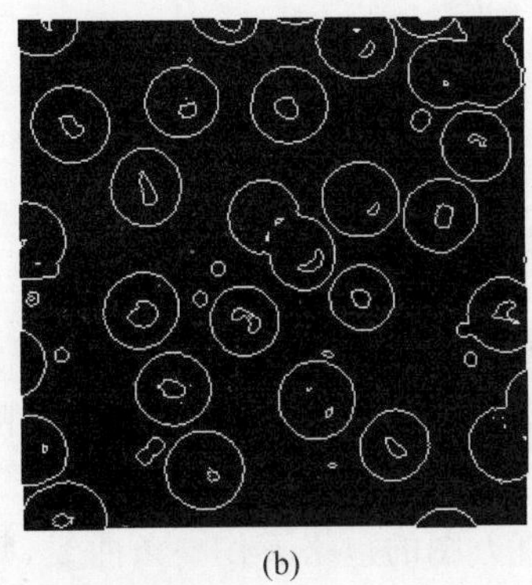
(b)

图 6-10　阈值分割前后的细胞图

(a)分割前的细胞图；(b)分割后的细胞图

有时候图像经阈值化分割后不是表示成二值或多值图像，而是将比阈值大的亮像素的灰度级保持不变，比阈值小的暗像素变为黑色，如式[6-19(a)]所示；或将比阈值小的暗像素的灰度级保持不变，而将比阈值大的亮像素变为白色，如式[6-19(b)]所示。这种方式经常被称为半阈值化分割方法，分割后的图像可用式(6-19)表示：

$$g(x,y)=\begin{cases}f(x,y), & f(x,y)\geqslant T\\ 0, & f(x,y)<T\end{cases} \tag{6-19a}$$

$$g(x,y)=\begin{cases}f(x,y), & f(x,y)\leqslant T\\ 255, & f(x,y)>T\end{cases} \tag{6-19b}$$

当待分割的图像中有多个目标时，就需要用多个灰度阈值进行分割，如图 6-11(b)所示的直方图，当较暗的背景上有两个较亮的物体时，就需要用两个阈值进行分割，分割图像可以用式(6-20)表示：

$$g(x,y)=\begin{cases}k, & f(x,y)\leqslant T_1\\ 1, & T_1<f(x,y)\leqslant T_2\\ 0, & T_2<f(x,y)\end{cases} \tag{6-20}$$

其中，k 为任意值。

更一般的多阈值分割的情况如式(6-21)所示，多阈值分割例子如图 6-11 所示。

$$g(x,y)=\begin{cases}k, & T_{k-1}<f(x,y)\leqslant T_k\\ 1, & f(x,y)\leqslant T_{k-1}\\ 0, & T_k<f(x,y)\end{cases} \tag{6-21}$$

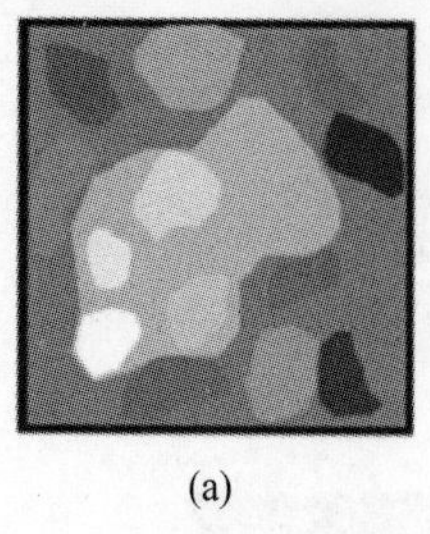

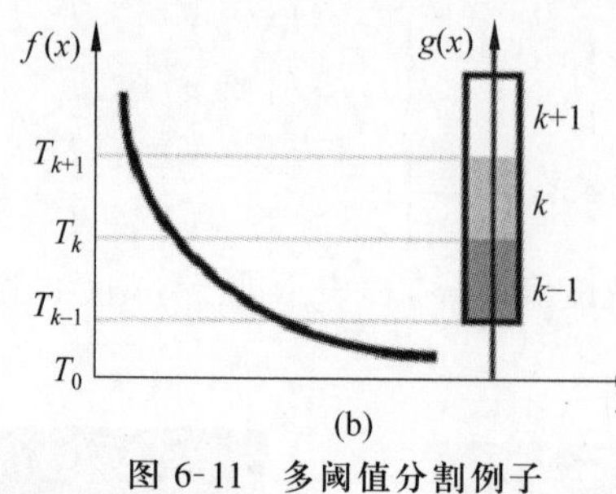

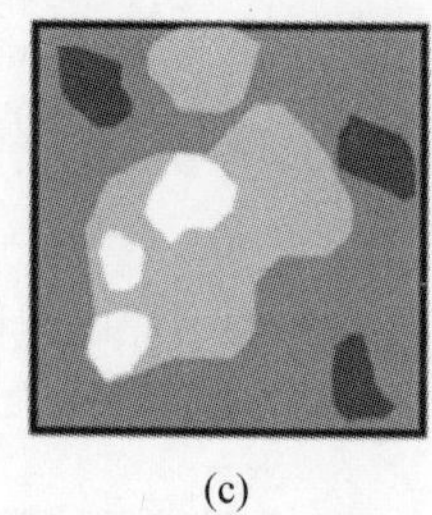

(a) (b) (c)

图 6-11 多阈值分割例子

6.3.2 阈值选取方法

在利用阈值分割方法对图像进行分割时，如何确定阈值是关键，阈值的选取直接影响最终的分割效果，下面介绍几种常用的阈值选取方法。

1. 极小值点阈值选取方法

如果将直方图的包络看作一条曲线，则选取直方图的"谷"可借助求曲线极小值的方法。设 $h(z)$代表直方图，那么极小值点应满足

$$\frac{\partial h(z)}{\partial z}=0 \quad 和 \quad \frac{\partial^2 h(z)}{\partial z^2}>0 \tag{6-22}$$

实际图像由于各种因素的影响，其灰度直方图往往存在许多起伏，不经预处理将会产生若干虚假的"谷"。一般先对其进行平滑处理，然后再取包络，这样将在一定程度上消除虚假"谷"对分割阈值的影响。在具体应用时，多使用高斯函数 $g(z,\sigma)$与直方图的原始包络函数 $h(z)$相卷积而使包络曲线得到一定程度的平滑：

$$h(z,\sigma)=h(z)\cdot g(z,\sigma)=\int h(z-\mu)\frac{1}{\sqrt{2\pi}\sigma}\frac{-z^2}{2\sigma^2}\mathrm{d}\mu \tag{6-23}$$

2. 最优阈值搜寻方法

有时目标和背景的灰度值有部分交错，用一个全局阈值并不能将它们完全分开。这时只能减小误分割的概率，一种常用的方法是选取最优阈值。设一幅图像仅包含两类主要的灰度值区域——目标区域和背景，它的直方图可看成灰度值概率密度函数 $p(z)$的一个近似。实际上这个密度函数是目标区域和背景两个单峰密度函数的和，如果已知密度函数的表达形式，那么就有可能选取一个最优阈值把图像分成两类区域并使误差达到最小。

假设有一幅混有加性高斯噪声的图像，它的混合概率密度函数是

$$\begin{aligned}p(z)&=P_1p_1(z)+P_2p_2(z)\\&=\frac{P_1}{\sqrt{2\pi}\sigma_1}\exp\left[-\frac{(z-\mu_1)^2}{2\sigma_1^2}\right]+\frac{P_2}{\sqrt{2\pi}\sigma_2}\exp\left[-\frac{(z-\mu_2)^2}{2\sigma_2^2}\right]\end{aligned} \tag{6-24}$$

其中，μ_1 和 μ_2 分别是背景和目标区域的平均灰度值，σ_1 和 σ_2 分别是关于均值的均方差，P_1 和 P_2 分别是背景和目标区域灰度值的先验概率。根据概率定义可知 $P_1+P_2=1$，所以混合概率密度函数中有 5 个待确定的参数，如果所有参数都已知，那么就可以很容易地确定最优阈值。分析求解过程如下。

假设一副图像的直方图如图 6-12 所示，假设图像中的暗区域对应背景，而图像的亮区域对应图像中的物体，并且可定义阈值 T，使得所有灰度值小于 T 的像素可以被认为是背景点，而所有灰度值大于 T 的像素可以被认为是物体点。此时，物体点误判为背景点的概率为

$$E_1(T)=\int_{-\infty}^{T} p_2(z)\mathrm{d}z \tag{6-25}$$

这表示在曲线 $p_2(z)$ 下方位于阈值左边区域的面积，如图 6-12 所示的灰色区域。同样将背景点误判为物体点的概率为

$$E_2(T)=\int_{-\infty}^{T} p_1(z)\mathrm{d}z \tag{6-26}$$

那么总的误判概率为

$$E(T)=P_2E_1(T)+P_1E_2(T) \tag{6-27}$$

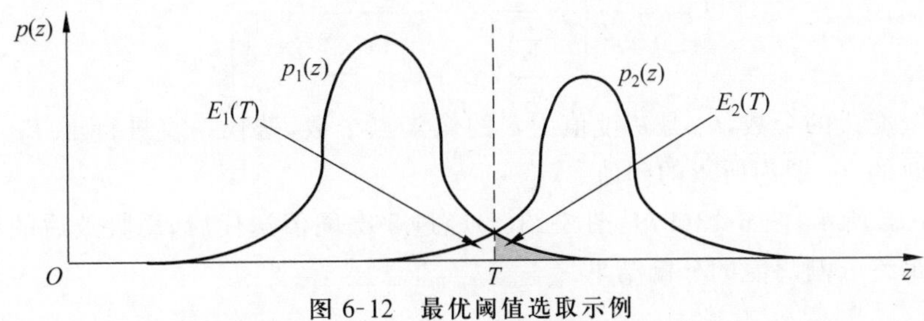

图 6-12 最优阈值选取示例

为了找到一个阈值 T 使得上述的误判概率最小，必须将 $E(T)$ 对 T 求微分(应用莱布尼兹公式)，并令其结果等于零。由此可以得到如下的关系：

$$P_1p_1(T)=P_2p_2(T) \tag{6-28}$$

在很多情况下，概率密度函数并不总是可以估计的，我们可以借助高斯密度函数，利用参数可以较容易得到这两个概率密度函数。将这一结果应用于高斯密度函数，取其自然对数，通过化简，可以得到如下的二次方程：

$$AT^2+BT+C=0 \tag{6-29}$$

其中

$$A=\sigma_1^2-\sigma_2^2$$

$$B=2(\mu_1\sigma_2^2-\mu_2\sigma_1^2)$$

$$C=\mu_2^2\sigma_1^2-\mu_1^2\sigma_2^2+2\sigma_1^2\sigma_2^2\ln(\sigma_2P_1/\sigma_1P_2)$$

由于二次方程有两个可能的解，所以需要选出其中合理的一个作为图像分割的最优阈值。

分情况讨论如下：

(1) 如果两个标准偏差相等，即 $\sigma_1^2=\sigma_2^2$，则式(6-29)中的 $A=0$，可以得到一个解

$$T=\frac{\mu_1+\mu_2}{2}+\frac{\sigma^2}{\mu_1-\mu_2}\ln\frac{P_2}{P_1} \tag{6-30}$$

该 T 值就是图像分割的最佳阈值。

(2) 如果先验概率也相等，那么得到的解的第二项等于零，最优阈值为图像中两个灰度均值的平均数，即

$$T=\frac{\mu_1+\mu_2}{2} \tag{6-31}$$

(3) 如果背景与目标区域的灰度范围有部分重叠,仅取一个固定的阈值会产生较大的误差,为此,可以采用双阈值方法。

3. 迭代阈值选取方法

迭代阈值选取方法利用程序自动搜寻出比较合适的阈值。其过程为,首先选取图像灰度范围的中值作为初始阈值 T,把原始图像中全部像素分成前景、背景两大类,然后分别对 T 进行积分并将结果取平均以获取一个新的阈值,并按此阈值将图像分成前景和背景。如此反复迭代下去,当阈值不再发生变化,即迭代已经收敛于某个稳定的阈值时,此刻的阈值即可作为最终的结果并用于图像的分割。迭代的数学描述如下:

$$T_{i+1}=\frac{1}{2}\left[\frac{\sum\limits_{k=0}^{T_i} h_k \cdot k}{\sum\limits_{k=0}^{T_i} h_k}+\frac{\sum\limits_{k=T_{i+1}}^{L-1} h_k \cdot k}{\sum\limits_{k=T_{i+1}}^{L-1} h_k}\right] \tag{6-32}$$

其中,L 为灰度级的个数,h_i 是灰度值为 k 的像素点个数,迭代一直进行至 $T_{i+1}=T_i$ 时结束,结束时的 T_i 即为所求的阈值。

如图 6-13 所示,图 6-13(b)是图 6-13(a)经过 5 次阈值迭代后,用收敛后的稳定输出值 97 作为最终分割阈值的分割结果。

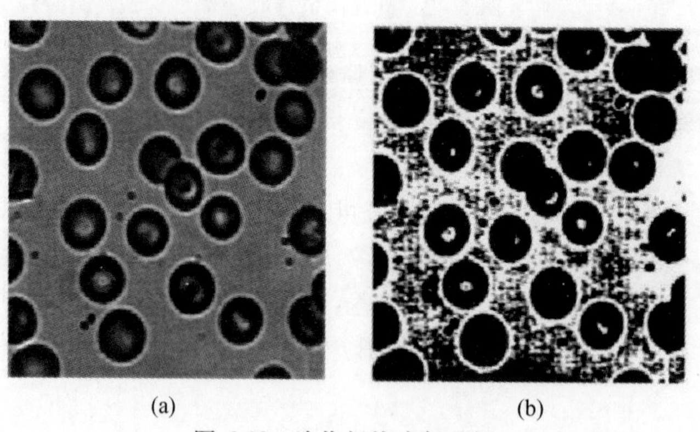

(a) (b)

图 6-13 迭代阈值分割示例

6.4 轮廓跟踪

在理想情况下,边缘检测应该仅产生位于边缘上的像素集合。但实际上,由于噪声、不均匀光照等引起的边缘间断,以及其他引入虚假灰度值的不连续的影响,使得检测出来的像素并不能完全描述边缘特性。因此在实际中常采用先检测可能的边缘点再串行跟踪连接成闭合轮廓的方法。由于串行方法可以在跟踪过程中充分利用先前获取的信息,因此常取得较好的效果。另外,也可采用将边缘检测和轮廓跟踪互相结合且顺序进行的方法。

轮廓跟踪(boundary tracking)也称边缘点链接(edge point linking),是由一个边缘

点出发,依次搜索并连接相邻边缘点,从而逐步检测出轮廓的方法。轮廓跟踪用于提取图像中的目标区域,以便对目标区域做进一步处理,如区域填充,计算轮廓长度、面积、重心,特征提取和图像识别等。轮廓跟踪一般用于处理二值图像和灰度图像,处理二值图像一般称为二值图像轮廓跟踪,处理灰度图像一般称为灰度边界跟踪。

6.4.1 二值图像轮廓跟踪

二值图像轮廓跟踪方法主要用来处理二值图像或不同区域具有不同的像素值的图像。二值图像轮廓跟踪法的步骤如下。

(1) 在靠近边缘处任取一起始点,然后按照每次只前进一步,步距为1像素的原则开始跟踪。

(2) 当跟踪中的某步是由白区进入黑区时,以后各步向左转,直到穿出黑区为止。

(3) 当跟踪中的某步是由黑区进入白区时,以后各步向右转,直到穿出白区为止。

(4) 当围绕目标边界循环跟踪一周回到起点时,则所跟踪的轨迹便是目标的轮廓;否则,应继续按步骤(2)和步骤(3)的原则进行跟踪。

图6-14所示为二值图像轮廓跟踪的起点和过程。

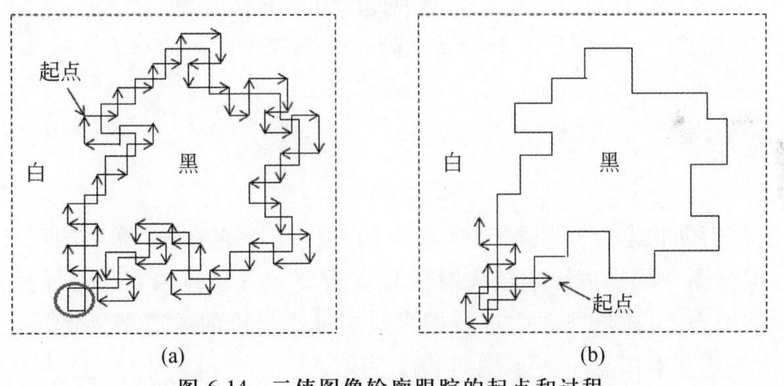

图6-14 二值图像轮廓跟踪的起点和过程

从图6-14(a)中我们发现,利用一个起点进行跟踪时,有时候会出现某些小凸部分被漏掉,如图6-14(a)中圆圈标出的地方,为了避免出现漏掉部分轮廓,一般采用不同位置的多个起点进行跟踪,如图6-14(b)中所示另选一个起点进行跟踪,并把跟踪轮廓和其他起点(如图6-14(a)中的起点)的跟踪轮廓进行合并。

6.4.2 边界跟踪法

如果需要得到轮廓的图像不是二值图像,而是一幅灰度图像,那么就不能用二值图像轮廓跟踪法进行跟踪,需要利用灰度的相似性和区域连通性进行判断和跟踪,一般把这种方式称为边界跟踪法。边界跟踪法的基本思想为:先利用检测准则确定接受对象点;然后根据已有的接受对象点和跟踪准则确定新的接受对象点;最后将所有标记为1且相邻的对象点连接起来就得到了检测到的细曲线。边界跟踪法的步骤如下:

(1) 确定检测阈值 d 和跟踪阈值 t,且要求 $d \geqslant t$。

(2) 用检测阈值 d 逐行对图像进行扫描,依次将灰度值大于或等于检测阈值 d 的点的位置记为 1。

(3) 逐行扫描图像,若图像中的(i,j)点为接受对象点,则在第 $i+1$ 列找点(i,j)的邻点:$(i+1,j-1)$,$(i+1,j)$,$(i+1,j+1)$,并将其中灰度值大于或等于跟踪阈值 t 的邻点确定为新的接受对象点,将相应位置记为 1。

(4) 重复步骤(3),直至图像中除最末一行以外的所有接受对象点扫描完为止。

例如,图 6-15(a)所示为原图灰度分布情况,假设检测阈值 $d=7$,跟踪阈值 $t=4$,那么边界跟踪的结果如图 6-15(b)所示。

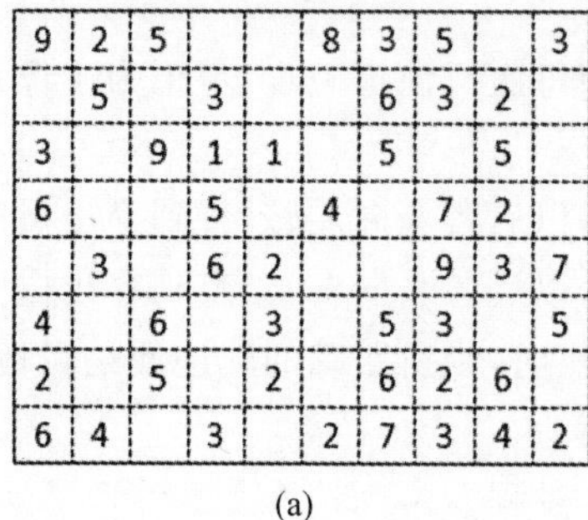

9	2	5			8	3	5		3
	5		3			6	3	2	
3		9	1	1		5		5	
6		5		4		7	2		
	3		6	2			9	3	7
4		6		3		5	3		5
2		5		2		6	2	6	
6	4		3		2	7	3	4	2

(a)

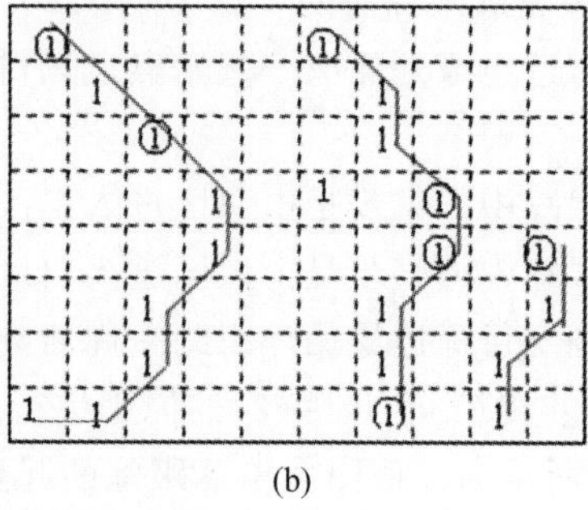

(b)

图 6-15　边界跟踪法示例

(a)原图灰度分布情况;(b)边界跟踪的结果

6.4.3　图搜索法

图搜索法是借助状态空间搜索来寻求全局最优轮廓的方法,算法相对比较复杂,计算量也较大,但当图像受噪声影响较大时效果比较好。其具体内容是将轮廓点和轮廓段用图(graph)结构表示,通过在图中进行搜索对应最小代价的通道来寻找闭合轮廓。

首先介绍一些基本概念。一个图可表示为 $G=\{N,A\}$,其中 N 是一个有限非空的结点集,A 是一个无序结点对的集合。集合 A 中的每个结点对$\{n_i,n_j\}$称为一段弧($n_i\in N,n_j\in N$)。如果图中的弧是有向的,即从一个结点指向另一个结点,则称该弧为有向弧,称该图为有向图。当弧是从结点 n_i 指向 n_j 时,那么称 n_j 是父结点 n_i 的子结点。有时父结点也叫祖先,子结点也叫后裔。确定一个结点的各子结点的过程称为对该结点的展开或扩展。对每个图还可定义层的概念,第 a 层(最上层)只含 i 个结点,称为起始结点。最下层的结点称为目标结点。对任一段弧$\{n_i,n_j\}$都可定义 1 个代价(费用)函数,记为 $c(n_i,n_j)$。如果有一系列结点 $n_1,n_2,\cdots,n_k$,其中每个结点 n_i 都是结点 n_{i-1}的子结点,则这个结点系列称为从 n_1 到 n_k 的一条通路(路径)。这条通路的总代价为

$$C=\sum_{i=2}^{K}c(n_{i-1},n_i) \tag{6-33}$$

在图搜索法中,边缘元素是两个互为 4 邻近的像素间的边缘,如图 6-16(a)中像素 p 和 q 之间的竖线以及图 6-16(b)中像素 q 和 r 之间的横线所示。对于灰度图像,像素 p 和 q 所确定的边缘像素的代价函数可以是

$$c(p,q)=H-[f(p)-f(q)] \tag{6-34}$$

其中，H 为图像中的最大灰度值，$f(p)$ 和 $f(q)$ 分别为像素 p 和 q 的灰度值。这个代价函数的取值与像素间的灰度值差成反比，灰度值差小则代价大，灰度值差大则代价小。按前面介绍的梯度概念，代价大对应梯度小，代价小对应梯度大。

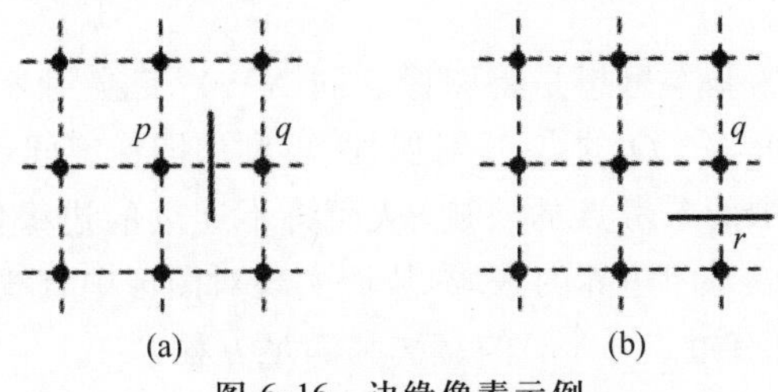

图 6-16 边缘像素示例

如图 6-17(a)所示，图中括号内的数字代表各像素的灰度值。根据式(6-34)的代价函数，利用图搜索技术从上向下可检测出图 6-17(b)所示的对应大梯度的轮廓段。

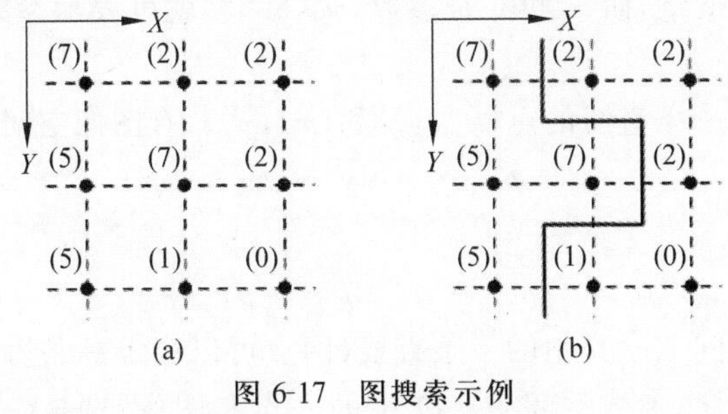

图 6-17 图搜索示例

图 6-18 给出了图搜索示例的搜索图。每个结点(图中用长方框表示)对应一个边缘元素，每个长方框中的两对数分别代表边缘像素两边的像素坐标。有阴影的长方形框代表目标结点。如果两个边缘像素是前后连接的，则所对应的前后两个结点之间用箭头连接。每个边缘像素的代价数值都由式(6-34)计算得出，并标在图中指向该你素的箭头上。这个数值代表了如果用这个边缘像素作为轮廓的一部分所需要的代价。每条从起始结点到目标结点的通路都是一个可能的轮廓。图中粗线箭头表示根据式(6-34)计算得到的最小代价通路。

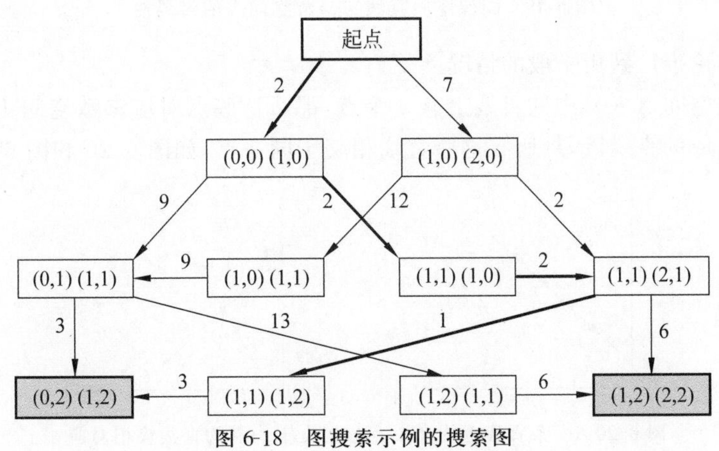

图 6-18 图搜索示例的搜索图

6.5 Hough 变换

Hough(哈夫)变换的基本思想是将图像空间 $X—Y$ 变换到参数空间 $P—Q$,利用图像空间 $X—Y$ 与参数空间 $P—Q$ 的点-线对偶性,再利用图像空间 $X—Y$ 中的边缘数据点去计算参数空间 $P—Q$ 中的参考点的轨迹,从而将不连续的边缘像素点连接起来,或将边缘像素点连接起来组成封闭边界的区域,从而实现对图像中直线段、圆和椭圆的检测。

设在图像空间中,所有过点(x,y)的直线都满足方程:

$$y = px + q \tag{6-35}$$

若将其改写成

$$q = -px + y \tag{6-36}$$

这时,p 和 q 可以看作变量,而 x 和 y 是参数,式(6-36)就可表示参数空间 $P—Q$ 中过点(p,q)的一条直线。

一般地,对于过同一条直线的点(x_i,y_i)和(x_j,y_j),有图像空间方程:

$$y_i = px_i + q \quad y_j = px_j + q$$

参数空间方程:

$$q = -px_i + y_i \quad q = -px_j + y_j$$

由此可见,图像空间 $X—Y$ 中的一条直线(两点可以决定一条直线)和参数空间 $P—Q$ 中的一点相对应;反之,参数空间 $P—Q$ 中的一点和图像空间 $X—Y$ 中的一条直线相对应,如图 6-19 所示。

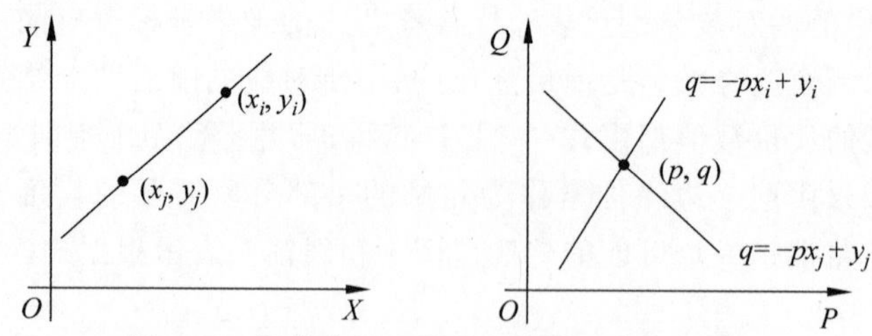

图 6-19 图像空间直线与参数空间点的对偶性

把上述结论推广到更一般的情况。

如果图像空间 $X—Y$ 中的直线上有 n 个点,那么这些点对应参数空间 $P—Q$ 上一个由 n 条直线组成的直线簇,且所有这些直线相交于同一点,如图 6-20 和图 6-21 所示。

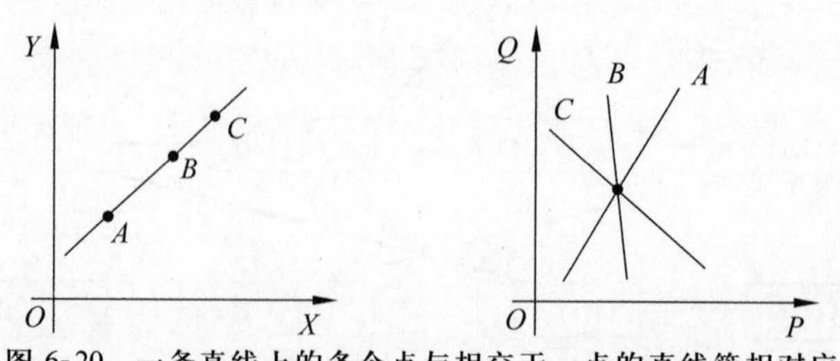

图 6-20 一条直线上的多个点与相交于一点的直线簇相对应

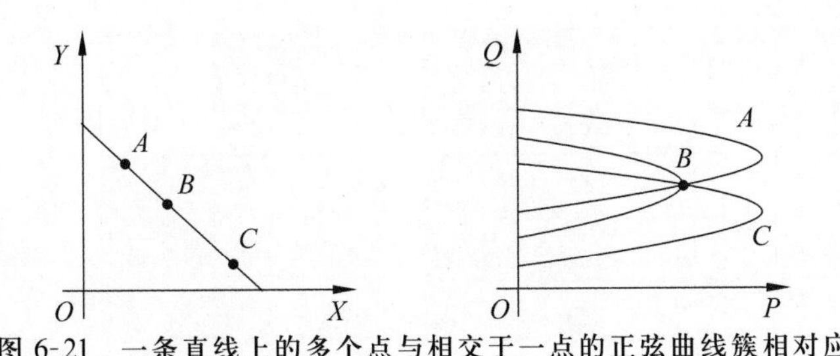

图 6-21　一条直线上的多个点与相交于一点的正弦曲线簇相对应

6.6　基于区域的分割

图像分割的目的是将一幅图像划分为多个区域。在 6.2 节中，我们尝试基于灰度级的不连续性寻找区域间的边界来解决这一问题；而在 6.3 节中，分割是通过以像素特性分布为基础的阈值处理来完成的，如灰度值或彩色。本节将讨论基于区域的分割技术。

6.6.1　区域生长

区域生长的基本思想是根据预先定义的生长准则将具有相似性质的像素结合为更大区域的过程。基本步骤为先对每个需要分割的区域找一个种子像素作为生长的起点，然后将种子像素周围邻域中与种子像素有相同或相似性质的像素（根据某种事先确定的生长或相似准则来判定）合并到种子像素所在的区域中，然后将这些新像素当作新的种子像素，继续进行上面的过程，直到再没有满足条件的像素可被包括进来为止。由此可知，在实际应用区域生长法时需要解决 3 个问题。

(1) 选择或确定一组能正确代表所需分割区域的种子像素。

(2) 确定在生长过程中能将相邻像素包括进来的准则。

(3) 制定生长过程停止的条件或规则。

如图 6-22 所示，需要分割的图像如图 6-22(a)所示，设已知两个种子像素（标为深浅不同的灰色方块），现在进行区域生长，如果基于 4 连通，而且当所考虑的像素与种子像素灰度值差的绝对值小于某个门限 T 时，则将该像素归并到种子像素所在的区域，当 $T=3$ 时，图像被分割为如图 6-22(b)所示的结果，其被很好地分为两个区域；当 $T=2$ 时，图像被分割为如图 6-22(c)所示结果，其有些像素无法确定区域；当 $T=7$ 时，图像被分割为如图 6-22(d)所示结果，整幅图都被分成一个区域。

从图 6-22 中可以看到，选取相同的种子像素，如果生长的门限值不同，分割的结果也不相同，所以在生长过程中相似性准则的确定也非常关键，常见的确定生长过程中能将相邻像素合并进来的相似性准则包括①当图像是彩色图像时，可以以各颜色为准则，并考虑图像的连通性和邻近性；②待检测像素点的灰度值与已合并形成的区域中所有像素点的平均灰度值满足某种相似性标准，例如区域灰度值差小于某个值；③待检测点与已合并形成的区域构成的新区域符合某个大小尺寸或形状要求等。下面具体讨论灰度图像区域生长法的三种基本生长准则和方法。

1	0	4	7	5
1	0	4	7	7
0	1	5	5	5
2	0	5	6	5
2	2	5	6	4

(a)

1	1	5	5	5
1	1	5	5	5
1	1	5	5	5
1	1	5	5	5
1	1	5	5	5

(b)

1	1	5	7	5
1	1	5	7	7
1	1	5	5	5
1	1	5	5	5
1	1	5	5	5

(c)

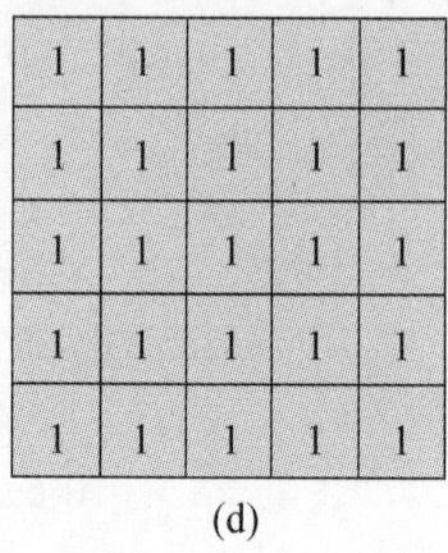

1	1	1	1	1
1	1	1	1	1
1	1	1	1	1
1	1	1	1	1
1	1	1	1	1

(d)

图 6-22 区域生长法示例

(a)待分割图像；(b)$T=3$ 分割结果；(c)$T=2$ 分割结果；(d)$T=7$ 分割结果

1. 基于区域灰度差的生长准则和方法

在区域生长过程中，主要根据区域灰度值的差值是否满足一定的阈值和区域的连通性来判断是否继续生长，基本步骤如下。

(1) 对图像进行逐行扫描，找出尚未归属的像素。

(2) 以该像素为中心检查它的邻域像素，即将邻域中的像素逐个与它比较，如果灰度差小于预先确定的阈值，就将它们合并。

(3) 以新合并的像素为中心，重复步骤(2)，检查新像素的邻域，直到区域不能进一步扩张为止。

(4) 返回步骤(1)，继续扫描直到不能发现未归属的像素，结束整个生长过程。

图 6-22 就是采用这种方法生成的。

但是采用上述方法得到的结果，对区域生长起点的选择有较大依赖性，为解决这个问题，可以采用下面的改进方法。

(1) 首先假设灰度差的阈值为 0，利用上述方法进行区域扩张，使灰度值相同并且连通的像素合并成一个区域。

(2) 求出所有邻域区域之间的平均灰度差，合并具有最小灰度差的邻接区域。

(3) 设定终止准则，通过重复步骤(2)中的操作将区域依次合并，直到终止准则满足为止。

当图像中存在缓慢变化的区域时，上述改进方法有可能会将不同区域逐步合并而产生错误。为克服这个问题，可不用新像素的灰度值与邻域像素的灰度值比较，而用新像素所在区域的平均灰度值与各邻域像素的灰度值进行比较。对于一个包含 N 像素的图像区域 R，其平均灰度值 m 为

$$m=\frac{1}{N}\sum_{R}f(x,y) \tag{6-37}$$

假设一幅图像的灰度值如图 6-23(a)所示，初始种子点为图中灰度值为 9 和 7 的点，平均灰度值均匀测度度量中阈值 K 取 2，分别进行区域增长，增长的情况如图 6-23(b)～图 6-23(e)所示。

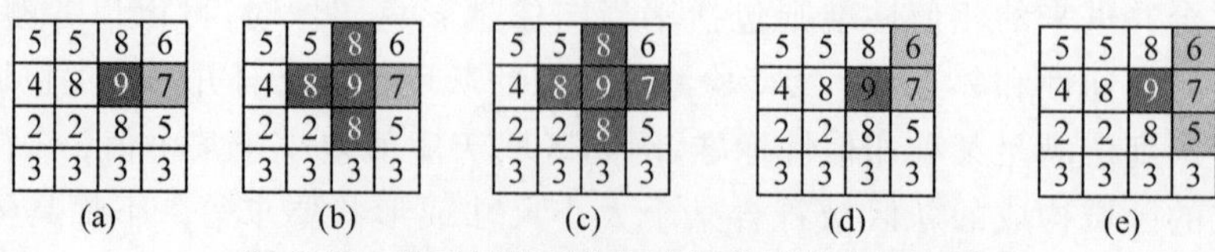

5	5	8	6
4	8	9	7
2	2	8	5
3	3	3	3

(a)

5	5	8	6
4	8	9	7
2	2	8	5
3	3	3	3

(b)

5	5	8	6
4	8	9	7
2	2	8	5
3	3	3	3

(c)

5	5	8	6
4	8	9	7
2	2	8	5
3	3	3	3

(d)

5	5	8	6
4	8	9	7
2	2	8	5
3	3	3	3

(e)

图 6-23 基于区域平均灰度值差区域生长示例

在图 6-23(a)中，以 9 为起点开始区域生长，第一次区域生长得到 3 个灰度值为 8 的邻点，灰度级差值为 1，如图(b)所示，此时这 4 个点的平均灰度为(8+8+8+9)/4=8.25，由于阈值取 2，因此，第 2 次区域生长灰度值为 7 的邻点被接受，如图 6-23(c)所示，此时 5 个点的平均灰度级为(8+8+8+9+7)/5=8。该区域周围没有灰度值大于 6 的邻域，即均匀测度为假，停止区域生长。图 6-23(d)和图 6-23(e)是以 7 为起点的区域生长结果。

2. 基于区域内灰度分布统计性质的生长准则和方法

以灰度分布相似性作为生长准则，通过将一个区域上的统计特性与在该区域的各部分上所计算出的统计特性进行比较来判断区域的均匀性，如果它们相互接近，那么这个区域可能是均匀的，这种方法对于纹理分割很有用。具体计算步骤如下。

(1) 把图像分成互不重叠的小区域。

(2) 比较邻接区域的累积灰度直方图，根据灰度分布的相似性进行区域合并。

(3) 设定终止准则，通过重复步骤(2)中的操作将各区域依次合并，直到满足终止准则。

3. 基于区域形状的生长准则和方法

在决定对区域进行合并时，也可以利用对目标形状的检测结果进行判断，常用的方法有两种。

(1) 把图像分割成灰度固定的区域，设两邻接区域的周长分别为 P_1 和 P_2，把两区域共同边界线两侧灰度差小于给定阈值的那部分长度设为 L，如果 $L/\min\{P_1,P_2\}>T_1$ (T_1 为阈值)，则两区域合并。

(2) 把图像分割成灰度固定的区域，设两邻域区域的共同边界长度为 B，把两区域共同边界线两侧灰度差小于给定阈值的那部分长度设为 L，如果 $L/B>T_2$(T_2 为阈值)，则两区域合并。

第一种方法是合并两邻接区域的共同边界中对比度较低部分占整个区域边界份额较大的区域。第二种是合并两邻接区域的共同边界中对比度较低部分占共同边界比较多的区域。

在区域生长时，除了生长准则，种子点的选择和终止准则也很重要，选择和确定一组能正确代表所需区域种子像素的一般原则如下。

(1) 接近聚类重心的像素可作为种子像素。例如，图像直方图中像素最多且处在聚类中心的像素。

(2) 红外图像目标检测中最亮的像素可作为种子像素。

(3) 按位置要求确定种子像素。

(4) 根据某种经验确定种子像素。

(5) 迭代——从大到小逐步收缩。

确定终止生长过程的条件或规则：

(1) 一般的准则是生长过程进行到没有满足生长准则的像素时为止。

(2) 其他与生长区域需要的尺寸、形状等全局特性有关的准则。

6.6.2 区域分裂与合并

区域生长是指以一个种子像素作为生长的起点，然后将种子像素周围邻域中与其有相同或相似性质的像素(根据某种事先确定的生长或相似准则来判定)合并到种子像素所在区域中的方法，而区域分裂与合并的基本思想是将图像分成若干子区域，对于任意一个子区域，如果不满足某种一致性准则(一般用灰度均值和方差来度量)，则将其继续分裂成若干子区域，反之则该子区域不再分裂。如果相邻的两个子区域满足某个相似性准则，则合并为一个区域。直到没有可以分裂和合并的子区域为止。

令 R 表示整幅图像区域，并选择一个属性 Q。对 R 进行分割的一种方法是依次将它细分为越来越小的四象限区域，以便对于任何区域 R_i 都有 $Q(R_i)=\text{TRUE}$。首先从整个区域开始判断，如果 $Q(R)=\text{FALSE}$，那么将该图像分割为 4 个象限区域。如果对于每个象限区域 Q 为 FALSE，则将该象限区域再次细分为 4 个子象限区域，以此类推。这种特殊的分裂技术有一个方便的表示方法——四叉树，即每个节点都正好有 4 个后代，如图 6-24 所示(对应一个四叉树的节点的图像有时称为四分区域或四分图像)。其中，树根对应整幅图像，而每个节点对应该节点的 4 个细分子节点。在这种情况下，仅 R_4 被进一步细分。

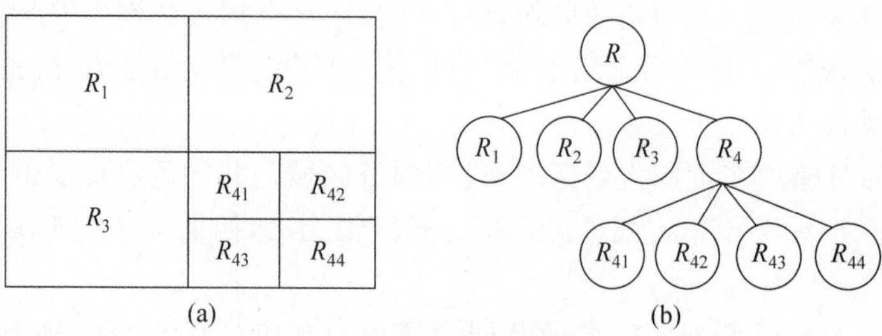

图 6-24 区域分裂过程

(a)被分割的图像；(b)对应的四叉树，R 表示整个图像区域

如果只使用分裂，那么最后的分区通常包含具有相同性质的邻接区域。这种缺陷可以通过允许聚合得到补救，即分裂后，如果相邻的两个子区域满足某个相似性准则，则合并为一个区域。也就是说，当 $Q(R_i \cup R_k)=\text{TRUE}$ 时，这两个相邻区域 R_i 和 R_k 聚合。

所以区域分裂与合并的一般过程如下。

(1) 对于满足 $Q(R_i)=\text{FALSE}$ 的任何区域 R_i，分裂为 4 个不相交的象限区域。

(2) 当不可能进一步分裂时，对满足 $Q(R_i \cup R_k)=\text{TRUE}$ 的任意两个相邻区域 R_i 和 R_k 进行聚合。

(3) 当无法进一步聚合时，停止操作。

如图 6-25(a)所示，假设分裂时的一致性准则为，如果某个子区域的灰度均方差大于 1.5，则将其分裂为 4 个子区域，否则不分裂。合并时的相似性准则为，如果相邻两个子区域的灰度均值之差不大于 2.5，则合并为一个区域，其中，

$$\mu_{R_1}=5.5, \sigma_{R_1}=1.73; \mu_{R_2}=7.5, \sigma_{R_2}=1.29$$

$$\mu_{R_3}=2.5, \sigma_{R_3}=0.25; \mu_{R_4}=3.75, \sigma_{R_4}=2.87$$

(a)

5	5	8	6
4	8	9	7
2	2	8	3
3	3	2	2

(b)

R_1	R_2
R_3	R_4

(c)

R_{11}	R_{12}	R_2	
R_{13}	R_{14}		
R_3		R_{41}	R_{42}
		R_{43}	R_{44}

(d)

5	5	8	6
4	8	9	7
2	2	8	3
3	3	3	3

(e)

5	5	8	6
4	8	9	7
2	2	8	3
3	3	3	3

图 6-25 区域分裂合并示例

(a)原图；(b)第一次分裂；(c)第二次分裂；(d)第一次合并 (e)最后分裂结果

6.7 聚类

图像分割实际上也可以看成一个聚类问题。利用特征空间聚类的方法将图像空间中的元素按照它们的特征值用对应的特征空间点表示，通过将特征空间聚集成不同区域的类团，再将它们划分，并映射回原来的图像空间，即可得到分割的结果。

6.7.1 聚类概念

聚类是一种无监督的分类手段。无标签的数据集可通过聚类分析中设定的相似性度量进行分类，形成多个类簇。1974 年，Everitt 对聚类作出基础定义：基于任一相似性准则，同一类簇的样本数据具有相似特性，不同类簇的样本数据不相似。相似性准则由研究所需实验效果而定。类簇指数据集中相似样本点的汇聚。聚类要求同一类簇中的点相对密集，不同类簇间点的最小距离大于任意两个同一类簇点的距离。数据聚类方法主要有以下几种。

1. 基于划分的聚类算法

基于划分的聚类算法的基本思想是将数据集中的样本点分成若干子集(簇)，且每个样本点只属于一个子集(簇)。划分聚类需要预先给定聚类的数目或聚类中心，根据相似性度量的取值结果进行划分，使数据值靠近聚类中心；并设定聚类收敛准则，通过迭代计算更新聚类中心，进一步划分数据，当目标函数收敛时即达到理想的聚类效果。

2. 基于层次的聚类算法

基于层次的聚类算法的基本思想是将数据样本进行层次分解。该算法是一种树形结构算法，基本思想是通过计算所属不同类簇的数据间的相似性度量，构建一个嵌套型聚类树。按照树形结构不同，可分为凝聚型层次聚类(agglomerative hierarchical clustering)和分裂型层次聚类(divisive hierarchical clustering)。凝聚型层次聚类运算形式为自底向上，即每个数据对象都放在不同的类簇中，通过相似性度量计算逐渐融合相近的类簇，直至融合为一类或达到某个阈值而终止。与之相反，分裂型层次聚类是自顶向下，所有数据对象都置于同一类簇，每一次运算后将会把大类簇分为更小的类簇。通过不断迭代，直至将每个数据对象置于不同类或达到某个收敛条件而终止。

3. 基于密度的聚类算法

基于密度的聚类算法创新性地提出了数据集是低密度区域与高密度类簇的集合这

一新的认识。基于密度的聚类算法与其他算法的一个根本区别是，它不是基于各种各样的距离，而是基于密度的。基于密度的聚类算法的中心思想是，若数据样本间的密度高于某个阈值，则将继续进行分割。即每个类簇中必须包含一定密度的数据点。

4. 基于网格的聚类算法

基于网格的聚类算法将整个数据集划分为数目有限的独立单元，构成可以实现聚类的网络结构。所有的数据处理均在网络结构上实现。该算法的优点在于运算速度快，可结合多种聚类算法形成不同的类簇结果。

6.7.2 基于 K-means 算法的图像分割

K-means 算法归属于基于划分的聚类算法，K-means 算法是一种无监督学习算法，用于将一组数据划分为 K 个不同的类别或簇。它基于数据点之间的相似性度量，将数据点分配到最接近的聚类中心。K-means 算法的目标是最小化数据点与其所属聚类中心之间的平方距离和。该算法的最大优势在于简洁和快速，所以在各个领域具有广阔的应用前景。缺点是产生类的大小相差不会很大，对于脏数据很敏感。

K-means 算法描述如下。

假设要把样本集分为 k 个类别：

(1) 开始时随机地从样本集 $D=\{X_1,X_2,\cdots,X_m\}$ 中选择 k 个点作为 k 个类的初始聚类中心。

(2) 在第 i 次迭代中，对任意一个样本点，求其到 k 个聚类中心的距离，将该样本点归到距离最短的聚类中心所在的类。

(3) 利用均值等方法更新该类的聚类中心。

(4) 对于所有的聚类中心，如果利用步骤(2)和步骤(3)的迭代法更新后，值保持不变或相差很小，则迭代结束，否则继续迭代。

一般情况下，K-means 算法将误差平方和作为判定聚类中心是否发生变化的评判准则。计算各个类簇内所含样本点距离中心的欧氏距离的平方，即计算每个类簇的误差。

在图像分割中，K-means 算法可以用于将图像中的像素点分为不同的区域或对象。每个像素点可以表示为具有不同特征值的数据点。例如，可以使用像素的颜色值作为特征来执行基于颜色的图像分割。

使用 K-means 算法进行图像分割的步骤如下。

(1) 图像预处理：在应用 K-means 算法之前，通常需要对图像进行预处理。预处理步骤包括图像大小调整、颜色空间转换、滤波等操作，以提取图像中的关键特征并减少噪声。

(2) 数据表示：将图像转换为适合 K-means 算法处理的数据表示形式。常见的表示形式包括每个像素的颜色特征矢量或像素的位置特征矢量。

(3) 选择聚类数：根据实际需求选择合适的聚类数 K。聚类数决定了分割后图像的区域数量。

(4) 运行 K-means 算法：将图像数据输入 K-means 算法，并迭代更新聚类中心，直到算法收敛或达到预定的迭代次数。

(5) 分割结果可视化：根据聚类结果将图像中的像素分配到不同的聚类簇，并使用合适的颜色或灰度值将不同区域进行可视化展示。

如图 6-26 所示，K-means 聚类可以将输入的原图分割成 K 部分。2 聚类图中，图片被分割成两部分，分别呈现褐色和蓝色，且可以明显地分辨出分割出的两部分聚类的形状、色彩与原图的色彩和图中物体的形状存在密切关联。当聚类值 $K=20$ 时，输出的图像与原图就已经很相似了。通过观察聚类输出图和原图，我们发现，随着聚类值 K 越高，基于 K 均值聚类的图像分割的效果越好，还原的图片与原图更接近。

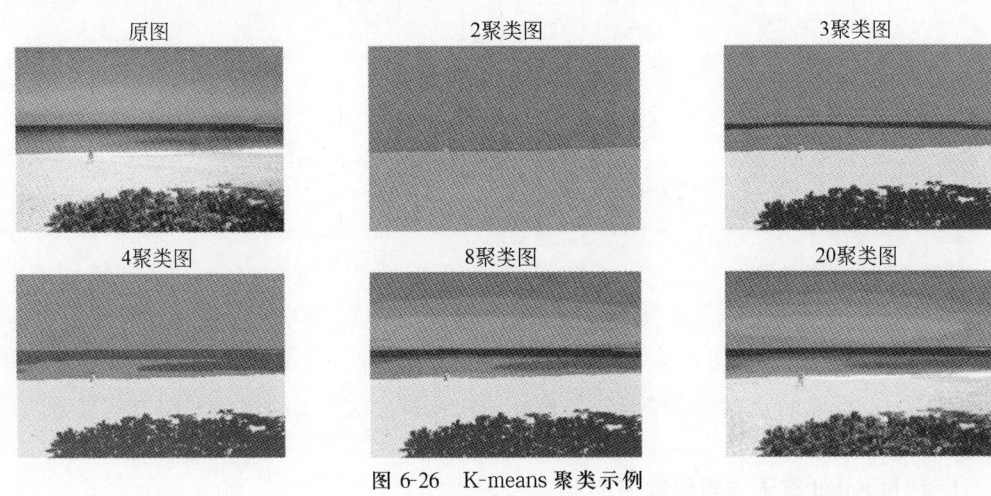

图 6-26　K-means 聚类示例

6.8　应用案例

6.8.1　融合改进分水岭和区域生长的彩色图像分割 [5]

经典的分水岭计算方法是 1991 年 Vincent 和 Soille 提出的基于沉浸的模拟算法，分水岭计算分为两个过程：排序过程和淹没过程。分水岭算法的关键包括得到梯度图像、排序和浸没等三个步骤。基本思想是把图像看作测地学上的拓扑地貌，图像中每一点像素的灰度值表示该点的海拔高度，每一个局部极小值及其影响区域称为集水盆，而集水盆的边界则形成分水岭。算法描述如下。

(1) 根据梯度算法得到图像的梯度图。

(2) 对梯度进行从小到大的排序，相同的梯度为同一个梯度层级。

(3) 处理第一个梯度层级内的所有像素，如果其邻域已经被标识属于某一个区域，则将这个像素加入一个先进先出的队列。

(4) 先进先出队列非空时，弹出第一个元素。扫描该像素的邻域像素，如果其邻域像素的梯度属于同一层(梯度相等)，则根据邻域像素的标识来刷新该像素的标识，一直循环到队列为空。

(5) 再次扫描当前梯度层级的像素，如果还有像素未被标识，说明它是一个新的极小区域，则当前区域的值(当前区域的值从 0 开始计数)加 1 后赋值给该未标识的像素。然后从该像素出发继续执行步骤(5)的泛洪直至没有新的极小区域。

(6) 返回步骤(3),处理下一个梯度层级的像素,直至所有梯度层级的像素都被处理。

传统分水岭算法的流程如图 6-27 所示。

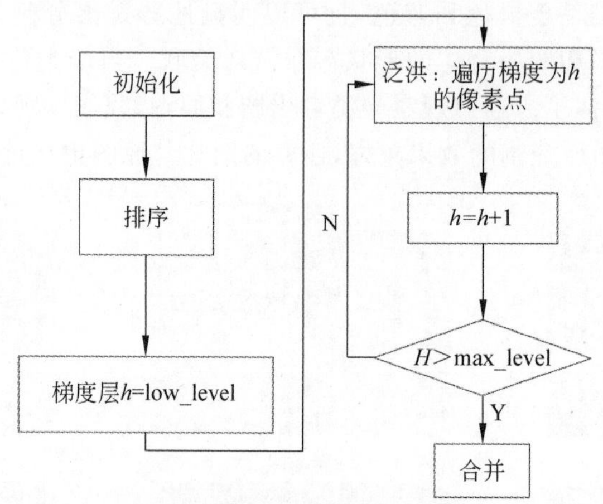

图 6-27 传统分水岭算法的流程

在参考文献[4]中对传统分水岭算法做了 3 方面的改进：①利用 Sobel 算子求解图像梯度；②采用地址分布式算法来代替传统的快速排序法；③利用队列的方式处理沉浸过程。

1. 利用 Sobel 算子求解图像梯度

分水岭变换得到的是输入图像的集水盆图像,集水盆之间的边界即为分水岭。为得到图像的边缘信息,传统的做法是直接把梯度图像作为输入图像,梯度函数如式(6-5)所示。图像中的噪声、物体表面细微的灰度变化都会引起过度分割的现象。为降低分水岭算法的过度分割,文献[4]采用 Sobel 算子求解图像中各点的梯度。Sobel 算子对噪声具有一定的抑制作用,它不依赖边缘方向的二阶微分算子,是一个标量而不是矢量,具有旋转不变性。Sobel 算子相关内容参见 6.2.4 节。获取图像的灰度值之后,根据式(6-13)中 Sobel 算子的两个卷积模板对转换后的灰度图像进行卷积。卷积后的梯度值只允许在 0～255 范围内,大于 255 的强行规定为 255,小于 0 的用 0 代替。所以,对于 256 色图像,处理精度会比较高。对于真彩色的彩色图像,由于色彩大于 255 的将被强制转换为 255,所以会出现偏差。

2. 改进排序过程

通常采用快速排序算法对图像的梯度值进行排序,但这种方法比较费时。参考文献[4]采用地址分布式算法来代替快速排序算法。整个排序过程将图像扫描两次：第一次扫描计算出各梯度级像素的个数,第二次扫描计算出每个梯度级的累积分布概率。具体实现如下。

(1) 根据 Sobel 算子计算图像中各点的梯度(边缘像素的梯度为其邻域像素的梯度,梯度范围为 0～255),然后用 imagelen 代表整幅图像中的像素总数,h_{min}和 h_{max}分别代表图像中的梯度最小值和梯度最大值。

(2) 扫描整幅图像得到各梯度的概率密度。

(3) 计算出所有像素点的排序位置并将其存入排序数组。各像素点在排序数组中的位置由梯度分布的累积概率与该像素点的梯度值计算得到，梯度值越低的像素点存放的位置越靠前。

排序完成以后就可以直接访问梯度为 h 的所有像素了。

3. 改进浸没过程

文献[5]采用 Vincent 和 Soille 提出的沉浸法进行分水岭分割，并利用队列的方式进行处理，这样可以有效提高浸没的效率。实现过程如下。

(1) 水位(梯度)由最低的 $h_{\min}$ 开始逐级上升，达到 $h_{\max}$ 结束。当水位为 h 时，所有的集水盆地的区域最小值都小于或等于 h。根据上面的排序，可以获取水位为 h 的全部像素，并使用 mask 进行标识(const int mask＝－1)。

(2) 在所有标识为 mask 的像素中，如果它的邻域像素已经被标识，则将像素加入一个先进先出(FIFO)队列中。顺序处理队列中的每个像素，如果其邻域已标识属于某区域或分水岭，用邻域的标识刷新当前点的标识；如果邻域未标识，则将邻域加入队列，用这种方式来扩展集水盆地。

(3) 如果还有标识为 mask 的像素未处理，说明有新的集水盆地出现，并且其梯度最小值为 $h+1$，此时需要重新进行一次扫描，标识这些新的集水盆地。

整个浸没过程总共对整幅图像进行了三次扫描。第一次扫描是将所有的像素分为不同的梯度层级。第二次扫描是扫描每个梯度层级为 h 的邻域。最后一次扫描是扫描梯度层级为 h 的像素，查看是否有新的集水盆地出现。第二次和第三次扫描为像素点的浸没过程，浸没过程中每个像素点都要进出队列。

4. 区域生长算法

区域生长算法的相关内容参见 6.1 节。

文献[4]对传统的种子区域生长算法进行了一些改进：①使用分水岭分割的区域作为种子像素进行生长；②采用相对欧氏距离来判断相邻区域的颜色相似性，如果相对欧氏距离小于预先设置的阈值，则可以将这两个区域进行合并，直到再没有相似区域可以合并为止。

1) 色彩空间的转换

我们一般得到的图像大多是基于 RGB 模型的色彩空间，RGB 模型色彩空间的 R、G、B 三个分量与亮度相关，只要亮度改变，三个分量都会相应改变，不适合图像分割和图像分析，所以本文提出利用 LUV 模型色彩空间对彩色图像进行分割处理。

LUV 通常是指一种颜色空间标准，就是 CIE 1976(L^*，u^*，v^*)颜色空间，于 1976 年被国际照明委员会(International Commission on Illumination，CIE)采用。LUV 由 1931 CIE XYZ 颜色空间经过简单的变换得到，被广泛应用于计算机彩色图像处理领域。

LUV 的目的是建立与视觉统一的颜色空间，所以它的三个分量并不是都有物理意义。其中，L^* 是亮度，u^* 和 v^* 是色度坐标。对于一般的图像，u^* 和 v^* 的取值范围为 －100～＋100，亮度范围为 0～100。它的计算公式可以由 CIE XYZ 通过非线性计算得到。

RGB 和 CIE XYZ 颜色空间之间的转换可以表示为

$$\begin{bmatrix} X \\ Y \\ Z \end{bmatrix} = \begin{bmatrix} 0.490 & 0.310 & 0.200 \\ 0.177 & 0.813 & 0.011 \\ 0.000 & 0.010 & 0.990 \end{bmatrix} \begin{bmatrix} R \\ G \\ B \end{bmatrix} \tag{6-38}$$

从 CIE XYZ 颜色空间到 LUV 颜色空间的非线性变换，是根据与目标白色刺激的三基色(R、G、B)的关系定义的，这样亮度 L 可以由以下公式给出：

$$L = 116 \times \left(\frac{Y}{Y_n}\right)^{\frac{1}{3}} - 16 \tag{6-39}$$

而 u、v 的值可以根据下面的一些公式计算：

$$u = 13L \times (u_1 - u_2) \quad v = 13L \times (v_1 - v_2) \tag{6-40}$$

其中

$$u_1 = \frac{4X}{X + 15Y + 3Z}, \quad u_2 = \frac{4X_n}{X_n + 15Y_n + 3Z_n} \tag{6-41}$$

$$v_1 = \frac{9Y}{X + 15Y + 3Z}, \quad v_2 = \frac{9Y_n}{X_n + 15Y_n + 3Z_n} \tag{6-42}$$

通过式(6-38)～式(6-42)可以实现把图像从原来的 RGB 模型色彩空间转换成 LUV 模型色彩空间。

2) 阈值的选取

算法涉及两方面的阈值选择，一是在选择分水岭分割的区域作为种子区域时，并不是所有的区域都作为种子区域，而是小于一定阈值的区域才能作为种子，该种子阈值的大小直接影响种子区域的自动选取。种子阈值过小，会限制种子区域自动选取的范围进而影响分割效果；种子阈值过大，会失去阈值选择的作用，根据我们的试验结果，阈值选取为 100。另一个是判断相邻区域是否合并的距离阈值，该距离阈值的选取也将影响分割的效果。距离阈值过小会导致区域生长不够充分；距离阈值过大会导致区域的过合并。经过分析试验结果，距离阈值选取为 390。

3) 种子区域的自动选取、颜色相似性的判断

假设分水岭算法生成的区域集合用 G 表示，区域个数用 N 表示，用 R_i 代表经过分水岭分割以后形成的区域，$i=\{1,2,3,\cdots,N\}$，则 $G=\{R_1,R_2,R_3,\cdots,R_N\}$，代表分割后的总区域。

本书在自动选取种子区域时，按照如下准则进行。循环遍历每个区域，如果一个区域的像素个数小于一定的种子阈值，那么这个区域就是极小区域。在区域生长过程中，采用相对欧氏距离判断两个区域的颜色相似性。如果当前选定的种子区域与其邻域的欧氏距离小于预先设置的距离阈值，则可以将这两个区域合并。在合并之后，刷新当前区域的 L,u,v 均值，重新遍历每个邻域，如果邻域已经合并到当前区域，则跳过；否则，判断是否在距离阈值范围内，如果小于距离阈值，则继续进行区域合并，直到没有相似区域可以合并为止。

邻域之间的距离可以利用欧氏距离来表示，公式如下：

$$D = [(x_i - s)^2 + (y_i - t)^2]^{1/2}, \quad i = 1,2,\cdots,k \tag{6-43}$$

其中，(s,t)表示当前像素点的坐标，(x_i,y_i)表示邻域坐标，k 表示 R 邻域的个数。

因为本节区域生长算法是在 LUV 颜色模型基础上进行的，所以式(6-46)的欧氏距离公式转换为

$$D = [(t_l - c_l)^2 + (t_u - c_u)^2 + (t_v - c_v)^2]^{1/2}, \quad i = 1,2,\cdots,k \tag{6-44}$$

其中，c_l,c_u,c_v 表示当前区域的 L,u,v 均值，t_l,t_u,t_v 表示当前区域的邻域的 L,u,v 的

均值,k 为 R 邻域的个数。为方便计算,在编程实现中我们取

$$D=[(t_l-c_l)^2+(t_u-c_u)^2+(t_v-c_v)^2],\quad i=1,2,\cdots,k \tag{6-45}$$

5. 实验仿真与结果分析

1) 实验流程及结果仿真

算法的基本流程如图 6-28 所示。利用本节算法对 256 色图像进行分割处理,为了体现该算法的普遍适用性,实验所用图像是从网上随机搜索得来的,如图 6-29 和图 6-30 所示。

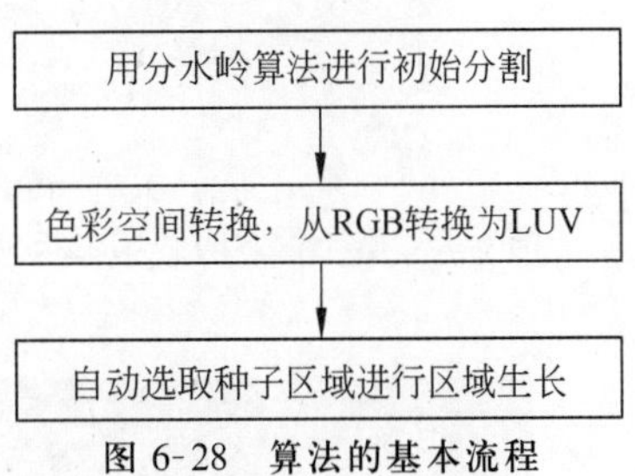

图 6-28 算法的基本流程

为了体现本节算法的改进优势,本节对图 6-29 和图 6-30 进行了传统分水岭算法分割、改进分水岭算法分割、直接基于像素的区域生长分割和融合分水岭与区域生长算法的分割,并分别从分割的效果和运行的时间进行比较。

图 6-29 大小为 408×313

图 6-30 大小为 500×375

图 6-31 和图 6-32 分别是对图 6-29 进行传统分水岭分割和改进分水岭分割的结果,图 6-33 和图 6-34 分别是对图 6-29 进行直接基于像素的区域生长分割和改进算法分割的结果。图 6-35 和图 6-36 分别是对图 6-30 进行传统分水岭分割和改进分水岭分割的结果,图 6-37 和图 6-38 分别是对图 6-30 进行直接基于像素的区域生长分割和改进算法分割的结果。

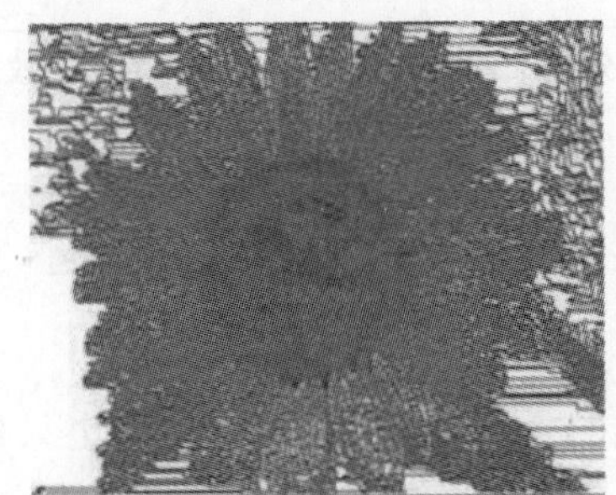

图 6-31 传统分水岭分割效果

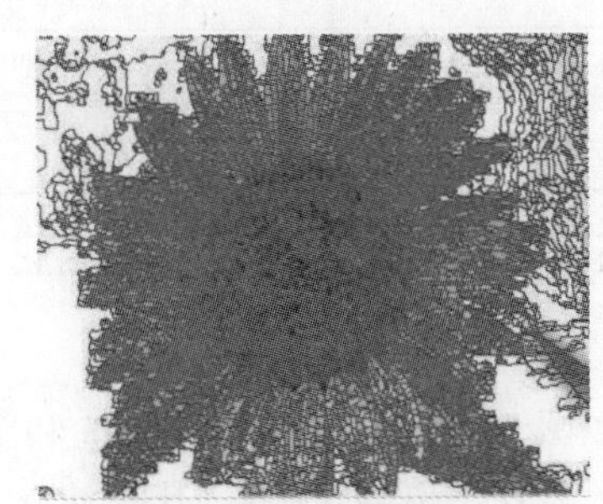

图 6-32 改进分水岭分割效果

表 6-1 列出了传统分水岭算法分割、改进分水岭算法分割、直接基于像素的区域生长分割和改进算法分割的运行时间。本文实验所用计算机配置为 cpu: intel I3-370,主频为 2.4GHz,内存大小为 2GB。如果计算机配置更高,所用的时间更短。

图 6-33 基于像素的区域生长分割效果

图 6-34 改进算法分割效果

图 6-35 传统分水岭分割效果

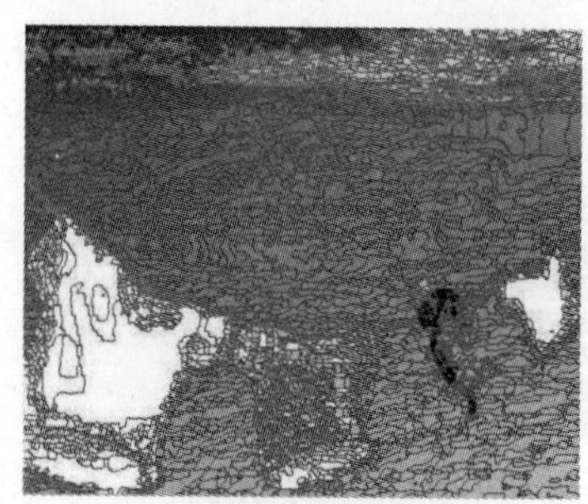
图 6-36 改进分水岭分割效果

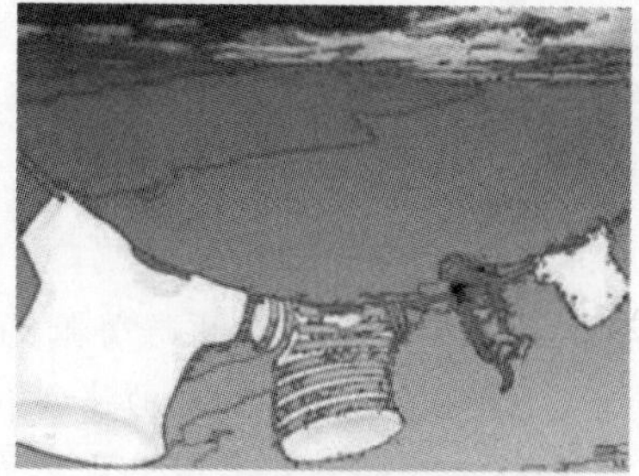
图 6-37 基于像素的区域生长分割效果

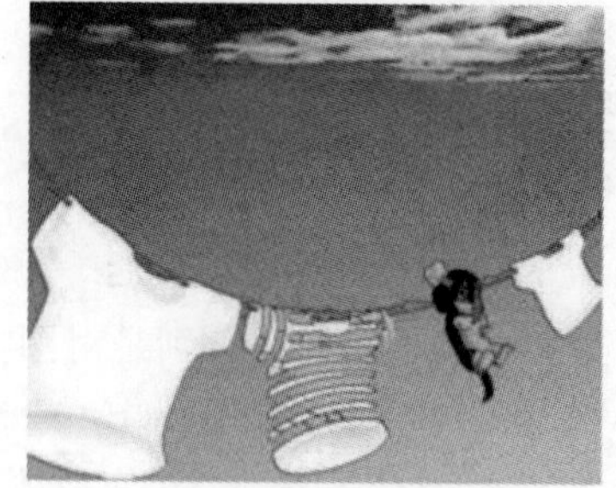
图 6-38 改进算法分割效果

表 6-1 不同算法分割时间对比

分割算法	传统分水岭分割	改进分水岭分割	基于像素的直接区域生长	改进算法
对图 6-29 分割所用时间	305ms	110ms	230ms	150ms
对图 6-30 分割所用时间	480ms	160ms	245ms	190ms

2) 结果分析

比较图 6-31 和图 6-32、图 6-35 和图 6-36，改进的分水岭算法在分割效果上只是比传统的分水岭算法稍微好一点，其仍然存在过分割现象，但分割的时间(表 6-1)大大缩短；从图 6-33、图 6-34 和图 6-37、图 6-38 可以看出，在相同阈值的情况下，改进算法分割效果比直接基于像素的区域生长的算法的分割效果明显要好；同时，从表 6-1 可以看出融合分水岭和区域生长算法分割所用时间比基于像素的区域生长的算法分割所用时间明显缩短。

6.8.2 车牌定位

车牌识别是一项涉及数字图像处理、计算机视觉、模式识别、人工智能等多门学科的技术，它在交通监视和控制中占有很重要的地位，已成为现代交通工程领域中研究的重点之一。该项技术应用前景广泛，在自动收费系统、不停车缴费、失窃车辆的查询、停车场车辆管理、特殊部门车辆的出入控制等都有应用。

车牌识别一般可以分为车牌定位、牌照上字符的分割和字符识别三个主要组成部分。车牌定位是指通过分析车辆图像的特征，定位出图像中的车牌位置。本节主要介绍车牌定位流程，如图 6-39 所示。

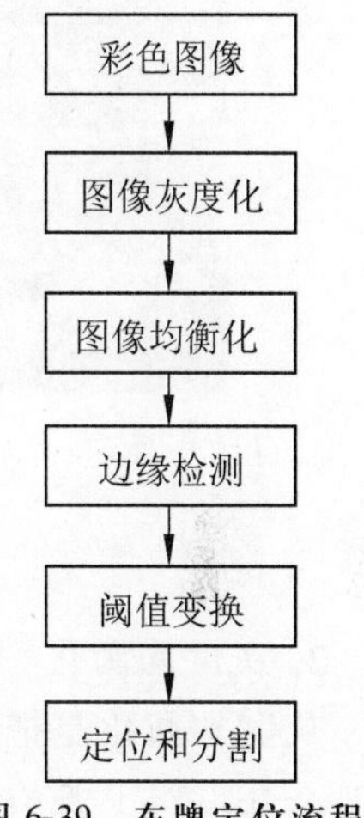

图 6-39 车牌定位流程

1. 图像灰度化

彩色图像包含着大量的颜色信息，不但需要很大的存储，而且在处理上也会降低系统的执行速度。由于图像的每个像素都具有 3 个不同的颜色分量，存在许多与识别无关的信息，不便于进一步的识别工作，因此在对图像进行识别等处理中经常将彩色图像转变为灰度图像，以加快处理速度。

彩色图像的灰度化方法主要包括最大值法、平均值法和加权平均值法。

1）最大值法

最大值法是将输入图像中的每个像素 R,G,B 分量值的最大值赋给输出图像中对应像素的 R,G,B 分量的方法。用公式可表示为

$$g_R(x,y)=g_G(x,y)=g_B(x,y)=\max(f_R(x,y),f_G(x,y),f_B(x,y)) \tag{6-46}$$

2）平均值法

平均值法是将输入图像中的每个像素 R,G,B 分量的算术平均值赋给输出图像中对应像素 R,G,B 分量的方法。用公式可表示为

$$g_R(x,y)=g_G(x,y)=g_B(x,y)=(f_R(x,y)+f_G(x,y)+f_B(x,y))/3 \tag{6-47}$$

3）加权平均值法

加权平均值法是将输入图像中的每个像素 R,G,B 分量的加权平均值赋给输出图像中对应像素的 R,G,B 分量的方法。用公式可表示为

$$g_R(x,y)=g_G(x,y)=g_B(x,y)=\omega_R f_R(x,y)+\omega_G f_G(x,y)+\omega_B f_B(x,y) \tag{6-48}$$

式中：$\omega_R+\omega_G+\omega_B=1$。

人眼对绿光的亮度感觉仅次于白光，是三基色中最亮的，红光次之，蓝光最低。这样权值 ω_G、ω_R、ω_B 满足条件 $\omega_G>\omega_R>\omega_B$，将会得到比较合理的灰度化结果。相关研究表明，当 $\omega_G=0.587$、$\omega_R=0.299$、$\omega_B=0.114$ 时，得到的灰度化图像较合理，式(6-48)就变成了

$$g_R(x,y)=g_G(x,y)=g_B(x,y)=0.299f_R(x,y)+0.587f_G(x,y)+0.114f_B(x,y) \tag{6-49}$$

在定位车牌时，一般采用加权平均值法对彩色车辆图像进行灰度化，如图 6-40 所示。

(a)

(b)

图 6-40 彩色车辆图像灰度化效果

(a)车辆图像原图；(b)灰度化效果

2. 灰度均衡化

灰度均衡化是把图像中的像素值在灰度级上重新分配的过程，使输入图像转换为在每一个灰度级上都有相同的像素点的输出图像。图 6-41(a)所示就是灰度均衡化后的结果。

3. 边缘检测

边缘检测参见 6.2.2 节中的梯度算子，本例主要采用 Sobel 算子对灰度均衡化后的图像进行边缘检测。检测结果如图 6-41(b)所示。

4. 阈值变换

图像处理的一个重要分支就是图像分析，而灰度阈值法是最重要的图像分割技术之一。一般图像由具有不同灰度级的多个区域组成，在图像的灰度直方图上具有多个峰，可以选择峰之间的谷值将某一景物和背景分割出来，这个谷值就是阈值。

最简单的方法就是通过观察灰度直方图，手工设定一个阈值 T，凡是 $f(x,y)\leqslant T$ 的点均认为是目的物点；凡是 $f(x,y)>T$ 的点均认为是背景点。但很多图像的灰度直方图是非典型直方图，需要程序自动寻找阈值，因此算法要比前面描述的复杂得多。自动分析直方图灰度分布寻找阈值的算法，困难在于灰度直方图函数的离散性，不能用对连续函数求导的方法来确定极值，必须使用分析法。更为复杂的图像阈值化技术需要启用模式识别技术来识别正确的阈值。

灰度阈值法可统一描述为对函数进行阈值检查。

如果函数 T 的变量只有 $f(x,y)$，这种阈值法称为局部阈值法，$P(x,y)$是任意一点(x,y)的某种性质，例如，可以是(x,y)附近各点的平均灰度。如果 T 的变量还有空间坐标 x 和 y，则称为动态阈值法。阈值的具体选取方法参见 6.3.2 节。阈值变换后的结果如图 6-41(c)所示。

5. 车牌定位与分割

目前主要有以下几种车牌定位方法。

(1) 直接法：利用车牌的特征来提取车牌的方法。常用的特征有车牌的边缘特性、投影特性、形状特性及颜色特性等。

（2）人工神经网络方法：首先进行神经网络的训练，得到一个对车牌敏感的人工神经网络；然后利用训练好的人工神经网络检测汽车图像，定位车牌。

（3）数学形态学的方法：使用一定的结构元素，利用数学形态学中的开运算与闭运算来对图像进行处理，得到多个可能是车牌的区域，然后在处理后的图像中用多区域判别法在多个可能是车牌的区域中找到车牌的正确位置。

（4）基于颜色和纹理的定位方法：该算法采用基于适合彩色图像相似性比较的HSV色彩模型，首先在色彩空间进行距离和相似度计算；其次对输入图像进行色彩分割，只有满足车牌颜色特征的区域才进入下一步处理；最后再利用纹理和结构特征对分割出来的颜色区域进行分析和进一步判断，从而确定车牌区域。

（5）基于分形盒子维的方法：由于车牌内的字符笔画几乎是随机分布的，但又有明显的笔画特征，因此可以采用分形维数来对其进行分析从而达到分割车牌的目的。

车牌主要在纹理上而非平均亮度或色彩上与其周围背景或其他物体有区别，所以，图像定位可以以纹理为基础。车牌区域主要体现在其结构特征上，即其纹理模式为纹理基元（文字的空间排列的特征）。由于牌照字符的笔画变化及笔画边缘相对于背景的对比度构成了车牌区域强烈的空间频率变化，因此要充分利用车牌区域强烈的空间频率特征。特征提取就变为确定这些基元的空间频率变化。如果这些空间频率变化符合直观测量要求，则这块区域可初步定为车牌区域。

对车牌区域检测需要运用车牌区域所特有的属性。按照模式识别原理，应找到车牌区域图像固有的且不易与图像其他区域混淆的属性，并且所使用的属性在各种环境下摄取的图像具有稳定性。在设计具体算法的时候，不仅要考虑车牌区域每行的边缘点数量，还要考虑边缘点数量与车牌区域长度的比值，以及非边缘点的连续数量，这将使车牌区域的定位成功率大大提高。本例算法具体流程如下。

（1）色彩空间转换。

（2）设置白色S分量和V分量的取值范围。

（3）以设定的取值范围对图像进行色彩过滤。

（4）删除孤立点，进行形态闭合运算。

（5）取一个较大的边缘阈值，在亮度图像中求取边缘。

（6）在每个符合色彩过滤条件的区域中进行边缘点统计，根据其在水平方向和垂直方向的投影，确定该连通区域中可能存在车牌的区域。

（7）对上一步得到的多个可能是车牌的区域进行面积、形状等特征进行分析和纹理特征分析，检验能否找到有效的车牌区域。若能，定位成功，结束流程；否则，设置黑色V分量的取值范围，重复第③～第⑦步，如能找到黑色车牌则定位成功，否则定位失败，或图像中不存在车牌图像。

定位与分割后的结果如图6-41(d)所示。

6.8.3 人脸识别

人脸识别是图像分割的一个典型应用，也是目前在很多领域上使用的一个技术。目前很多手机应用都利用人脸作为密码锁，图6-42所示为某App的刷脸登录界面。例如，

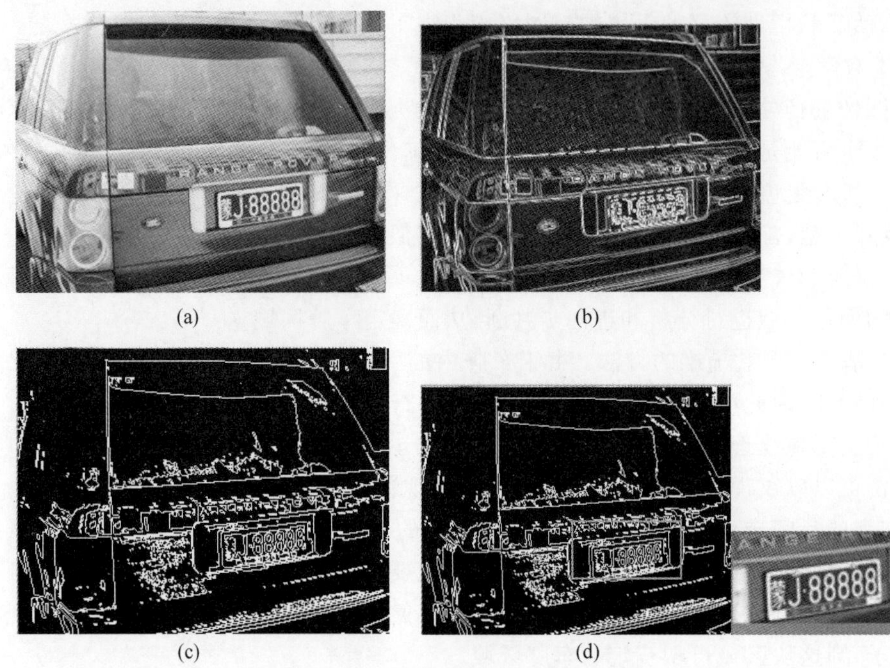

图 6-41　车牌处理过程中的图像

(a)灰度均衡化后的结果；(b)边缘检测后的结果；(c)阈值检测后的结果；(d)定位与分割后的结果

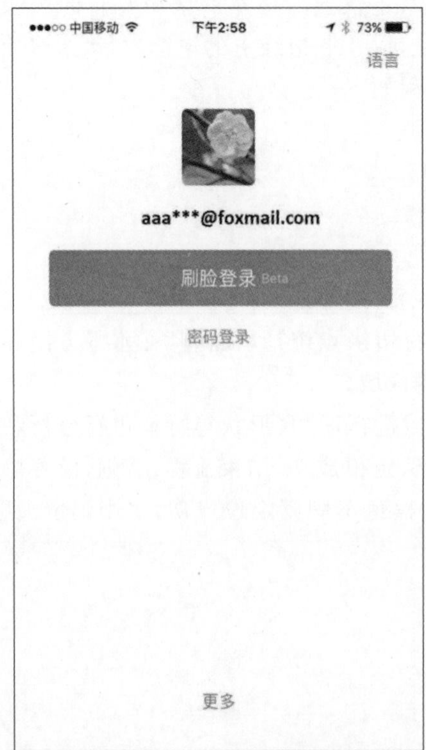

图 6-42　某 App 的刷脸登录界面

修图软件美图秀秀中的自动美颜效果，也是需要先识别出脸部，再对脸部进行修饰处理。还有我们日常乘火车、飞机等，都需要刷身份证，实际上这也是通过识别我们实际人脸来与身份证上的人脸进行比对。人脸识别一般经过图像获取、图像预处理、人脸定位、特征提取和人脸识别等步骤，具体流程如图 6-43 所示。图中，图像获取模块主要实现读取图片，这些图片可以从图库获取或从摄像头获取。

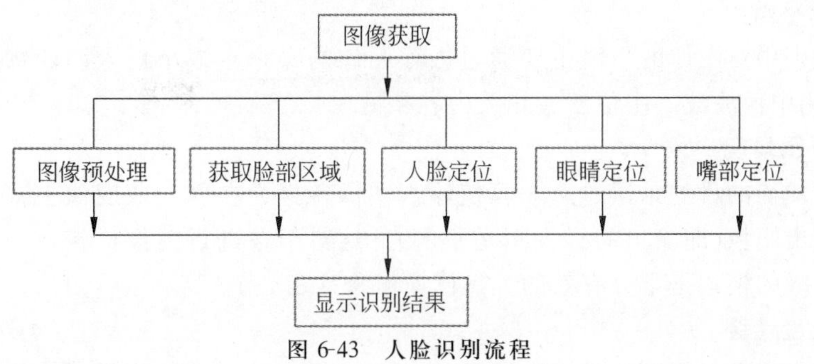

图 6-43 人脸识别流程

6.8.4 图像预处理

图像预处理模块就是对获取的图像进行适当的处理，使它具有的特征能够在图像中明显地表现出来。图像预处理一般包括图 6-44 所示的几个步骤，实际应用时根据需要选择其中的具体步骤执行。

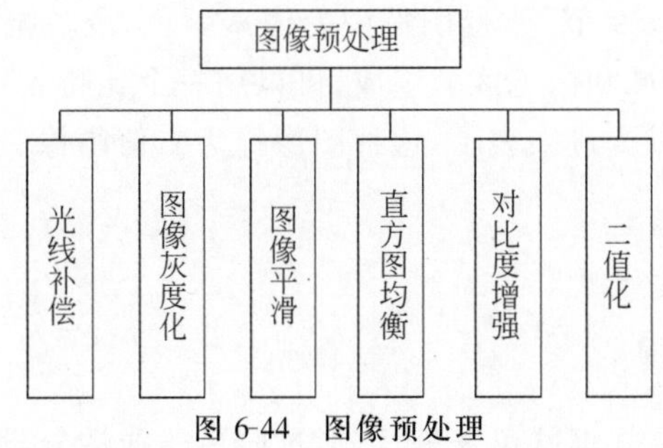

图 6-44 图像预处理

1. 光线补偿

我们经常得到的图片可能会存在光线不平衡的情况，这会影响我们对特征的提取。人脸识别中的光线补偿主要考虑到肤色等色彩信息经常受到光源颜色、图像采集设备的色彩偏差等因素的影响，而在整体上偏离本质色彩向某一方向移动，即我们通常所说的色彩偏冷、偏暖，照片偏黄、偏蓝等。这种现象在艺术照片中更为常见，为了抵消这种在整个图像中存在的色彩偏差，我们将整个图像中所有像素亮度（图像亮度一般为经过非线性 r-校正后的亮度）从高到低进行排列，取前 5%的像素，如果这些像素的数目足够多（例如，大于 100），我们就将它们的亮度作为“参考白”（reference white），即将它们的色彩的 R，G，B 分量值都调整为 255。整幅图像的其他像素点的色彩值也都按这一调整尺度进行交换。

2. 图像灰度化

图像灰度化就是把彩色图像转换为灰度图像的过程，常采用加权变换的经验式，其他的变换参见 6.7.2 节。

$$\text{gray} = 0.39 \times R + 0.50 \times G + 0.11 \times B \tag{6-50}$$

其中，gray 为灰度值，R，G，B 分别为红色、绿色和蓝色分量值。

3. 图像平滑

人脸识别中对图像的平滑主要通过去除图像的噪声点减小对人脸轮廓边缘点的影响，一般采用中值滤波。中值滤波相关内容参见 3.4.2 节。

4. 直方图均衡

直方图均衡的目的是通过点运算使输入图像转换为在每一灰度值上都有相同的像素点数的输出图像(即输出的直方图是平的)。这对于在进行图像比较或分割之前将图像转换为一级的格式是十分有效的。具体操作参见 3.3 节。

5. 对比度增强

对比度增强是对图像的进一步处理，将对比度再一次拉开。它针对原始图像的每个像素直接对其灰度进行处理，处理过程主要是通过增强函数对像素的灰度值进行运算并将运算结果作为该像素的新灰度值来实现。通过改变选用增强函数的解析表达式就可以得到不同的处理效果。具体操作参见 3.2 节。

6. 二值化

二值化的目的是将采集获得的多层次灰度图像处理成二值图像，以便于分析、理解和识别并减少计算量，有利于对图像特征的提取。二值化就是通过一些算法，通过一个阈值(阈值的确定参见 6.3.2 节)改变图像中的像素颜色，令整幅图像画面内仅有黑白二值，该图像一般由黑色区域和白色区域组成，可以用一个比特表示 1 像素，“1”表示黑色，“0”表示白色，当然也可以倒过来表示，这种图像称为二值图像。有利于我们对图像特征的提取。

6.8.5 人脸区域获取

人脸区域的获取主要根据肤色来进行，通过肤色非线性分段色彩变换来实现。获取的方法有很多种，如基于先验规则、基于几何形状信息、基于色彩信息、基于外观信息和基于关联信息等。

1. 基于先验规则

根据脸部特征的一般特点总结出一些经验规则，搜索前先对输入图像作变换，使目标特征得到强化，而后根据上述规则从图中筛选出候选点或区域。

2. 基于几何形状信息

根据脸部特征的形状特点构造一个带可变参数的几何模型，并设定一个评价函数量度被检测区域与模型的匹配度。搜索时不断调整参数使评价函数最小化，从而使模型收敛于待定位的脸部特征。

3. 基于色彩信息

使用统计方法建立起脸部特征的色彩模型，搜索时遍历候选区域，根据被测点的色

彩与模型的匹配度筛选出候选点。

4. 基于外观信息

将脸部特征附近一定区域（窗口）内的子图像作为一个整体，映射为高维空间中的一个点，这样，同类脸部特征就可以用高维空间中的点集来描述，并可以使用统计方法得到其分布模型。在搜索中，通过计算待测区域与模型的匹配度即可判定其是否包含目标脸部特征。

5. 基于关联信息

在局部信息的基础上，引入脸部特征之间的相对位置信息，以缩小候选点范围。

下面结合本章的分割算法和色彩信息来介绍证件照人脸区域的获取方法。证件照中，一般人脸部分在整个照片中占的比例比较大，而且人脸的色彩(肤色)比较均匀，和其他部分的色彩区别比较大，比较容易分辨，但是图像上除了人脸部分，还有颈部的颜色也和人脸颜色相似，如果仅仅依靠肤色的色彩来分辨，一般会将脸部和颈部一起分割出来，所以在实际应用时不采用直接的分割算法，而是借助一些脸部特征来辅助分割。采用分割和基于色彩信息的人脸区域的获取方法一般包括色彩空间选择、区域生长、水平直方图、垂直直方图和人脸区域标记等。

1）色彩空间选择

目前多数图像采集设备使用的是 RGB 色彩空间，而这种色彩空间不利于肤色分割，因为肤色要受到亮度的影响，为了消除光照因素的影响，在肤色分割中一般选择 YCbCr 颜色模型，YCbCr 是目前常用的肤色统计空间，它具有将亮度分离的优点，聚类特性比较好，能有效获取肤色区域，排除一些类似人脸肤色的非人脸区域。RGB 色彩系统与 YCbCr 色彩系统的转换关系如下：

$$\begin{pmatrix} Y \\ Cb \\ Cr \\ 1 \end{pmatrix} = \begin{pmatrix} 0.2990 & 0.5870 & 0.1140 & 0 \\ -0.1687 & -0.3313 & 0.5000 & 128 \\ 0.5000 & -0.4187 & -0.0813 & 128 \\ 0 & 0 & 0 & 1 \end{pmatrix} \begin{pmatrix} R \\ G \\ B \\ 1 \end{pmatrix} \tag{6-51}$$

$$\begin{pmatrix} R \\ G \\ B \end{pmatrix} = \begin{pmatrix} 1 & 1.4020 & 0 \\ 1 & -0.3441 & -0.7141 \\ 1 & 1.7720 & 0 \end{pmatrix} \begin{pmatrix} Y \\ Cb-128 \\ Cr-128 \end{pmatrix} \tag{6-52}$$

其中，Y 为亮度，Cb 和 Cr 分量分别表示红色和蓝色的色度。

一般情况下，正常黄种人的 Cb 分量和 Cr 分量的范围为 Cb∈[90,125]，Cr∈[135,165]。

2）区域生长

经过上面的色彩空间转换后，就可以使用 Cb 和 Cr 分量的范围，利用区域生长方法进行证件照人脸的区域分割，区域生长算法相关内容参见 6.6.1 节，分割的结果如图 6-45 所示。

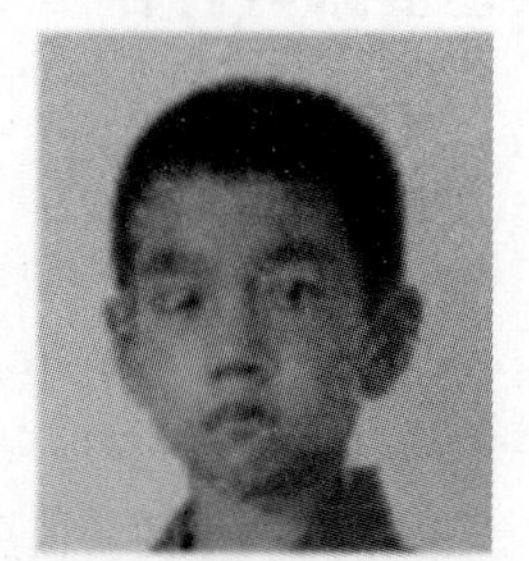

图 6-45　区域生长分割结果

从图 6-45 可以看出，证件照上的分割结果还存在很多其他区域，要把人脸区域分割出来，还需要做进一步的处理，包括利用人脸特征等参数进行精细分割，具体操作参见第 11 章，第 11 章将详细介绍人脸识别算法。

思考与练习

1. 分析比较 Roberts 算子、Sobel 算子和 Prewitt 算子的特点。

2. 利用拉普拉斯算子分别对“水平垂直边缘”、“孤立线条”、“斜向边缘”和“孤立噪声点”这 4 种情况进行边缘检测时，各种情况的响应顺序应如何排列？为什么？

3. 设一幅图像具有如图 6-46 所示的灰度分布，其中 $p_1(z)$对应目标，$p_2(z)$对应背景，分别讨论当 $P_1=P_2$，$P_1>P_2$，$P_1<P_2$ 时的最佳阈值取值。

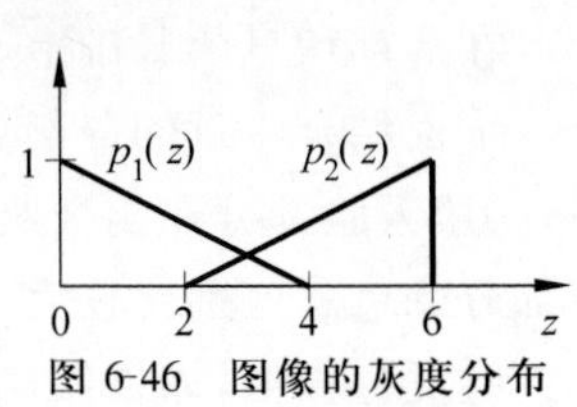

图 6-46 图像的灰度分布

4. 图 6-47(a)所示为一幅灰度图像，若分别使用阈值 100、50 进行分割，则将获得怎样的区域？请分别在图 6-47(b)和图 6-47(c)上标出。

(a)

110	101	22	6	30
102	105	7	8	9
15	25	52	6	30
35	60	53	56	25
55	50	54	55	58

(b)

110	101	22	6	30
102	105	7	8	9
15	25	52	6	30
35	60	53	56	25
55	50	54	55	58

(c)

110	101	22	6	30
102	105	7	8	9
15	25	52	6	30
35	60	53	56	25
55	50	54	55	58

图 6-47 图像的灰度分布情况

5. 对图 6-48 中的图像用区域生长法进行分割，设标为灰色方块的像素为种子像素，请画出阈值 $T=3$ 时的 4 连通生长区域。

3	1	1	0	0	1	5
0	5	6	6	5	6	1
1	5	6	0	0	3	0
0	6	6	6	5	6	0

1	5	5	0	2	2	0
1	4	6	4	5	6	1
6	1	0	1	1	0	6

图 6-48 图像的灰度分布情况

实验要求与内容

一、实验目的

1. 掌握图像分割中几种主要的边缘检测方法(Roberts 算子、Sobel 算子、Prewitt 算子和 Laplacian 算子)。

2. 掌握图像的阈值分割算法。

3. 掌握图像的区域分割算法。

二、实验要求

1. 选择 Roberts 算子、Sobel 算子、Prewitt 算子和 Laplacian 算子，实现对良好图像和带噪声的图像的边缘检测，并保存边缘图，然后把边缘图与原图叠加，分别计算原图与叠加图的信息熵并显示。

2. 实现对一幅图像的迭代阈值分割算法。

3. 实现对一幅图像利用区域生长算法进行图像分割，要求考虑自动选择种子像素和手动选择种子像素的方法。

提高题

1. 实现对读入的一张带人脸的图像有效分割出人脸区域，并对人脸进行美化。

2. 浮雕效果的制作

浮雕效果是指物体的轮廓、边缘外貌经过修整形成凸出效果，浮雕类似边缘检测，目的是突出物体的边缘和轮廓。浮雕效果是实现图像填充色与灰色的转换，用原填充色描画边缘，使图像呈现凸起或凹进效果，出现“浮雕”图案。浮雕处理可以采用边缘锐化、边缘检测算子检测或其相关类似方法来实现，如图 6-49 所示。

(a)

(b)

图 6-49　原图与浮雕效果

(a)原图；(b)浮雕效果

3. 根据所学的知识点，自行设计算法解决日常的一些应用，如局部模糊、物体识别、显著性检测等。

三、实验分析

比较分析 Roberts 算子或 Sobel 算子或 Prewitt 算子和 Laplacian 算子对不同噪声(高斯噪声和校验噪声)图像的处理结果，并通过实验要求 1 中计算的信息熵，分析信息有什么变化，为什么？

四、实验体会(包括对本次实验的小结，实验过程中遇到的问题等)

第 7 章　图像编码

在信息多元化和信息加速的时代，需要传输和存储的数据量非常庞大，尤其是图像的数据量(比特数)。例如，一幅 512×512 像素的灰度图像的数据量为 512×512×8＝256KB。一部 90 分钟的彩色电影，每秒钟放映 24 帧，假设每帧为 512×512 像素，每个像素的 R、G、B 分量分别占 8b，该电影的总比特数为 90×60×24×3×512×512×8b＝97 200MB。如果一张 CD 光盘可存储 600MB 数据，那么这部电影在不存储声音部分只存储图像部分的情况下就需要大约 160 张 CD 光盘存储，因此图像在传输或者存储时都需要进行有效的压缩编码。可以说，没有压缩编码技术的发展，大容量图像信息的存储和传输都难以实现，多媒体和网络等新技术在实际应用中也会碰到困难。

图像编码又称图像压缩，是对图像数据按照一定的规则进行变换和组合，在满足一定质量(信噪比的要求或主观评价得分)的条件下，以较少比特数表示图像或图像中所包含信息的技术。图像编码目的是节省图像存储容量、减少传输信道容量和缩短图像加工处理时间。图像编码已广泛应用于广播电视、计算机通信、多媒体系统、医学图像及卫星图像等领域。

7.1　图像编码概述

7.1.1　图像压缩原理

图像数据之所以能被压缩，是因为数据中存在着冗余信息。图像数据的冗余信息主要表现为，图像中相邻像素之间的相关性引起的空间冗余；图像序列中不同帧之间存在相关性引起的时间冗余；不同彩色平面或频谱带的相关性引起的频谱冗余等。数据压缩的方式就是通过去除这些数据冗余来减少表示数据所需的比特数。因此可借助对图像的编解码来实现对图像数据的压缩，实现过程如图 7-1 所示。

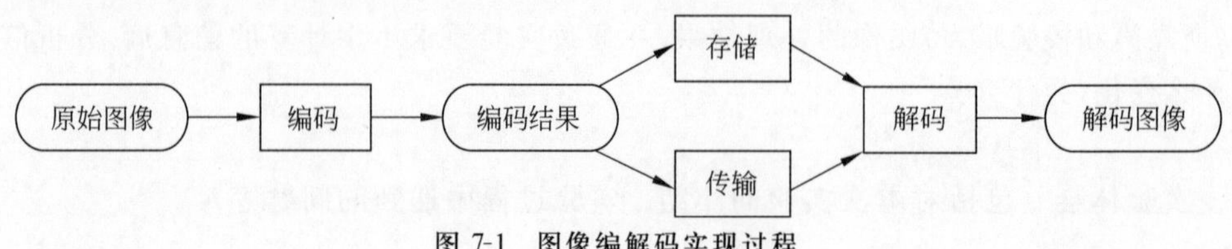

图 7-1　图像编解码实现过程

图 7-2 所示为图像编解码示例。

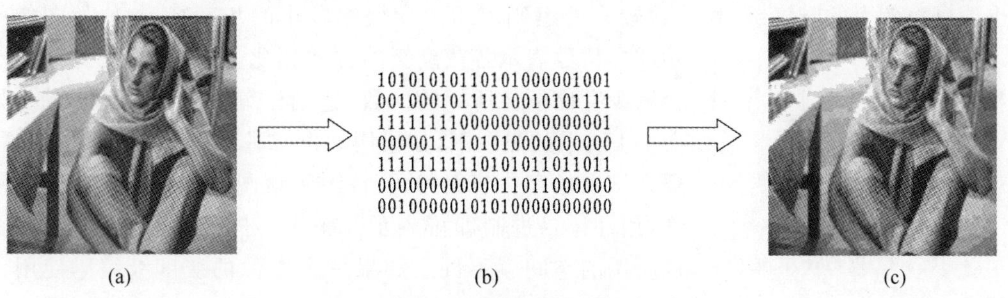

图 7-2　图像编解码示例

(a)原始图像；(b)编码结果；(c)解码图像

若解码图像与原始图像相同，则编解码过程是无损的；若解码图像与原始图像不同，则编解码过程是有损的。

7.1.2　图像编码的可行性

1. 信息相关性

在绝大多数图像的像素之间，各像素行和帧之间存在着较强的相关性。从统计观点出发，就是每个像素的灰度值(或颜色值)总是和其周围其他像素的灰度值(或颜色值)存在某种关系，应用某种编码方法可以减少这些相关性，即实现图像压缩。

图 7-3 所示为一个黑白像素序列，共 41 位。如果用 1 表示白，0 表示黑，直接表示的编码为 11111000000000000000111111100000000000111，存储这串编码需要 41 位。但是如果对这串编码做一个分析，按照编码符号和个数进行分段，例如把上面的编码串分成 11111(5 位)、000000000000000(15 位)、1111111(7 位)、00000000000(11 位)、111(3 位)。那么就可以采用记录首次出现的编码符号(例如 1)，以及该编码出现的长度(位数)，当有与之不同的编码符号出现，就记录该编码出现的位数，如此下去，一直到序列结束为止。例如，上面的黑白像素序列可以表示为 1、0101、1111、0111、1011、0011，这种新的编码方式只要 21 位。由此可见，利用图像中各像素之间的信息相关性，可实现压缩图像信息的目的。

图 7-3　黑白像素序列

2. 信息冗余

从信息论的角度来看，压缩就是去掉信息中的冗余，即保留确定信息，去掉可推知的确定信息，用一种更接近信息本质的描述来代替原有的冗余描述。图像数据存在的冗余可分为三类：编码冗余、像素间冗余和心理视觉冗余。

1）编码冗余

由于大多数图像的直方图不是均匀(水平)的，所以图像中某个(或某些)灰度级会比其他灰度级具有更大的出现概率，如果对出现概率大和出现概率小的灰度级都分配相同的比特数，必定会产生编码冗余。如果对灰度级进行重新编码，用位数较少的编码表示出现概率较大的灰度级，用位数较多的编码表示出现概率较小的灰度级，与原始图像中用同样位数表示各灰度级的方式相比，这样的编码方法显然会减少存储图像所用的位数，达到压缩图像数据的目的。如图 7-4 所示的黑白图，如果用 8 位二进制表示该图像的像素，那么该图像存在着编码冗余，因为该图像的像素只有两个灰度，用一位二进制即可表示。采用不同的编码方案，存储图像所用的空间就不同。如果一个图像的灰度级编码使用了多于实际需要的编码符号，就称该图像包含了编码冗余。

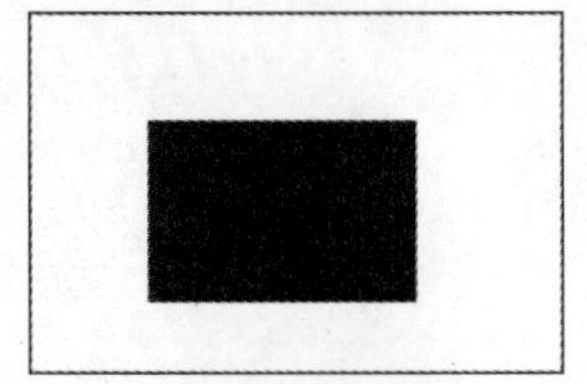

图 7-4　黑白图示例

2）像素间冗余

像素间冗余是一种与像素间相关性有直接联系的数据冗余。对于一张静态图片，存在空间冗余（几何冗余），这是由于在一张图片中单个像素对图像的多数视觉贡献常常是冗余的，可借助其相邻像素的灰度值进行推断。如图 7-5(a)和图 7-5(b)所示，虽然两幅图看起来不一样，但是它们的直方图基本相同，如图 7-5(c)和图 7-5(d)所示，图 7-5(a)中的火柴杆是杂乱排列的，而图 7-5(b)中的火柴杆排列整齐，所以像素之间的相关性是不一样的，那么如果对图 7-5(a)和图 7-5(b)采用相同的记录方法，那么图 7-5(b)的像素间冗余就会比较大。对于连续图片或视频，还会存在时间冗余（帧间冗余），因为大部分相似图片间的对应点像素都是缓慢过渡的。

(a)

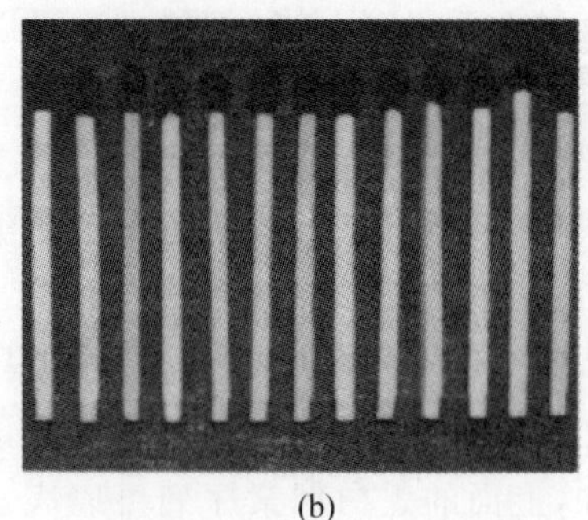

(b)

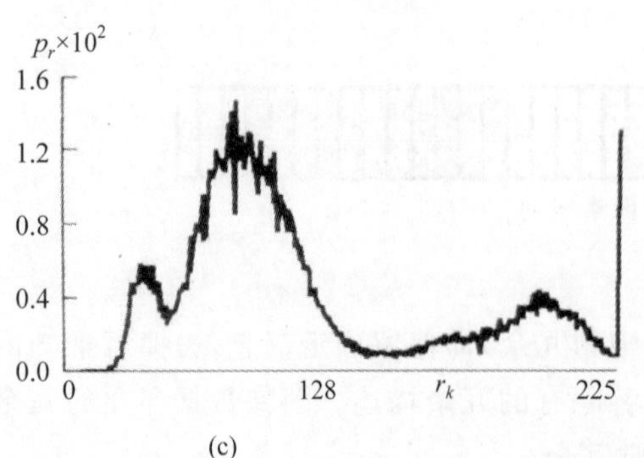

(c)

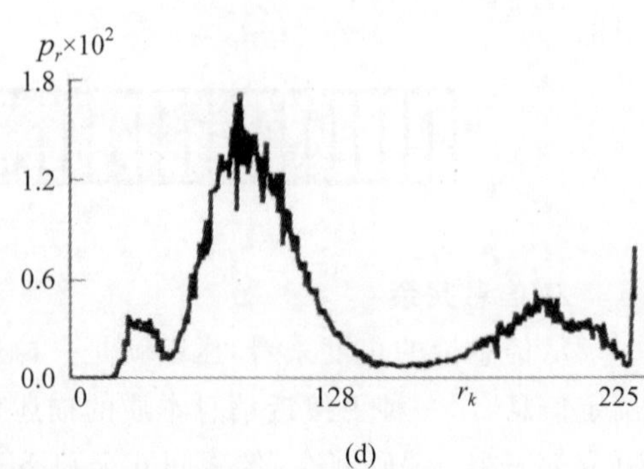

(d)

图 7-5　像素间冗余示例

(a)火柴杆杂乱排列；(b)火柴杆整齐排列；(c)(a)图的直方图；(d)(b)图的直方图

3）心理视觉冗余

在通常的视觉过程中有些信息与另外一些信息相比没那么重要，去除这些信息并不会明显地降低所感受到的图像质量，这些信息被认为是心理视觉冗余信息。心理视觉冗余的存在与人类观察图像的方式有关，人在观察图像时往往会寻找某些比较明显的目标特征，而不是定量地分析图像中每个像素的亮度，或者至少不是对每个像素等同地分析。人通过在脑子里分析这些特征并与先验知识结合以完成对图像的解释过程。由于每个人所具有的先验知识不同，因此对同一幅图像的心理视觉冗余也就因人而异。心理视觉冗余从本质上说与前面两种冗余不同，它与实在的视觉信息相联系，只有在这些信息对正常的视觉过程来说并不是必不可少时才可能被去掉。去除心理视觉冗余信息会导致定量信息的损失，这个过程称为量化，并且这个过程是不可逆转的操作，所以在实际操作中，需要根据心理视觉冗余的特点，采取一些有效的措施来压缩数据量，如电视广播中的隔行扫描。

7.1.3　压缩编码的分类

在某些场合，一定程度的图像失真是允许的。例如，由于人的眼睛对图像灰度分辨的局限性，当用128级灰度和用256级灰度表示同一幅图像时，人眼很难区分两幅图像之间的区别，因此可以对图像做一定程度有时甚至是很大程度的压缩。对于静止图像，图像压缩编码可分成无损压缩和有损压缩两大类。无损压缩方法中去除的仅是图像数据中的冗余信息，只能实现适量的压缩，因此在解压缩时能精确地恢复原图像；有损压缩方法去除了不相干的信息，只能对原图像进行近似地重建，因此不能进行精确地复原。通常有损压缩的压缩比（即原图像占的字节数与压缩后图像占的字节数之比，压缩比越大，说明压缩效率越高）比无损压缩的高。图像压缩编码技术分类如图7-6所示。

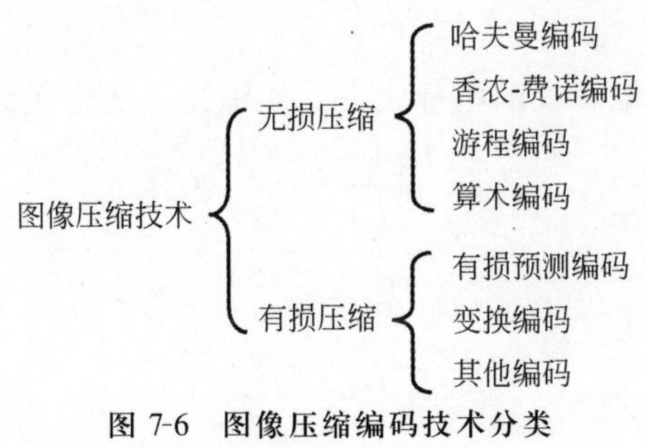

图7-6　图像压缩编码技术分类

7.1.4　图像压缩的相关术语

1. 信息熵

一幅图像各像素的灰度值可看作一个具有随机离散输出的信源。假设信源符号集 $B=\{b_1,b_2,\cdots,b_j\}$，其中每个元素 b_j 称为信源符号。信源产生符号 b_j 这个事件的概率是 $P(b_j)$，并且 $P(b_j)$ 满足

$$\sum_{j=1}^{j} P(b_j) = 1 \tag{7-1}$$

令概率矢量 $\boldsymbol{u}=[P(b_1) \quad P(b_2) \quad \cdots \quad P(b_j)]^{\mathrm{T}}$，则用 $(B,\boldsymbol{u})$ 可以完全描述信源。每个信源输出的平均信息为

$$H(u) = -\sum_{j=1}^{j} P(b_j) \log P(b_j) \mathrm{b} \tag{7-2}$$

其中，$H(u)$ 称为信息熵或不确定性，它定义了观察到单个信源符号输出时所获得的平均信息量，且等概率事件的熵最大。

例如，设 8 个随机变量具有同等概率，为 1/8，计算信息熵 H。

根据式(7-2)可得

$$H = -8 \times \left(\frac{1}{8} \times \log_2 \frac{1}{8}\right) = 3\mathrm{b}$$

2. 平均码字长

设 β_k 为数字图像第 k 个码字 C_k 的长度(二进制代码的位数)，其出现的概率为 P_k，则该数字图像所赋予的码字平均码长 R 可表示为

$$R = \sum_{k=1}^{n} \beta_k P_k \ \mathrm{b} \tag{7-3}$$

3. 编码效率

$$\eta = \frac{H}{R} \times 100\% \tag{7-4}$$

式中：H——信息熵；

R——平均码字长度。

编码效率是用来衡量各种各样编码的优劣性，R(平均码字长)越小，表示图像占据的字节数越小，冗余量越少，编码的效率就越高。信息冗余度为 $1-\eta$。

4. 压缩比

压缩比是衡量数据压缩程度的指标之一。压缩比一般定义为

$$P_r = \frac{L_B - L_d}{L_B} \times 100\% \tag{7-5}$$

式中：L_B——源代码长度；

L_d——压缩后代码长度；

P_r——压缩比。

7.1.5 图像保真度

图像编码由于减少了数据量，使得存储和传输更方便，但在实际应用时常需要将编码结果解码，即恢复图像形式才能使用。根据解码图像对原始图像的保真程度，图像压缩的方法可分成两大类：信息保存型和信息损失型。信息保存型是指在压缩和解压缩过程中没有信息损失，解码图像与原始图像一样。信息损失型由于在图像压缩中放弃了一些图像细节或其他不太重要的内容，能取得较高的压缩率，但也导致信息损

失，所以解码图像并不能恢复原状，此时常常需要一种测度来描述解码图像相对于原始图像的偏离程度（或者说需要有测量图像质量的方法），该测度一般被称为保真度（逼真度）准则。常用的保真度准则主要有两大类：①客观保真度准则；②主观保真度准则。

1. 客观保真度准则

当所损失的信息量可用编码输入图与解码输出图的某个确定函数表示时，通常表明它是基于客观保真度准则的。客观保真度准则的优点是便于计算或测量。其最常用的一个准则是输入图和输出图之间的均方根误差(RMS)。令 $f(x,y)$代表输入图，$\hat{f}(x,y)$代表对 $f(x,y)$先压缩又解压缩后得到的 $f(x,y)$的近似，对给定的任意点(x,y) $(x\in[0,M-1],y\in[0,N-1])$，$f(x,y)$和 $\hat{f}(x,y)$之间的误差定义为

$$e(x,y)=\hat{f}(x,y)-f(x,y) \tag{7-6}$$

两幅图像之间的总误差定义为

$$\sum_{x=0}^{M-1}\sum_{y=0}^{N-1}[\hat{f}(x,y)-f(x,y)] \tag{7-7}$$

两幅图像之间的均方根误差定义为

$$e_{\mathrm{RMS}}=\left[\frac{1}{MN}\sum_{x=0}^{M-1}\sum_{y=0}^{N-1}[\hat{f}(x,y)-f(x,y)]^2\right]^{\frac{1}{2}} \tag{7-8}$$

$f(x,y)$与 $\hat{f}(x,y)$之间的均方根信噪比为

$$\mathrm{SNR_{RMS}}=\frac{\sum_{x=0}^{M-1}\sum_{y=0}^{N-1}\hat{f}(x,y)^2}{\sum_{x=0}^{M-1}\sum_{y=0}^{N-1}[\hat{f}(x,y)-f(x,y)]^2} \tag{7-9}$$

实际使用中常用 SNR 归一化并用分贝(dB)表示。令

$$\hat{f}=\frac{1}{MN}\sum_{x=0}^{M-1}\sum_{y=0}^{N-1}f(x,y) \tag{7-10}$$

则

$$\mathrm{SNR}=10\times\lg\left[\frac{\sum_{x=0}^{M-1}\sum_{y=0}^{N-1}[f(x,y)-\bar{f}]^2}{\sum_{x=0}^{M-1}\sum_{y=0}^{N-1}[\hat{f}(x,y)-f(x,y)]^2}\right] \tag{7-11}$$

如果令 $f_{\max}=\max\{f(x,y),x=0,1,\cdots,M-1,y=0,1,\cdots,N-1\}$，即图像中的灰度最大值，则可得到另一个常用的准则——峰值信噪比 PSNR：

$$\mathrm{PSNR}=10\times\lg\left[\frac{f_{\max}^2}{\frac{1}{MN}\sum_{x=0}^{M-1}\sum_{y=0}^{N-1}[\hat{f}(x,y)-f(x,y)]^2}\right] \tag{7-12}$$

2. 主观保真度准则

客观保真度准则提供了一种简单和方便的评估信息损失的方法，是一种统计平均意义下的度量准则，但其无法反映图像中的细节。由于不同人的视觉会产生不同的视觉效

果，因此用主观保真度准则来测量图像的质量更为合适。一种常用的方法是对一组（常超过20个）精心挑选的观察者展示一幅典型的图像，并将他们对该图的评价平均起来得到一个综合的质量评价结果。

例如，用{－3，－2，－1，0，1，2，3}来代表主观评价{很差，较差，稍差，相同，稍好，较好，很好}。那么对于电视图像质量的评价尺度可以设置如表7-1所示。

表7-1　电视图像质量的评价尺度

评分	评价	说　明
3	很好	图像质量非常好，如同人能想象出的最好质量
2	较好	图像质量高，观看舒服，有干扰但不影响观看
1	稍好	图像质量正常，观看比较舒服，有干扰但不影响观看
0	相同	图像质量可以接受，有干扰但不太影响观看
－1	稍差	图像质量差，干扰有些妨碍观看，观察者希望改进
－2	较差	图像质量很差，几乎无法观看
－3	很差	图像质量极差，不能使用

7.2　图像压缩技术

7.2.1　哈夫曼编码

哈夫曼（Huffman）编码是哈夫曼在1952年提出的一种无损编码方法。它采用二叉树形式来编码，使常出现的字符用较短的码表示，不常出现的字符用较长的码表示。哈夫曼编码在变长编码方法中是最佳的。

具体的编码步骤如下。

（1）将信源符号按其出现的概率从大到小排列起来。

（2）将最后两个具有最小概率的概率加起来，合并为一个新的概率。

（3）将该新概率同其余概率再按照从大到小的顺序排列，然后重复步骤（2）直到最后只剩下两个概率为止。

例如，一组初始信源概率分布如表7-2所示。

表7-2　初始信源概率分布

符号	S_1	S_2	S_3	S_4	S_5	S_6
概率	0.1	0.4	0.06	0.1	0.04	0.3

首先将信源符号按照出现的概率从大到小排列，然后将最后两个最小的概率0.06和0.04合并，形成一个新的概率0.1，接着将0.1置入剩余的概率列中，重新进行排序，重复以上操作，直到只剩下两个概率为止，如图7-7所示。

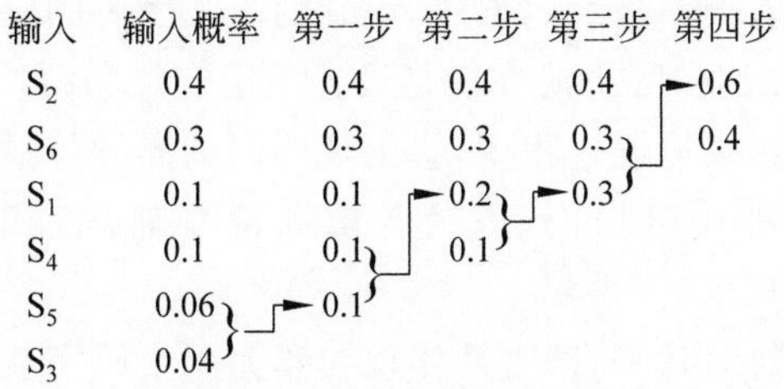

输入	输入概率	第一步	第二步	第三步	第四步
S_2	0.4	0.4	0.4	0.4	0.6
S_6	0.3	0.3	0.3	0.3	0.4
S_1	0.1	0.1	0.2	0.3	
S_4	0.1	0.1	0.1		
S_5	0.06	0.1			
S_3	0.04				

图 7-7 哈夫曼信源化简过程

哈夫曼编码过程就是对每个化简后的信源符号进行编码，从最小的信源符号开始，直到遍历所有原始信源符号。对于最小信源符号的编码设置为符号 0 或 1 都可以，不会影响编码效率。图 7-7 中的 0.06 和 0.04 分别编码为 0 和 1(即小概率为 1，大概率为 0)，如图 7-8 所示；如果颠倒 0 和 1 也是同样可行的(即给 0.04 编码 0，0.06 编码 1，后续的编码都按照同样的规则进行)。然后对其他信源符号重复该操作，直到最后一个原始信源符号为止。按照逆序取出每个信源符号的编码，即构成该信源的最终二进制编码，例如图 7-8 所示的 $S_1=011$，$S_2=1$，$S_3=01011$，$S_4=0100$，$S_5=01010$，$S_6=00$，这些编码就是哈夫曼编码。

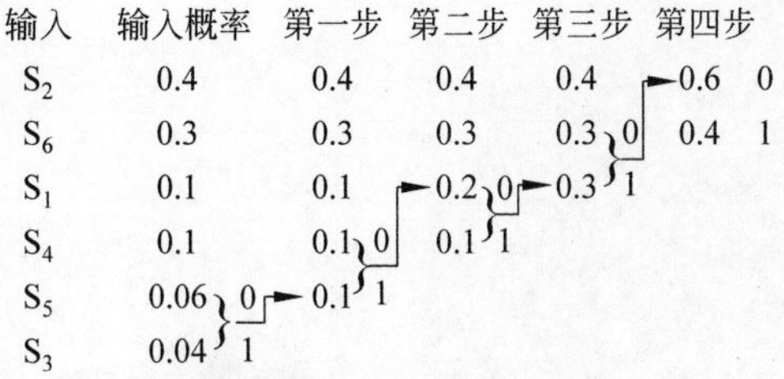

输入	输入概率	第一步	第二步	第三步	第四步
S_2	0.4	0.4	0.4	0.4	0.6 0
S_6	0.3	0.3	0.3	0.3 0	0.4 1
S_1	0.1	0.1	0.2 0	0.3 1	
S_4	0.1	0.1 0	0.1 1		
S_5	0.06 0	0.1 1			
S_3	0.04 1				

图 7-8 哈夫曼编码示例

哈夫曼编码的信息熵为

$$
\begin{aligned}
H &= -\sum P_i \log_2 P_i \\
&= -(0.4\log_2 0.4 + 0.3\log_2 0.3 + 2 \times 0.1\log_2 0.1 + 0.06\log_2 0.06 + 0.04\log_2 0.04) \\
&= 2.14\text{b}
\end{aligned}
$$

哈夫曼编码的平均码字长度为

$$
\begin{aligned}
R &= \sum \beta_i P_i \\
&= 0.4 \times 1 + 0.3 \times 2 + 0.1 \times 3 + 0.1 \times 4 + 0.06 \times 5 + 0.04 \times 5 \\
&= 2.2\text{b}
\end{aligned}
$$

哈夫曼编码的编码效率为

$$\eta = H/R = 2.14/2.2 = 0.973 = 97.3\%$$

哈夫曼编码过程是对一组符号产生最佳编码，其概率服从一次只能对一个符号进行编码的限制。在编码建立之后，编码和解码就可以简单地以查找表的方式完成。编码本身是一种瞬时的、唯一可解的块编码。之所以称为块解码，是因为每个信源符号都映射到了一个编码符号的固定序列中，编码符号串中的每个码字无须参考后续符号就可以进行编码。

哈夫曼编码的特点如下。

① 用二叉树方法实现哈夫曼编码方法，得到的哈夫曼码的码长参差不齐，因此，存在一个输入、输出速率匹配问题，解决的办法是设置一定容量的缓冲存储器。

② 哈夫曼编码在存储或传输过程中，会出现误码的连续传播。

③ 哈夫曼编码是一种块（组）码，因为各信源符号都被映射成一组固定次序的码符号。

④ 哈夫曼编码是一种即时码，即时性体现在读完一个码字就将其对应的信源符号确定下来，不需要考虑其后的码字。

⑤ 哈夫曼编码是一种唯一可解的码，或者说具有解码唯一性。

哈夫曼编码的缺点是强烈依赖于概率结构，工作量大；码字变化大，结构复杂，实现困难。

图 7-9(a)是一幅 256×256 像素的 8 位(即 256 级)灰度图像，其对应直方图如图 7-9(b)所示。该图像的图像信息熵为 7.55343478221336，哈夫曼编码的平均码字长为 7.58113098144531，编码效率为 0.996346692953896。

(a)

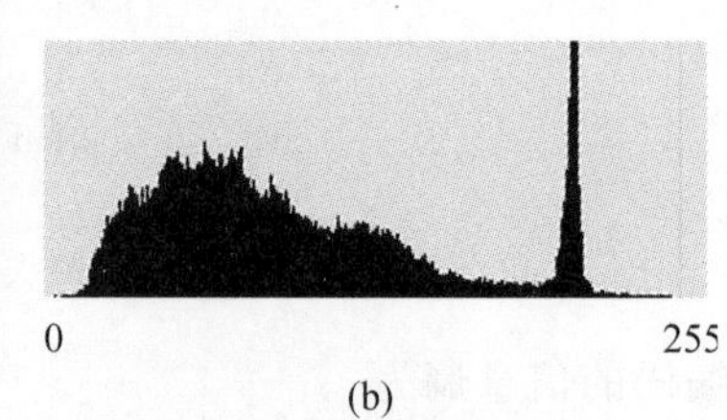

(b)

图 7-9　256×256 像素的 8 位灰度图及对应直方图

(a)256×256 像素的 8 位灰度图；(b)(a)图对应的直方图

7.2.2　香农-费诺编码

香农-费诺(Shannon-Fano)编码是一种基于一组符号和它们的概率(估计或度量)来构造前缀代码的编码方式。它不能像哈夫曼编码那样达到最低预期的码字长度，但它能保证所有码字的长度都在理想的一个位数以内。这一技术在香农的《通信数学理论》中被提出。该方法的使用归功于费诺，费诺后来将其作为技术报告发表。香农-费诺编码步骤如下。

(1) 将信源符号按其出现的概率从大到小依次排列。

(2) 将依次排列的信源符号按概率值分为两大组，使两个组的概率和近似或相同，并对各组赋予一个二进制码 0 和 1。

(3) 将每一大组的信源符号再分为两组，使划分后的两个组概率和近似或相同，并对各组赋予一个二进制码 0 和 1。

(4) 重复步骤(3),直至每个组只剩下一个信源符号为止。

如此得到的信源符号所对应的码字即为费诺码。

如图 7-10 所示,对信源符号按照概率从大到小排列成 $a_1,a_2,\cdots,a_6$,按照概率和尽量接近的原则将这些符号分成两组,即 a_1 和 a_2 一组,概率和为 0.54,a_3、a_4、a_5 和 a_6 一组,概率和为 0.46,并给 a_1 和 a_2 这组赋予一个二进制码元起始码“0”,给另外一组赋予一个二进制码元起始码“1”。接着,把上面的组继续分组,分为 a_1 和 a_2,并分别赋予二进制码 00 和 01。把 a_3、a_4、a_5、a_6 分为 $a_3(0.18)$ 和 a_4、a_5、$a_6(0.28)$,并分别赋予二进制码 10 和 11。然后继续把 a_4、a_5、a_6 分为 $a_4(0.12)$ 和 a_5、$a_6(0.16)$,并分别赋予二进制码 110 和 111。最后再把 a_5、a_6 分为 a_5 和 a_6,并分别赋予二进制码 1110 和 1111。这样所有信源符号的香农-费诺编码完成,各信源符号的对应编码如表 7-3 所示。

<table>
<tr><th>a_i</th><th>$p(a_i)$</th><th>1</th><th>2</th><th>3</th><th>4</th></tr>
<tr><td>a_1</td><td>0.36</td><td rowspan="2">0</td><td colspan="3">00</td></tr>
<tr><td>a_2</td><td>0.18</td><td colspan="3">01</td></tr>
<tr><td>a_3</td><td>0.18</td><td rowspan="4">1</td><td colspan="3">10</td></tr>
<tr><td>a_4</td><td>0.12</td><td rowspan="3">11</td><td colspan="2">110</td></tr>
<tr><td>a_5</td><td>0.09</td><td rowspan="2">111</td><td>1110</td></tr>
<tr><td>a_6</td><td>0.07</td><td>1111</td></tr>
</table>

图 7-10 香农-费诺编码过程

表 7-3 各信源符号的香农-费诺编码

符号	a_1	a_2	a_3	a_4	a_5	a_6
编码	00	01	10	110	1110	1111

香农-费诺编码的信息熵为

$$H=-\sum P_i\log_2 P_i=-(0.36\log_2 0.36+2*0.18\log_2 0.18+0.12\log_2 0.12+0.09\log_2 0.09+0.07\log_2 0.07)=2.37\text{b}$$

香农-费诺编码的平均码字长度为

$$R=\sum \beta_i P_i=0.36\times 2+0.18\times 2\times 2+0.12\times 3+0.09\times 4+0.07\times 4=2.44\text{b}$$

香农-费诺编码的编码效率为

$$\eta=H/R=2.37/2.44=0.971=97.1\%$$

对图 7-9 所示的 256×256 的 8 位(即 256 级)灰度图像进行香农-费诺编码。该图像的图像信息熵为 7.55343478221336,香农-费诺编码的平均码字长为 7.60882568359375,编码效率为 0.992720177372466。相对哈夫曼编码,香农-费诺的平均码字长略大,编码效率略低。

7.2.3 算术编码

从理论上分析,采用哈夫曼编码可以获得最佳信源字符编码效果,但在实际应用中,由于信源字符出现的概率并非满足 2 的负幂次方,因此往往无法达到理论上的编码效率和信息压缩比。例如,设字符序列$\{x,y\}$对应的概率为$\{1/3,2/3\}$,N_x 和 N_y 分别表示字

符 x 和 y 的最佳码长，则根据信息论有

$$N_x = -\log_2\left(\frac{1}{3}\right) = 1.58$$

$$N_y = -\log_2\left(\frac{2}{3}\right) = 0.588$$

即字符 x、y 的最佳码长分别为 1.58b 和 0.588b，这表明，要获得最佳编码效果，需要采用小数码字长度，这是不可能实现的，因此实际编码效果往往不能达到理论效率。

1948 年，香农提出将信源符号依其出现的概率降序排序，用符号序列累计概率的二进制作为对信源的编码，并从理论上论证了它的优越性。1960 年，Peter Elias 发现只要编、解码端使用相同的符号顺序，就无须对信源符号进行排序，并提出了算术编码的概念，但 Elias 没有公布他的发现，因为他知道算术编码在数学上虽然成立，但在当时的技术水平下不可能在实际中实现。1976 年，R. Pasco 和 J. Rissanen 分别用定长的寄存器实现了有限精度的算术编码。1979 年，Rissanen 和 G. G. Langdon 一起将算术编码系统化，并于 1981 年实现了二进制编码。1987 年，Witten 等发表了一个实用的算术编码程序，即 CACM87(后来用于 ITU-T 的 H.263 视频压缩标准)。同期，IBM 公司发表了著名的 Q-编码器(后来用于 JPEG 和 JBIG 图像压缩标准)。从此，算术编码迅速得到了广泛应用。

算术编码的基本原理是将编码的消息表示成实数 0 和 1 之间的一个间隔(interval)，消息越长，编码表示它的间隔就越小，表示这一间隔所需的二进制位就越多，码字就越长。从整个符号序列出发，采用递推形式连续编码，并不是将单个的信源符号映射成一个码字，而是将整个输入序列的符号依据它们的概率映射为实数轴上[0,1)区间内的一个小区间，再在该小区间内选择一个代表性的二进制小数作为实际的编码，该方法只需用到加法和移位运算。

算术编码将被编码的图像数据看作由多个符号组成的字符序列，对该序列递归地进行算术运算后，成为一个二进制小数。接收端解码过程也是算术运算，由二进制小数重建图像符号序列。

假设一个离散无记忆信源有 3 个信源符号$\{a_1, a_2, a_3\}$，概率分别为 $p(a_1)$、$p(a_2)$和 $p(a_3)$。首先将[0,1)划分为 3 个半闭半开的子区间 $I(a_1)$、$I(a_2)$和 $I(a_3)$，其长度分别为 $p(a_1)$、$p(a_2)$和 $p(a_3)$。然后按照图像中的信源符号序列确定第一个区间，在第一个区间中继续划分序列中第二个信源符号区间，直到图像所有的信源序列划分完毕。下一级子区间与上一级原区间之间的关系如下：

$$\begin{cases}\text{Start}_N = \text{Start}_B + \text{Left}_C \times L \\ \text{End}_N = \text{Start}_B + \text{Right}_C \times L\end{cases} \tag{7-13}$$

式中：Start_N——下一级子区间的起始边界；

End_N——下一级子区间的终止边界；

Start_B——上一级子区间的起始边界；

Left_C——信源序列当前出现的信源符号初始编码区间的起始边界；

Right_C——信源序列当前出现的信源符号初始编码区间的终止边界。

例如，假设信源符号为$\{A, B, C, D\}$，这些符号的概率分别为$\{0.1, 0.4, 0.2, 0.3\}$，根

据这些概率可把区间[0,1)分成4个子区间：[0,0.1),[0.1,0.5),[0.5,0.7),[0.7,1),如表7-4所示。

表 7-4 信源符号概率和初始编码间隔

符号	A	B	C	D
概率	0.1	0.4	0.2	0.3
初始编码区间	[0,0.1)	[0.1,0.5)	[0.5,0.7)	[0.7,1)

如果图像的二进制消息序列的输入为{$CADACDB$}。编码时首先输入的符号是C,找到它的初始编码区间是[0.5,0.7)。由于消息中第二个符号A的编码区间是[0,0.1),因此根据式(7-13),新的区间为[0.5,0.52]。以此类推,编码第3个符号D时取新区间为[0.514,0.52],编码第4个符号A时,取新区间为[0.514,0.5146],……。消息的编码输出可以是最后一个区间中的任意数。整个编码过程如表7-5所示。

表 7-5 编码过程

步骤	输入符号	编 码 区 间	编 码 判 决
1	C	[0.5,0.7)	符号的区间[0.5,0.7)
2	A	[0.5,0.52)	[0.5,0.7]区间中的[0,0.1)
3	D	[0.514,0.52)	[0.5,0.52]区间中的[0.7,1)
4	A	[0.514,0.5146)	[0.514,0.52]区间中的[0,0.1)
5	C	[0.5143,0.51442)	[0.514,0.5146]区间中的[0.5,0.7)
6	D	[0.514384,0.51442)	[0.5143,0.51442]区间中的[0.7,1)
7	B	[0.5143836,0.514402)	[0.514384,0.51442]区间中的[0.1,0.5)
8	从[0.5143876,0.514402]中选择一个数作为输出：0.5143876		

经过上述计算,字符集{$CADACDB$}被描述在实数[0.5143876,0.514402)子区间内,即该区间内的任一实数值都唯一对应该字符集,因此,可以用[0.5143876,0.514402)内的一个实数表示字符集{$CADACDB$}。[0.5143876,0.514402)区间的二进制表示形式为[0.1000001110101110111O, 0.10000011101011111),在该区间中最短二进制代码为0.10000011101011101110,即0.5143876。

解码的过程也是按照对应的规则进行,如已知算术编码数为0.5143876,其解码过程如表7-6所示,解码的结果为$CADACDB$,与前面的输入相同。

表 7-6 解码过程

步骤	区 间	译码符号	译 码 判 决
1	[0.5,0.7)	C	0.5143876 在区间 [0.5,0.7)
2	[0,0.1)	A	(0.5143876－0.5)/0.2＝0.071938 在区间[0,0.1)
3	[0.7,1)	D	(0.071938－0)/0.1＝0.71938 在区间[0.7,1)
4	[0,0.1)	A	(0.71938－0.7)/0.3＝0.0646 在区间[0,0.1)

续表

步骤	区　　间	译码符号	译码判决
5	[0.5,0.7)	C	(0.0646−0)/0.1=0.646 在区间[0.5,0.7)
6	[0.7,1)	D	(0.646−0.5)/0.2=0.73 在区间[0.7,1)
7	[0.1,0.5)	B	(0.73−0.7)/0.3=0.1 在区间[0.1,0.5)

7.2.4 无损预测编码

由图像的统计特性可知，相邻像素之间有着较强的相关性。因此，图像像素的值可根据已知的几个像素来估计，即预测。预测编码就是根据某一模型，利用以往的样本值对新样本值进行预测，然后将样本的实际值与其预测值相减得到一个误差值，对这个误差值进行编码。如果模型足够好且样本序列在时间上相关性较强，那么误差信号的幅度将远远小于原始信号。对差值信号不进行量化而直接编码就称为无损预测编码。对差值信号进行量化后再编码会造成一些信息丢失，因此这种方法被称为有损预测编码。

一幅二维静止图像，设像素点(i,j)的实际灰度为$f(i,j)$，$\hat{f}(i,j)$是根据已知像素点的灰度对该点的预测灰度(也称预测值或估计值)，计算预测值的像素，可以是同一扫描行的前几个像素，或者是前几行的像素，甚至是前几帧的邻近像素，实际值和预测值之间的差值表示如下：

$$e(i,j)=f(i,j)-\hat{f}(i,j) \tag{7-14}$$

预测误差为

$$e_n=f_n-\hat{f}_n \tag{7-15}$$

解压序列为

$$f_n=e_n+\hat{f}_n \tag{7-16}$$

无损预测编解码的过程如图 7-11 所示。

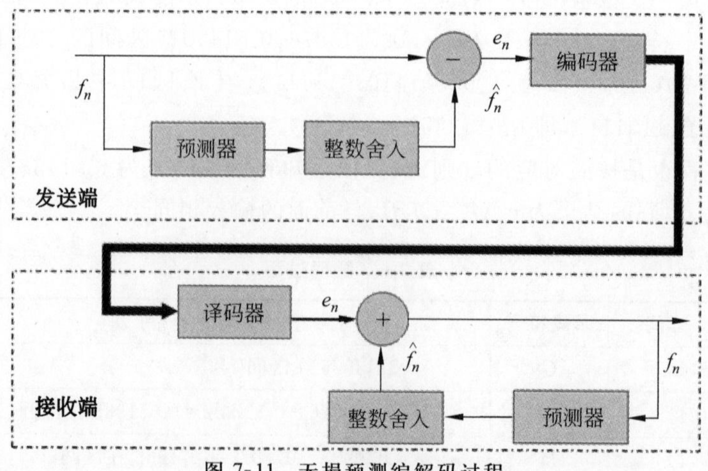

图 7-11　无损预测编解码过程

当输入图像的像素序列 $f_n(n=1,2,\cdots)$ 逐个进入编码器时，预测器根据若干过去的输入像素产生对当前输入像素的预测(估计)值。将预测器的输出整数舍入到最接近的整数 $\hat{f}_n$，并用来计算预测误差值 e_n。这个误差值可用编码器借助变长码进行编码达到压缩图像数据流的下一格元素。译码器可根据接收到的变长码重建预测误差值 e_n，并按照式(7-16)得到解码序列。

借助预测器可将原来对原始图像的编码转换为对预测误差的编码，预测比较准确时，预测误差值的动态范围远小于对原始图像序列的动态范围，所以对预测误差的编码所需的比特数大大减少，达到数据压缩的效果。在大多数的情况下，可通过将 m 个已知的像素进行各种组合来预测后面的像素值，比较常用的线性组合，如式(7-17)所示：

$$\hat{f}_n=\mathrm{round}\left[\sum_{i=1}^{m}a_i f_{n-i}\right] \tag{7-17}$$

式中：m——线性预测器的阶；

round——舍入函数；

a_i——预测系数。

式(7-15)、式(7-16)和式(7-17)中的 n 可以认为指示了图像的空间坐标，这样在一维线性预测编码，设扫描沿行进行，那么式(7-17)可改为

$$\hat{f}_n(x,y)=\mathrm{round}\left[\sum_{i=1}^{m}a_i f(x-i,y)\right] \tag{7-18}$$

一维线性预测仅根据当前行前几个像素的值进行预测。在二维线性预测编码中，预测是根据对图像从左到右，从上到下扫描的一些像素的值进行预测。在三维线性预测编码中，预测则是基于上述像素相对前一帧的像素。

最简单的一维线性预测编码是一阶的($m=1$)，此时

$$\hat{f}_n(x,y)=\mathrm{round}[af(x-i,y)] \tag{7-19}$$

式(7-19)表示的预测器又称前值预测器，对应的预测编码称为差值编码或前值编码。

通过预测可以消除相当多的像素间冗余，所以预测误差的概率密度函数一般在0点有一个高峰，并且与输入灰度值分布相比，其方差较小，事实上，预测误差的概率密度函数一般用0均值不相关拉普拉斯概率密度函数表示，即

$$P_e(e)=\frac{1}{\sqrt{2}\sigma_e}\exp\left[\frac{-\sqrt{2}\mid e\mid}{\sigma_e}\right] \tag{7-20}$$

式中：σ_e——误差 e 的均方差。

例如，以最简单的一维线性预测编码为例，如表7-7所示，第一行是需编码序列的标号，第二行是需编码序列的灰度值，第三行是需编码序列的前值，第四行是预测值，第五行是预测误差序列。从表中可以看出，需编码序列的灰度动态范围远大于预测误差序列的灰度动态范围。

表 7-7　线性预测编码示例

n	0	1	2	3	4	5	6	7	8	9	10	11	12	13	14	15
f_n	10	10	12	15	19	24	30	37	45	54	64	74	83	91	98	104
f_{n-1}	—	10	10	12	15	19	24	30	37	45	54	64	74	83	91	98
$\hat{f}_n$	—	10	10	12	15	19	24	30	37	45	54	64	74	83	91	98
e_n	—	0	2	3	4	5	6	7	8	9	10	10	9	8	7	6

7.2.5　有损预测编码

有损预测编码系统与无损预测编码系统相比，主要是增加了量化器。与图 7-11 的无损预测编码系统对应的有损预测编码系统如图 7-12 所示。这里量化器插在编码器和预测误差产生处之间，且把原来无损编码器中的整数舍入模块吸收了进来。它的作用是将预测误差映射进有限个输出 $\dot{e}_n$ 中，$\dot{e}_n$ 决定了有损预测编码中的压缩量和失真量。

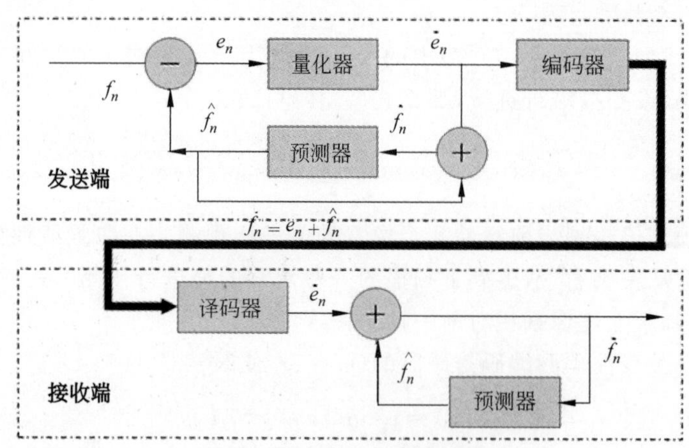

图 7-12　有损预测编码系统

为接纳量化步骤，需要改变无损编码器，使编码器和解码器所产生的预测相等。将有损编码器的预测器放在一个反馈环中，这个环的输入是过去预测值和与其相对应的量化误差的函数值之和：

$$\dot{f}_n = e_n + \hat{f}_n \tag{7-21}$$

这样一个闭环结构的目的是防止在解码器的输出端产生误差。

德尔塔调制(DM)是一种最简单的有损预测编码方法，其预测器和量化器分别定义为

$$\dot{f}_n = a\hat{f}_{n-1} \tag{7-22}$$

$$\dot{e}_n = \begin{cases} +c, & e_n > 0 \\ -c, & \text{其他} \end{cases} \tag{7-23}$$

式中：a——预测系数(一般小于或等于 1)；

c——一个正的常数。

因为量化器的输出可用单个位符表示(输出只有两个值),所以图 7-12 编码器中的符号编码器只用长度固定为 1b 的码,由 DM 方法得到的码率是 1 比特/像素。

例如,设式(7-22)和式(7-23)中的 $a=1$ 和 $c=6.5$,输入序列为{14,15,14,15,13,15,15,14,20,26,27,28,27,27,29,37,47,62,75,77,78,79,80,81,82,82}。编码开始时,先将第一个输入像素直接传给编码器,编解码过程如表 7-8 所示。

表 7-8　德尔塔调制(DM)编解码过程

输入		编码器				解码器		误差
n	f	$\hat{f}$	e	$\dot{e}$	$\dot{f}$	$\hat{f}$	$\dot{f}$	$[f-\dot{f}]$
0	14	—	—	—	14.0	—	14.0	0.0
1	15	14.0	1.0	6.5	20.5	14.0	20.5	−5.5
2	14	20.5	−6.5	−6.5	14.0	20.5	14.0	0.0
3	15	14.0	1.0	6.5	20.5	14.0	20.5	−5.5
…	…	…	…	…	…	…	…	…
14	29	20.5	8.5	6.5	27.0	20.5	27.0	2.0
15	37	27.0	10.0	6.5	33.5	27.0	33.5	3.5
16	47	33.5	13.5	6.5	40.0	33.5	40.0	7.0
17	62	40.0	22.0	6.5	46.5	40.0	46.5	15.5
18	75	46.5	28.5	6.5	53.0	46.5	53.0	22.0
19	77	53.0	24.0	6.5	59.5	53.0	59.5	17.5
…	…	…	…	…	…	…	…	…

图 7-13 显示了对应表 7-8 中的输入和输出(f 和 $\dot{f}$),从图中可以看出:

(1) 当 c 远大于输入中的最小变化时,如在 $n=0$ 到 $n=7$ 的相对平滑区间,DM 编码会产生颗粒噪声,即误差正负波动。

(2) 当 c 远小于输入中的最大变化时,如在 $n=14$ 到 $n=19$ 的相对陡峭区间,DM 编码会产生斜率过载。

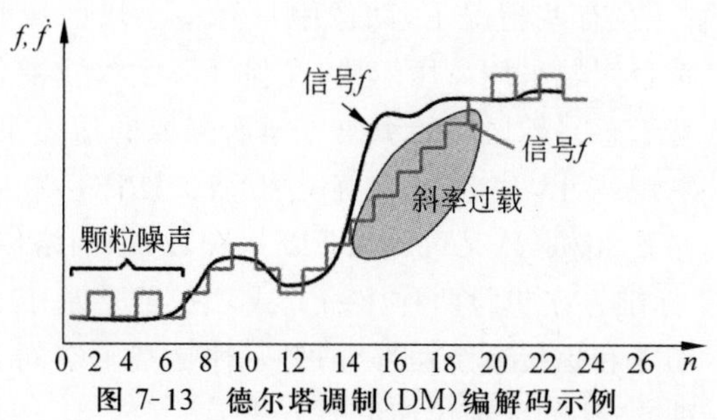

图 7-13　德尔塔调制(DM)编解码示例

对大多数图像而言,上述两种情况分别会导致图像中目标边缘发生模糊和整个图像产生纹状表面。

7.3 图像压缩标准

随着多媒体技术的发展，相继推出了很多种图像压缩标准，目前主要有 JPEG/M-JPEG、H.261/H.263 和 MPEG 等。

7.3.1 JPEG/M-JPEG

1. JPEG

JPEG 是 Joint Photographic Experts Group（联合图像专家组）的缩写，原始的 JPEG 组织于 1986 年成立，并在 1992 年发布了第一个 JPEG 标准，即在 1992 年 9 月被批准的 ITU-T 建议 T.81，该标准在 1994 年正式更名为 ISO/IEC 10918-1，是第一个国际图像压缩标准，适用于连续色调静态图像（包括灰度图像和彩色图像）。JPEG 标准规定了编解码器，它定义了图像如何被压缩成字节流并解压缩到原图像的过程。这个标准目的在于支持大多数实现连续色调静态图像压缩的应用，这些图像可以是任何一个色彩空间，用户通过调整压缩比，就能达到或者接近技术领域中领先的压缩性能，且具有良好的重建质量。这个标准的另一个目标是对普遍实际的应用提供易处理的计算复杂度。使用 JPEG 压缩的文件最常见的文件扩展名是.jpg 和.jpeg，有时也使用.jpe、.jfif 和.jif。JPEG 只描述一幅图像如何转换成一组数据流，而不论这些字节存储在何种介质上。由 JPEG 组织创立的另一个进阶标准，JFIF（JPEG file interchange format，JPEG 文件交换格式）则描述 JPEG 数据流如何生成适用于计算机存储或传送的图像。在一般应用中，我们从数码相机等来源获得的“JPEG 文件”，指的就是 JFIF 文件，有时是 Exif、JPEG 文件。

在 2000 年 3 月的东京会议中，JPEG 图像压缩标准委员会确定了彩色静态图像的新一代编码标准 JPEG 2000。JPEG 2000 作为 JPEG 的升级版，其压缩率比 JPEG 高 30% 左右，同时支持有损和无损压缩。JPEG 2000 能实现渐进传输，即先传输图像的轮廓，然后逐步传输数据，不断提高图像质量，让图像显示由朦胧到清晰。此外，JPEG 2000 还支持所谓的“感兴趣区域”特性，即不仅可以指定影像上感兴趣区域的压缩质量，还可以选择指定的部分先解压缩。在有些情况下，图像中只有一小块区域对用户是有用的，对这些区域采用低压缩比，其余区域采用高压缩比，在保证不丢失重要信息的同时，又能有效地压缩数据量，这就是基于感兴趣区域的编码方案所采取的压缩策略。其优点在于它结合了接收方对压缩的主观需求，实现了交互式压缩。JPEG 2000 既可应用于传统的 JPEG 市场，如扫描仪、数码相机等，又可应用于新兴领域，如网络传输、无线通信等。

ISO 公布的 JPEG 标准方案包含两种压缩方式。一种是基于 DCT 变换的有损压缩编码方式，它包含基本功能和扩展系统两部分；另一种是基于空间 DPCM（差分脉冲编码调制，是预测编码的一种）方法的无损压缩编码方式。

2. M-JPEG

M-JPEG 源于 JPEG 压缩技术，是一种简单的帧内 JPEG 压缩，压缩图像质量较好。在画面变动情况下无马赛克，但是由于这种压缩本身受到技术限制，无法做到大比例压

缩。录像时每小时需要 1～2GB 空间,网络传输时需要 2M 带宽,因此无论录像或网络发送传输,都将耗费大量的硬盘容量和带宽,不适合长时间连续录像的需求,不适用于视频图像的网络传输。

7.3.2 H.261/H.263

1. H.261

H.261 标准通常称为 P＊64,是 1988 年 11 月首次批准的 ITU-T 视频压缩标准,但作为一个完整的规范,这个版本还缺少一些重要的必要元素,因此在 1990 年修订添加了剩余的必要方面,1993 版又增加了一个题为"静止图像传输"的附录 D,提供了向后兼容的方式发送静止图像。通过使用水平和垂直的交错的 2∶1 子采样把具有 704×576 亮度分辨率和 352×288 色度分辨率的静止图像分离成 4 个子图像连续发送。其目的是能够在带宽为 64Kbps 的倍数的综合业务数字网(ISDN for integrated services digital network)上传输质量可接受的视频信号。编码算法被设计为能够在 40Kbps 和 2Mbps 之间的视频比特率下工作。该标准支持两种视频帧尺寸:使用 4∶2∶0 采样方案的 CIF(352×288 亮度分辨率,176×144 色度分辨率)和 QCIF(176×144 亮度分辨率,88×72 色度分辨率)。它还具有向后兼容的技巧,用于发送具有 704×576 亮度分辨率和 352×288 色度分辨率的静止图像(在 1993 年的更新版本中添加)。

H.261 是第一个实用的数字视频编码标准。H.261 使用了混合编码框架,包括了基于运动补偿的帧间预测,基于离散余弦变换的空域变换编码、量化、zig-zag 扫描和熵编码。H.261 编码时基本的操作单位为宏块。H.261 使用 YCbCr 颜色空间,并采用 4∶2∶0 色度抽样,每个宏块包括 16×16 的亮度抽样值和两个相应的 8×8 的色度抽样值。H.261 对全色彩、实时传输动图像可以达到较高的压缩比,算法由帧内压缩加前后帧间压缩编码组合而成,以提高视频压缩和解压缩的处理速度。由于在帧间压缩算法中只预测到后 1 帧,所以在延续时间上比较有优势,但图像质量难以做到很高的清晰度,无法实现大压缩比和变速率录像等。

2. H.263

H.263 是最初设计用于视频会议的低比特率压缩格式的视频压缩标准,是根据 H.261 及以前的 ITU-T 视频压缩标准,以及 MPEG-1 和 MPEG-2 标准的经验开发的一种进化改进。其第一版于 1995 年完成,并以所有比特率为 H.261 提供了合适的替代品,之后还有在 1998 年增加新功能的第二版 H.263＋,即 H.263v2,以及在 2000 年完成的第三版 H.263＋＋,即 H.263v3。

H.263 是 IP 多媒体子系统(IP multimedia subsystem,IMS)、多媒体消息服务(multimedia messaging service,MMS)和透明端到端分组交换流服务(PSS)的 ETSI 3GPP 技术规范中所需的视频编码格式。H.263 还在互联网上实现了很多应用。例如,在 YouTube、Google 视频、MySpace 等网站上使用的 Flash 视频内容。RealVideo 编解码器的原始版本也是基于 H.263。

3. H.264

H.264 是国际标准化组织(ISO)和国际电信联盟(ITU)共同提出的继 MPEG4 之后

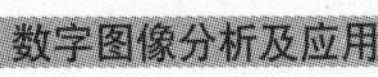

的新一代数字视频压缩格式。H.264是在MPEG-4技术的基础之上建立起来的，也是DPCM加变换编码的混合编码模式，但它采用“回归基本”的简洁设计，获得比H.263++好得多的压缩性能，同时加强了对各种信道的适应能力，采用“网络友好”的结构和语法，有利于对误码和丢包的处理。其编解码流程主要包括5部分：帧间和帧内预测、变换和反变换、量化(quantization)和反量化、环路滤波、熵编码。

H.264的最大优势是能在具有高压缩比的同时还能拥有高质量流畅的图像，所以在相同的带宽下可以提供更加优秀的图像质量。H.264的应用涵盖了大部分的视频服务，如有线电视远程监控、交互媒体、数字电视、视频会议、视频点播、流媒体服务等。

4. H.265

H.265是国际电信联盟电信标准分局(ITU-T)视频编码专家组(video coding experts group，VCEG)继H.264之后所制定的新的视频编码标准。H.265标准围绕着现有的视频编码标准H.264，保留原来的某些技术，同时对一些相关的技术加以改进。具体的研究内容包括提高压缩效率、提高鲁棒性和错误恢复能力、减少实时的时延、减少信道获取时间和随机接入时延、降低复杂度等。H.265的编码架构大致上和H.264的架构相似，主要也包含帧内预测、帧间预测、转换、量化、去区块滤波器、熵编码等模块，但在H.265编码架构中，整体被分为了三个基本单位，分别是编码单位、预测单位和转换单位。

H.265旨在有限带宽下传输更高质量的网络视频，仅需原先的一半带宽即可播放相同质量的视频。采用H.265编码的智能手机、平板机等移动设备能够直接在线播放1080p的全高清视频。H.265标准也同时支持4K(4096×2160)和8K(8192×4320)超高清视频。

7.3.3 MPEG

MPEG(moving picture experts group)是压缩运动图像及其伴音的视音频编码标准，它采用了帧间压缩，仅存储连续帧之间有差别的地方，从而达到较大的压缩比。MPEG现有MPEG-1、MPEG-2和MPEG-4三个版本，以适应于不同带宽和图像质量的要求。

1. MPEG-1

MPEG-1的视频压缩算法依赖两个基本技术，一是基于16×16(像素＊行)块的运动补偿，二是基于变换域的压缩技术来减少空域冗余度。该算法压缩比相比M-JPEG要高，对运动不剧烈的视频信号可获得较好的图像质量，但当运动剧烈时，图像会产生马赛克现象。MPEG-1以1.5Mbps的数据率传输视音频信号，MPEG-1在视频图像质量方面相当于家用录像系统(video home system，VHS)录像机的图像质量，视频录像的清晰度的彩色模式≥240TVL，两路立体声伴音的质量接近CD的声音质量。MPEG-1是前后帧多帧预测的压缩算法，具有很大的压缩灵活性，能变速率压缩视频，可视不同的录像环境设置不同的压缩质量，从每小时80MB至400MB不等，但数据量和带宽还是比较大的。

2. MPEG-2

MPEG-2是为获得更高分辨率(720×572)提供广播级的视音频编码标准。MPEG-2

作为 MPEG-1 的兼容扩展,支持隔行扫描的视频格式和许多高级性能,包括支持多层次的可调视频编码,适合多种质量要求的场合,如多种速率和多种分辨率。它适用于运动变化较大、图像质量要求高的实时图像。对每秒 30 帧、720×572 分辨率的视频信号进行压缩,数据率可达 3～10Mbps。由于数据量太大,所以不能满足长时间连续录像的需求。

3. MPEG-4

MPEG-4 是为移动通信设备在 Internet 实时传输视音频信号而制定的低速率、高压缩比的视音频编码标准。MPEG-4 标准是面向对象的压缩方式,不是像 MPEG-1 和 MPEG-2 那样简单地将图像分为一些像块,而是根据图像的内容,将其中的对象(物体、人物、背景)分离出来,分别进行帧内、帧间编码,并允许在不同的对象之间灵活分配码率,对重要的对象分配较多的字节,对次要的对象分配较少的字节,从而大大提高压缩比,在较低的码率下获得较好的效果。MPEG-4 不仅支持 MPEG-1、MPEG-2 中的大多数功能,而且能提供不同的视频标准源格式、码率、帧频下矩形图形图像的有效编码。MPEG-4 有三方面的优势:

(1) 具有很好的兼容性。

(2) 相比其他算法,MPEG-4 能提供更好的压缩比,最高达 200∶1。

(3) MPEG-4 在提供高压缩比的同时对数据的损失很小。因此,MPEG-4 的应用能大幅降低录像存储容量,获得较高的录像清晰度,特别适用于长时间实时录像的使用场景,同时具备在低带宽上优良的网络传输能力。

7.4 应用案例——彩色图像编码

7.4.1 基于 DCT 的彩色图像编码

基于彩色图像所具有的色彩信息和数据结构,编码彩色图像的一个最直接的方法就是将真彩色图像看成三个独立的灰度图进行单独编码,基于 DCT 变换的彩色图像编码一般操作如下。

(1) 先将彩色图像的 3 个通道分离,对 R、G、B 三个通道分别分解为 8×8 像素或 16×16 像素的数据块。

(2) 对每个数据块进行 DCT 变换,变换后保留的系数多少直接影响基准分量的清晰程度和最后的压缩比,可以在实验中根据实际需求进行分析比较,取合适的值;

(3) 对每个数据块进行 DCT 逆变换,然后再把 R、G、B 三个通道融合,得到压缩后的彩色图像。

由于这种方法没有考虑彩色图像三个颜色分量之间的相关性,因而压缩比较低而且很费时。为了提高压缩质量,尽可能减少数据量,也可根据视觉感知特性,将 RGB 模式彩色图像转换为 HSV 模式,然后将三个分量 H、S、V 进行排列组合成一幅灰度图像,对该灰度图像进行压缩。

7.4.2　基于小波变换的彩色图像编码

基于 DCT 图像变换编码中，常常将图像分为 8×8 像素或者 16×16 像素的块进行处理，因此容易出现方块效应与蚊式噪声。小波变换是全局变换，在时域和频域都有良好的局部优化性能。小波图像压缩的特点是压缩比高、压缩速度快、能量损失低、能保持图像的基本特征，且信号传递过程抗干扰性强，可实现累进传输，在应用中能考虑到人类的视觉特性，成为图像压缩编码的主要技术之一。

我们知道，一维小波变换其实是将一维原始信号分别经过低通滤波和高通滤波得到信号的低频部分 L 和高频部分 H。一个图像经过小波分解后，可以得到一系列不同分辨率的子图像，不同分辨率的子图像对应的频率也不同。在信号的高频部分可以取得较好的时间分辨率；在信号的低频部分可以取得较好的频率分辨率，从而能有效地从信号（如语音、图像等）中提取信息，达到压缩数据的目的。根据不同分辨率下小波变换系数的层次关系，我们可以得到以下三种简单的图像压缩方法。

(1) 舍高频，取低频。

一幅图像最主要的表现部分是低频部分，因此我们可以在小波重构时，只保留小波分解得到的低频部分，而高频部分系数作置 0 处理。这种方法得到的图像能量损失大，图像模糊，很少采用。另外，也可以对高频部分的局部区域系数置 0，这样重构的图像就会有局部模糊、其余清晰的效果。

(2) 阈值法。

对图像进行多级小波分解后，保留低频系数不变，然后选取一个全局阈值来处理各级高频系数；或者不同级别的高频系数用不同的阈值处理。绝对值低于阈值的高频系数置 0，否则保留。用保留的非零小波系数进行重构。MATLAB 中用函数 ddencmp()可获取压缩过程中的默认阈值，用函数 wdencmp()能对一维、二维信号进行小波压缩。

(3) 截取法。

将小波分解得到的全部系数按照绝对值大小排序，只保留最大的 $x\%$的系数，剩余的系数置 0。不过这种方法的压缩比并不一定高。因为对于保留的系数，其位置信息也要和系数值一起保存下来，才能重构图像。并且，和原图像的像素值相比，小波系数的变化范围更大，因而也需要更多的空间来保存。

在彩色图像的编码过程中，仍然需要考虑 R、G、B 三个通道的处理，同时也可以转换为 HSV 模式进行处理。

思考与练习

1. 什么是图像压缩编码？为什么要对图像进行压缩编码？
2. 简要叙述压缩编码的分类。
3. 用哈夫曼编码算法对表 7-9 中的符号进行编码，并求出平均码字长。

表 7-9 信源符号概率表

符 号	a_1	a_2	a_3	a_4	a_5	a_6
出现概率	0.55	0.25	0.11	0.05	0.03	0.01

4. 给定一个零记忆信源，已知其信源符号集为 $A=\{a_1,a_2\}=\{0,1\}$，符号产生概率为 $P(a_1)=1/4$，$P(a_2)=3/4$，对于二进制序列 11111100，求出其二进制算术编码码字。

5. 简要叙述无损预测编码和有损预测编码的区别。

6. 如表 7-10 所示为有损预测编码的输入和编码器各参数的数据，请根据前几行的已知数据确定表中空缺的值。

表 7-10 有损预测编码参数表

输 入		编 码 器			
N	f	$\hat{f}$	E	$\dot{e}$	$\dot{f}$
3	14.0	14.0	0.0	6.5	20.5
4	20.0	20.5	−0.5	−6.5	14.0
5	26.0	14.0		6.5	20.5
6	27.0	20.5	6.5	6.5	
7	29.0				

7. 请比较分析 JPEG 和 MPEG 两种压缩标准的特点。

8. 利用 MATLAB 函数实现基于小波变换的彩色图像压缩。

实验要求与内容

一、实验目的

1. 掌握 Huffman 编码算法。
2. 掌握 Shannon-Fano 编码算法。
3. 掌握算术编码算法。
4. 掌握预测编码算法。
5. 了解图像编码的具体应用。

二、实验要求

1. 编程实现 Huffman 编码，使程序可以对彩色图像的亮度信息进行编码，并求出压缩比、编码效率。
2. 编程实现灰度图像 Shannon-Fano 编码。
3. 编程实现灰度图像的算术编码。

三、实验分析

分析比较 Shannon-Fano 编码和 Huffman 编码，讨论在有无噪声影响的情况下，这两种方法的特点。

四、实验体会（包括对本次实验的小结，实验过程中遇到的问题等）

第 8 章　图像的目标表达及特征表示

图像处理的目的不仅是增强图像的视觉效果、提高图像的传输速度、降低图像的存储空间，往往还需要对图像中的特定区域（目标）或内容进行表征和/或识别等，即对图像进行分析。图像分析一般建立在图像分割的基础上，通过图像分割把图像分成一些有意义的区域，然后采用不同于原始图像的适当形式将目标表示出来，并对目标进行测量等操作。

图像分割的直接结果是得到了区域内的像素集合，或位于区域轮廓上的像素集合，这两个集合是互补的。与分割类似，图像中的区域可用其内部（如组成区域的像素集合）表示——内部表达法，也可用其外部（如组成区域轮廓的像素集合）表示——外部表达法。一般来说，如果重点在于区域的反射性质，如灰度、颜色、纹理等，常选用内部表达法；如果重点在于区域的形状等则常选用外部表达法。对图像中目标的表达方法应尽量考虑易于特征计算。图像分割的重要用途是为了后续准确分析图像内容、表征目标和识别目标，如图 8-1(a)所示，对于已经分割出来的水果图片，最终需要识别出具体是哪种水果。在图 8-1(b)中，最终需要指出图像中的目标为马。上述操作的实现这都需要进行一系列的目标识别、轮廓提取、目标特征计算等。

(a)

(b)

图 8-1　图像分割结果图

8.1　轮廓的链码表达

把图像中的边缘像素连接起来就形成了轮廓(contour)。轮廓可以是断开的，也可以是封闭的。数字图像通常会按照网格形式来获取和处理，在这种网格形式中，x 轴方向和 y 轴方向的间距相等，所以可以通过追踪边缘像素形成轮廓。链码就是沿着轮廓记录边缘的一种表达方式，轮廓的链码表达是利用一系列具有特定长度和方向的相连的直线段来表示目标轮廓的方法。因为每个线段的长度固定且方向数目有限，所以只有轮廓的起点需要用(绝对)坐标表示，其余点都可只用接续方向来代表偏移量。表示链码规定了边缘表中每个边缘点所对应的轮廓方向，其中的轮廓方向被量化为 4 邻点链码或 8 邻点链码，又称 4 方向链码或 8 方向链码，如图 8-2(a)和图 8-2(b)所示。

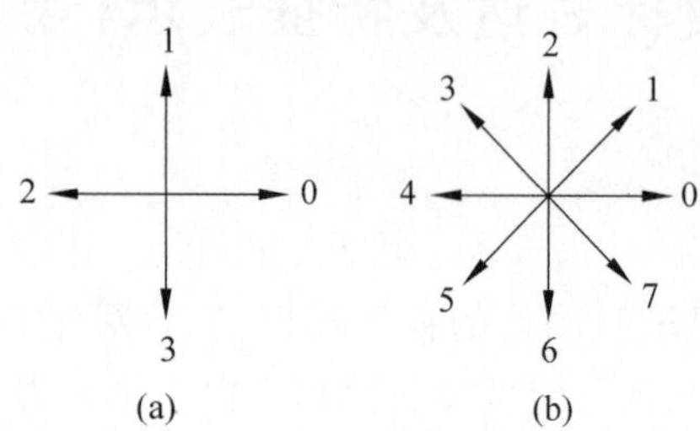

图 8-2　4 方向链码和 8 方向链码的方向编号

(a)4 方向链码；(b)8 方向链码

图 8-3 所示是一条曲线及其 4 方向链码和 8 方向链码的表示，从一个边缘点开始，沿着轮廓按顺时针方向行走，行走方向用 4 方向链码或 8 方向链码中的一个编号表示。图 8-4 所示为链码表示示例，从图中可以看出图 8-4 中的 4 方向链码为 0000330333212323303222121211121011001；8 方向链码为 000767664246560644433243210 01。

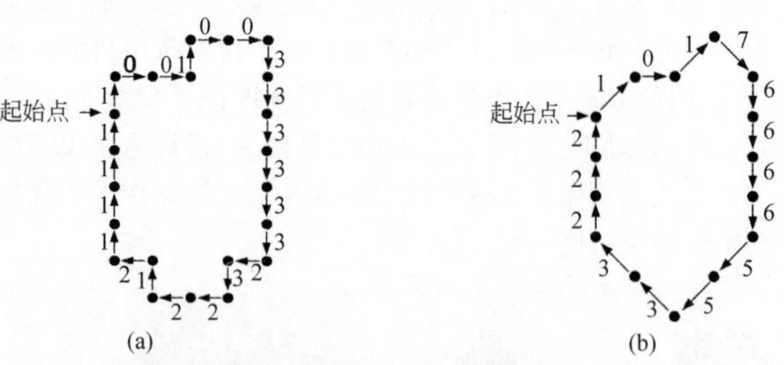

图 8-3　4 方向链码和 8 方向链码的表示示例

(a)4 方向链码表示的采样结果；(b)8 方向链码表示的采样结果

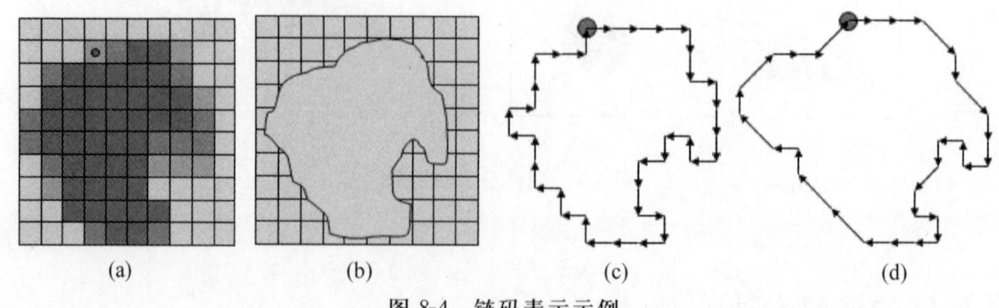

图 8-4　链码表示示例

(a)原图；(b)轮廓图；(c)4 方向链码标注；(d)8 方向链码标注

在实际应用中，如果直接对分割所得的目标轮廓进行编码，有可能出现两个问题：①不光滑的轮廓产生的链码很长；②噪声等干扰会导致小的轮廓变化而使链码发生与目标整体形状无关的较大变动。对于这些问题，常用的改进方法是用较大的网格对原轮廓重新采样，并把与原轮廓点最接近的大网格点定为新的轮廓点。这样获得的新轮廓具有较少的轮廓点，用较短的链码表示，而且其形状受噪声等干扰的影响也较小；这种方法也可用于消除目标尺度变化对链码带来的影响，如图 8-5 所示。

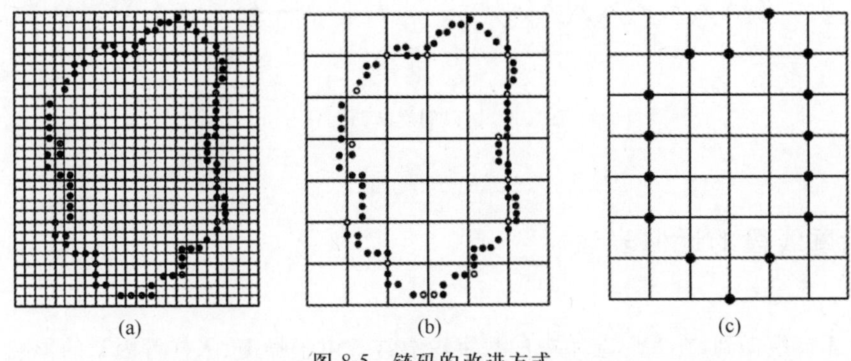

图 8-5　链码的改进方式

(a)原图；(b)目标轮廓点与更大间隔网格；(c)与大网格节点对应的新轮廓点

使用链码表示轮廓时，起点的选择是很关键的，对于同一轮廓，如果用不同的轮廓点作为链码起点得到的链码也不同。如图 8-6 所示，加粗部分的箭头即为轮廓链码的起始点，图 8-6(a)的链码为 10103322，图 8-6(b)的链码为 33221010。

起始点不同，同一轮廓的链码也不同，这样就造成了链码表示多样性，会给后续的处理带来很多不便，所以需要对链码进行归一，即对起始点进行归一化。假设把链码看作由方向数构成的自然数，将这些方向数循环以使它们所构成的自然数的值最小。具体做法为，给定一个从任意点开始而产生的链码，可以把它看作一个由各个方向数构成的自然数，将这些方向数依一个方向循环以使它们所构成的自然数的值最小，将这样转换后对应的链码起始点作为这个边界归一化链码的起始点，如图 8-7 所示。

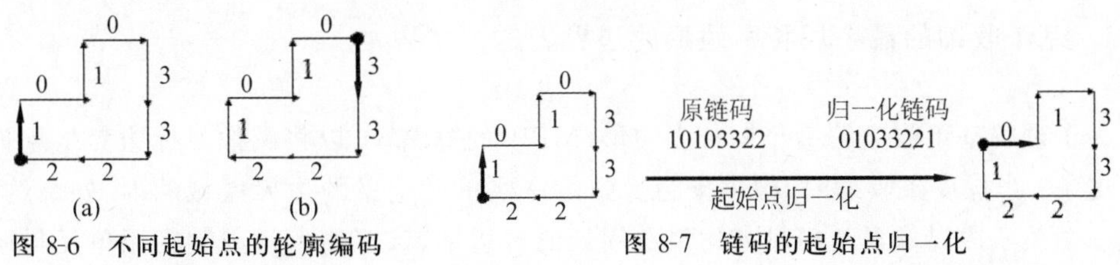

图 8-6　不同起始点的轮廓编码　　**图 8-7　链码的起始点归一化**

当用链码表示给定目标的边界时，如果目标平移，链码不会发生变化；而如果目标旋转，则链码将会发生变化。为解决这个问题，可以利用链码的一阶差分（差分就是相邻两个方向按反方向相减）来重新构造一个序列（一个可以表示原链码各段之间方向变化的新序列），相当于把链码进行旋转归一化，如图 8-8 所示，图 8-8(a)旋转 90°后得到图 8-8(b)，图 8-8(a)和图 8-8(b)的链码发生了变化，图 8-8(a)的链码为 10103322，而图 8-8(b)的链码为 21210033，但是差分码却没有变化，都是 33133030。

根据轮廓链码还可以得到一种轮廓形状描述符，即形状数。一个轮廓的形状数是指轮廓的差分码中值最小的一个序列，换句话说，形状数是值最小的（链码的）差分码。例如，如图 8-8 所示，归一化前图形的 4 方向链码为 10103322，差分码为 33133030，那么形状数就是 03033133。

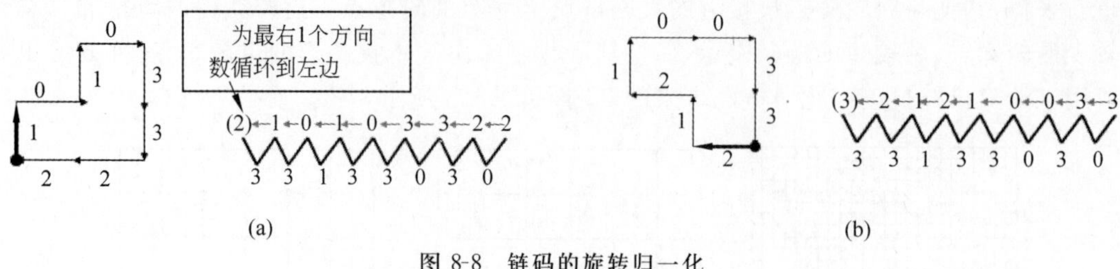

图 8-8　链码的旋转归一化

8.2　轮廓线段的近似表达

在 8.1 节中提到，在实际应用中的数字轮廓常常由于噪声、采样等因素的影响存在许多较小的不规则变化，从而对轮廓的链码表达产生较明显的干扰。所以在实际应用中，经常采用一种抗干扰、性能更好，且更节省表达所需数据量的方法，即近似逼近轮廓的方法，例如，利用多边形近似表达目标轮廓。多边形是一系列线段的封闭集合，可用来逼近大多数实用的曲线到任意的精度。在数字图像中，如果多边形的线段数与轮廓上的点数相等，则多边形可以完全准确地表达轮廓(链码是特例)。在实际应用中利用多边形表达的目的是要用尽可能少的线段来代表轮廓并保持轮廓的基本形状，这样就可以减少轮廓表达的数据量。常用的多边形表达方法有以下三种。

(1) 基于收缩的最小周长多边形。

(2) 基于聚合的最小均方误差线段逼近。

(3) 基于分裂的最小均方误差线段逼近。

8.2.1　基于收缩的最小周长多边形的边界表达

为了理解基于收缩的最小周长多边形(MPP)的算法，可以将图像目标边界想象为一根橡皮条：当橡皮条收缩时，橡皮条会受到由这些单元定义的边界区域的内、外墙约束，产生一个关于边界像素几何排列的最小周长的多边形，该多边形被限制在用单元封闭的区域内，也就是说，如果将轮廓线拉紧，各轮廓段取各段最短距离，图 8-9(b)所示就是最小周长多边形。

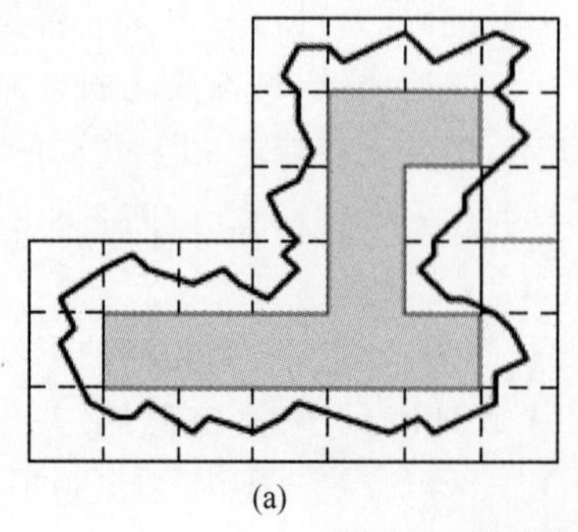

(a)

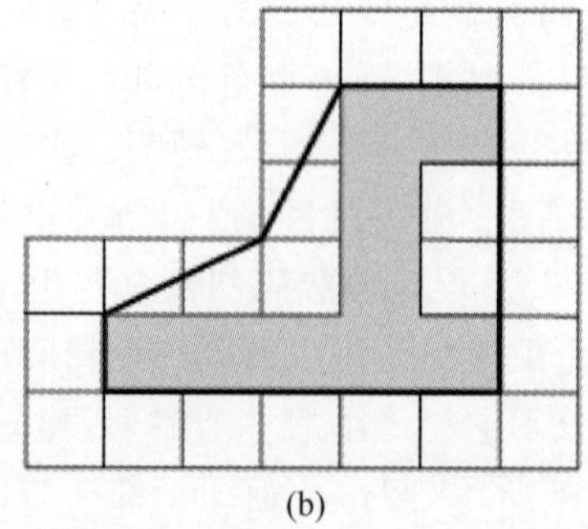

(b)

图 8-9　基于收缩的最小周长多边形示例

8.2.2　基于聚合的最小均方误差线段逼近

基于平均误差或其他准则的聚合技术也常用于解决多边形近似问题。一种方法是沿一条边界来聚合一些点，直到拟合这些聚合点的直线的最小均方误差超过一个预设的阈值，当这种条件出现时，存储该直线的参数，并将误差设为0。然后重复该过程，沿边界聚合新的点，直到该误差再次超过预设的阈值，整个过程结束后，相邻线段的交点就构成多边形的顶点。这种方法的主要难点之一是得到的近似顶点并不总是对应于原始边界中的形变（如拐角），因为误差在超过阈值前，不会形成一条新的直线。例如，如果沿着一条长的直线追踪，且遇到了一个拐角，那么通过该拐角的许多点（取决于阈值）在误差超过阈值前将被丢弃，然而，伴随聚合技术的分裂技术可用于缓解这一困难。

图8-10所示的是基于聚合的多边形逼近的示例。原轮廓是由点 a、b、c、d、e、f、g、h 等表示的多边形。现在先从点 a 出发，依次作直线 ab、ac、ad、ae 等。对从 ac 开始的每条线段计算前一轮廓点与该线段的距离作为拟合误差。设图中 bi 和 cj 没超过预定的误差限度，而 dk 超过该限度，所以选 d 为紧接点 a 的多边形顶点。再从点 d 出发重复上述方法，最终得到的近似多边形的顶点为 a、d、g、h。

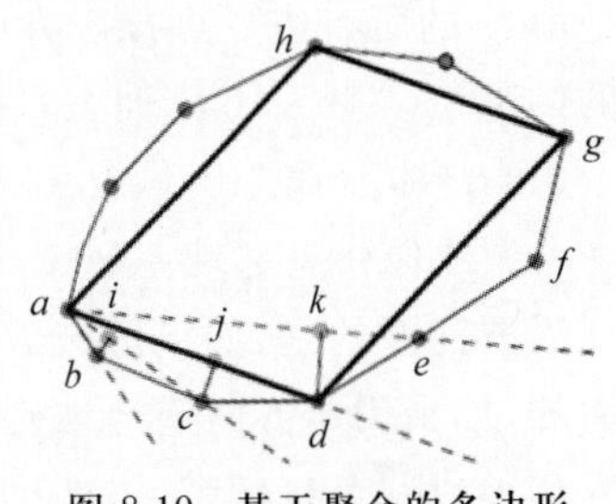

图8-10　基于聚合的多边形逼近示例

8.2.3　基于分裂的最小均方误差线段逼近

分裂边界线段的一种方法是将线段不断地细分为两部分，直到满足规定的准则为止。例如，设一条边界线段上的点到连接其两个端点的直线间的最大垂直距离不超过一个预设的阈值。如果准则满足，则与两端点间直线有着最大距离的点就成为一个顶点，这样就将初始线段分成了两条子线段。这种方法在寻找变化显著的点时具有优势。对一条闭合边界，最好的起始点通常是边界上的两个最远点。例如，图8-11(a)为一个物体的原始边界，图8-11(b)显示该边界关于其最远点的细分，标记为 c 的点是顶部边界段到直线 ab 的（垂直距离）最远点。类似地，点 d 是底部线段上的最远点。

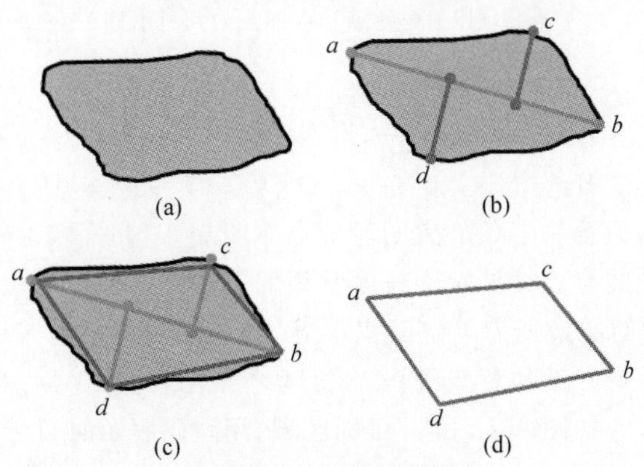

图8-11　分裂逼近多边形

(a)原始边界；(b)按最大垂直距离分割边界；(c)连接垂直点；(d)最后的多边形

8.3 轮廓基本参数及测量

边界除需要表达外，在实际应用中还需要对表达的这些参数进行测量，对边界的描述参数可以由目标轮廓获得，目前比较常用的测量轮廓的描述参数有轮廓长度（或区域周长）、轮廓直径、形状数等。

8.3.1 轮廓长度

轮廓长度是边界的一个全局特征，指边界所包围区域的轮廓的周长。区域 R 的边界 B 是由 R 的所有边界点按 4 方向或 8 方向连接组成的，除边界点外区域的其他点称为区域的内部点。对区域 R 而言，它的每一个边界点 P 都应满足两个条件。

（1）P 本身属于区域 R。

（2）P 像素有邻域不属于区域 R。

需要注意的是，如果区域 R 的内部点用 8 方向连通来判断，则得到的边界为 4 方向连通的，如果用 4 方向连通来判断，则得到的边界为 8 方向连通的。图 8-12(a)中浅阴影像素点组成一个目标区域，如果将内部点用 8 方向连通判断，则图 8-12(b)中深色像素点为内部点，其余浅色像素点构成 4 方向连通边界；如果将内部点用 4 方向连通判断，则此时内部点和 8 方向连通边界如图 8-12(c)所示。但如果边界点和内部点用同一类连通判断，则图 8-12(d)中标有“?”的点归属就会出现问题，例如，都采用 4 方向连通判断，则“?”的点既应判为内部点（邻域中所有像素均属于区域），但又应判为边界点（否则图 8-12(b)中边界将不连通）。

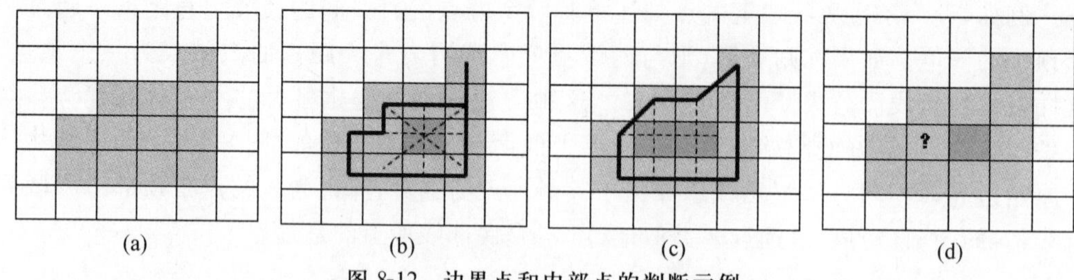

图 8-12　边界点和内部点的判断示例

4 方向连通轮廓 B_4 和 8 方向连通轮廓 B_8 定义如下：

$$B_4 = \{(x,y) \in R \mid N_8(x,y) - R \neq 0\} \tag{8-1}$$

$$B_8 = \{(x,y) \in R \mid N_4(x,y) - R \neq 0\} \tag{8-2}$$

式(8-1)和式(8-2)右边第一个条件表明轮廓点本身属于区域，第二个条件表明轮廓点的邻域中有不属于区域的点。计算轮廓长度常用的方法有 3 种。

（1）若将图像中的像素视为单位面积小方块时，则图像中的区域和背景均由小方块组成。区域的周长即为区域和背景缝隙的长度之和，此时边界用隙码表示，隙码的长度就是目标区域的周长。如图 8-13 所示目标区域，用隙码表示时目标区域的周长为 24。

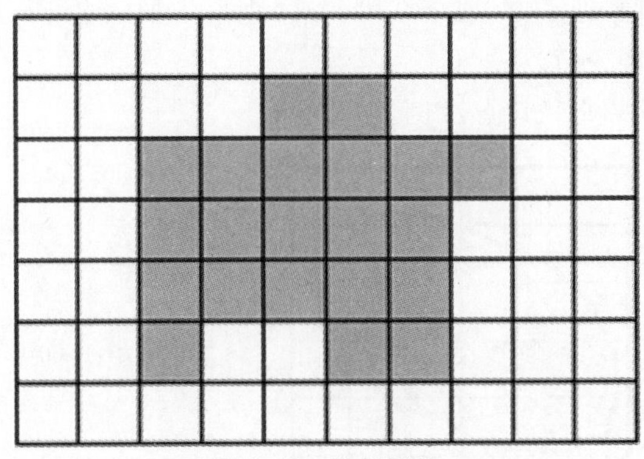

图 8-13　目标区域

(2) 如果轮廓已用单位长链码表示，则水平码和垂直码的个数加上$\sqrt{2}$乘以对角码的个数可作为轮廓长度。将轮廓的所有点从 0 排到 $K-1$(设轮廓点共有 K 个)，B_4 和 B_8 这两种轮廓长度可统一用以下公式计算：

$$\| B \| = \#\{k \mid (x_{k+1}, y_{k+1}) \in N_4(x_k, y_k)\} + \sqrt{2}\#\{k \mid (x_{k+1}, y_{k+1}) \in N_D(x_k, y_k)\} \tag{8-3}$$

其中，# 表示数量，$k+1$ 按模为 K 计算。式(8-3)第 1 项对应 2 像素间的直线段，第 2 项对应 2 像素间的对角线段。如图 8-14 所示，根据式(8-3)，图 8-14(b)的轮廓长度为 18，图 8-14(c)的轮廓长度为 16.8。

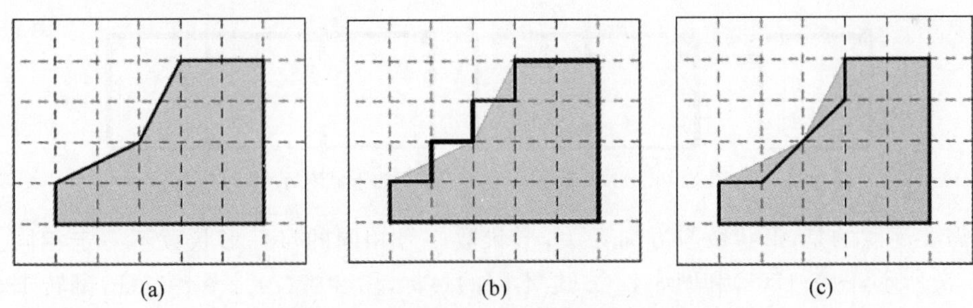

图 8-14　长链码表示轮廓长度计算示例

(a)原目标；(b)4 方向连通构成边界；(c)8 方向连通构成边界

(3) 周长用边界所占面积表示时，区域周长即物体边界点数之和，其中每个点为面积为 1 的一个小方块。图 8-13 所示的区域周长为 15。

8.3.2　轮廓直径

轮廓直径是指轮廓上相隔最远的两点之间的距离，即这两点之间的直线段长度。有时这条直线也称为轮廓的主轴或长轴，同时把与长轴垂直且与轮廓的两个交点间的线段最长的直线称为轮廓的短轴。它的长度和取向对描述轮廓都很有用。轮廓 B 的直径 $\text{Dia}_d(B)$可由以下公式计算：

$$\text{Dia}_d(B) = \max_{i,j}[D_d(b_i, b_j)], b_i \in B, b_j \in B \tag{8-4}$$

其中，$D_d()$可以是任一种距离量度，$D_d()$用不同距离量度，得到的 $\text{Dia}_d()$也不同。常用的距离量度主要有三种,即 D_E()、D_4()和 D_8()距离。如图 8-15 所示,用三种距离计算同一个目标得到三个直径值。

图 8-15 所示为轮廓直径计算示例。

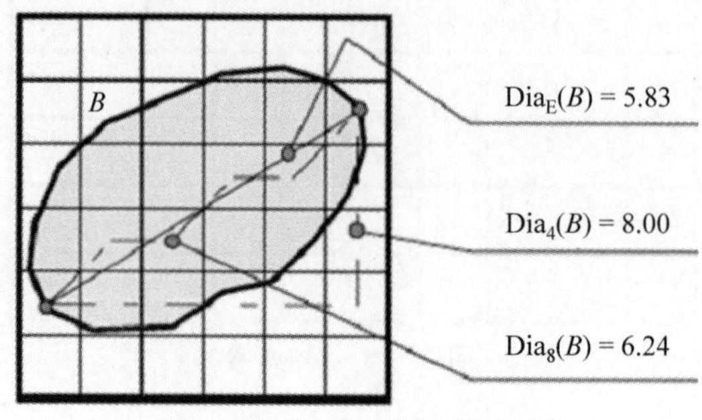

图 8-15 轮廓直径计算示例

8.3.3 形状数

形状数是指最小循环首差链码,即为最小量级的一次差分。例如,一个 4 方向链码为 10103322,那么它对应的循环首差为 33133030,形状数为 03033133。形状数序号 n 是指形状数表达形式中的位数。对于闭合边界,n 为偶数,其值限制了不同形状的数量。图 8-16 所示为形状数序号为 4、6、8 的形状数示例黑点表示起点。

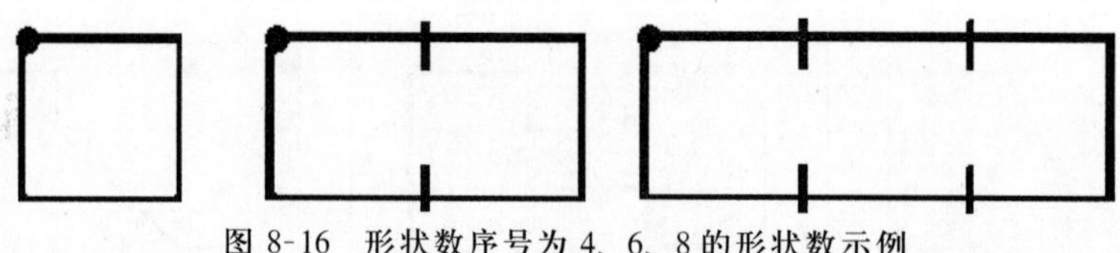

图 8-16 形状数序号为 4、6、8 的形状数示例

需要注意的是,形状数与方向无关,形状数序号相同的目标形状数不一定相同。如图 8-17 所示,图 8-17(a)和图 8-17(b)是不同的目标,图 8-17(c)是图 8-17(b)翻转 180°的结果,但三者的形状数序号相同,都是 8。

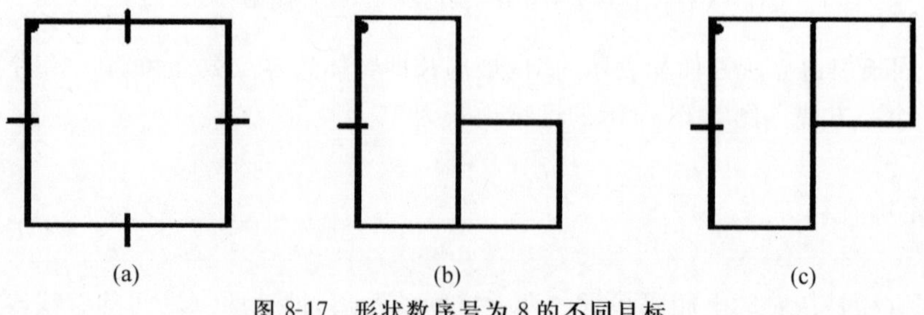

图 8-17 形状数序号为 8 的不同目标

8.4　图像区域的表达

区域表达关注的是图像中区域的灰度、颜色、纹理等特征，根据表达关注的内容处理技术不同，区域表达方法一般包括区域分解（四叉树和二叉树）和内部特征（骨架）表达方法。

8.4.1　区域分解表达

1. 四叉树表达法

四叉树表达法在每次分解时会将图像一分为四。如果图像是方形的，且像素点的个数是 2 的整数次幂时，四叉树表达法是最优的区域表达方法(因为可以一直分下去)。如图 8-18 所示，在四叉树表达中，所有的结点都可分成三类：目标结点(用白色表示)、背景结点(用黑色表示)、混合结点(用灰色表示)。四叉树的树根对应整幅图，而树叶对应单个像素或具有相同特性的像素组成的方阵。一般树根结点常为混合结点，而树叶结点必定不是混合结点。四叉树由多级构成，数根在 0 级，分一次叉多一级(每一级分为 4 个结点)。对一个有 n 级的四叉树，其结点总数 N 最多为

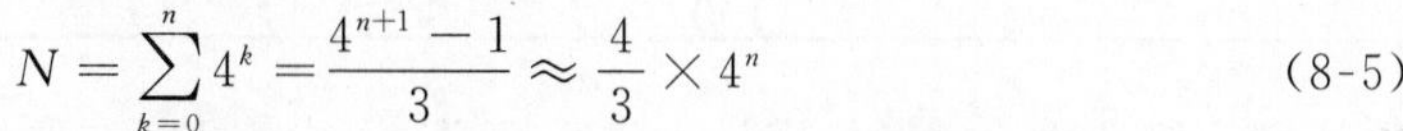

$$N=\sum_{k=0}^{n}4^{k}=\frac{4^{n+1}-1}{3}\approx\frac{4}{3}\times 4^{n} \tag{8-5}$$

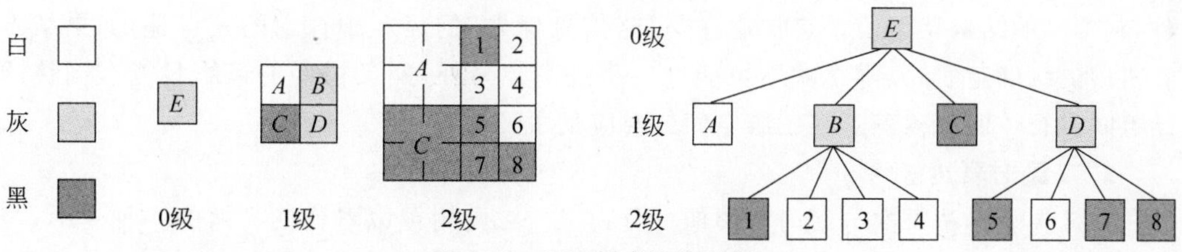

图 8-18　四叉树表达法示例

为了保证四叉树能不断地分解下去，一般要求图像必须为 $2^n\times 2^n$ 的栅格阵列，n 为极限分割次数，$n+1$ 是四叉树的最大高度或最大层数，在实际应用中，如果图像的大小不满足 $2^n\times 2^n$，一般会采用填充黑边填充的方式补充成 $2^n\times 2^n$ 的尺寸。

四叉树编码叶结点的编号需要遵循一定的规则，这种编号称为地址码(位置码)，它隐含了叶结点的位置和深度信息，对一个 $2^n\times 2^n$ 的图像可用 N 位码编码。例如，一种常用的四叉树建立方法如下：设一个 $2^n\times 2^n$ 的图像，用八进制表示，先扫描图像，每次读入两行，将图像均分成 4 块，各块的下标分别为 $2k$、$2k+1$、2^n+2k、2^n+2k+1($k=0,1,2,\cdots,2^{n-1}-1$)，它们对应灰度为 f_0、f_1、f_2、f_3。据此可建立 4 个新灰度级：

$$g_0=\frac{1}{4}(f_0+f_1+f_2+f_3) \tag{8-6}$$

$$g_i=f_i-g_0,\ i=1,2,3 \tag{8-7}$$

为了建立树的下一级，将上述每块的第一像素(由式(8-6)计算得出)组成第一行，而把由式(8-7)算得的差值放进另一个数组，得到表 8-1 的结果。

表 8-1　四叉树建立的第一步

g_0	g_4	g_{10}	g_{14}	g_{20}	g_{24}	…
(g_1,g_2,g_3)	(g_5,g_6,g_7)	(g_{11},g_{12},g_{13})	(g_{15},g_{16},g_{17})	(g_{21},g_{22},g_{23})	(g_{25},g_{26},g_{27})	

这样当读入下两行时，第一像素的下标将增加 2^{n+1} 得到表 8-2 的结果。

表 8-2　四叉树建立的第二步

g_0	g_4	g_{10}	g_{14}	g_{20}	g_{24}	…
g_{100}	g_{104}	g_{110}	g_{114}	g_{120}	g_{124}	

如此继续可得到一个 $2^{n-1}\times 2^{n-1}$ 的图像和一个 $3\times 2^{n-2}$ 的数组。重复上述过程，图像中的像素个数减少，当整个图像只有一像素时，信息全集中到数组中。表 8-3 给出了一个示例。

表 8-3　四叉树示例

0	1	4	5	10	11	14	15	20	21	24	25	…
2	3	6	7	12	13	16	17	22	23	26	27	…
100	101	104	105	110	111	114	115	120	121	124	125	…
102	103	106	107	112	113	116	117	122	123	126	127	…

四叉树表达的优点是容易生成获得，且根据它可以方便地计算区域的多种特征。另外，它本身的结构特点使得它常用在“粗略信息优先”的显示中。它的缺点是，如果结点在树中的级确定后，分辨率就不可能进一步提高。另外，四叉树间的运算只能在同级的结点间进行。四叉树表达在三维空间的对应是八叉树表达。

2. 二叉树表达法

二叉树表达法每次分解时将图像一分为二。二叉树可以看作四叉树的一种变形，与四叉树相比，二叉树级间分辨率的变化较小。二叉树表达示例如图 8-19 所示。与四叉树表达类似，在这种表达中，所有的结点仍分为三类：目标结点(用白色表示)、背景结点(用黑色表示)、混合结点(用灰色表示)。同样，二叉树的树根对应整幅图，但树叶对应单个像素或具有相同特性的像素组成的长方阵(长是宽的 2 倍)或方阵。二叉树由多级构成，数根在 0 级，分一次叉多一级。对一个有 n 级的二叉树，其结点总数 N 最多为

$$N=\sum_{k=0}^{n}2^k=2^{n+1}-1 \tag{8-8}$$

8.4.2　骨架表达

骨架是物体结构的一种精练表示方法，它把一个简单的平面区域简化成具有某种性质的线。目标的骨架表达是一种简化的目标区域表达方法，在许多情况下可反映目标的结构形状。得到区域骨架的常用方法是细化技术。中轴变换(medial axis transform，MAT)是一种用来确定目标骨架的细化技术。

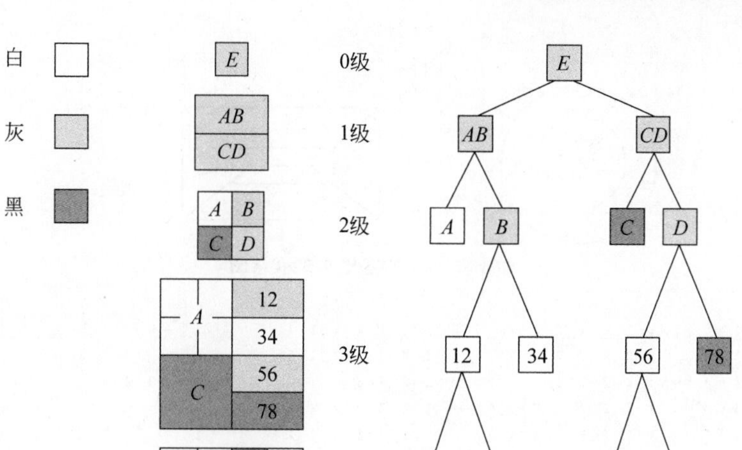

图 8-19　二叉树表达示例

设区域 R 的边缘为 B，P 是 R 内的任意点，在区域 R 的边界 B 内搜索与 P 最近的邻点，如果 P 有多个这样的邻点，如图 8-20 中的 p_1 和 p_2，那么就可以认为点 P 是一个骨架点，也可以认为每个骨架点都是与边界点距离最小的点。基于骨架的这种特性，我们可以给出骨架的定义公式

$$d_s(P,B)=\inf\{d(P,z) \mid z \in B\} \tag{8-9}$$

其中，距离量度并不确定，可以是欧氏、城区或者棋盘距离，由于最近的距离取决于距离量度，因此得到的骨架结果也和距离量度有关。

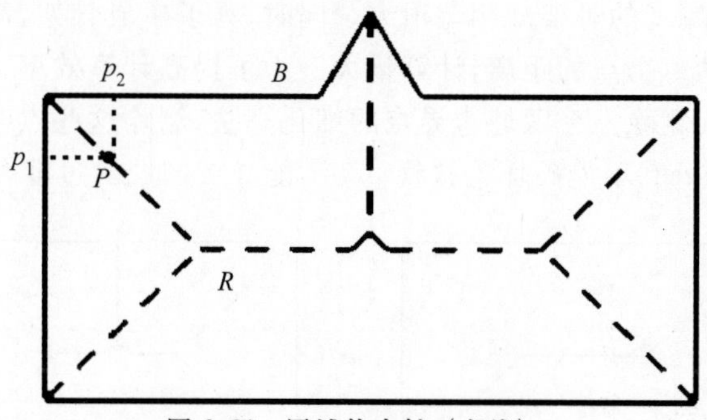

图 8-20　区域的中轴（虚线）

中轴变换常被形象地称为草场火技术(grass-fire technique)，假设有如同需求骨架区域形状的一块草地，在它的周边同时放火，随着火焰逐步向内逼近，火线前进的轨迹(火烧线)将交于中轴。换句话说，中轴(或骨架)是最后才烧着的，草场火技术示意图如图 8-21 所示。

下面以二值图像距离变换为例，说明中轴变换过程，如图 8-22 所示。

(1) 首先将灰度图像进行二值化处理，得到二值区域图像 $u_0(m,n)$，其中，目标区域的像素值为 1，背景区域的像素值为 0，后续步骤中区域迭代计算的结果为 $u_k(m,n)$，$k=0,1,2,\cdots$。

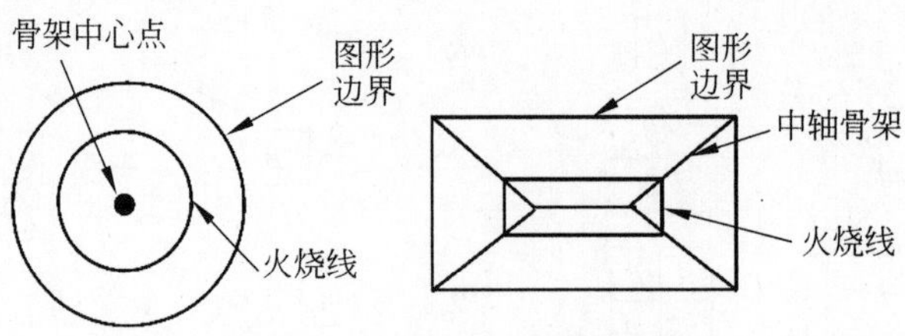

图 8-21　草场火技术示意图

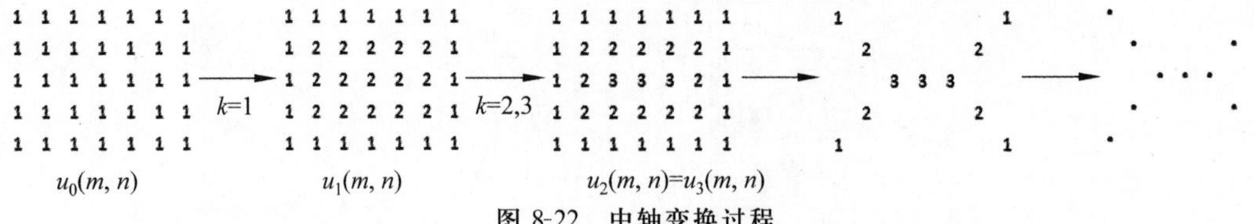

图 8-22　中轴变换过程

(2) 分别对区域中各像素点(i,j),找出其 4 邻域中具有最小值的点,即

$$\operatorname{Min}(i,j)=\min[u_k(i-1,j),u_k(i+1,j),u_k(i,j-1),u_k(i,j+1)] \tag{8-10}$$

(3) 用该最小值加 1 代替原像素点的值,对整个区域进行变换后得到新区域图像,即

$$\begin{cases}u_{k+1}(i,j)=\operatorname{Min}(i,j)+1\\ u_k(m,n)=\{u_k(i,j)\}\end{cases} \tag{8-11}$$

重复步骤(3),直到第 $k+1$ 次和第 k 次的区域图像完全相等,即

$$u_k(m,n)=u_{k+1}(m,n) \tag{8-12}$$

最后,$u_k(m,n)$的局部最大值的点的集合即为骨架。

尽管一个区域的 MAT 会生成令人满意的骨架,但其受到噪声的影响也比较大,如图 8-23 所示,图 8-23(b)是图 8-23(a)中的区域受到噪声影响后的结果,虽然它们之间只存在很小的差别,但二者的骨架却相差很大。同时,为了生成骨架,需要计算每个内部点到一个区域边界上的每个点的距离,计算量大。为了提高计算效率,提出了很多算法,其中最典型的就是迭代删除一个区域边界点的细化算法,删除这些点时要服从以下约束条件:①不能删除端点;②不能破坏连接线;③不能导致区域的过度腐蚀。

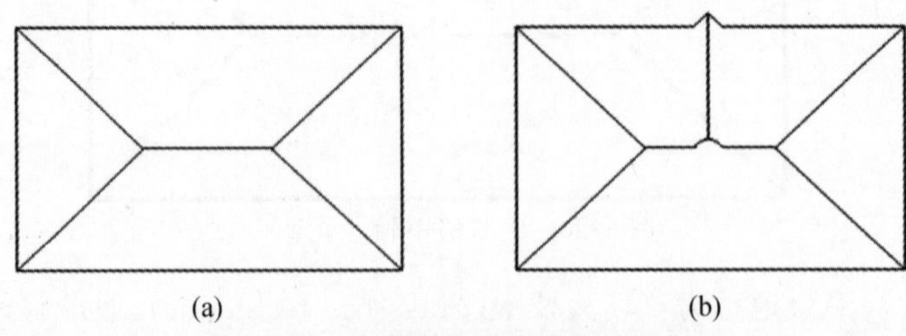

(a)　　　　(b)

图 8-23　中轴变换受噪声影响示例

下面介绍一种细化二值区域的算法。假设区域点的值为 1,背景点的值为 0。假设定义轮廓点是本身标记为 1 而其 8 连通邻域中至少有一个点标记为 0 的点。该算法操作如下。

(1) 考虑以轮廓点为中心的 8 邻域,记中心点为 p_1,其邻域的 8 个点按顺时针方向分别记为 $p_2,p_3,\cdots,p_9$,其中 p_2 在 p_1 上方,如图 8-24(a)所示,具体图像例子如图 8-24(b)

所示。首先标记同时满足下列条件的轮廓点：

① $2 \leqslant N(p_1) \leqslant 6$；

② $S(p_1)=1$；

③ $p_2 \times p_4 \times p_6 = 0$（任一个点为零则结果为零，即 p_2、p_4、p_6 至少有一个为 0）；

④ $p_4 \times p_6 \times p_8 = 0$；（$p_4$、$p_6$、$p_8$ 至少有一个 0）。

其中，$N(p_1)$是 p_1 的非零邻点的个数，图 8-24(b)中非零邻点个数为 5；$S(p_1)$是以 p_2，p_3，…，p_9，p_2 为序绕 p_1 一周时这些点的值从 0→1 变化的次数，图 8-24(b)中为 1。当检验完毕所有轮廓点后，将所有标记了的点都除去。

(2) 操作同步骤(1)，标记同时满足下列条件的轮廓点：

① $2 \leqslant N(p_1) \leqslant 6$；

② $S(p_1)=1$；

③ $p_2 \times p_4 \times p_8 = 0$；

④ $p_2 \times p_6 \times p_8 = 0$。

当检验完毕所有轮廓点后，将所有标记了的点都除去。

以上两步操作构成一次迭代。反复迭代算法直至再没有点满足标记条件，这时剩下的点组成区域的骨架。在以上各标记条件中，步骤(1)中条件①除去 p_1 只有一个标记为 1 的邻点，即 p_1 为线段端点的情况(图 8-24(c))及 p_1 有 7 个标记为 1 的邻点，即 p_1 过于深入区域内部的情况(图 8-24(d))；步骤(1)中条件②除去了对宽度为单个像素的线段进行操作的情况以避免将骨架割断；步骤(1)中条件③和条件④除去了 p_1 为轮廓的右端点或下端点($p_4=0$ 或 $p_6=0$)，或左上角点($p_2=0$ 和 $p_8=0$，图 8-24(e))，亦即不是骨架点的情况。类似地，条件③和条件④除去了 p_1 为轮廓的左端点或上端点($p_2=0$ 或 $p_8=0$)，或右下角点($p_4=0$ 和 $p_6=0$，图 8-24(f))，亦即不是骨架点的情况。最后注意到，如 p_1 为轮廓的右上端点则有 $p_4=0$ 和 $p_6=0$，如 p_1 为轮廓的左下端点则有 $p_6=0$ 和 $p_8=0$，它们都同时满足步骤(1)中条件③和条件④及步骤(2)中条件③和条件④。

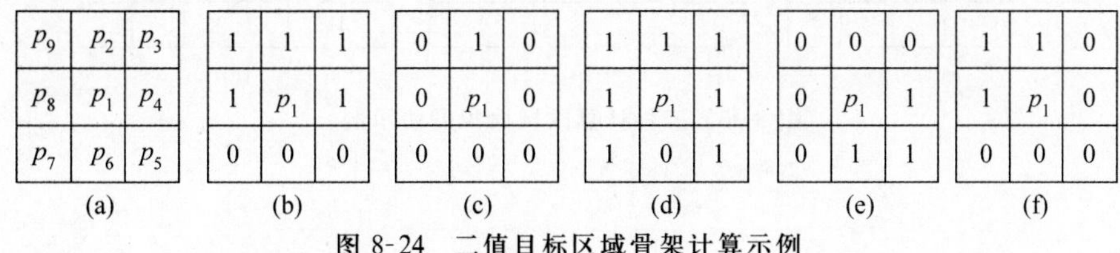

图 8-24　二值目标区域骨架计算示例

图 8-25 是一个骨架细化算法形成的过程。

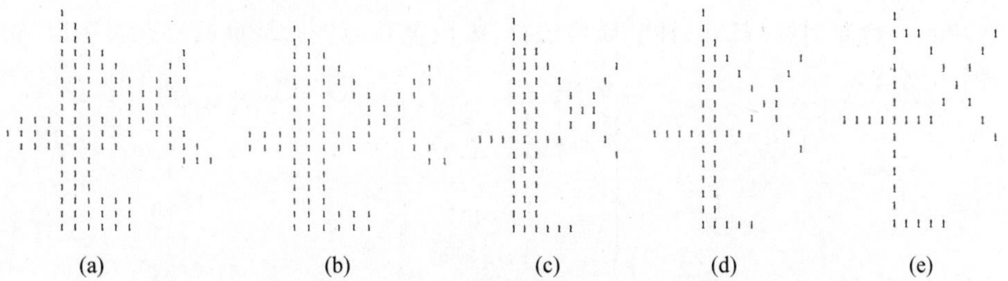

图 8-25　骨架细化算法示例

(a)原始图像；(b)消去上边界点后的区域图像；(c)消去下边界点后的区域图像；(d)消去左边界点后的区域图像；(e)消去右边界点后的区域图像

8.5 区域参数及测量

对图像进行分析处理时，除了边界表达之外，往往还需要关注目标内部特征。对应图像中目标内部表达的描述参数一般要用所有属于区域的像素集合来计算。

下面介绍几种描述目标区域的参数和测量。

8.5.1 区域面积

区域面积用来描述区域的大小，对属于区域的像素进行计数，假设正方形像素的边长为单位长，则其区域面积 A 的计算公式为

$$A = \sum_{(x,y)\in R} 1 \tag{8-13}$$

计算区域面积除了利用式(8-13)，也有人提出了计算方法，但是式(8-13)的计算方法最简单，而且也是对原始区域面积无偏和一致的最好估计。如图 8-26 所示，图 8-26(a)是利用式(8-13)计算得到的结果，为 10 像素。图 8-26(b)和图 8-26(c)所示为其他两种方法，这两种方法均采用三角形面积的计算公式，图 8-26(b)取像素间距离为单位，图 8-26(c)取像素大小为单位，得到的结果分别为 4.5 和 8。这两种方法得出的结果虽然对于平面上的连续区域都比较合理，但对数字图像的计算误差较大。

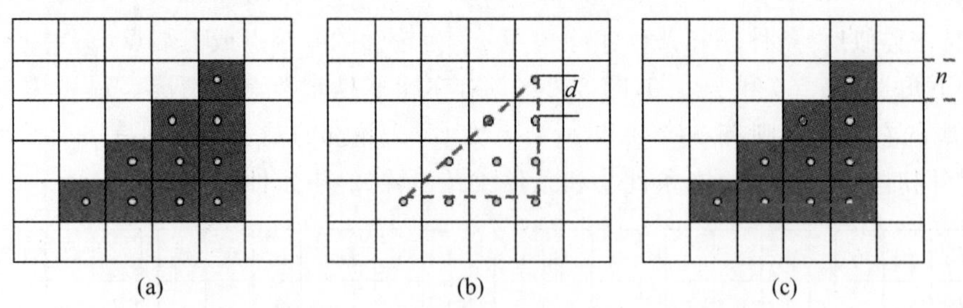

图 8-26 三种计算区域面积方法示例

(a) $A=\#$ of pixels$=10$; (b) $A=d*d/2=4.5$; (c) $A=n*n/2=8$

8.5.2 区域重心

区域重心也是对区域的一种全局描述符，区域重心的坐标是根据所有属于区域的像素点进行计算的。

$$\begin{cases} \bar{x} = \dfrac{1}{A}\sum_{(x,y)\in R} x \\ \bar{y} = \dfrac{1}{A}\sum_{(x,y)\in R} y \end{cases} \tag{8-14}$$

尽管区域各点的坐标总是整数，但利用式(8-14)计算的区域重心坐标常常不为整数。在区域本身的尺寸与各区域间的距离相对很小时，可将区域用位于其重心坐标的质点来

近似代表，这样就可将区域的空间位置表示出来。

8.5.3　区域灰度特性

描述区域的目的常是描述原场景中目标的特性，包括反映目标灰度、颜色等的特性。与计算区域面积和区域重心仅需分割图像不同，对目标灰度特性的测量要结合原始灰度图和分割图来得到。常用的区域灰度特征有目标灰度（或各种颜色分量）的最大值、最小值、中值、平均值、方差及高阶矩等统计量，它们多数也可借助灰度直方图得到。

有一种常用的区域灰度特征是积分光密度（integrated optical density，IOD），它是一种图像的内部特征，也可以归为一种灰度特征，可看作对目标的“质量”（mass）的一种测量。对一幅 $M\times N$ 的图像 $f(x,y)$，其积分光密度 IOD 定义为

$$\mathrm{IOD}=\sum_{x=0}^{M-1}\sum_{y=0}^{n-1}f(x,y) \tag{8-15}$$

假设图像的直方图为 $H()$，图像灰度级数为 G，则根据直方图的定义，有

$$\mathrm{IOD}=\sum_{k=0}^{G-1}kH(k) \tag{8-16}$$

除此之外，其他的区域灰度特征还有透射率和光密度。

透射率 T 是指光穿透目标的程度，一般利用如下公式表示：

$$T=\frac{\text{穿透目标的光}}{\text{入射的光}} \tag{8-17}$$

光密度 OD 为

$$\mathrm{OD}=\lg(1/T)=-\lg T \tag{8-18}$$

8.5.4　区域形状参数

形状参数（form factor）是根据区域周长和区域面积来计算的：

$$F=\frac{\| B \|^2}{4\pi A} \tag{8-19}$$

式中：B——区域周长；

A——区域面积。

由式(8-19)可知，区域为圆形时 F 为 1，为其他形状时，$F>1$，即当区域为圆时，F 最小。可以证明，对数字图像来说，如果边界按 4 连通计算，则对正八边形区域 F 最小；如果边界按 8 连通计算，则对正菱形区域 F 最小。

形状参数在一定程度上描述了区域的紧凑性，无量纲，对尺度变化不敏感，如果除去由于离散区域旋转带来的误差，其对旋转也不敏感。

注意：仅仅靠形状参数 F，有时并不能把不同形状的区域分开，如图 8-27 所示，三个区域的周长和面积都相同，因而具有相同的形状参数，但三者的形状明显不同。

从图 8-27 可以看出，三个图的面积 $A=5$，周长 $B=12$，所以 $F_1=F_2=F_3$。

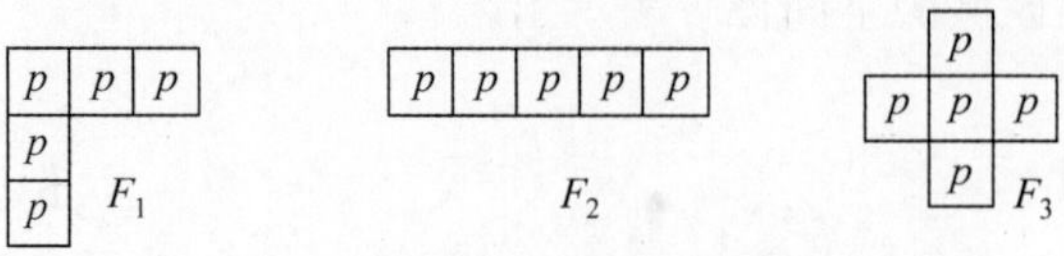

p p p
p
p F_1

p p p p p
F_2

p
p p p
p F_3

图 8-27　不同形状图像的形状参数示例

8.5.5　偏心率度

区域的偏心率度是区域形状的重要描述，度量偏心率度常用的一种方法是采用区域主轴和辅轴的比，如图 8-28 所示，偏心率度为 A/B。图中，主轴与辅轴相互垂直，且是这两个方向上的最大值。

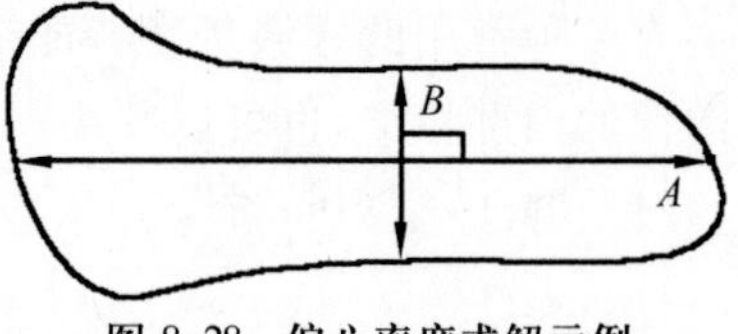

图 8-28　偏心率度求解示例

另一种方法是计算惯性主轴比，其是基于边界线点或整个区域来计算质量。Tenenbaum 提出了计算任意点集 R 偏心率度的近似公式。

首先利用式(8-20)计算平均矢量：

$$\boldsymbol{x}_0 = \frac{1}{n}\sum_{x \in R}\boldsymbol{x} \quad \boldsymbol{y}_0 = \frac{1}{n}\sum_{y \in R}\boldsymbol{y} \tag{8-20}$$

再计算 ij 矩

$$\boldsymbol{m}_{ij} = \sum_{(x,y) \in R} (\boldsymbol{x} - \boldsymbol{x}_0)^i \, (\boldsymbol{y} - \boldsymbol{y}_0)^i \tag{8-21}$$

计算方向角

$$\theta = \frac{1}{2}\arctan\left(\frac{2m_{11}}{m_{20} - m_{02}}\right) + n\left(\frac{\pi}{2}\right) \tag{8-22}$$

最后可以计算偏心率度的近似值

$$e = \frac{(m_{20} - m_{02})^2 + 4m_{11}}{\text{面积}} \tag{8-23}$$

8.5.6　圆形度

圆形度(圆形性)用来刻画物体边界的复杂程度，是一个用区域 R 的所有轮廓点定义的特征量，表示的方法如下：

(1) 方法一。

$$C = \frac{P^2}{A} \tag{8-24}$$

利用周长的平方和面积的比值求圆形度，其中 P 为周长、A 为面积。

(2) 方法二。

$$C = \frac{\mu_R}{\delta_R} \tag{8-25}$$

式中：μ_R——从区域重心到轮廓点的平均距离；

δ_R——从区域重心到轮廓点距离的均方差。

$$\mu_R = \frac{1}{k}\sum_{k=0}^{K-1} \| (x_k, y_k) - (\bar{x} - \bar{y}) \| \tag{8-26}$$

$$\delta_R = \frac{1}{k}\sum_{k=0}^{K-1} [\| (x_k, y_k) - (\bar{x} - \bar{y}) \| - \mu_R]^2 \tag{8-27}$$

特征量 C 当区域 R 趋向圆形时是单增趋向无穷的，不受区域平移、旋转和尺度变化的影响。

8.5.7 欧拉数

欧拉数是一种区域的拓扑描述符，描述的是区域的连通性。拓扑学研究图形不受畸变变形影响的性质，区域的拓扑性质是对区域的一种全局描述，这些性质既不依赖距离，也不依赖基于距离测量的其他特性。

对一个给定的平面区域而言，区域内的孔数 H 和区域的连通成分 C 都是常用的拓扑性质，那么欧拉数 E 的定义如下：

$$E = C - H \tag{8-28}$$

图 8-29 所示为不同图形欧拉数的求解示例图。图 8-29(a)中有 2 个孔，1 个连通成分，所以欧拉数为－1；图 8-29(b)中有 3 个连通成分，0 个孔，欧拉数为 3；图 8-29(c)中有 1 个孔，1 个连通成分，欧拉数为 0；图 8-29(d)中有 2 个孔，1 个连通成分，欧拉数为－1。

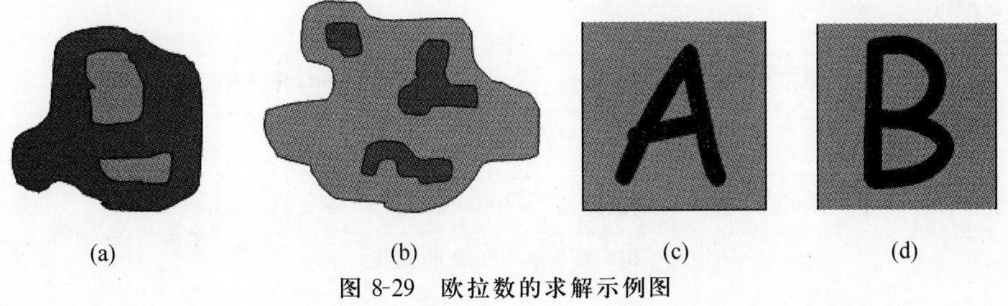

图 8-29 欧拉数的求解示例图

也可以利用欧拉数简单描述全由直线段构成的区域集合，这些区域也叫多边形网，对于一个多边形网，假如用 W 表示其顶点数，Q 表示其边线数，F 表示其面数，则其欧拉数为

$$E = W - Q + F = C - H \tag{8-29}$$

如图 8-30 所示，$W=7$，$Q=11$，$F=2$，$C=1$，$H=3$，$E=-2$。

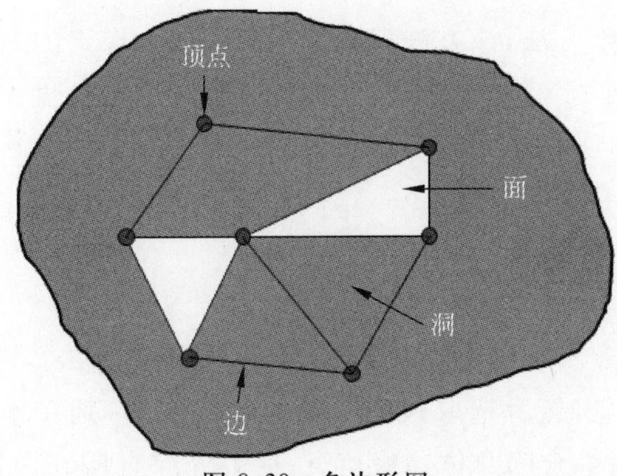

图 8-30 多边形网

8.6 应用案例——水果识别

随着计算机和图像处理技术日趋成熟，对农产品图像的自动识别和分类成为一个重要的应用领域，借助计算机智能识别方法来区分农产品，可以克服传统手工检测劳动量大、生产率低和分类不精确等缺点，实现高速、精确的水果识别和分类。图 8-31 所示为图像中多个水果个体识别示例。

图 8-31 图像中多个水果个体识别示例

水果识别的步骤为，首先，调整图像亮度，以增强水果和背景的对比度；其次，分割出不同水果图像，一般采用在合适的颜色空间（如 HSI 颜色空间）中，从某一颜色通道中分割出水果的方法，该方法需进行颜色空间变换并统计出范围值，计算较复杂。而用水果和背景的边缘代表水果轮廓信息的方法具有高效、快捷的优点，已得到广泛应用。本实例采用彩色边缘特征获取水果边缘，并利用该边缘信息实现水果区域填充，从而分割出不同的水果；然后，对分割出的水果进行标记，并跟踪其轮廓，为参数提取奠定基础；最后，计算出水果的颜色特征和球状性特征，选取合适的特征阈值实现不同类型水果的个体识别。水果识别的流程如图 8-32 所示。

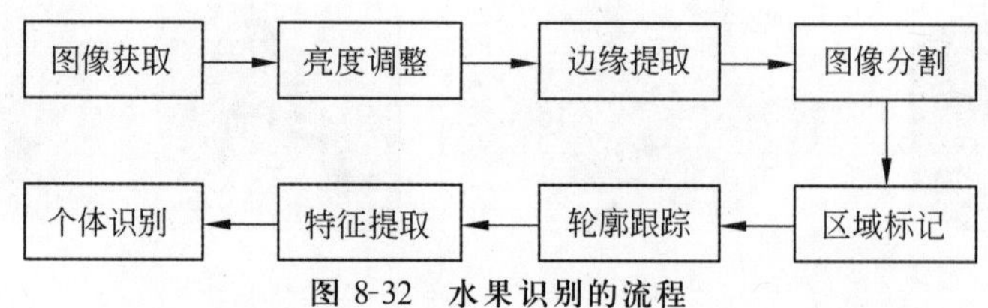

图 8-32 水果识别的流程

8.6.1 亮度调整

由于获取图像的外界环境和设备不确定，容易导致图像亮度不均匀，影响后续边缘检测，因此，有必要对图像进行亮度调整。亮度调整要根据图像自身的情况，选择不同的方法。常用自动亮度调整方法，该方法把图片中亮度最大像素的 5%提取出来，然后线性放大，使其平均亮度达到 255，一般情况下，该方法能实现对亮度不均匀图像较好的处理效果。也可以参照 3.2.3 节的方法进行线性变换。

8.6.2 边缘提取

彩色图像边缘提取方法有两种：输出融合法和多维梯度法。两种方法都需要先计算不同颜色通道的梯度信息，然后选取阈值实现边缘提取，差别在于前者对各颜色通道分别选取阈值，提取边缘后综合为总体边缘信息；后者先综合所有通道的梯度信息，然后选取一个阈值实现边缘信息提取。多维梯度法检测流程如图 8-33 所示。

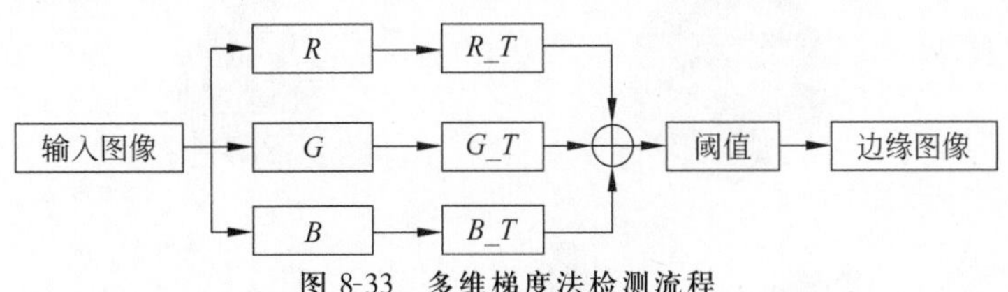

图 8-33 多维梯度法检测流程

梯度信息的提取选取 Sobel 算子，无论水果图像是否清晰，该算子都具有较好的处理效果。首先，亮度调整后的图像进行 Sobel 算子处理，得到 R、G、B 三个通道的梯度值 R_T、B_T 和 G_T，由其生成的梯度图像如图 8-34 所示；其次求三个通道梯度和，利用判别分析法求出阈值 T；最后，二值化处理得到边缘图像，如图 8-35 所示。

图 8-34 梯度图

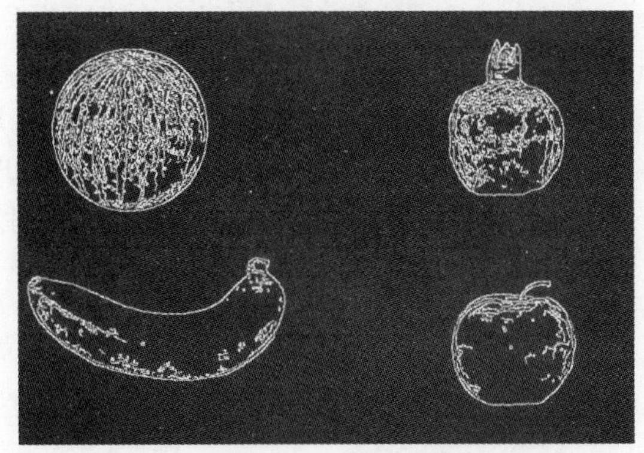

图 8-35 边缘图像

8.6.3 图像分割

由图 8-35 可以看出，对象内部存在大量的纹理噪声，其外部也可能存在着小噪声区域。因此，需要填充对象区域和外部噪声区域，以便后续处理。填充每个水果区域时，由于区域内部存在噪声干扰，实现比较复杂，故采用填充背景的方法。具体做法是，取图像左下角像素为种子点，用 4 连通区域种子填充算法，将背景填充为一个固定值(如 128)；填充结束后，将像素值为非 128 的像素全部置为 0，再将背景(值为 128)置为 255，如此便可实现水果的分割，分割图像如图 8-36 所示。

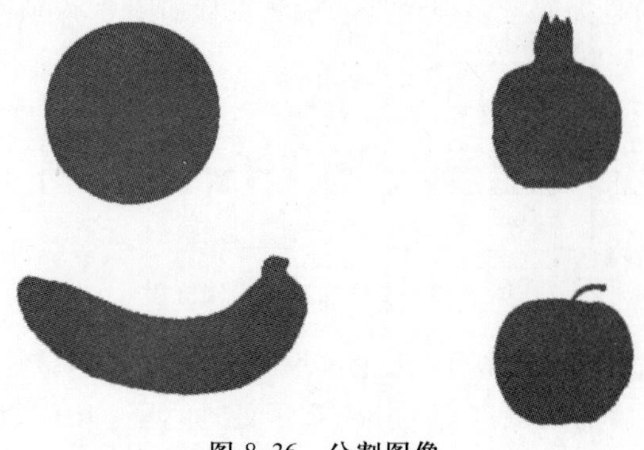

图 8-36 分割图像

8.6.4 区域标记

为实现不同个体特征的提取，需要进行区域标记，以便检测不同个体的特征参数，进而实现类型识别。本示例采用序贯标记算法。针对 4 连通区域，设当前像素为 $p(x,y)$，其上方像素为 $p(x,y-1)$，左方像素为 $p(x-1,y)$，从第一行开始，对图像从上到下、从左到右扫描，其标记规则如下。

(1) 若 $p(x,y-1)$ 和 $p(x-1,y)$ 都未被标记，则赋予 $p(x,y)$ 一个新的标记。

(2) 若 $p(x,y-1)$ 和 $p(x-1,y)$ 都被标记，且标记相同，则赋予 $p(x,y)$ 该标记。

(3) 若 $p(x,y-1)$ 和 $p(x-1,y)$ 都被标记，且标记不相同，则赋予 $p(x,y)$ 两者中较小的标记，同时记录 $p(x,y-1)$ 和 $p(x-1,y)$ 的标记为相等关系。

(4) 若 $p(x,y-1)$ 和 $p(x-1,y)$ 其一被标记，则赋予 $p(x,y)$ 该标记。

按照以上规则扫描一次图像后，进行第二次扫描，把具有相等关系的区域合并。标记过程中，将像素数小于 30 的区域作为噪声去除。将经过标记处理后的西瓜、石榴、香蕉和苹果区域的标记分别设为 1、2、3、4。统计标记数量便可得到水果个数；将标记为 1～4 的区域分别赋予灰度值 160、120、80 和 40，标记效果如图 8-37 所示。

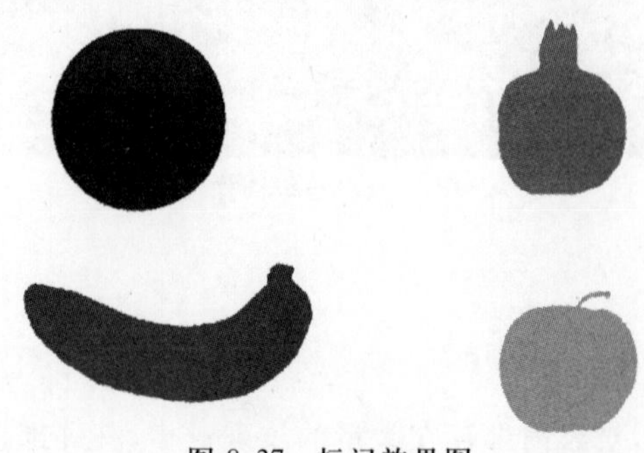

图 8-37 标记效果图

8.6.5 轮廓跟踪

标记出每个水果图像后，需要跟踪所有图像的轮廓，并将轮廓像素的坐标保存到带标记的结构体数组中，用于后面特征参数的计算。轮廓跟踪的方法参见 6.4 节，将跟踪出的轮廓像素值置为 0 的效果如图 8-38 所示。

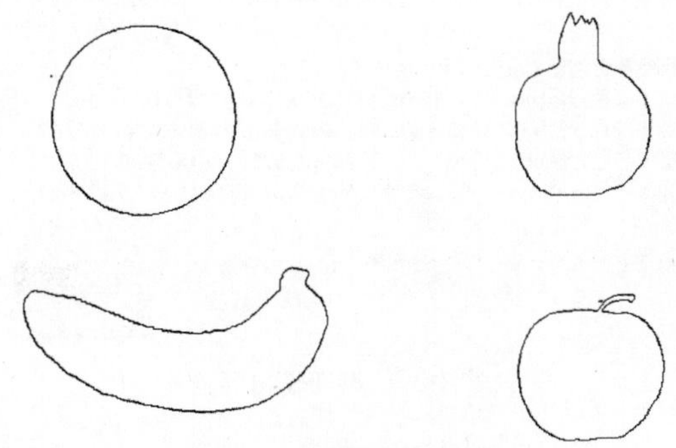

图 8-38　轮廓跟踪效果图

8.6.6　特征提取

为实现不同类型水果的识别，必须选取有效的特征参数，并结合不同的特征。针对原图中的 4 种水果（西瓜、香蕉、石榴、苹果），特征参数选取颜色特征和圆形性 C。其中，颜色特征取每个水果区域所有像素 RGB 归一化值 r、g、b 的平均值 $\bar{r}$、$\bar{g}$、$\bar{b}$。对原图不同的标记区域分别计算 $\bar{r}$、$\bar{g}$、$\bar{b}$，保存到对应标记的数组中，即可实现颜色特征提取。

特征参数计算结果如表 8-4 所示。

表 8-4　特征参数计算结果

水　果	$\bar{r}$	$\bar{g}$	$\bar{b}$	圆　形　性
西瓜	0.189 6	0.534 7	0.275 5	73.145 9
香蕉	0.490 7	0.382 7	0.126 4	2.065 6
石榴	0.571 0	0.200 7	0.228 2	4.640 4
苹果	0.673 3	0.170 6	0.155 9	9.801 3

8.6.7　个体识别

由表 8-4 可以看出，苹果和石榴的 $\bar{r}$ 较大，香蕉和西瓜的 $\bar{g}$ 较大；苹果和西瓜的圆形性的值相对较大，而香蕉和石榴的圆形性的值均小于 5。因此，建立如下判别准则：如果圆形性大于 5，则为苹果或西瓜；小于 5 则为香蕉或石榴。

对于苹果和西瓜，如果 $\bar{r}>0.5$、$\bar{b}<0.2$，则判定为苹果；如果 $\bar{r}<0.5$、$\bar{b}>0.2$，则判定为西瓜。

对于香蕉和石榴，如果 $\bar{r}>0.4$、$\bar{b}<0.2$，则判定为香蕉；如果 $\bar{g}<0.3$、$\bar{r}>0.5$，则判定为石榴。

利用上述判别准则进行识别的输出界面如图 8-39 所示。

识别结果分别是（从上到下，从左到右）
西瓜：颜色分量b:0.275543g:0.534758r:0.189699圆形性113.380919
香蕉：颜色分量b:0.126490g:0.382769r:0.490741圆形性12.772267
石榴：颜色分量b:0.228203g:0.200759r:0.571037圆形性30.320895
苹果：颜色分量b:0.155931g:0.170680r:0.673389圆形性35.328068
确定

图 8-39　识别输出界面

思考与练习

1. 对图 8-40 采用 8 方向进行图形编码，求解该图形的 8 方向链码。

2. 对图 8-41 中图形的轮廓（已分段）用 4 方向链码进行编码，求该图形的 4 方向归一化链码和图形的形状数。

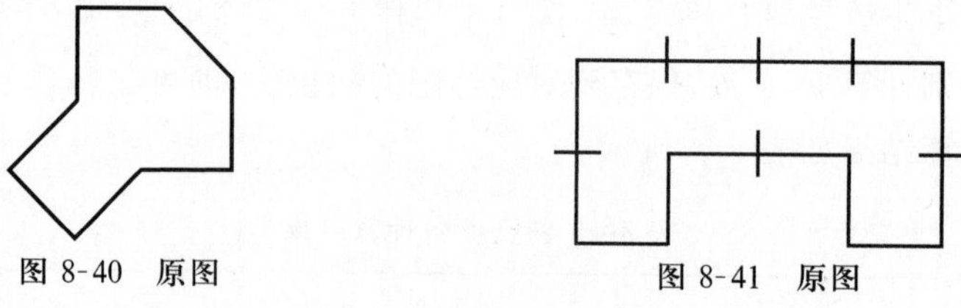

图 8-40　原图　　图 8-41　原图

3. 设相邻像素间距离为 1，用基于收缩的方法计算多边形在每个像素内产生的最大误差是多少？为什么？

4. 分别用四叉树表达法和二叉树表达法表示图 8-42 所示图像，其中，目标结点用白色表示，背景结点用黑色表示，混合结点用灰色表示。

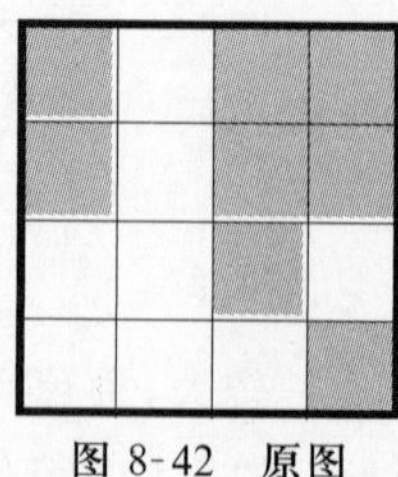

图 8-42　原图

5. 请画出图 8-43 所示区域的骨架。

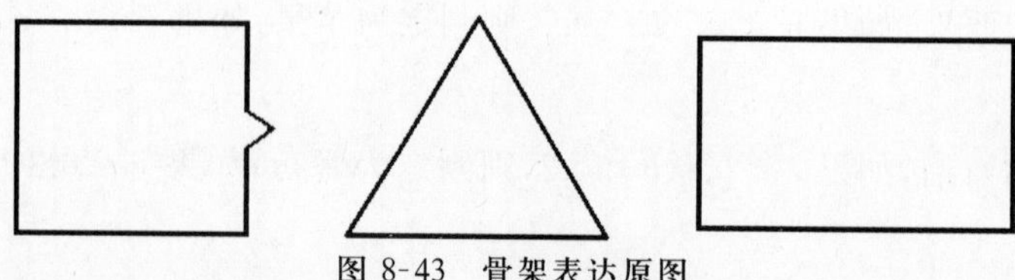

图 8-43　骨架表达原图

6. 某个物体的边界坐标为

x：[97　85　66　42　22　10　9　21　40　64　84　96]

y：[78　98　110　111　99　80　56　36　24　23　35　54]

求该物体的重心，并通过计算圆形性$\left(C=\dfrac{P^2}{A}\right)$来确定该物体是圆的还是方的。

7. 设图 8-44 中每个小正方形的边长为 1，如果所示区域（灰色）内部点用 4 连通判定，那么该区域的轮廓长度是多少？如果所示区域（灰色）内部点用 8 连通判定，那么轮廓长度又是多少？

8. 求图 8-45 所示的阴影部分的区域周长、区域面积和形状参数。

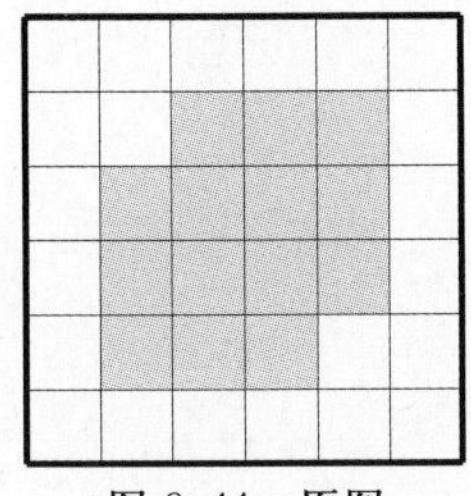

图 8-44　原图

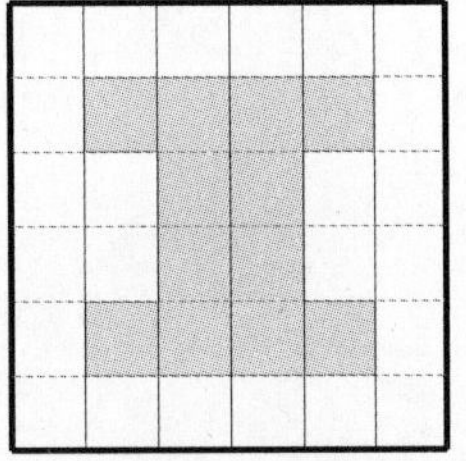

图 8-45　原图

实验要求与内容

一、实验目的

1. 掌握图像轮廓的链码表示。
2. 掌握图像轮廓线段的近似表达。
3. 掌握求解轮廓长度、轮廓直径和形状数的方法。
4. 掌握图像区域的表达。
5. 掌握求解图像区域面积、区域中心、偏心率度、圆形度的方法。

二、实验要求

1. 编程实现求解图像目标的轮廓长度、轮廓直径和形状数。
2. 编程实现求解图像区域面积、区域中心、偏心率度、圆形度。

提高题

设计一个程序，实现以下功能：

1. 利用轮廓跟踪的方法，找出如图 8-46(a)所示目标的轮廓，并把找到的轮廓绘制出来，如图 8-46(b)所示。

2. 求解图中目标的轮廓周长、面积、中心位置、偏心率度等。

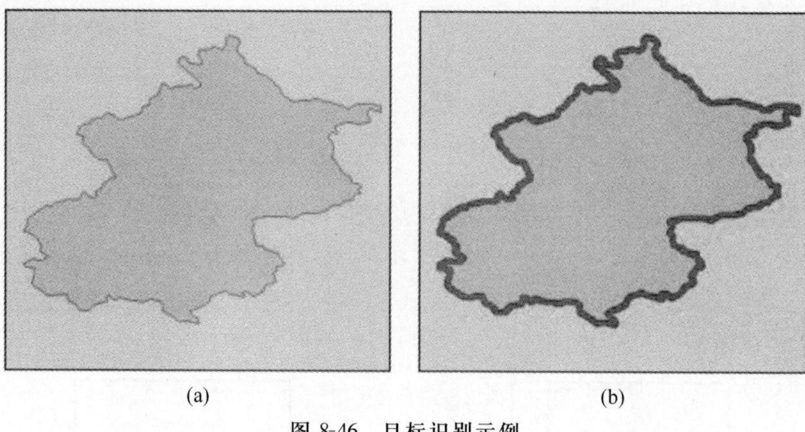
(a) (b)

图 8-46 目标识别示例

(a)目标；(b)轮廓

三、实验分析

分析讨论在图 8-46 中存在噪声的情况下，求解目标的轮廓有没有影响？利用程序结果进行分析，并提出解决方案。

四、实验体会（包括对本次实验的小结，实验过程中遇到的问题等）

第 9 章　二值图像的形态学处理

形态学(morphology)一词通常表示生物学的一个分支学科，主要研究动植物的形态和结构。而在数字图像处理中的形态学，是指数学形态学。数学形态学(mathematical morphology)是一门建立在严格数学理论和拓扑学基础之上的图像分析学科。数学形态学的基本思想是用具有一定形态的结构元素去度量和提取图像中的对应形状，以达到对图像进行分析和识别的目的。目前，形态学图像处理已成为数字图像处理的一个重要研究领域，广泛应用于文字识别、医学图像、工业检测、机器人视觉等领域。形态学处理能有效滤除噪声，保留图像中原有信息的优点，同时，基于数学形态学的边缘提取较平滑、断点少。例如，由于各种原因，电路板图像上存在很多噪声点，如图 9-1(a)所示，这些噪声点会给后续的处理带来很多麻烦，由于电路板图像本身就是二值图像，因此利用形态学方法可以很方便地去除图像上的噪声点，如图 9-1(b)所示。例如，在对该细胞图进行计数时，会发现图中很多细胞之间有粘连，如图 9-2(a)所示，在计数的时候很容易被当成一个细胞，因此需要利用形态学的运算去掉粘连。现实中的很多应用，都会利用形态学运算进行一些预处理，如第 6 章“图像分割”中人脸识别、车牌识别等过程。

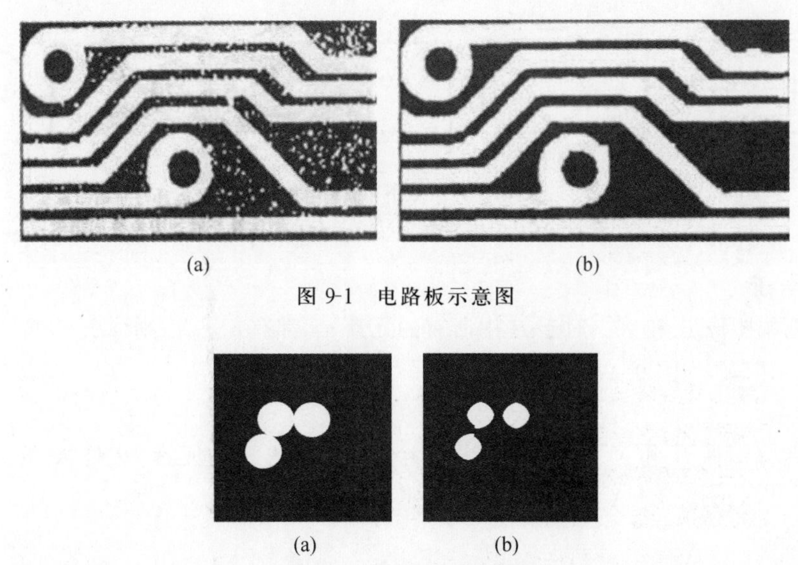

(a)　(b)

图 9-1　电路板示意图

(a)　(b)

图 9-2　细胞粘连示例

9.1 形态学的基础概念

在数字图像处理中，形态学是借助集合论的语言来描述的，所以本章的各节内容均以集合论为基础展开。集合的反射概念在形态学中广泛使用，一些形态学的基本概念在后续的算法处理中也经常用到，下面将介绍这些基础概念。

1. 反射

一个集合 B 的反射表示为 $\hat{B}$，定义如下：

$$\hat{B}=\{w \mid w=-b, b \in B\} \tag{9-1}$$

如果 B 是描述图像中物体像素的集合(二维点)，则 $\hat{B}$ 是 B 中(x,y)坐标被$(-x,-y)$替代的点的集合，如图 9-3 所示。

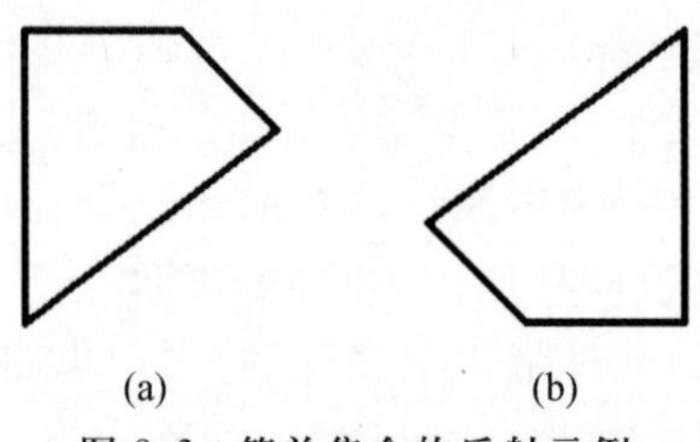

(a) (b)

图 9-3 简单集合的反射示例

(a)集合 B；(b)集合 B 的反射

2. 元素

设有一幅图像 X，若点 a 在 X 区域内，则称 a 为 X 的元素，记作 $a \in X$，如图 9-4(a)所示。

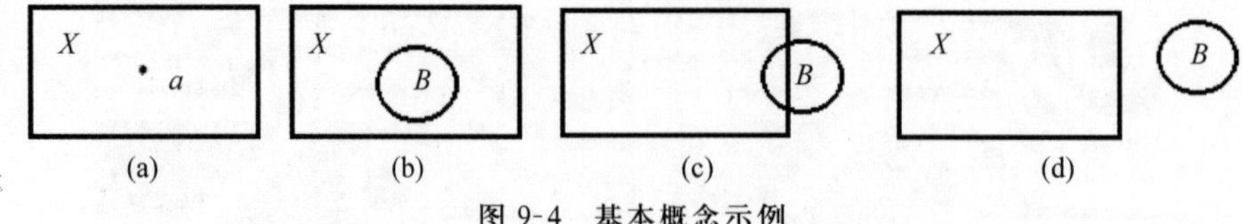

(a) (b) (c) (d)

图 9-4 基本概念示例

(a)$a \in X$；(b)$B \subset X$；(c)$B \uparrow X$；(d)$B \cap X=\varnothing$

3. 包含于

设有两幅图像 B 和 X。对于 B 中所有的元素 a_i，都有 $a_i \in X$，则称 B 包含于(included in)X，记作 $B \subset X$，如图 9-4(b)所示。

4. 击中

设有两幅图像 B 和 X。若存在这样一个点，它既是 B 的元素，又是 X 的元素，则称 B 击中(hit)X，记作 $B \uparrow X$，如图 9-4(c)所示。

5. 不击中

设有两幅图像 B 和 X。若存在这样一个点，它既是 B 的元素，又是 X 的元素，即 B 和 X 的交集是空集，则称 B 不击中(miss)X，记作 $B \cap X=\varnothing$，如图 9-4(d)所示。

6. 补集

设有一幅图像 X，所有 X 区域以外的点构成的集合称为 X 的补集，记作 X^c，如图 9-5 所示。显然，如果 $B\cap X=\varnothing$，则 B 在 X 的补集内，即 $B\subset X^c$。

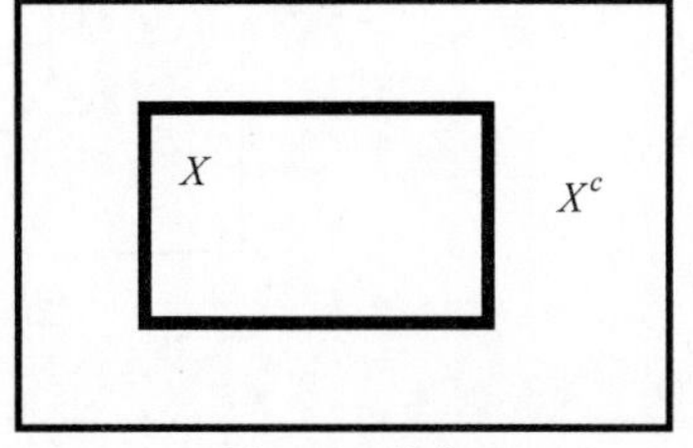

图 9-5 补集

7. 结构元素

设有两幅图像 S 和 X。若 X 是被处理的对象，而 S 是用来处理 X 的，则称 S 为结构元素（structure element），B 又被形象地称作刷子。结构元素通常都是一些比较小的图像。

形态学的图像处理通常是这样的：在图像中移动一个结构元素，并进行一种类似于卷积操作的方式。结构元素可以具有任意的大小，也可以包含任意的 0 与 1 的组合。在每个像素位置，结构元素与在它正面的二值图像或灰度图像进行一种特定的逻辑运算。逻辑运算的结果在输出图像中对应于结构元素所在的像素位置。产生的效果取决于结构元素的大小、内容及逻辑运算的性质。

9.2 形态学的运算

形态学的运算主要有腐蚀、膨胀、开运算和闭运算 4 种。

9.2.1 腐蚀

腐蚀是最基本的形态学运算之一，会消除物体的所有边界点，使物体沿周边内缩一像素。假设 A，B 为 Z^2 中的集合，A 被 B 腐蚀，记为 $A\otimes B$，定义为

$$A \otimes B=\{x \mid (B)_x \subseteq A\} \tag{9-2}$$

即 A 被 B 腐蚀的结果为所有使 B 被 x 平移后包含于 A 的点 x 的集合。

腐蚀的另一种常用解释是，对一个给定的目标图像 B 和一个结构元素 S，由结构元素 S 对二值图像 B 腐蚀，产生新的二值图像 E：如果 S 的原点移到图像 (x,y) 的位置上，则要求 S 完全包含于 B 中。定义为

$$E=B \otimes S=\{x,y \mid S_{x,y} \subseteq B\} \tag{9-3}$$

以第二种解释为例，腐蚀运算的基本过程是，把结构元素 S 看作一个卷积模板，每当结构元素平移到其原点位置与目标图像 B 中那些像素值为"1"的位置重合时，就判断被结构元素覆盖的子图像的其他像素值是否都与结构元素相应位置的像素值相同。当二者都相同时，就将结果图像中那个与原点位置对应的像素的值置为"1"，否则置为"0"。需要强调的是，当结构元素在目标图像上平移时，结构元素中的任何元素都不能超出目标图像的范围。图 9-6 所示为腐蚀运算示例，结构元素的原点在左上方的位置，见图 9-6(b)上红色的像素，图 9-6(c)中的蓝色像素块就是被腐蚀掉的像素。

腐蚀运算的结果不仅与结构元素的形状（矩形、圆形、菱形等）有关，还与原点的位置有关。如图 9-7 所示，把图 9-6(b)中的结构元素原点换成图 9-7(b)所示位置，腐蚀的结

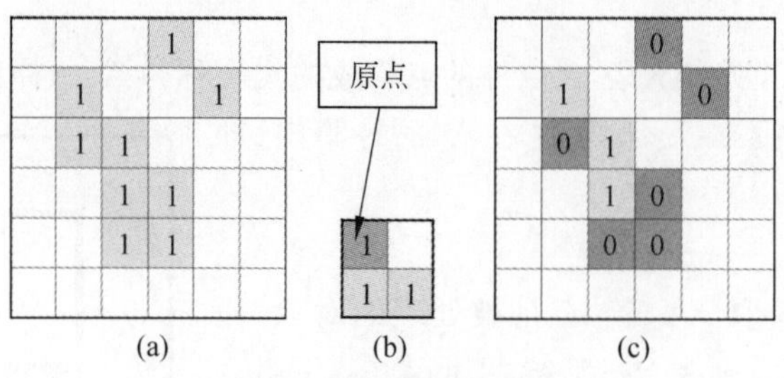

图 9-6 腐蚀运算示例

(a)目标图像；(b)结构元素；(c)运算结果

果如图 9-7(c)所示。比较图 9-6(c)和图 9-7(c)可以发现，虽然目标图像相同，但由于结构元素形状不同，腐蚀结果也不相同。如果把图 9-7(b)的结构元素换成图 9-7(d)所示的结构元素，腐蚀的结果则变为图 9-7(e)。

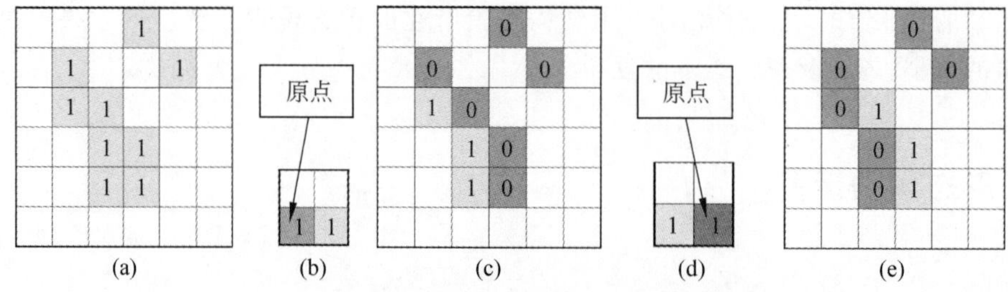

图 9-7 结构元素原点不同时的腐蚀运算示例

(a)目标图像；(b)结构元素 1；(c)运算结果 1；(d)结构元素 2；(e)运算结果 2

如图 9-8 所示，假设希望去掉图 9-8(a)中连接中心区域到边界焊接点的线，可以使用一个大小为 11×11 且元素都是 1 的方形结构元素来腐蚀该图像。如图 9-8 (b)所示，大多数为 1 的线条都被去除了，但位于中心的两条垂线只是被细化了，并没有被完全去除，原因是它们的宽度大于 11 像素，所以可以利用 11×11 的结构元素再次腐蚀该图像，这样就可以得到图 9-8(c)的图像。结构元素尺寸的选择很重要，如果尺寸太大，可能会把原有需要的特征也一起腐蚀掉。例如，对图 9-8(a)使用大小为 45×45 的结构元素进行腐蚀，就会将边界的焊接点去除了，如图 9-8(d)所示。

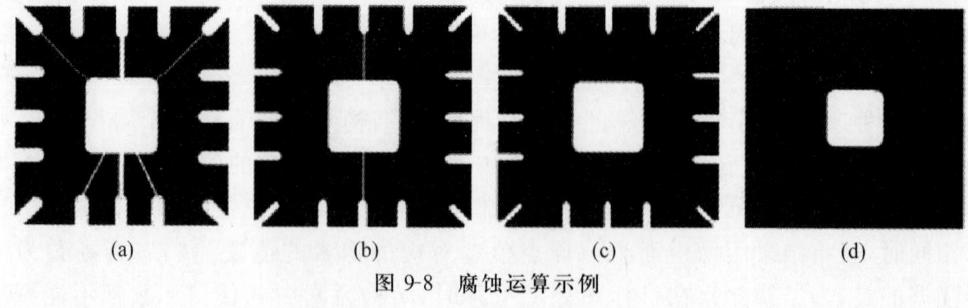

图 9-8 腐蚀运算示例

图 9-2 所示的细胞粘连示例也是利用腐蚀去掉细胞之间的粘连，利用图 9-9(b)的结构元素腐蚀图 9-9(a)图像，得到图 9-9(c)所示图像。

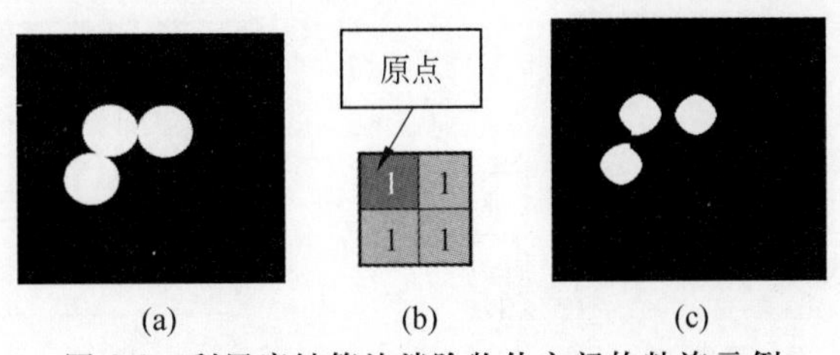

图 9-9　利用腐蚀算法消除物体之间的粘连示例

9.2.2　膨胀

与腐蚀相反，膨胀是将与某物体接触的所有背景点合并到该物体的过程。膨胀的结果是目标直径会增大 2 像素。

假设 A、B 为 Z^2 中的集合，$\varnothing$为空集，A 被 B 膨胀，记为 $A\oplus B$，定义为

$$A \oplus B = \{x \mid [(\hat{B})_x \cap A \neq \varnothing]\} \tag{9-4}$$

上式说明，膨胀的过程是 B 首先做关于原点的反射，然后平移 x。A 被 B 的膨胀是 $\hat{B}$ 被所有 x 平移后与 A 至少有一个非零公共元素。

膨胀运算的基本过程如下。

(1) 求结构元素 B 关于其原点的反射集合 $\hat{B}$。

(2) 每当结构元素 $\hat{B}$ 在目标图像 A 上平移后，结构元素 $\hat{B}$ 与其覆盖的子图像中至少有一个元素相交时，就将目标图像中与结构元素 $\hat{B}$ 的原点对应的那个位置的像素值置为“1”，否则置为“0”。这里需要强调的是，当结构元素中原点位置的值是 0 时，仍把它看作 0，而不再把它看作 1。当结构元素在目标图像上平移时，允许结构元素中的非原点像素超出目标图像范围。如图 9-10 所示为膨胀运算示例，其中图 9-10(d)中标为数字 2 的部分就是膨胀出来的像素。

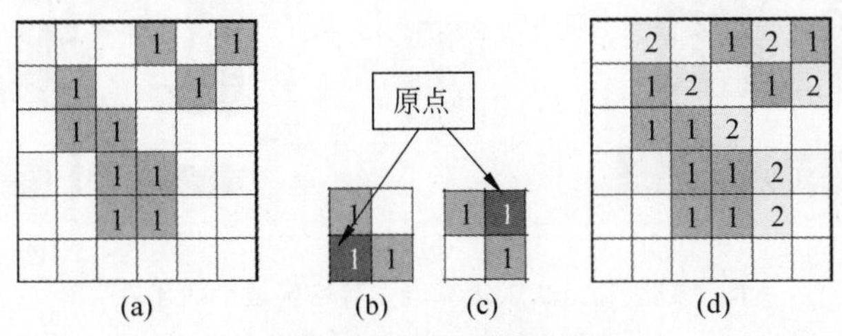

图 9-10　膨胀运算示例

(a)目标图像；(b)结构元素；(c)结构元素的反射；(d)运算结果

与腐蚀一样，结构元素的形状和原点的位置对膨胀结果有直接的影响。例如，对图 9-10(a)采用图 9-11(a)的结构元素进行膨胀，膨胀结果如图 9-11(c)所示，从图中可以看出，结构元素形状改变会产生不同的膨胀结果。

改变图 9-11(a)中结构元素的原点，如图 9-12(a)所示，膨胀结果如图 9-12(c)所示，从图中可以看出，结构元素形状不变而原点位置改变会产生不同的膨胀结果。

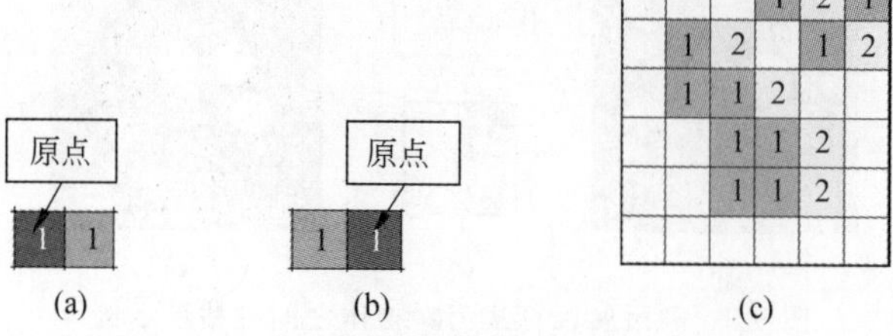

(a)　(b)　(c)

图 9-11　改变结构元素形状后的膨胀运算示例

(a)结构元素；(b)结构元素的反射；(c)膨胀结果

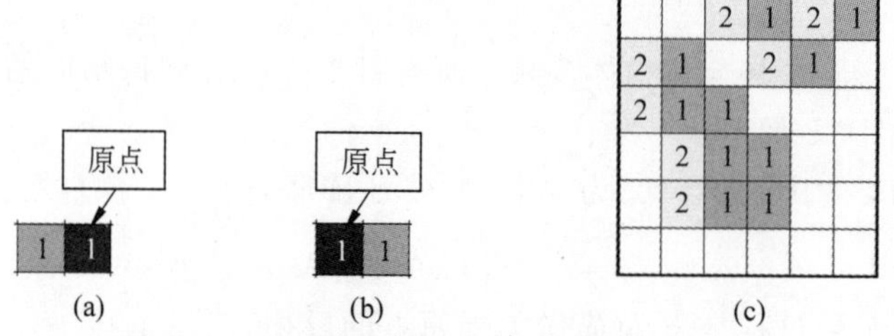

(a)　(b)　(c)

图 9-12　改变结构元素原点后的膨胀运算示例

(a)结构元素；(b)结构元素的反射；(c)膨胀结果

如图 9-13 所示，利用膨胀预算填充目标区域中的小孔，由于噪声的影响，图 9-13(a)中的目标图像中间产生很多小孔，给后续图像的识别增加了不必要的麻烦，所以对目标利用图 9-13(b)所示结构元素进行膨胀运算，得到图 9-13(c)所示的结果图，比较图 9-13(a)和图 9-13(c)，可以发现很多小孔都被去除了，而且目标区域明显变粗。

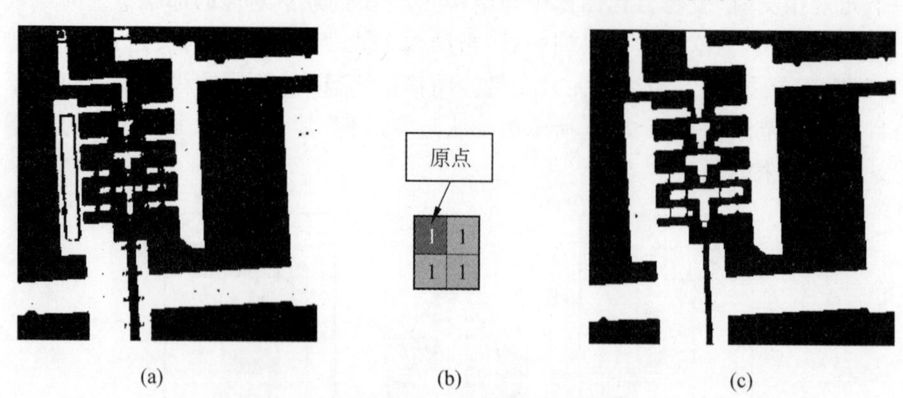

(a)　(b)　(c)

图 9-13　利用膨胀运算填充目标区域中的小孔

(a)受噪声影响图像；(b)结构元素；(c)结果图

膨胀运算与腐蚀运算具有对偶性，即对目标图像的膨胀运算，相当于对图像背景的腐蚀运算操作；对目标图像的腐蚀运算，相当于对图像背景的膨胀运算操作。膨胀和腐蚀运算的对偶性可分别表示为

$$(A \oplus B)^c = A^c \otimes \hat{B} \tag{9-5}$$

$$(A \otimes B)^c = A^c \oplus \hat{B} \tag{9-6}$$

如图 9-14 所示，假设图 9-14(a)为目标图像，图 9-14(b)为结构元素，利用图 9-14(b)

对图 9-14(a)进行腐蚀和膨胀的运算结果为图 9-14(c)～图 9-14(h)。

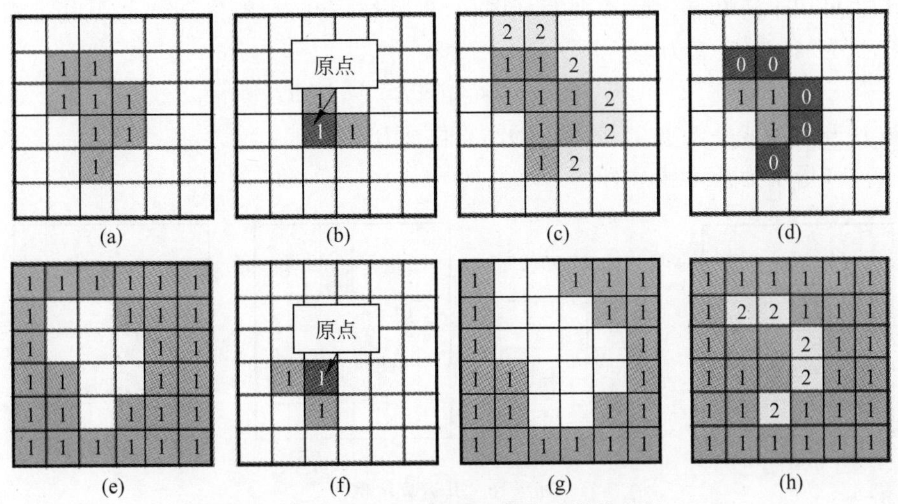

图 9-14　腐蚀运算和膨胀运算的对偶性示例 1

(a)目标图像 A；(b)结构元素 B；(c)膨胀 $A\oplus B$；(d)腐蚀 $A\otimes B$

(e)A 的补 A^c；(f)B 的反射 $\hat{B}$；(g)腐蚀 $A^c\otimes\hat{B}$；(h)膨胀 $A^c\oplus\hat{B}$

如图 9-15 所示，利用图 9-15(b)的结构元素对目标图像图 9-15(a)进行腐蚀和膨胀运算。

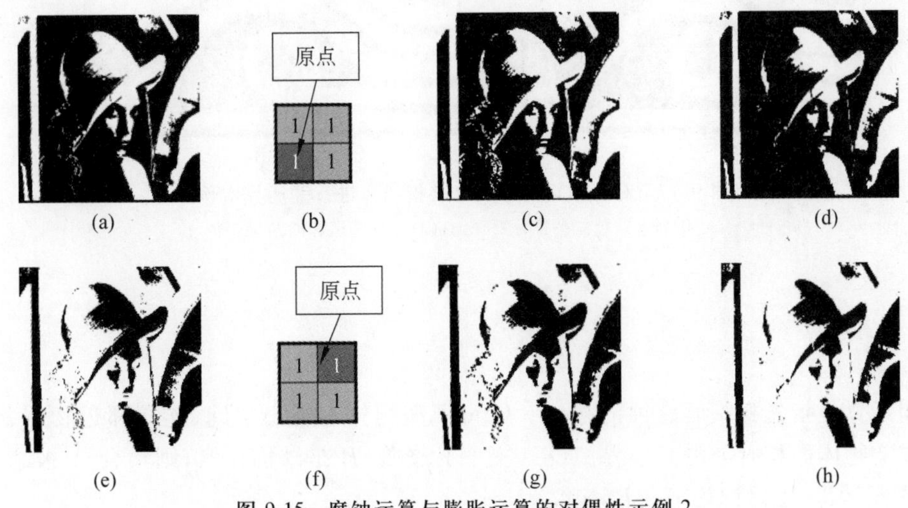

图 9-15　腐蚀运算与膨胀运算的对偶性示例 2

(a)目标图像 A；(b)结构元素 B；(c)膨胀结果；(d)腐蚀结果

(e)A 的补 A^c；(f)B 的反射 $\hat{B}$；(g)腐蚀 $A^c\otimes\hat{B}$；(h)膨胀 $A^c\oplus\hat{B}$

9.2.3　开运算

如前两节所述，腐蚀运算会缩小目标图像中的组成部分，膨胀会扩大目标图像中的组成部分，而对一个图像先进行腐蚀运算再进行膨胀运算的操作过程则称为开运算。开

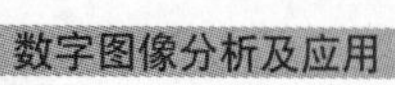

运算可以消除细小的物体、在纤细点处分离物体、平滑较大物体的边界时不明显地改变其面积，也可用于消噪点。设 A 是目标图像，B 是结构元素，则集合 A 被结构元素 B 做开运算，记为 $A \circ B$，定义为

$$A \circ B = (A \otimes B) \oplus B \tag{9-7}$$

即 A 被 B 开运算就是 A 被 B 腐蚀后的结果再被 B 膨胀。

图 9-16 所示为开运算示例。

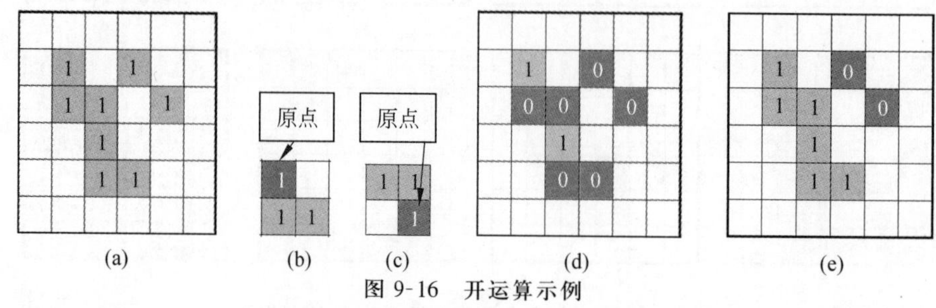

图 9-16　开运算示例

(a)目标图像 A；(b)结构元素 B；(c)B 的反射 $\hat{B}$；(d)B 对 A 的腐蚀结果；(e)B 对(d)的膨胀结果

例如，如图 9-17 所示，对一幅印制电路板的二值图像进行开运算，去除图像上的噪声。

图 9-17　对含噪声的印制电路板图像进行开运算实例

(a)印制电路板二值图像；(b)对(a)进行开运算的结果图像

9.2.4　闭运算

闭运算是指先膨胀后腐蚀的过程。它可填充物体内细小空间、连接邻近物体、在不明显改变物体面积时平滑其边界。设 A 是目标图像，B 是结构元素，则集合 A 被结构元素 B 做闭运算，可以记为 $A \bullet B$，定义为

$$A \bullet B = (A \oplus B) \otimes B \tag{9-8}$$

即 A 被 B 闭运算就是 A 被 B 膨胀后的结果再被 B 腐蚀。

图 9-18 所示为闭运算示例。

正如腐蚀和膨胀具有对偶性一样，开运算与闭运算也具有对偶性，它们之间的对偶关系表示如下：

$$(A \bullet B)^c = A^c \circ \hat{B} \tag{9-9}$$

$$(A \circ B)^c = A^c \bullet \hat{B} \tag{9-10}$$

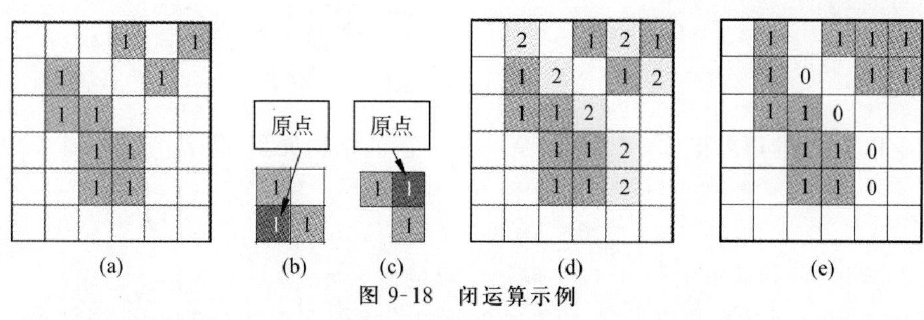

图 9-18　闭运算示例

(a)目标图像 A；(b)结构元素 B；(c)B 的反射 $\hat{B}$；(d)B 对 A 的膨胀结果；(e)B 对(d)的腐蚀结果

闭运算可以使物体的轮廓线变得光滑，具有磨光物体内边界的作用，而开运算具有磨光图像外边界的作用。

如图 9-19 所示，H 形图像被一个圆盘形结构元素做开运算和闭运算的情况，图 9-19(a)为 H 形原图像，图 9-19(b)显示了在腐蚀过程中圆盘结构元素的各个位置，运算完成后，形成分开的两个图形如图 9-19(c)所示，H 形图像的中间桥梁被去掉了，这主要是由于桥梁的宽度小于结构元素的直径。图 9-19(d)显示了对腐蚀结果进行膨胀的过程，图 9-19(e)显示了开运算的最终结果。同样，图 9-19(f)～图 9-19(i)显示了用同样的结构元素对图 9-19(a)做闭运算的过程和结果。

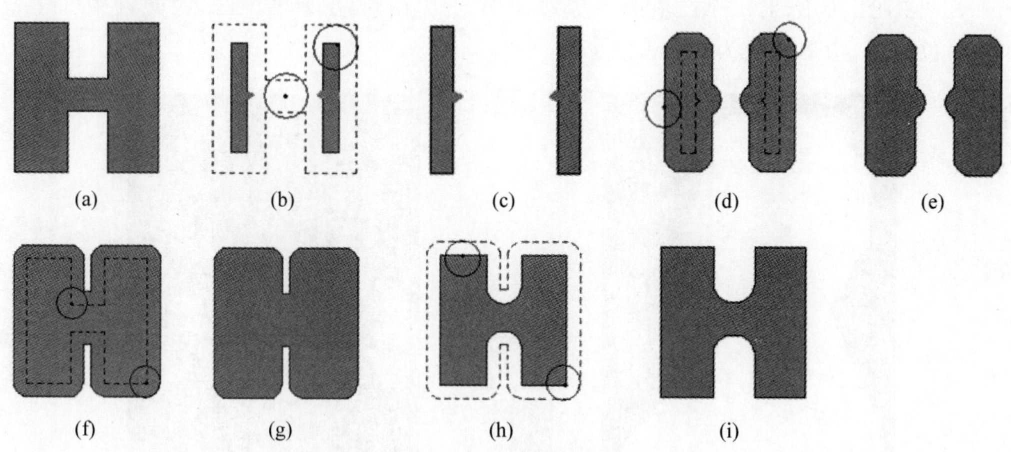

图 9-19　开运算与闭运算的对偶性示例

(a)H 形原图像；(b)对图像进行腐蚀运算；(c)腐蚀运算结果；(d)对(c)进行膨胀运算；(e)对 H 形图像的开运算结果；(f)对(a)进行膨胀运算；(g)膨胀运算结果；(h)对(g)进行腐蚀运算；(i)对 H 形图像的闭运算结果

9.3　应用案例

在处理二值图像时，形态学主要用于表示和描述图像的特征，如边界的提取、连接细小部分(骨骼、凸壳等)。形态学的处理也经常跟其他方法结合，作为其他方法的辅助手段，如孔洞的填充、细化、加粗和裁剪等。下面简单介绍形态学处理的一些应用，在这些算法的讨论中，对二值图像的表示常常用 1 表示黑，0 表示白。

9.3.1 边界提取

假设集合 A 的边界记作 $\beta(A)$，B 是一个合适的结构元素，边界的提取可以由下式得到：

$$\beta(A)=A-(A\otimes B) \tag{9-11}$$

即先用 B 腐蚀 A，然后求集合 A 与 A 腐蚀结果的差。

图 9-20 所示为边界提取过程，边界宽度是单像素的。需要注意的是，当结构元素 B 的原点处在集合 A 的边界时，会出现结构元素 B 的一部分会出现位于集合 A 之外的情况，在这种情况下，通常的处理是约定集合边界外的值为 0。

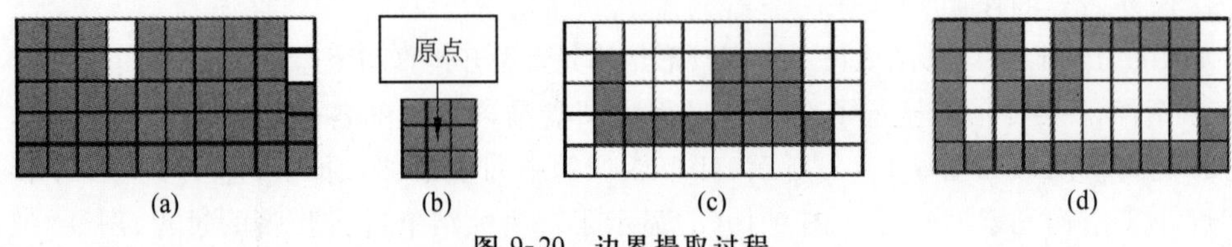

图 9-20 边界提取过程

(a)目标图像 A；(b)结构元素 B；(c)$A\otimes B$；(d)$\beta(A)$

如图 9-21 所示，对一个二值图像提取轮廓，1 为白色，0 为黑色，结构元素中的 1 也作为白色处理，边界宽度为 1 像素。

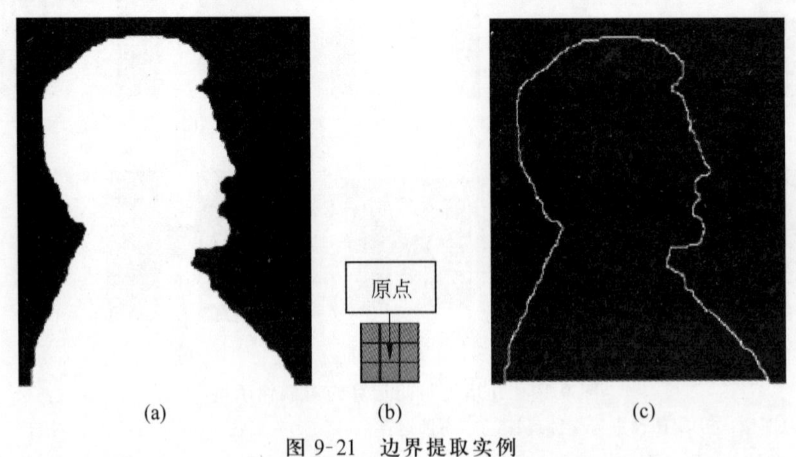

图 9-21 边界提取实例

(a)原始目标图像；(b)结构元素；(c)结果图

9.3.2 区域填充算法

利用形态学运算可以实现区域的填充、孔洞填充。下面讨论基于集合膨胀、取补和取交的区域填充算法。如图 9-22 所示，A 表示一个包含一个子集的集合，子集的元素为类似 8 字形的边界区域。从边界内的任意一点 P(如图 9-22(d)中的黑色像素)开始，用 1 去填充整个区域。假设所有的非边界元素均为 0，从 P 点开始赋值 1，实现整个区域用 1 填充，如式(9-12)所示。

$$x_k = (x_{k-1} \oplus B) \cap A^c \quad k = 1,2,3,\cdots \tag{9-12}$$

其中，$x_0 = P$，B 为对称结构元素，如图 9-22(c)所示。当迭代到 $x_k = x_{k-1}$ 时，算法终止，即填充完成。集合 x_k 和 A 的并集包括填充的结合和边界。图 9-22(d)～图 9-22(h)是填充过程的部分显示结果。

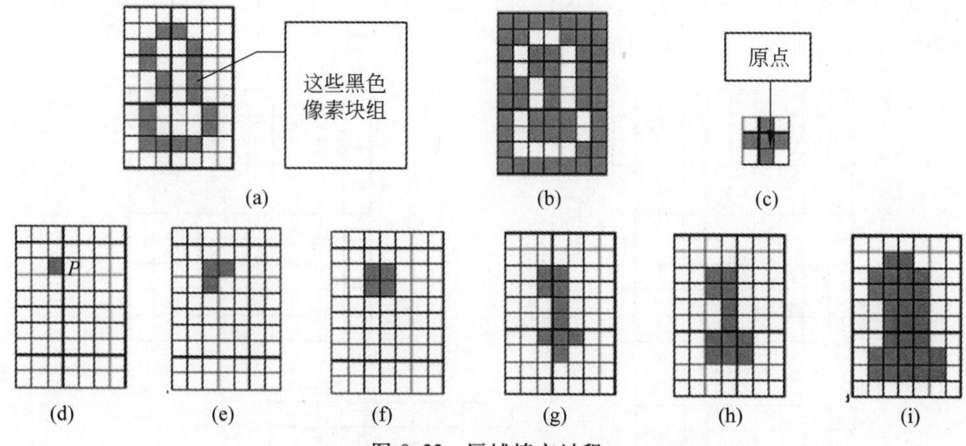

图 9-22　区域填充过程

(a)目标图像 A；(b)A^c；(c)结构元素 B

(d)x_0；(e) x_1；(f) x_2；(g)x_6；(h) x_7；(i)$x_7 \cup A$

图 9-23 所示为孔洞填充示例，图 9-23(a)显示一幅由内部带有黑色点的白色圆圈组成的图像。这样的图像可以通过将包含磨光的球体(如滚珠)的场景用阈值处理分为两个层次而得到。球体内部的黑点可能是反射的结果。我们的目的是通过孔洞填充来消除这些反射。

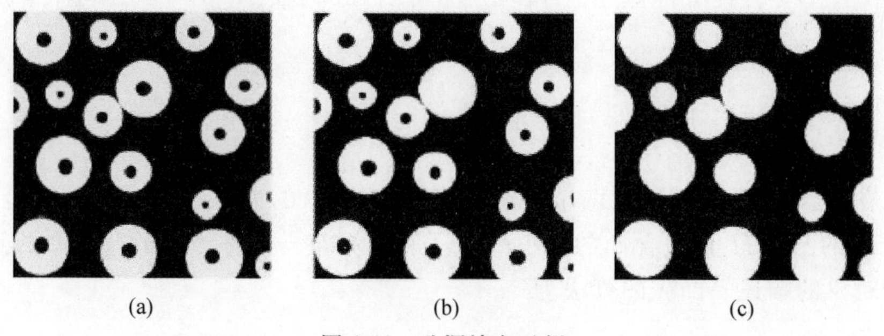

图 9-23　孔洞填充示例

(a)在一个球体中选择的一个点；(b)填充一部分的结果；(c)填充的最终结果

9.3.3　连通分量的提取

从二值图像中提取连通分量是许多图像分析应用的核心。假设 A 是包含一个或多个连通的集合，并形成一个阵列 x_0(该阵列的大小与包含 A 的阵列大小相同)，除了在对应 A 的每个连通分量中一个点已知的每一个位置置为 1(前景值)外，该阵列的所有其他元素均置为 0(背景值)。利用下式的迭代可以实现该目的：

$$x_k = (x_{k-1} \oplus B) \cap A \quad k = 1,2,3,\cdots \tag{9-13}$$

其中,B 是一个合适的结构元素。当 $x_k = x_{k-1}$ 时,算法终止,x_k 包含输入图像中所有的连通分量。图 9-24 显示了连通分量提取过程。这里结构元素的形状是基于 8 连通的,如果是基于 4 连通,朝向图像底部连通分量的最左侧元素将不会被检测到。就像孔洞填充算法那样,假定在每一个连通分量内部都已知一个点,这样式(9-13)对于任何在 A 中的有限数量的连通分量都是可用的。

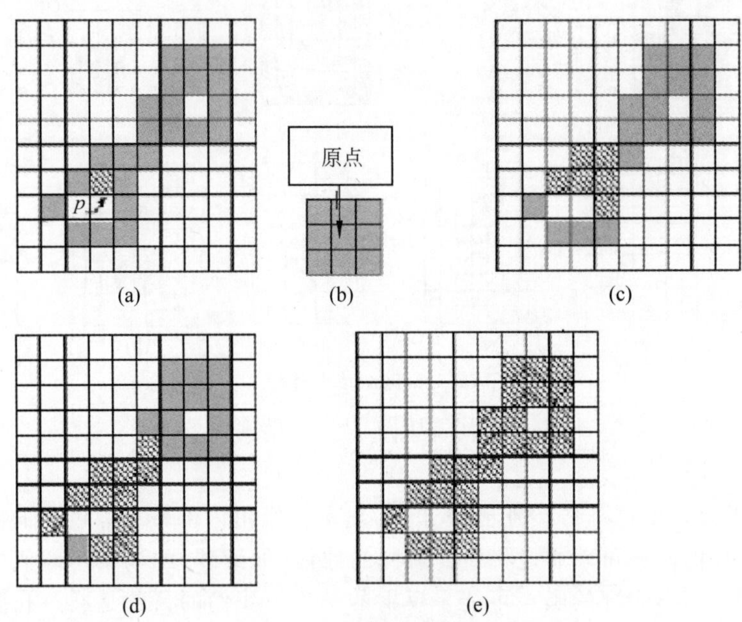

图 9-24 连通分量提取过程

(a) $A(x_0 = P)$;(b)结构元素 B;(c)第一次迭代结果;(d)第二次迭代结果;(e)最终迭代结果

9.3.4 凸壳

如果在集合 A 内连接任意两个点的直线段都在 A 的内部,则称集合 A 是凸形的。任意集合 S 的凸壳 H 是包含 S 的最小凸集。集合差 $H-S$ 称为 S 的凸缺。凸壳和凸缺主要用于对象的描述。凸壳的算法为

$$x_k^i = (x_{k-1} \uparrow B^i) \cup A \quad k = 1,2,3,\cdots \tag{9-14}$$

其中,$x_0^i = A$,B^i,$i=1,2,3,4$ 表示图 9-25(a)中的 4 个结构元素,原点在中心位置,其中 X 项表示"不考虑"的条件,可以是 1,也可以是 0。当该过程收敛时(即当 $x_k^i = x_{k-1}^i$ 时),设 $D^i = x_k^i$,则 A 的凸壳为

$$C(A) = \bigcup_{i=1}^{4} D^i \tag{9-15}$$

即该方法是由反复使用 B^i 对 A 做击中或击不中变换组成,当不再发生进一步变化时,就执行与 A 的并集运算。整个算法的运算过程为,首先从 $x_0^1 = A$ 开始(图 9-25(b)),重复执行式(9-14),得到结果如图 9-25(c)所示。然后令 $x_0^2 = A$,再次利用式(9-14),得到结

果如图 9-25(d)所示。再利用 $x_0^3=A$ 和 $x_0^4=A$，得到如图 9-25(e)和图 9-25(f)所示的结果。最后，把图 9-25(c)～图 9-25(f)中的集合求并，即得到所求凸壳。

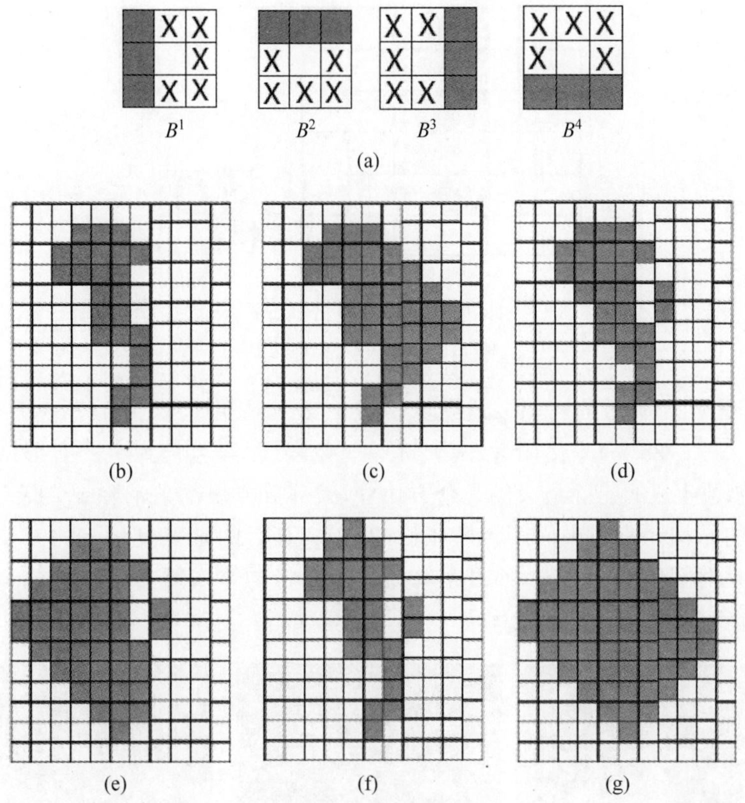

图 9-25　凸壳算法示例

(a)B^i；(b)$x_0^1=A$；(c)x_4^1；(d)x_2^2；(e)x_8^3；(f)x_2^4；(h)$C(A)$

思考与练习

1. 参考图 9-26(a)所示的图像，给出生成图 9-26(b)～图 9-26(e)所示结果的结构元素和形态学操作，并清楚地说明每个结构元素的原点。图中的虚线表示原始集合的边界，仅供参考(备注：图 9-26(e)中的所有角都是圆角)。

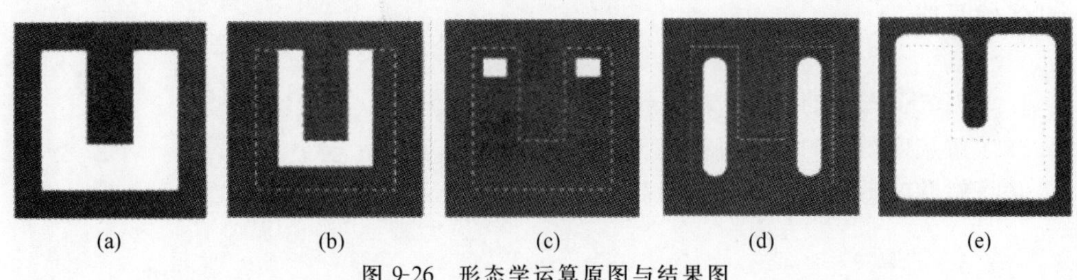

图 9-26　形态学运算原图与结果图

2. 根据图 9-27 给出的目标图像结构元素，画出结构元素对目标图像进行膨胀、腐蚀的结果。

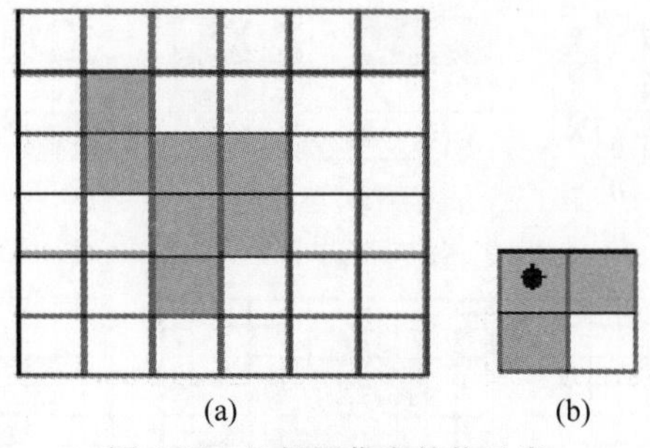

图 9-27　目标图像和结构元素

(a)目标图像；(b)结构元素

3. 考虑图 9-28 所示的三幅二值图像。图 9-28(a)是由边长为 1、3、5、7、9 和 15 的像素方块组成。图 9-28(b)是使用大小为 13×13 像素、元素边长为 1 的方形结构元素对左侧图像进行腐蚀生成的。除最大的几个方块外，大部分方块都被消除了。最后，图 9-28(c)是使用相同的结构元素对中间图像膨胀后的结果，其目的是恢复最大的方块。先腐蚀再膨胀实际上是对图像的开运算，而开运算通常不能将物体恢复为原始形式。请解释这种情形下为何能完全重建较大的方块。

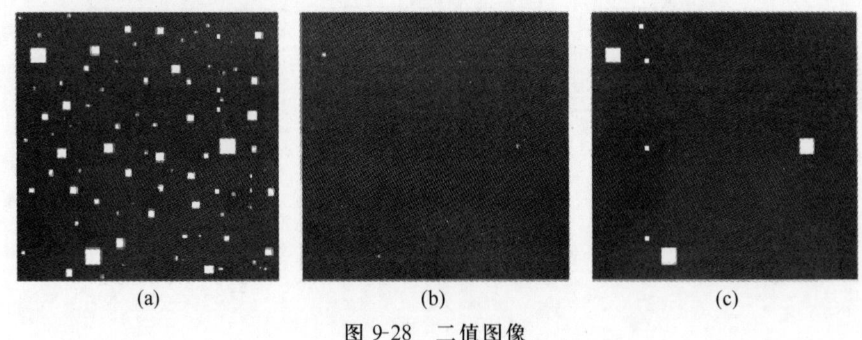

图 9-28　二值图像

(a)目标图像；(b)腐蚀结果；(c)开运算结果

实验要求与内容

一、实验目的

1. 掌握二值图像的腐蚀、膨胀、开运算和闭运算。
2. 了解灰度图像的腐蚀、膨胀、开运算和闭运算。
3. 了解并熟悉形态学处理的具体应用。

二、实验要求

1. 分析并运行教材中的综合示例(白细胞检测)程序。

2. 在1程序的基础上增加菜单分别实现对二值图像的腐蚀、膨胀、开运算和闭运算。

提高题

实现灰度图像的腐蚀、膨胀、开运算和闭运算。

三、实验分析

把实现二值图像的腐蚀、膨胀、开运算和闭运算中任意一种算法的程序写下来。

四、实验体会(包括对本次实验的小结,实验过程中遇到的问题等)

第 10 章　彩色图像处理

在以上的章节中，图像处理的对象基本上是灰度图像，但在实际应用中，我们所获得的大部分源图像都是彩色图像。原则上讲，前面各章的灰度处理方法均可直接用于彩色处理，例如，可以把 RGB 彩色图像看成三个通道的灰度图像，分别对三个通道进行处理。在很多情况下，会把 RGB 彩色图像转换成灰度图像，然后再按灰度图像的处理方法进行处理。图像中应用彩色主要是因为：①简化区分目标；②人眼可以辨别几千种颜色色调和亮度，而仅能辨别几十种灰度。进行人工图像分析，彩色图像处理可分为两个主要领域：全彩色、伪彩色。颜色是视觉系统对波长在 380～780nm 的可见光的感知结果。我们看到的大多数光不是单一波长的光，而是由许多不同波长的光组合而成的。有关视觉基础和颜色模型的内容参见 1.5 节。

10.1　彩色图像基本属性

10.1.1　像素深度

彩色图像的像素深度是指存储每个像素所需要的位数，也可以用来度量图像的分辨率。像素深度决定彩色图像每个像素可能有的颜色数。例如，一幅 RGB 图像，如果 R、G、B 3 个分量分别用 8 位存储，那么每个像素需要用 24 位存储，即像素深度为 24 位，则每个像素可以是 $2^{24}=16777216$ 种颜色中的一种，所以常常把像素深度说成图像深度。1 像素的位数越多，所能表达的颜色数量就越多，而它的像素深度就越深。

虽然像素深度或图像深度可以很深，但各种 VGA 的颜色深度却受到限制。例如，标准 VGA 支持 4 位 16 种颜色的彩色图像，多媒体应用中则推荐至少用 8 位 256 种颜色。由于设备和人眼分辨率的限制，一般情况下，不一定要追求特别深的像素深度。此外，像素深度越深，所占用的存储空间越大。但是如果像素深度太浅，那么图像的质量就会受到影响，图像看起来会很粗糙而且很不自然。

在用二进制数表示彩色图像的像素时，除 R、G、B 分量用固定位数表示外，往往还增加 1 位或几位作为属性(attribute)位。例如，RGB5:5:5 表示 1 像素时，用 2 字节共 16 位表示，其中 R、G、B 各占 5 位，剩下 1 位作为属性位。在这种情况下，像素深度为 16 位，而图像深度为 15 位。属性位用来指定该像素应具有的性质。例如，在某些图像采集系统中，用 RGB5：5：5 表示的像素共 16 位，其最高位(b_{15})用作属性位，并把它称为透明

(transparency)位,记为 T。T 的含义可以这样来理解:假如显示屏上已经有一幅图存在,当某幅图或者某幅图的一部分要重叠在上面时,T 位就用来控制原图是否能看得见。例如,定义 $T=1$,表示完全看不见原图,$T=0$,表示能完全看见原图。

在用 32 位表示 1 像素时,若 R、G、B 分别用 8 位表示,剩下的 8 位常称为 α 通道(alpha channel)位,或称为覆盖(overlay)位、中断位、属性位。它的用法可用一个预乘 α 通道的例子说明。假如 1 像素(A,R,G,B)的 4 个分量都用归一化的数值表示,(A,R,G,B)为(1,1,0,0)时显示红色。当像素为(0.5,1,0,0)时,预乘的结果就变成(0.5,0.5,0,0),这表示原来该像素显示红色的强度为 1,而现在显示红色的强度降了一半。用这种办法定义 1 像素的属性在现实中很有用。例如,在一幅彩色图像上叠加文字说明,而又不想让文字覆盖图像,就可以用这种办法来定义像素。

10.1.2 真彩色、伪彩色、假彩色

图像的彩色显示有真彩色、伪彩色和假彩色之分,进一步理解它们的含义,对于理解彩色图像的存储格式、显示及处理有直接的指导意义。

1. 真彩色(true color)

真彩色是指在组成一幅彩色图像的每个像素值中,有 R、G、B 3 个基色分量,每个基色分量直接决定显示设备的基色强度,这样产生的彩色称为真彩色。例如,用 RGB5:5:5 表示的彩色图像,R、G、B 各用 5 位,R、G、B 分量大小的值直接确定 3 个基色的强度,这样得到的彩色是真实的原图彩色。

如果用 RGB8:8:8 方式表示一幅彩色图像,就是 R、G、B 都用 8 位来表示,每个基色分量占 1 字节(byte),共 3 字节,每一像素的颜色就是由这 3 字节中的数值直接决定的,可生成的颜色数为 $2^{24}=16777216$ 种。用 3 字节表示的真彩色图像需要的存储空间很大,而人的眼睛是很难分辨出这么多种颜色的,因此在许多场合用 RGB5:5:5 来表示,每个彩色分量占 5 位,再加 1 位显示属性控制位共 2 字节,生成的真彩色颜色数为 $2^{15}=$ 32KB。

2. 伪彩色(pseudo color)

伪彩色图像的含义是,每个像素的颜色不是由每个基色分量的数值直接决定,而是把像素值当作彩色查找表(color look-up table,CLUT)的表项入口地址,去查找一个显示图像时使用的 R、G、B 强度值,将用查找出的 R、G、B 强度值产生的彩色称为伪彩色。

彩色查找表是一个事先做好的表,表项入口地址又称索引号。如 16 种颜色的彩色查找表,0 号索引对应黑色,15 号索引对应白色。彩色图像本身的像素数值和彩色查找表的索引号有一个变换关系,这个关系可以使用 Windows 操作系统的变换关系,也可以使用用户自己定义的变换关系。使用查找得到的数值显示的彩色是真的,但不是图像本身真正的颜色,它没有完全反映原图的彩色,故称为伪彩色。

3. 假彩色

假彩色图像是用一种不同于一般肉眼看的全彩色的方式上色生成的图像,主要是为了强调突出某些肉眼不好区别的图像。彩色合成是指将同一地区或景物不同波段的黑白(分光)图像,分别通过不同的滤光系统,使其相应影像准确地重合,生成该地区或景物

彩色图像的技术过程。彩色合成首先必须得到同一地区或景物的分光(或不同波段的)负片,然后根据合成所采用的技术方法,选用分光正片或负片,再经分别滤光或加色,并准确重合后得到彩色图像。若取得分光负片和彩色合成所采用的滤光系统不一致又不一一对应,则得到图像的彩色与实际彩色不一致,称为假彩色。

10.2 彩色图像增强

10.2.1 真彩色图像增强

真彩色图像增强的处理对象是具有 2^{24} 种颜色的彩色图像(又称全彩色图像)。对真彩色图像的处理策略可分为两种,一种是将一幅彩色图像看作三幅分量图像的组合体,在处理过程中先对每幅图像(按照对灰度图像处理的方法)单独处理,再将处理结果合成为彩色图像。另一种是将一幅彩色图像中的每个像素看作具有三个属性值,即属性现在为一个矢量,需利用对矢量的表达方法进行处理。为了避免破坏图像的彩色平衡,真彩色图像增强通常选择在 HSI 模型下进行。实现步骤如下:①将 R、G、B 分量图转换为 H、S、I 分量图;②利用灰度图像增强的方法增强其中一个分量图;③最后将该增强了的分量图和两个原来的分量图一起转换为 R、G、B 分量图来显示。依据选择增强分量和增强目的的不同,可将真彩色图像增强分为亮度增强、色调增强和饱和度增强三种。

1. 亮度增强

亮度增强的目的是通过调整图像亮度分量使图像在合适的亮度上提供最大的细节。可以通过灰度变换或直方图均衡化的方法来增强亮度分量。如图 10-1 所示,分别利用灰度线性拉伸和直方图均衡方法对原彩色图像进行亮度分量的拉伸和均衡。

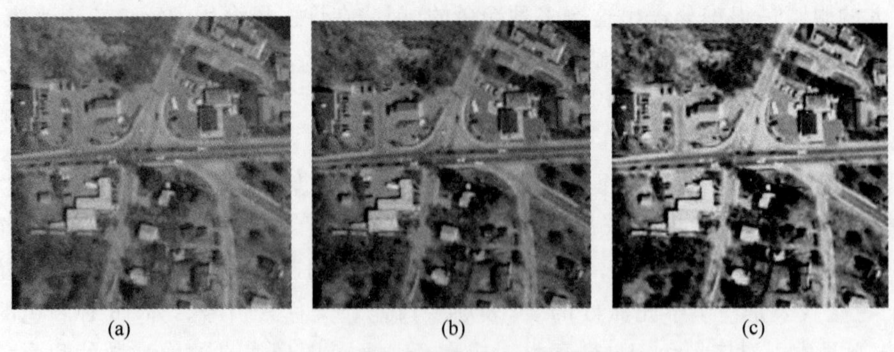

(a)　　(b)　　(c)

图 10-1 真彩色图像的亮度增强实例

(a)原彩色图像;(b)灰度线性拉伸增强效果;(c)直方图均衡增强效果

2. 色调增强

色调增强的目的是通过增加颜色间的差异来达到图像增强效果,一般可以通过对彩色图像每个点的色度值加上或减去一个常数来实现。由于彩色图像的色度分量是一个角度值,因此对色度分量加上或减去一个常数,相当于图像上所有点的颜色都沿着彩色环逆时针或顺时针旋转一定的角度。注意彩色处理色相分量图像的操作必须考虑灰度

级的"周期性",即色度值增加 120°和增加 480°是相同的。图 10-2(b)和图 10-2(c)所示为对原彩色图像的色调分量的色度值分别增大 120°和减少 120°的效果。

(a) (b) (c)

图 10-2 真彩色图像的色调增强实例

(a)原彩色图像;(b)色度值增大 120°效果;(c)色度值减少 120°效果

从图 10-3 可以看出,红色与绿色相差 120°,绿色与蓝色相差 120°,即红色加上 120°后变成绿色,减少 120°变成蓝色,图 10-2 也验证了该事实。

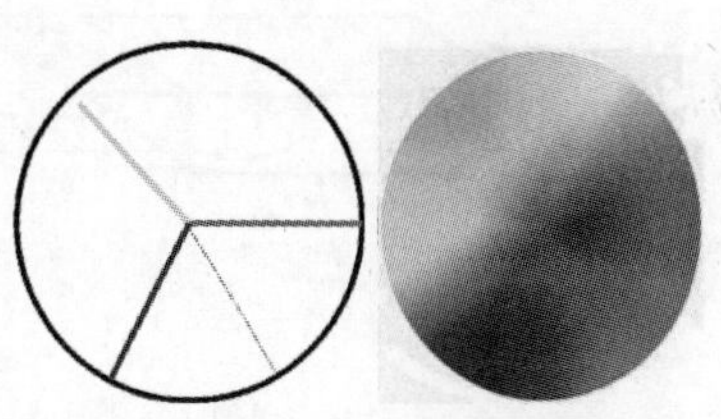

图 10-3 色调分布图

3. 饱和度增强

饱和度增强可以使彩色图像的颜色更为鲜明。饱和度增强可以通过使彩色图像每个像素点的饱和度值乘以一个大于 1 的常数来实现;反之,如果使彩色图像每个像素点的饱和度值乘以一个小于 1 的常数,则会减弱原彩色图像颜色的鲜明程度。图 10-4(b)和图 10-4(c)所示为对原彩色图像的饱和度分量值分别乘以 3 和乘以 0.3 的效果。

(a) (b) (c)

图 10-4 真彩色图像的饱和度增强实例

(a)原彩色图像;(b)饱和度分量值乘以 3 的效果;(c)饱和度分量值乘以 0.3 的效果

10.2.2 伪彩色图像增强

伪彩色处理是指把黑白的灰度图像或者多波段图像转换为彩色图像的技术过程,其目的是提高图像内容的可辨识度。伪彩色图像增强就是将一幅具有不同灰度级的图像通过一定的映射转变为彩色图像,来达到增强人对图像分辨能力的目的。伪彩色图像增强可分为空域增强和频域增强两种,主要的方法包括密度分层法、灰度级-彩色变换法和频率滤波法。

1. 密度分层法

密度分层法，又称强度分层法，是将灰度图像中任意一点的灰度值看作该点密度函数的方法。基本过程如下：首先，用平行于坐标平面的平面序列 $L_1, L_2, \cdots, L_N$ 把密度函数分割为几个互相分隔的灰度区间；然后，给每个区间分配一种颜色，这样就将一幅灰度图像映射为彩色图像了，如图 10-5 所示。图 10-6 所示为密度分层法增强实例，其中 $N=4$，即把原灰度图像的灰度分成 4 层，然后将该灰度值分别对应彩色查找表中的颜色值进行显示。

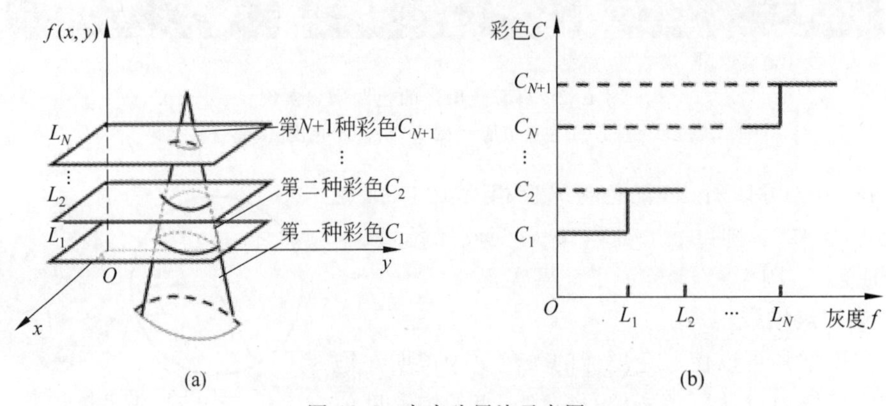

图 10-5　密度分层法示意图

(a)密度分层法空间示意图；(b)密度分层法平面示意图

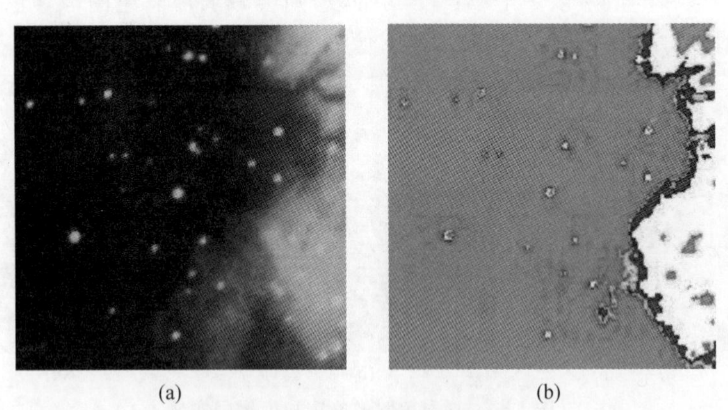

(a)　(b)

图 10-6　密度分层法增强实例

(a)原灰度图像；(b)$N=4$ 的伪彩色图像

2. 灰度级-彩色变换法

灰度级-彩色变换法的基本思想是：对图像中每个像素点的灰度值采用不同的变换函数进行三个独立的变换，并将结果映射为彩色图像的 R、G、B 分量值，由此得到一幅空间上的 RGB 彩色图像。由于灰度级-彩色变换法在变换过程中用到了三基色原理，与密度分层法相比，该方法可有效拓宽结果图像的颜色范围。变换过程如图 10-7 所示，其中 $f(x,y)$ 为灰度图像中 (x,y) 位置上像素的灰度值，而 $G(x,y)$ 为转换后对应的 (x,y) 位置上像素的 RGB 颜色值。图 10-8 所示为灰度级-彩色变换法增强实例。

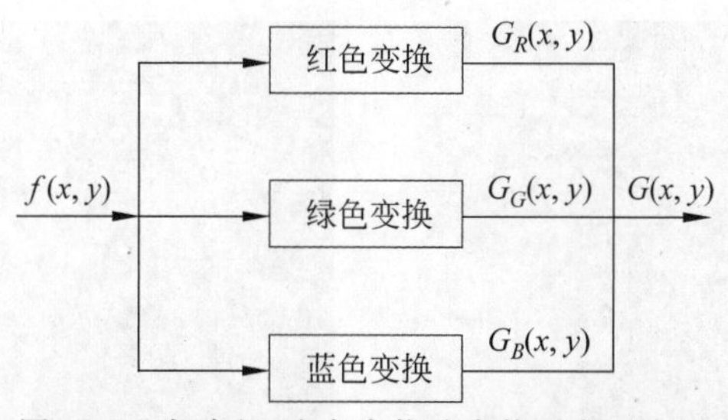

图 10-7　灰度级-彩色变换法变换过程示意图

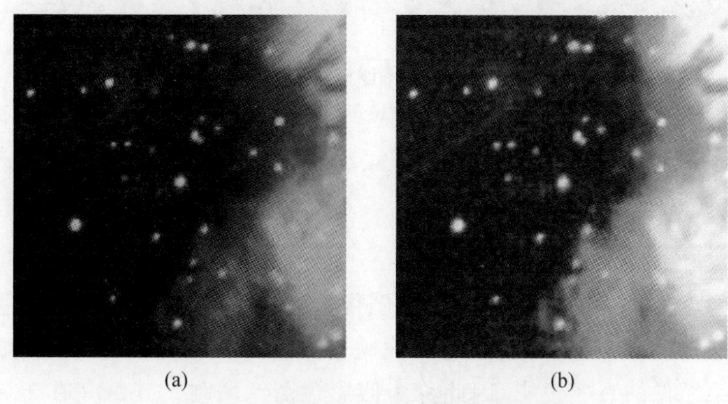

图 10-8　灰度级-彩色变换法增强实例

(a)原灰度图像；(b)得到的伪彩色图像

3. 频率滤波法

频率滤波法的基本思想是：首先对原灰度图像进行傅里叶变换，然后用三种不同的滤波器分别对得到的频率(谱)图像进行独立的滤波处理，处理完后再用傅里叶逆变换将得到的三种不同频率图像映射为单色图像，经过一定的处理后，最后把这三幅灰度图像分别映射为彩色图像的 R、G、B 分量，这样就可以得到一幅 RGB 空间上的彩色图像。与密度分层法和灰度级-彩色变换法两种算法相比，频率滤波法输出的伪彩色与灰度图像的灰度级无关，仅与灰度图像不同空间频率成分有关。图 10-9 所示为频率滤波法变换的示意图。其中 $F(u,v)$ 为原灰度图像上坐标为 (x,y) 的像素点进行傅里叶变换后的值，然后对该值进行三种不同的滤波后，再进行傅里叶反变换得到 R、G、B 分量，最后再利用 RGB 图像构成原理合成得到 (x,y) 坐标点的 RGB 颜色值，图 10-10 所示为频率滤波法增强实例。

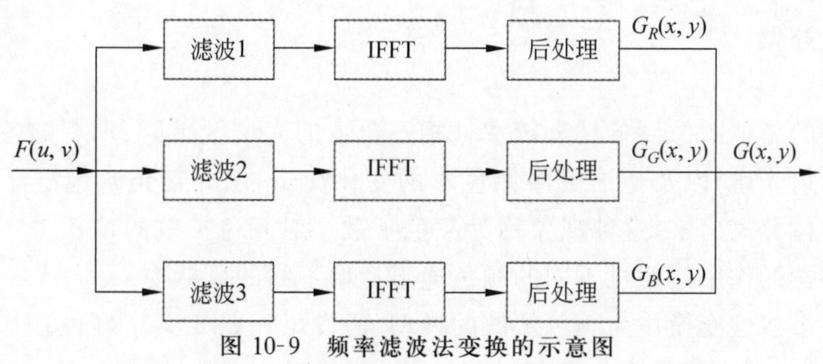

图 10-9　频率滤波法变换的示意图

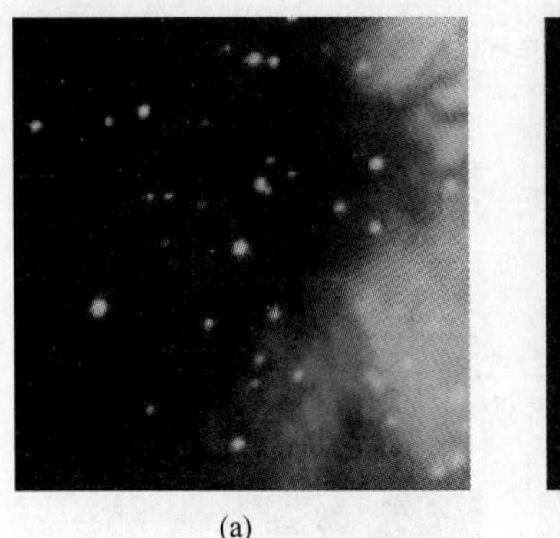

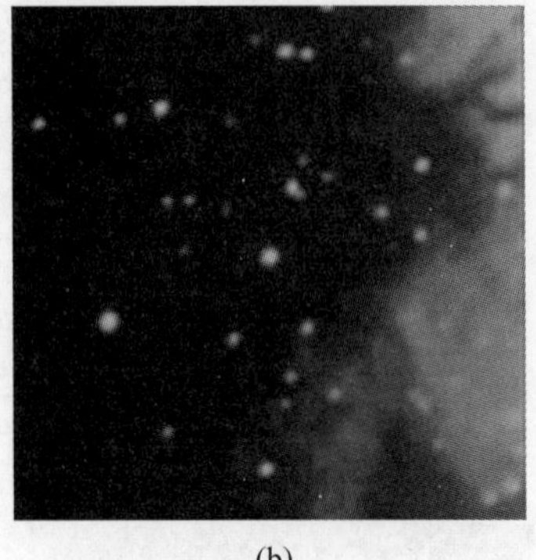

(a)　　(b)

图 10-10　频率滤波法增强实例

(a)原灰度图像；(b)得到的伪彩色图像

10.2.3　假彩色图像增强

假彩色图像增强是从一幅初始的彩色图像或者从多谱图像的波段中生成增强彩色图像的一种方法，其实质是从一幅彩色图像映射到另一幅彩色图像，由于得到的彩色图像不再能反映原图像的真实色彩，因此称为假彩色图像增强。其意义在于：正如画家通常把图像中的景物赋以与现实不同的颜色，以达到引人注目的目的。对一些细节特征不明显的彩色图像，可以利用假彩色图像增强将这些细节赋以人眼敏感的颜色，以达到辨别图像细节的目的。在遥感技术中，利用假彩色图像可以将多光谱图像合成彩色图像，使图像看起来逼真、自然，有利于对图像进行后续的分析与解译。假彩色图像增强可以看作一个从原图像到新图像的线性坐标变换，转换过程如式(10-1)所示。

$$\begin{bmatrix} G_R \\ G_G \\ G_B \end{bmatrix} = \begin{bmatrix} k_{11} & k_{12} & k_{13} \\ k_{21} & k_{22} & k_{23} \\ k_{31} & k_{32} & k_{33} \end{bmatrix} \begin{bmatrix} f_R \\ f_G \\ f_B \end{bmatrix} \tag{10-1}$$

其中，f_R、f_G、f_B 为原图像的 R、G、B 值，G_R、G_G、G_B 为增强后的 R、G、B 值。

10.3　彩色图像处理分析

10.3.1　彩色补偿

由于常用的彩色图像设备具有较宽且相互覆盖的光谱敏感区、现有的荧光染料荧光点的可变的发射光谱，以及待拍摄图像色彩的变化交错，因此在正常情况下很难在三个分量图中将物体分离出来，这种现象称为颜色扩散。对颜色扩散的校正过程就称为彩色补偿。彩色补偿的作用是通过不同的颜色通道提取不同的目标物。

可以用一个线性变换作为颜色扩散的模型，假设矩阵 $\boldsymbol{C}$ 定义了颜色在三个通道中的扩散情况，c_{ij} 表示数字图像彩色通道 i 中荧光点 j 所占亮度的比例。令 $\boldsymbol{x}$ 为 3×1 的矢

量，它代表特定像素处实际荧光点的亮度在理想数字化仪(没有颜色扩散和黑白偏移)上产生的灰度级矢量。那么

$$\boldsymbol{Y}=\boldsymbol{C}\times\boldsymbol{x}+\boldsymbol{b} \tag{10-2}$$

$\boldsymbol{Y}$ 是数字化仪记录下的实际 RGB 图像的灰度级矢量。$\boldsymbol{C}$ 反映颜色扩散，而 $\boldsymbol{b}$ 矢量代表数字化仪的黑色偏移。也就是说，b_i 是彩色通道 i 中对应于黑色(亮度为 0)的测量灰度值($i=1,2,3$)。

由式(10-2)可以很容易得到真实亮度

$$\boldsymbol{x}=\boldsymbol{C}^{-1}[\boldsymbol{y}-\boldsymbol{h}] \tag{10-3}$$

即从每个彩色通道的 RGB 灰度级矢量中减去黑色的灰度级矢量之后，对每个像素的这个矢量左乘以颜色扩散矩阵的逆，就可以去掉颜色扩散的影响。下面介绍一种简单的彩色补偿算法。算法过程如下：

(1) 在所给图像中分别寻找最接近纯红色、纯绿色和纯蓝色的三个点，理论上纯红色点的颜色值应该为(255,0,0)，纯绿色点的颜色值(0,255,0)，纯蓝色点的颜色值(0,0,255)，假设找到最接近纯红色的像素点为 P_1，它的颜色值为(R_1,G_1,B_1)，它的理想值为(R^*,0,0)；最接近纯绿色的像素点为 P_2，它的颜色值为(R_2,G_2,B_2)，它的理想值为(0,G^*,0)；最接近纯绿色的像素点为 P_3，它的颜色值为(R_3,G_3,B_3)，它的理想值为(0,0,B^*)。

(2) 计算 R^*，G^*，B^* 的值，为了使彩色补偿之后的图像亮度保持不变，R^*,G^*，B^* 的计算采用如下公式：

$$\begin{aligned} R^* &= 0.299R_1+0.587G_1+0.114B_1 \\ G^* &= 0.299R_2+0.587G_2+0.114B_2 \\ B^* &= 0.299R_3+0.587G_3+0.114B_3 \end{aligned} \tag{10-4}$$

(3) 构造变换矩阵。

将得到的 3 个点的 R、G、B 值分别按照下面的公式构成彩色补偿前后的两个矩阵 $\boldsymbol{A}_1$ 和 $\boldsymbol{A}_2$。

$$\boldsymbol{A}_1=\begin{bmatrix} R_1 & R_2 & R_3 \\ G_1 & G_2 & G_3 \\ B_1 & B_2 & B_3 \end{bmatrix},\quad \boldsymbol{A}_2=\begin{bmatrix} R^* & 0 & 0 \\ 0 & G^* & 0 \\ 0 & 0 & B^* \end{bmatrix}$$

(4) 进行彩色补偿。

设 $\boldsymbol{S}(x,y)=\begin{bmatrix} R_S(x,y) \\ G_S(x,y) \\ B_S(x,y) \end{bmatrix}$ 为新图像(补偿后图像)的像素值，$\boldsymbol{F}(x,y)=\begin{bmatrix} R_F(x,y) \\ G_F(x,y) \\ B_F(x,y) \end{bmatrix}$ 为原图像(补偿前图像)的像素值，则

$$\boldsymbol{S}(x,y)=\boldsymbol{C}^{-1}\boldsymbol{F}(x,y) \tag{10-5}$$

其中，$\boldsymbol{C}=\boldsymbol{A}_1\times\boldsymbol{A}_2{}^{-1}$。图 10-11 所示为彩色补偿前后效果图。

(a) (b)

图 10-11 彩色补偿前后效果图

(a)补偿前；(b)补偿后

10.3.2 彩色图像平滑

与灰度图像的平滑相比，彩色图像的平滑处理相对比较复杂，除了处理的对象是矢量外，还要注意如果图像所用的彩色空间不同，所处理矢量表示的含义也不同。

1. 基于 RGB 彩色模型的彩色图像平滑

设 S_{xy} 表示在 RGB 彩色图像中定义一个中心在 (x,y) 的邻域坐标集，$\boldsymbol{f}(x,y)$ 为位于点 (x,y) 处的颜色矢量，则由灰度图像的平滑公式可以得到彩色图像的平滑公式为

$$\overline{\boldsymbol{f}}(x,y)=\frac{1}{N}\sum_{(x,y)\in S_{xy}}\boldsymbol{f}(x,y) \tag{10-6}$$

上式也可表示为

$$\overline{\boldsymbol{f}}(x,y)=\frac{1}{N}\begin{bmatrix}\sum_{(x,y)\in S_{xy}}\boldsymbol{f}_R(x,y)\\ \sum_{(x,y)\in S_{xy}}\boldsymbol{f}_G(x,y)\\ \sum_{(x,y)\in S_{xy}}\boldsymbol{f}_B(x,y)\end{bmatrix} \tag{10-7}$$

从上式可以看出，如标量图像那样，该矢量分量可以通过传统的灰度邻域处理单独地平滑 RGB 图像的每一平面得到。这样可以得出结论：用邻域平均值平滑可以在每个彩色平面的基础上进行。其结果与用 RGB 彩色矢量执行平均是相同的。图 10-12(c)～图 10-12(e)为 RGB 彩色图像及其各颜色分量图，对每个分量图分别进行 5×5 均值平滑滤波，然后再把平滑后的分量图合并成为 RGB 图像，如图 10-12(b)所示。

(a) (b) (c) (d) (e)

图 10-12 RGB 彩色图像平滑处理实例

(a)原图像；(b)平滑效果图；(c)图(a)的 R 分量图；(d)图(a)的 G 分量图；(e)图(a)的 B 分量图

2. 基于 HSI 颜色模型的彩色图像平滑

HSI 模型的彩色图像的三个分量 H、S、I 分别表示图像的色调、饱和度和亮度信息，如果像处理 RGB 彩色图像那样利用式(10-7)对图像进行平滑，那么得到的图像的颜色将会因为颜色分量的混合而发生变化。所以，HSI 模型的彩色图像仅对图像的亮度信息进行平滑处理，只有在色调和饱和度保持不变的情况下混合才有意义。图 10-13 所示为彩色图像原图像和 H、S、I 三个分量图及对 I 分量进行 5×5 平滑滤波后的效果图。

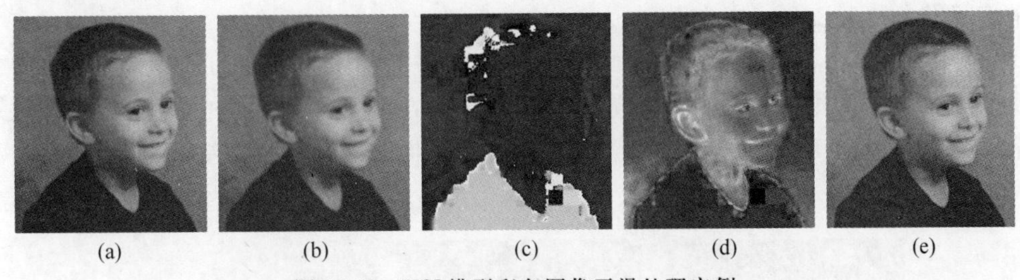

图 10-13　HSI 模型彩色图像平滑处理实例

(a)原图像；(b)平滑效果图；(c)图(a)的 H 分量图；(d)图(a)的 S 分量图；(e)图(a)的 I 分量图

3. 彩色图像平滑中两种模型的比较

图 10-14(a)为 RGB 模型分别利用 5×5 模板平滑 R、G、B 分量后合成的效果图，图 10-14(b)为HSI 模型下对 I 分量利用 5×5 模板平滑后混合的效果图，图 10-14(c)为两种效果图的差异图。

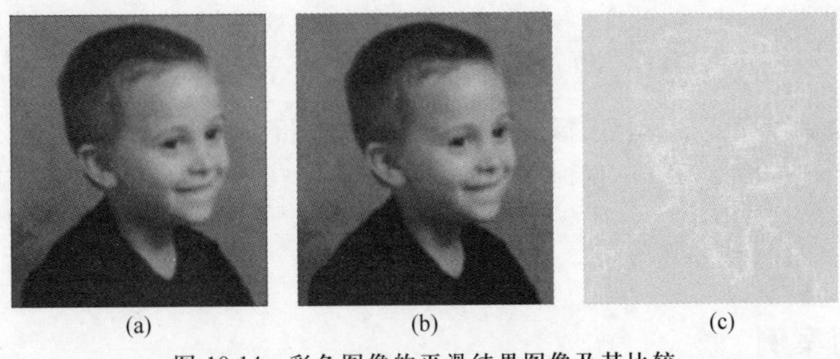

图 10-14　彩色图像的平滑结果图像及其比较

(a)RGB 模型平滑效果图；(b)HSI 模型平滑效果图；(c)两种效果图的差异图

如果直接观察图 10-14(a)和图 10-14(b)两幅图像，基本看不出两者之间的区别，但从图 10-14(c)中可以看到两幅图像之间是有差别的。这是由于两个不同颜色的像素平均是两种彩色的混合，而不是原色混合。仅对亮度平滑，图 10-14(b)的图像保留了原图的色调和饱和度，即保留了它的原彩色。还需要注意的是，由于这个例子是基于 RGB 和 HSI 模型平滑后的结果，所以两种平滑结果的差别将随着平滑模板大小的增加而增加。

10.3.3　彩色图像锐化

锐化的主要目的是突出图像的细节。在这一部分考虑用 Laplacian 算子对彩色图像进行锐化处理，与其他锐化算子的处理类似。从矢量分析知道矢量的 Laplacian 算子被

定义为矢量，其分量等于输入矢量的独立标量分量的 Laplacian 微分。

在 RGB 彩色系统中，图像的 Laplacian 矢量可以定义为

$$\nabla^2[f(x,y)] = \begin{vmatrix} \nabla^2[f_R(x,y)] \\ \nabla^2[f_G(x,y)] \\ \nabla^2[f_B(x,y)] \end{vmatrix} \tag{10-8}$$

从式(10-8)可以看出，我们可以通过分别计算图像每一分量的 Laplacian 矢量去计算全彩色图像的 Laplacian 矢量。

在 HSI 模型中，与图像平滑一样，只要计算 I(亮度)分量的 Laplacian 矢量，然后再与原图像的色调和饱和度分量的矢量混合即可。图 10-15 所示为两种颜色模型锐化效果图和差别图。基于 RGB 模型和基于 HSI 模型的效果图间仍然存在差异，其原因同平滑一样。

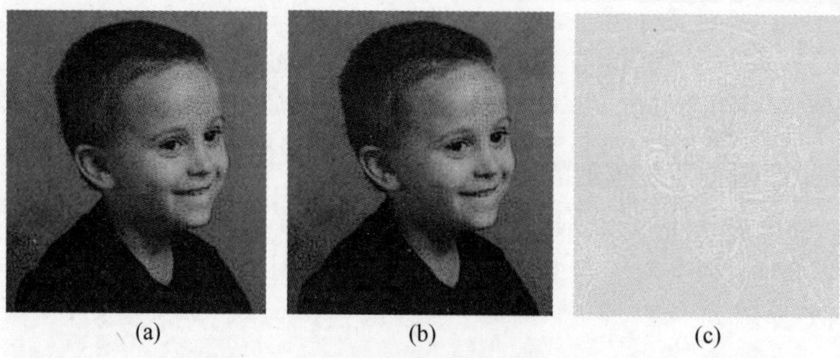

图 10-15　RGB 模型与 HSI 模型彩色图像锐化效果图及二者差异图

(a)RGB 模型锐化效果图；(b)HSI 模型锐化效果图；(c)两种效果图的差异图

这里只是简单介绍了彩色图像的几种基础处理分析方法，其他功能的处理分析方法也可以采用类似的方法进行。同时，在实际的应用中，还需要根据要求选择适当的处理方法。

10.4　应用案例

10.4.1　基于模板的图像匹配

图像匹配是指通过一定的匹配算法在两幅或多幅图像之间识别同名点，例如，在二维图像匹配中通过比较目标区和搜索区中相同大小窗口的相关系数，取搜索区中相关系数最大点所对应的窗口中心点作为同名点。其实质是在基元相似性的条件下，运用匹配准则的最佳搜索问题。图像匹配方法主要分为以灰度为基础的匹配方法和以特征为基础的匹配方法。基于灰度的匹配方法以统计的观点为基础，利用图像的灰度值度量两幅图像之间的相似性，利用某种相似性度量，判定两幅图像的对应关系。根据所选相似性度量的不同，分为绝对差搜索法(ABS)、归一化互相关(normalized cross-correlation，NCC)法和矩匹配法等。基于特征的匹配方法是指通过分别提取两个或多个图像的特征(点、线、面等)，对特征进行参数描述，然后运用所描述的参数进行匹配的一种算法。基

于特征的匹配方法所处理的图像一般包含的特征有颜色特征、纹理特征、形状特征和空间位置特征等。首先对图像进行预处理，以提取其高层次的特征，然后建立两幅图像之间特征的匹配对应关系。常用的特征提取与匹配方法有统计法、几何法、模型法、信号处理法、边界特征法、傅氏形状描述法、几何参数法和形状不变矩法等。

图像匹配是一个相当复杂的技术过程，其基本框架包括 4 方面：特征空间、搜索空间、搜索策略、相似性度量，对其中任一方面的选择都会影响最后匹配的精确度。

模板匹配法是一种最原始、最基本的模式识别方法。它主要研究某一特定对象物体的图案位于图像的位置，进而识别对象物体。模板匹配是指在机器识别事物的过程中，将不同传感器或同一传感器在不同时间、不同成像条件下对同一景物获取的两幅或多幅图像在空间上对准，或者根据已知模式到另一幅图像中寻找相应模式的处理方法，即以目标形态特征为判断依据实现目标检索与跟踪。即使在复杂的背景状态下，这种方法的跟踪灵敏度和稳定度都很高，非常适用于复杂背景下的目标跟踪。

模板匹配法确定在被搜索图中是否有同模板一样尺寸和方向的目标物，并通过一定的算法来找到它及它在被搜索图中的坐标位置，即根据已知模板，到另一幅图像中搜索与之相匹配的子图像。模板就是一幅已知的小图像，通常模板越大，匹配速度越慢；模板越小，匹配速度越快。模板匹配法也是一种基于灰度互相关的匹配方法，该算法研究在一幅图像中是否存在某已知模板图像。图 10-16(a)为参考图像 S，S 的大小为 $N\times N$；图 10-16(b)为模板图像 T，T 的大小为 $M\times M$。匹配时将模板图像叠放在参考图像上平移，模板图像覆盖下的部分叫作搜索子图 S^{ij}，(i、j)是这块搜索子图左下角像素点在 S 中的坐标，叫作参考点。可以选用不同的相似性度量来衡量 T 和 S^{ij} 之间的相似程度。下面以改进的归一化互相关法模板匹配方法[6]来介绍彩色图像的模板匹配方法。

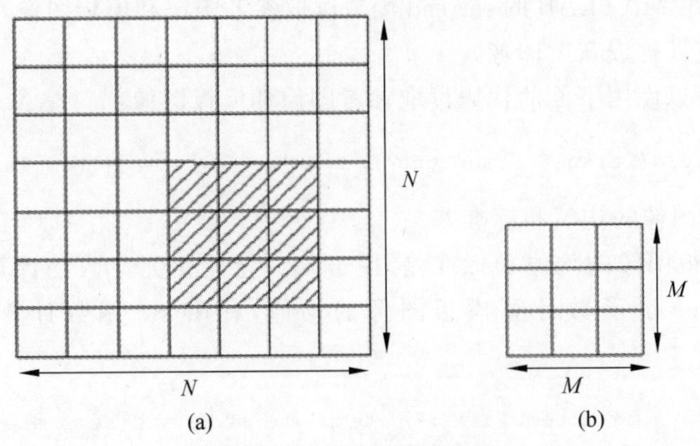

图 10-16　模板匹配示意图

(a)参考图像 $S(N\times N)$；(b)模板图像 $T(M\times M)$

1. 归一化互相关法

归一化互相关算法是图像匹配算法中较为经典的匹配算法，它通过计算模板图像和参考图像的互相关值来确定两者之间的匹配程度，互相关值最大时搜索子图的位置是模板图像在参考图像中的位置。也就是使模板图像在参考图像上所有可能的位置移动，然后计算模板图像与参考图像叠加处图像之间的相似性度量值，最大相似性相对应的位置就是目标位置。度量值 $NC(i,j)$值越大，则表示搜索子图上的(i,j)位置和模板图像越

相似。当 $NC(i,j)$ 等于 1 时，S^{ij} 为匹配位置。实际上，由于不同传感器或同一传感器在不同时间、不同视点获得的图像在空间上存在差异，加上自然环境的变化、传感器本身的缺陷、图像噪声的影响，很难找到 NC 值为 1 的位置，因此通常只需要在参考图上找到最大度量值 NC 的位置，即代表找到了最佳匹配位置。归一化互相关法度量值的计算公式有如下两种，但一般常用式(10-9)所示的计算公式

$$NC(i,j)=\frac{\sum_{m=1}^{M}\sum_{n=1}^{N}T(m,n)S^{i,j}(m,n)}{\sqrt{\sum_{m=1}^{M}\sum_{n=1}^{N}T^2(m,n)\sum_{m=1}^{M}\sum_{n=1}^{N}(S^{i,j}(m,n))^2}} \tag{10-9}$$

$$NC(i,j)=\frac{\sum_{m=1}^{M}\sum_{n=1}^{N}(T(m,n)-\bar{T}(m,n))(S^{i,j}(m,n)-\bar{S}^{i,j}(m,n))}{\sqrt{\sum_{m=1}^{M}\sum_{n=1}^{N}(T(m,n)-\bar{T}(m,n))^2\sum_{m=1}^{M}\sum_{n=1}^{N}((S^{i,j}(m,n)-\bar{S}^{i,j}(m,n))^2}} \tag{10-10}$$

式中：$T(m,n)$——模板图像倒数第 n 行、第 m 个像素值；

$S^{i,j}$——模板覆盖下的部分，称为搜索子图；

(i,j)——搜索子图的左下角像素点在参考图像 S 中的坐标。

$$\bar{T}(m,n)=\frac{1}{M\times N}\sum_{m=1}^{M}\sum_{n=1}^{N}T(m,n),\bar{S}^{i,j}(m,n)=\frac{1}{M\times N}\sum_{m=1}^{M}\sum_{n=1}^{N}S^{i,j}(m,n)$$

NCC 算法的实现过程如下。

1）读取参考图像和模板图像

我们通过调用 MATLAB 的 imread 函数读取参考图像和模板图像，这两个图像都应该是灰度图像（或处理成灰度图像）。

例如，我们可以使用下面的代码读取参考图像和模板图像：

```
target = imread('target_image.png'); template = imread('template_image.png');
```

2）计算模板图像的均值和标准差

需要计算模板图像的均值和标准差，用于归一化互相关系数的计算。我们可以利用 MATLAB 的 mean 函数计算模板图像的均值，利用 std 函数计算模板图像的标准差：

```
template_mean = mean(template(:)); template_std = std(template(:));
```

3）进行归一化互相关计算

利用式(10-10)计算。

4）寻找匹配位置

归一化互相关系数的值越大，表示越有可能匹配成功。我们可以利用 MATLAB 的 max 函数求解归一化互相关系数最大值的位置。

5）显示匹配结果

最后，我们可以使用 MATLAB 的 imshow 函数显示匹配结果，并用 rectangle 函数在参考图像上标记匹配位置。

完整的 MATLAB 代码如下：

```
% 读取参考图像和模板图像 target = imread('target_image.png'); template = imread
% ('template_image.png');
% 计算模板图像的均值和标准差 template_mean = mean(template(:)); template_std =
% std(template(:));
% 进行归一化互相关计算 [height, width] = size(target); [th, tw] = size(template);
% ncc_map = zeros(height-th+1, width-tw+1); for i = 1:height-th+1 for j = 1:
% width-tw+1 target_patch = target(i:i+th-1, j:j+tw-1); target_mean = mean
% (target_patch(:)); target_std = std(target_patch(:)); ncc_map(i,j) = sum
% ((template(:)-template_mean).(target_patch(:)-target_mean)) / (template_
% stdtarget_std); end end
% 寻找匹配位置 [max_ncc, max_idx] = max(ncc_map(:)); [match_y, match_x] =
% ind2sub(size(ncc_map), max_idx);
% 显示匹配结果 imshow(target); hold on; rectangle('Position', [match_x, match_
% y, tw, th], 'EdgeColor', 'y', 'LineWidth', 2); hold off;
```

运行结果示例图如图 10-17(c)所示。

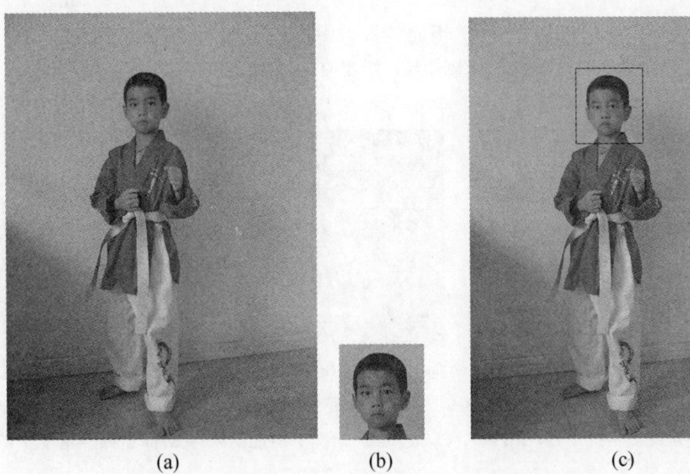

(a) (b) (c)

图 10-17 NCC 算法运行结果示例图

(a)参考图；(b)模板；(c)结果图

2. 彩色图像模板匹配实现过程

彩色图像模板匹配可以直接利用彩色信息进行匹配，也可以把彩色图像转换成灰度图像后进行匹配。如果模板图和参考图属于同一种类型的图像，即都是 RGB 彩色图像或 HIS 彩色图像，或都是灰度图，那处理起来相对比较简单。下面以都是 RGB 彩色图像为例来说明匹配处理过程。

(1) 分别读入模板图和参考图，判断模板图和参考图是否为同一类型的图像，如果类型不同，则给出提示“需要相同类型”。假设读入的参考图和模板图都是 RGB 模式，由于模板图是参考图中的一小部分，如果色彩系统是同一种，在进行匹配的过程中，可以进行简化处理，不需要对三个通道都进行处理，选择其中的一个通道进行处理即可，如对参考图和模板图中的各像素只选择 R 通道进行处理。同时存储模板图和参考图的尺寸等参数。

(2) 设置模板图的初始位置,一般为左下角的角点。

(3) 以模板的尺寸为基准从参考图的左下角角点位置开始搜索匹配。

(4) 利用式(10-10)计算模板图和参考图的互相关值 $NC(i,j)$。

(5) 找到最大的互相关值,并记录位置。

(6) 在参考图上标出该位置,即为匹配的结果。

图 10-19(a)为模板图,分别利用 NCC 算法对图 10-18 所示的 3 种参考图进行模板匹配,匹配结果如图 10-19(b)、图 10-19(c)和图 10-19(d)所示。

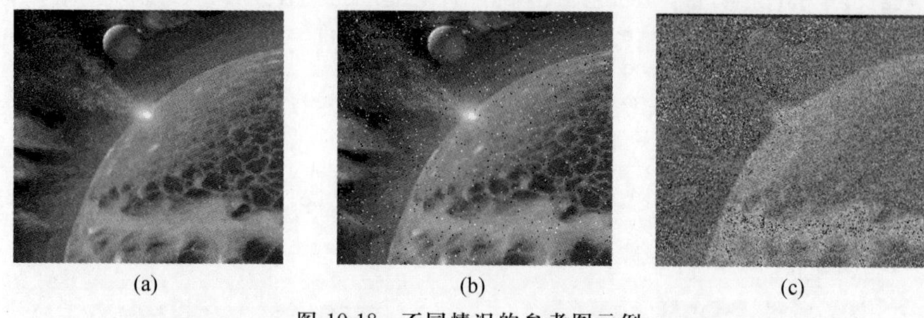

图 10-18 不同情况的参考图示例

(a)质量良好的原图;(b)受椒盐噪声影响的图;(c)受高斯噪声影响的图

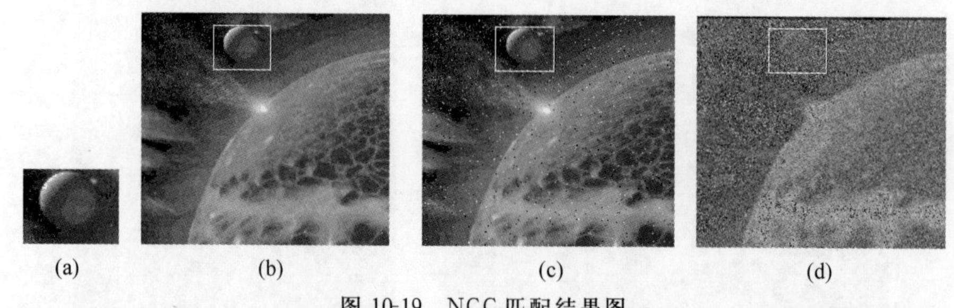

图 10-19 NCC 匹配结果图

(a)模板图;(b)质量良好情况下匹配结果;(c)椒盐噪声情况下匹配结果;(d)高斯噪声情况下匹配结果

10.4.2 基于 SIFT 特征点的图像匹配

图像特征的选择和提取是图像匹配、拼接等处理分析的重要环节,国内外很多专家和学者在图像特征的获取算法上进行了大量的研究,常用于图像匹配的特征主要分为图像整体特征和图像局部特征。不同特征的获取方法也有很大差异。

常用的图像全局特征有颜色和纹理特征。颜色特征对图像的整体特征和图像的视觉特征有良好的描述,其中最常用于表征图像颜色特征的工具是颜色直方图;纹理特征是图像比较常用的特征,它是物体表面所共有的内在特征,作为颜色特征的衍生特征,它依赖于像素之间灰度关系,因此图像纹理特征具有均衡的全局相关性和良好的旋转不变性。提取纹理特征的方法有灰度共生矩阵、结构分析法、模型分析法、信号处理法等。

图像局部特征一般在图像中大量存在,特征之间相关度小,并且具有较强的区分度和描述能力。常用的图像局部特征有特征点和区域特征。最为常用的局部区域不变特征提取方法有最大稳定极值区域(maximally stable extremal regions,MSER)提取算法,在图像匹配中也常用到直线特征。特征点也是匹配常用特征，常用的特征点检测方法有SIFT算法、Harris角点检测、SUSAN算法、FAST算子等。尺度不变特征转换(scale-invariant feature transform，SIFT)算法提取的关键点被大多数人认为是最稳点，性能最好的关键点，而且在图像尺度、旋转、光照变化条件下具有更高的匹配精度。下面主要介绍基于SIFT关键点和对应尺度LTP综合特征的图像匹配算法[7]。

1. SIFT关键点描述

SIFT算法由David Lowe在1999年发表，2004年完善总结。其理论基础是尺度空间，通过构造不同尺度的高斯差分金字塔提取极值点，利用泰勒展开式剔除边缘响应点和低对比度点，并使用关键点周围像素点的梯度矢量作为特征描述符。该算法主要包括4个步骤。

1) 尺度空间的建立

相机的镜头和人的视网膜相同，拍摄的成像结果容易受到与目标的距离影响，一般拍摄距离越远，成像就越小、越模糊。为了实现对图像变换模糊程度的精确描述，引入了图像尺度的概念。图像处理过程中常利用多尺度的图像以获取更精确的结果，所以图像尺度就扩展为尺度空间。在数学理论上利用高斯核可以产生尺度空间，高斯核函数和对应的尺度空间如下：

$$\text{高斯核函数：}G(x,y,\sigma)=\frac{1}{2\pi\sigma^2}\mathrm{e}^{-(x^2+y^2)}/2\sigma^2 \tag{10-11}$$

$$\text{尺度空间：}L(x,y,\sigma)=G(x,y,\sigma)*I(x,y) \tag{10-12}$$

其中，(x,y)是空间坐标，符号$*$表示卷积，是衡量尺度空间的参数，值越小表示卷积对应的尺度越小。在几何意义上使用高斯核函数对图像高斯模糊一次之后图像尺度就发生了变化，即尺度空间发生了变化。高斯模糊更加符合人的视网膜和摄像机镜头模糊的方式。

此外，高斯-拉普拉斯是良好边沿检测算法，有很好的尺度不变性，它对应的函数和高斯差分函数非常近似，公式如下：

$$\sigma\nabla^2 G=\frac{\partial G}{\partial\sigma}\approx\frac{G(x,y,\mathrm{k}\sigma)-G(x,y,\sigma)}{\mathrm{k}\sigma-\sigma}$$

$$G(x,y,\mathrm{k}\sigma)-G(x,y,\sigma)\approx(\mathrm{k}-1)\sigma^2\nabla^2 G \tag{10-13}$$

$$D(x,y,\sigma)=(G(x,y,\mathrm{k}\sigma)-G(x,y,\sigma))*I(x,y)=L(x,y,\mathrm{k}\sigma)-L(x,y,\sigma) \tag{10-14}$$

因此高斯差分函数可以作为高斯-拉普拉斯函数的近似算法并且具有计算非常简单的优点。由式(10-14)可知，高斯差分图像的构建只需要将不同参数下的高斯平滑图像相减即可得到。式(10-14)中k作为一个非变量常数，表征对不同平滑尺度的图像做差。为了适应原始图像尺度和大小的变换，构建了基于尺度空间理论的图像金字塔。其中高斯金字塔从下到上依次由高斯平滑得出。每组图由多层经高斯平滑处理过的图像组成，组内图像有相同的分辨率；而组间图像有不同的分辨率，借以模拟离散的金字塔。这样更接近人眼和相机的成像特点，即目标越远，成像越小、越模糊。先构建高斯图像金字塔，如图10-20所示；再利用高斯图像金字塔构建高斯差分图像金字塔，如图10-21所示。图10-22所示为高斯金字塔和高斯差分金字塔构成关系的过程。

图 10-20　高斯图像金字塔

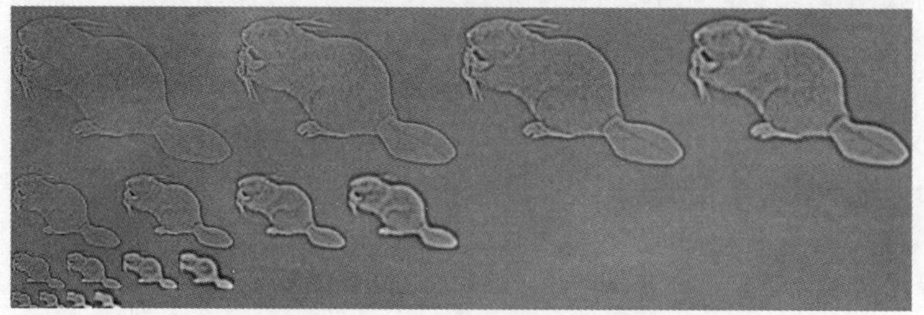

图 10-21　高斯差分图像金字塔

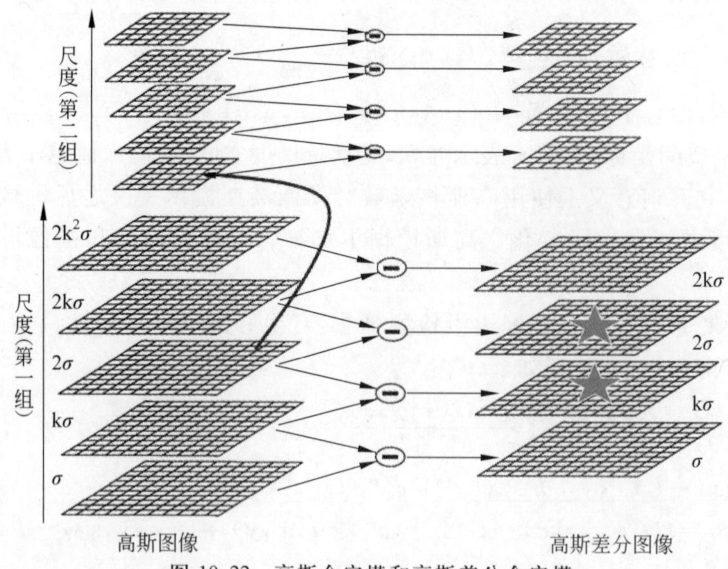

图 10-22　高斯金字塔和高斯差分金字塔

2）关键点检测定位

结合尺度空间和高斯-拉普拉斯算子等理论建立了高斯差分金字塔。为了寻找特征点，需要在高斯差分金字塔中对每张高斯差分图像进行极值点检测，检测极值点时需要把关键点和周围 8 邻域和上下层对应各 9 个点共 26 个点进行对比，如图 10-23 所示，如果是极大值或极小值则标记为极值点。由于提取出来的极值点对噪声和边缘比较敏感，因此并不能直接作为关键点，再使用高斯差分函数在尺度空间的泰勒展开式进行处理，如式(10-15)所示。

$$\boldsymbol{D}(\boldsymbol{X})=\boldsymbol{D}+\frac{\partial \boldsymbol{D}^{\mathrm{T}}}{\partial \boldsymbol{X}}\boldsymbol{X}+\frac{1}{2}\boldsymbol{X}^{\mathrm{T}}\frac{\partial^{2}\boldsymbol{D}}{\partial \boldsymbol{X}^{2}}\boldsymbol{X} \tag{10-15}$$

计算过程还需要对极值点的行、列尺度进行校正。方程求解可得

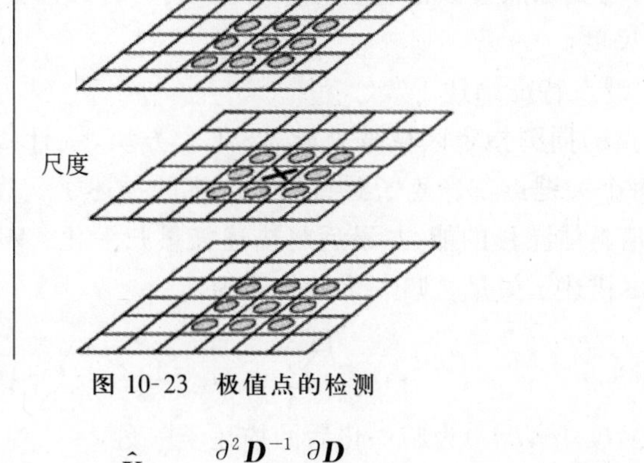

图 10-23　极值点的检测

$$\hat{\boldsymbol{X}} = -\frac{\partial^2 \boldsymbol{D}^{-1}}{\partial \boldsymbol{X}^2}\frac{\partial \boldsymbol{D}}{\partial \boldsymbol{X}} \tag{10-16}$$

根据对应的极值点获得方程的值

$$\boldsymbol{D}(\hat{\boldsymbol{X}}) = \boldsymbol{D} + \frac{1}{2}\frac{\partial \boldsymbol{D}^{\mathrm{T}}}{\partial \boldsymbol{X}}\hat{\boldsymbol{X}} \tag{10-17}$$

式(10-17)中获取的值可以和指定的某个值相比,用来去除对比度低和边缘响应的点。

此外,有些极值点会存在一定的边缘响应,不稳定的点需要剔除。式(10-18)所示为黑塞(Hessian)矩阵。

$$\boldsymbol{H} = \begin{bmatrix} \boldsymbol{D}_{xx} & \boldsymbol{D}_{xy} \\ \boldsymbol{D}_{xy} & \boldsymbol{D}_{yy} \end{bmatrix} \tag{10-18}$$

其中,$\boldsymbol{D}_{xy}$ 表示在某张图像上分别对 x 方向和 y 方向求偏导。

$$\begin{aligned} &\mathrm{Tr}(\boldsymbol{H}) = \boldsymbol{D}_{xx} + \boldsymbol{D}_{yy} = \alpha + \beta, \\ &\mathrm{Det}(\boldsymbol{H}) = \boldsymbol{D}_{xx}\boldsymbol{D}_{yy} - (\boldsymbol{D}_{xy})^2 = \alpha\beta \end{aligned} \tag{10-19}$$

$\mathrm{Tr}(\boldsymbol{H})$是矩阵对角线元素之和。$\alpha$ 和 β 分别代表矩阵的最大特征值和最小特征值。令

$$\begin{aligned} &\alpha = \gamma\beta \\ &\frac{\mathrm{Tr}(\boldsymbol{H})^2}{\mathrm{Det}(\boldsymbol{H})} = \frac{(\alpha+\beta)^2}{\alpha\beta} = \frac{(r\beta+\beta)^2}{r\beta^2} = \frac{(r+1)^2}{r} \end{aligned} \tag{10-20}$$

r 的值通常取 10。

最后,当极值点不满足$\dfrac{\mathrm{Tr}\,(\boldsymbol{H})^2}{\mathrm{Det}(\boldsymbol{H})} < \dfrac{(r+1)^2}{r}$ 时,将被剔除,否则将被保留。

3) 确定关键点主方向

给所有关键点确定一个主方向,算法中使用以某个关键点为中心的周围圆形区域内所有像素点的梯度值进行该关键点方向的计算,在规定的范围内计算所有像素点的梯度值,并累加成为梯度直方图。本算法中将梯度直方图的范围设置为 2π,平均分为 36 份,共获取 36 个梯度直方图,最后取直方图中峰值对应的梯度方向作为该关键点的主方向。

$$m(x,y) = \sqrt{(L(x+1,y) - L(x-1,y))^2 + (L(x,y+1) - L(x,y-1))^2} \tag{10-21}$$

$$\theta(x,y) = \arctan((L(x,y+1) - L(x,y-1))/L(x+1,y) - L(x-1,y))) \tag{10-22}$$

式(10-21)为关键点在该位置上的梯度值,式(10-22)为关键点方向。L 为每个关键点各自所在的尺度。

4) 生成关键点特征描述子

每个关键点的周围指定区域被分成 4×4 个方块,统计每个小块上所有像素点 8 方向的梯度值;每个关键点都产生了独特的 128 维的描述子。为了提高抗光照的能力,并提高对图像灰度值整体漂移的能力,最后将描述矢量归一化。$\boldsymbol{W}=(w_1, w_2, w_3, \cdots, w_{128})$ 为归一化前的 128 描述子矢量。归一化的公式为

$$l_j = w_j / \sqrt{\sum_{i=1}^{128} w_i}, j=1,2,3,\cdots,128 \tag{10-23}$$

$\boldsymbol{L}=(l_1, l_2, l_3, \cdots, l_{128})$为归一化后的描述子矢量。

因此 SIFT 特征点具有良好的抗噪声功能,可以抑制光照强度不同和图像多种变换。

2. LBP 特征描述

局部二值模式(local binary patterns,LBP)是一种表述灰度图像某点像素与周围像素点关系的二进制描述,最初被应用于图像纹理描述。它计算简单,并且具有部分的尺度、旋转和光照不变性等优点,近年来人们提出了很多扩展的 LBP,并已成功地应用于人脸识别、图像匹配等领域。

LBP 算子使用与邻域像素值的关系来描述中心像素,以中心像素值为标准二值化周围像素。如果邻域像素值不小于中心像素值,则其值为 1,否则为 0。然后让二值化的数排列成一个数后转换成十进制数。LBP 算子的编码公式如下:

$$\mathrm{LBP}_{R,N}(x,y)=\sum_{i=0}^{N-1} s(n_i - n_c)2^i, s(x)=\begin{cases}1, & x \geqslant 0 \\ 0, & \text{其他}\end{cases} \tag{10-24}$$

其中,n_c 为中心像素(x,y)的灰度值;n_i 为半径为 R 的圆上分布的 N 个像素的灰度值。

3. LTP 特征描述

Tan X Y 和 Triggs B 在他们的论文 *Enhanced local texture feature sets for face recognition under difficult lighting conditions* 中将 LBP 算子扩展成三值编码,提出了局部三值模式(local trinary pattern,LTP)算子,LTP 将中心像素点与其邻域点的灰度变化进行三值编码,可以对图像进行更具体的描述,有效提高描述符的抗噪声能力,特别是抗光照变换的能力。LTP 算子的编码公式如下:

$$\mathrm{LTP}_{R,N}(u,v)=\sum_{i=0}^{N-1} s(n_i - n_c)3^i, s(x)=\begin{cases}2, & x \geqslant T \\ 1, & -T < x < T \\ 0, & x \leqslant -T\end{cases} \tag{10-25}$$

其中,n_c 表示中心像素点(u,v)的灰度值,n_i 表示等间隔地分布以(u,v)为圆心、R 为半径的圆上的 N 个邻域的灰度值,T 为阈值,大量的实验分析证明,当 $T=5$ 时,不仅有效提高了算子的识别能力,也增加了光照变换抑制作用。例如,当 $R=1, N=8$ 时,3×3 邻域对应 LTP 特征值计算获取过程如图 10-24 所示,图 10-24(a)表示 3×3 邻域中,中心像素和周围 8 邻域像素点之间灰度值的关系,图 10-24(b)、图 10-24(c)分别表示三值化后的 8 像素值、8 像素点对应的权值,图 10-24(d)所示为对应像素点三值化后与对应权值的乘积,即 $s(x)$值。

如图 10-24 所示,LTP 特征存在旋转相关性,为了使 LTP 特征保持旋转不变性,以提高匹配率和适应性,通过对循环移位获取最大的 LTP 特征值。实现公式如下:

75	80	73
60	66	63
59	65	68

(a)

2	2	2
0		1
0	1	1

(b)

1	3	9
2187		27
729	243	81

(c)

2	6	18
0		27
0	243	81

(d)

图 10-24　LTP 特征值计算获取过程

(a)像素 3×3 邻域；(b)三值化的 8 像素值；(c)8 像素点对应的权值；(d)$s(x)$值

$$\mathrm{LTP}_{N,R}=\max\{\mathrm{ROR}(\mathrm{LTP}_{N,R},k)\mid k=0,1,2,\cdots,N-1\} \tag{10-26}$$

其中，$\mathrm{ROR}(x,k)$表示对 N 位二进制数 x 向右循环移位 k 次($|k|<N$)。$\mathrm{LTP}_{N,R}$ 有 N 种不同的取值，大量实验证明，最大值更能体现出每个像素点与其他像素点的差异，保证关键点的 LTP 值具有旋转不变性。

4. 构建关键点旋转不变描述符

精确定位特征点后，在特征点对应尺度的高斯图像中，以关键点为圆心，确定半径为$\{r_1,r_2,\cdots,r_n\}$的一组同心圆，如图 10-25 所示。统计每个同心圆中像素点的 LTP 值，以关键点为圆心的圆形邻域具有旋转不变性，省去了邻域角度归零操作，避免了图像坐标向每个点正方向旋转的运算。

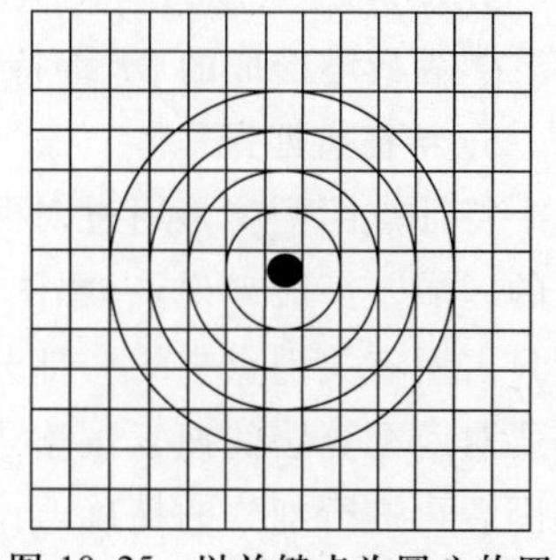

图 10-25　以关键点为圆心的四个同心圆圆形邻域

根据半径 r 的大小设定对应圆上采样点的个数 k，并且在以特征点为圆心、r 为半径的圆周上按逆时针方向采样 k 个像素点。将每个圆环上 k 个像素点的旋转不变 LTP 值和该点权重 w 的乘积作为关键点的描述矢量 $\boldsymbol{D}j=(\boldsymbol{d}_1,\boldsymbol{d}_2,\boldsymbol{d}_3,\boldsymbol{d}_4,\cdots,\boldsymbol{d}_k)$，像素点权重的确定如式(10-27)所示。为实现关键点描述符的旋转不变性，查找所有圆环中的最大矢量，并把它旋转至最前端，保证旋转不变性。例如，在某个圆环中 $\boldsymbol{d}_5=\max\{\boldsymbol{d}_1,\boldsymbol{d}_2,\boldsymbol{d}_3,\boldsymbol{d}_4,\cdots,\boldsymbol{d}_k\}$，则圆重新旋转生成的矢量为$(\boldsymbol{d}_5,\boldsymbol{d}_6,\cdots,\boldsymbol{d}_k,\ \boldsymbol{d}_1,\boldsymbol{d}_2,\boldsymbol{d}_3)$。这样就保证了关键点描述符的旋转不变性。

$$w=\exp[(-r^2/2\sigma^2)/2\pi T] \tag{10-27}$$

式中，r 是以关键点为中心的圆的半径长度，$\sigma=1.5$，$T=1000$。

为了进一步抑制噪声、提高匹配的精确度，在描述符中加入相对灰度直方图。统计图 10-25 所示圆环内所有像素点灰度值与关键点灰度值之间的差作为相对灰度，统计对应某个相对灰度的像素点的个数，形成关键点的相对灰度直方图。由于灰度直方图中统计的像素点都是距离关键点很近的邻域像素，像素值之间差值较小，相对灰度直方图的统计范围为$[I(x_c,y_c)-15,I(x_c,y_c)+15]$，其中 $I(x_c,y_c)$是当前关键点的灰度值，少量相对灰度值大于 15 的像素点，其相对灰度记为 15。相对灰度小于−15 的像素点，其相对灰度记为−15。定义如下：

$$h_i=\sum_{x,y}M\{I(x,y)-I(x_c,y_c)-i\};\quad i=-15,-14,\cdots,0,\cdots,14,15;\qquad M(x)=\begin{cases}1, & x=0\\ 0, & x\neq 0\\ 1, & x\geqslant 1,i=15\\ 1, & x\leqslant -1,i=-15\end{cases} \tag{10-28}$$

式中：i——第 i 个灰度级；

h_i——具有第 i 级灰度的像素数目；

$I(x_c,y_c)$——中心像素点的灰度值；

$I(x,y)$——中心点邻域像素的灰度值。

生成的相对灰度直方图作为关键点的另一部分描述符，为了消除光照影响把生成的描述符分别归一化处理，如式(10-29)所示：

$$\boldsymbol{T}_i=\frac{\boldsymbol{T}_i}{\|\boldsymbol{T}_i\|},\boldsymbol{S}_i=\frac{\boldsymbol{S}_i}{\|\boldsymbol{S}_i\|} \tag{10-29}$$

式中：$\boldsymbol{T}_i$ 是 LTP 部分关键点的描述矢量；

$\boldsymbol{S}_i$ 是相对灰度直方图部分关键点的描述矢量。

最终关键点描述符定义如下：

$$\boldsymbol{Q}=[\boldsymbol{T}\quad \boldsymbol{S}] \tag{10-30}$$

式中：$\boldsymbol{T}$ 为 56 维 LTP 特征描述矢量；

$\boldsymbol{S}$ 为 31 维灰度直方图矢量；

$\boldsymbol{Q}$ 为最终形成的 87 维特征描述符。

5. 特征点匹配

特征点匹配就是通过对两幅图像的特征点之间进行比较，找出两幅图像之间内容相同的区域。一般来说，一幅图像包含数百乃至数千关键点，但用于图像拼接配准的关键点只占所有关键点中的一部分或者较少的一部分，所以如果待匹配的图像很大，那么就需要对匹配算法的搜索策略进行调整。例如，可以先进行大致区域的搜索，搜索到大致范围后再进行细致的精确匹配。

1）图像的区域匹配

首先根据图像的大小及关键点在图像上分布的密度把要配准的两幅图像在空间上分成 $X\times Y$(具体大小根据图像的大小确定，根据试验一般取 $X=$图像水平方向像素个数/100；$Y=$图像垂直方向像素个数/100)个区域，并把这些区域分别编号；把检测出的 SIFT 特征点按照坐标位置分配到这些区域中。然后从两幅图像中检测出有匹配关系的区域对。一般在第一幅图像的每个区域中随机选择若干(如 12 个就足够)关键点，在第二幅图像关键点中使用最近邻算法进行比较，寻找与之匹配的关键点，并把两个关键点所在的区域记为匹配关系。反之，如果两个区域没有找到可匹配关键点，就认为两个区域没有匹配关系。

2）区域内关键点的匹配

使用关键点描述符最小街区距离与次小街区距离比和阈值的关系作为匹配标准，如式(10-31)和式(10-32)所示。

$$\|\boldsymbol{Q}_A-\boldsymbol{Q}_B\|=\sum_{i=1}^{n}\|a_i-a_i\| \tag{10-31}$$

$$\frac{\|\boldsymbol{Q}_A-\boldsymbol{Q}_B\|}{\|\boldsymbol{Q}_A-\boldsymbol{Q}_C\|}<t \tag{10-32}$$

$\boldsymbol{Q}_A=[a_1,a_2,\cdots,a_n]$和 $\boldsymbol{Q}_B=[b_1,b_2,\cdots,b_n]$分别为关键点 A 和关键点 B 的描述矢量。匹配策略与 SIFT 算法的相似：取图像 1 中的某个关键点 A，在图像 2 中找出与之描述矢

量街区距离最小和次小的两个关键点 B 和关键点 C，如果最小的街区距离 $\|\boldsymbol{Q}_A-\boldsymbol{Q}_B\|$ 与第二最小的街区距离 $\|\boldsymbol{Q}_A-\boldsymbol{Q}_C\|$ 的比值小于某个值，则认为关键点 A 与距离最近的关键点 B 有对应关系；反之则认为关键 A 和距离最近的关键点 B 不匹配。其中阈值 t 的大小不固定，t 受具体匹配图像的影响。但是总体上随着 t 值的减小，匹配条件更加严格，误匹配的像素点就会减少。注意，进行距离计算时也可以采用欧氏距离等其他距离计算公式。

图 10-26 所示为光照强度变换下基于 SIFT 和对应尺度 LTP 综合特征的图像匹配示例。

(a)

(b)

图 10-26　光照强度变换下的图像匹配示例

(a)光照强度不同的原图；(b)匹配结果

图 10-27 所示为模糊强度变换下基于 SIFT 和对应尺度 LTP 综合特征的图像匹配示例。

(a)

(b)

图 10-27　模糊变换下的图像匹配示例

(a)模糊变换的原图；(b)匹配结果

如图 10-28 所示，图 10-28(a)中两幅图像综合了大小和尺度及旋转变换，图 10-28(b)为匹配结果。

(a)

(b)

图 10-28　旋转和视角变换下的图像匹配示例

(a)综合变换的原图；(b)匹配结果

思考与练习

1. 从灰度到彩色的变换可将每个原始图像中像素的灰度值用三个独立的变换来处理，现已知红、绿、蓝三种变换函数及原图的直方图依次如图 10-29 中各图，问变换所得彩色图像中哪种颜色成分较多？请说明原因。

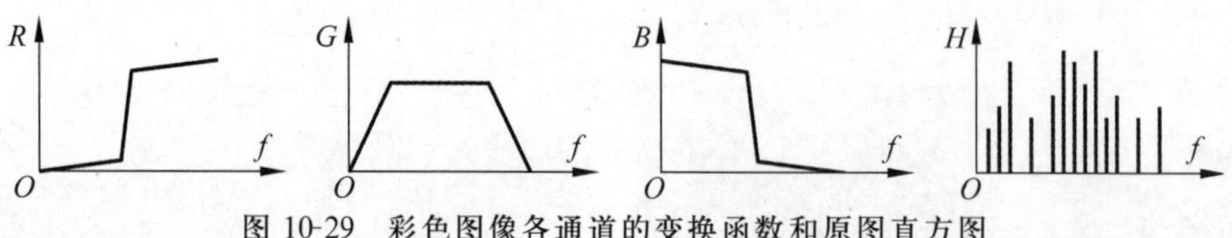

图 10-29　彩色图像各通道的变换函数和原图直方图

2. 伪彩色处理和假彩色处理是两种不同的彩色图像增强处理方法，请分析它们之间的差异。

3. 对彩色图像进行单变量变换增强中，最容易让人感到图像内容发生变化的是哪种变换？分别从 RGB 模式和 HSI 模式讨论。

4. 如图 10-30 所示，请设计方案解决以下问题：①左右图的光照不一致，使左图和右图一样；②把屋内黄色的墙变成其他颜色。

图 10-30　示例图

实验要求与内容

一、实验目的

1. 掌握彩色图像的表示。
2. 掌握彩色图像增强方法。
3. 掌握彩色图像的平滑和锐化方法。
4. 掌握彩色图像处理的具体应用。

二、实验要求

1. 编程实现伪彩色图像增强，要求可以交互选择灰度图像，并至少实现教材中提到的两种方法。

2. 编程实现基于 RGB 色彩模型和 HSI 色彩模型的彩色图像平滑和锐化。

提高题

编程实现思考与练习第 4 题的要求。

三、实验分析

分析比较基于 RGB 色彩模型和 HSI 色彩模型的彩色图像去噪效果。

四、实验体会（包括对本次实验的小结，实验过程中遇到的问题等）

第 11 章　数字图像处理综合应用

前面的几个章节介绍了数字图像处理的基本知识、基础算法和简单应用案例。数字图像处理技术日趋成熟,并广泛应用在各个领域,本章主要介绍数字图像处理的几个经典应用案例,帮助初学者更好地理解数字图像处理技术相关算法知识及在解决实际问题时如何使用相关算法。

11.1　人脸检测与特征定位系统

6.1 节简要介绍了人脸识别的过程,以及如何利用图像分割的方法进行人脸的分割,同时我们也知道,简单利用图像分割的方法进行人脸分割,效果往往不够理想,本节将详细介绍人脸检测与特征定位的方法和步骤,实现对不同人脸的检测,并在此基础上实现对主要的面部特征点及眼睛、鼻子、嘴巴等主要器官形状信息的定位。

在进行人脸检测时,有两种基于颜色的方法。一种是基于肤色分割的模型,另一种是基于脸和头发区域的模型。基于肤色分割的模型主要步骤包括图像的相似度计算、对图像进行二值化、计算图像的垂直直方图和水平直方图,最后标记人脸区域。基于脸和头发区域的模型主要步骤包括找到脸和头发区域,分别求脸和头发的直方图,最后标记人脸区域。在标记人脸区域后,对人脸区域进行边缘提取,以便于标记出眼睛、嘴巴和鼻子。

人脸检测与特征定位系统的处理流程如图 11-1 所示。

11.1.1　人脸检测与特征定位系统界面

人脸检测与特征定位系统界面主要包括图像预处理(打开、保存图像和退出程序功能)、图像显示区域、人脸区域检测和特征标注三个区域,如图 11-2 所示。

11.1.2　基于肤色分割的人脸检测方法

1. 相似度计算

相似度计算利用肤色进行建模。通过肤色提取,获取比较准确的脸部区域,成功率可以达到 95%以上,并且速度快,能减少很多工作。目前大部分图像采集设备使用的是

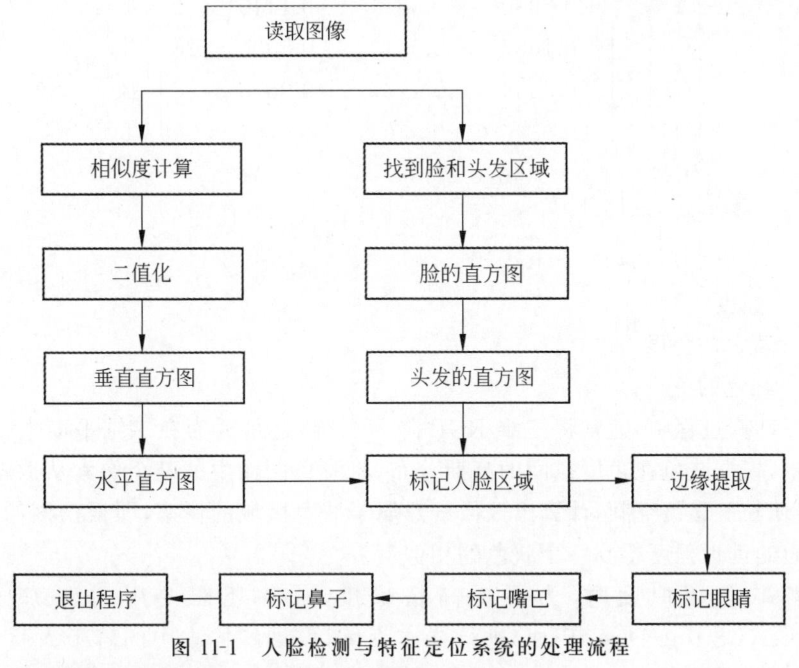

图 11-1 人脸检测与特征定位系统的处理流程

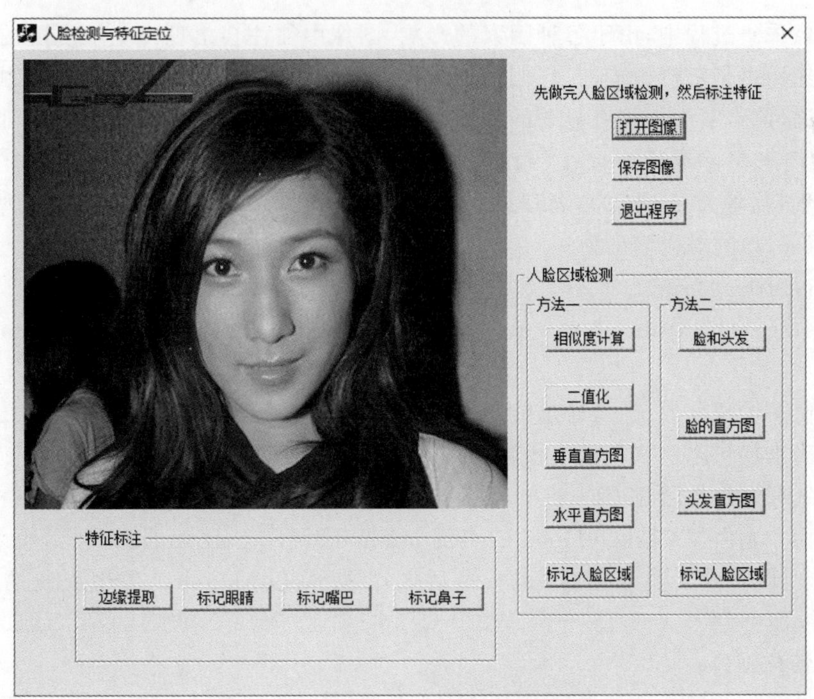

图 11-2 人脸检测与特征定位系统界面

RGB 彩色空间，而这种彩色空间不利于肤色分割，因为肤色会受到亮度的影响，因此在肤色分割中一般选择 YCbCr 颜色模型。YCbCr 是目前常用的肤色统计空间，具有将亮度分离的优点，聚类特性比较好，能有效获取肤色区域，排除一些类似人脸肤色的非人脸区域，如人的脖子部分。RGB 色彩系统与 YCbCr 色彩系统的转换关系如下：

$$\begin{pmatrix} Y \\ C_b \\ C_r \\ 1 \end{pmatrix} = \begin{pmatrix} 0.2990 & 0.5870 & 0.1140 & 0 \\ -0.1687 & -0.3313 & 0.5000 & 128 \\ 0.5000 & -0.4187 & -0.0813 & 128 \\ 0 & 0 & 0 & 1 \end{pmatrix} \begin{pmatrix} R \\ G \\ B \\ 1 \end{pmatrix} \tag{11-1}$$

$$\begin{pmatrix} R \\ G \\ B \end{pmatrix} = \begin{pmatrix} 1 & 1.4020 & 0 \\ 1 & -0.3441 & -0.7141 \\ 1 & 1.7720 & 0 \end{pmatrix} \begin{pmatrix} Y \\ C_b - 128 \\ C_r - 128 \end{pmatrix} \tag{11-2}$$

式中：Y——亮度；

C_b——蓝色的色度；

C_r——红色的色度。

在实际计算过程中，通常将三维 RGB 降为二维，这是因为在二维平面上，肤色的区域相对集中，根据肤色在色度空间的高斯分布，将彩色图像中的某个像素从 RGB 彩色空间转换为 YCbCr 彩色空间，计算出该像素点属于肤色区域的概率，即根据该像素点离高斯分布中心的远近程度得到一个肤色的相似度。

在计算肤色相似度时，为了提高精确度，往往还需要用到训练样本函数 CalParameter(CString DirectPath)进行样本训练，取训练样本中的若干人脸肤色进行建模。

在图像采集过程中，由于各种因素的影响，图像中往往会出现一些不规则的噪声，而大部分图像噪声是随机生成的，它们对某一像素点的影响都可以看作孤立的，因此，和邻近各点相比，该点灰度值将有显著的不同，所以一般可以采用邻域平均的方法(详细介绍参见 3.4 节)来消除噪声。以 $f(i,j)$表示(i,j)点的实际灰度值，以它为中心取一个 $N\times N$ 的窗口(通常 N 取 3)，窗口内像素组成的点集用 A 来表示，经邻域平均法滤波后，像素点(i,j)的对应输出为

$$g\left(i,j\right)=\frac{1}{N\times N}\sum_{\left(x,y\right)\in A}f\left(x,y\right) \tag{11-3}$$

为了使图像灰度值统一，通过线性变换把肤色概率变换到[0,255]范围，并建立肤色概率映射表来加快之后肤色概率检测的速度。

具体处理过程是通过 CFaceDetectDlg 类中的 OnBtnLikehood()函数完成相似度的计算及显示。先由类 CLikelyHood 的实例 method1 调用 CalLikeHood()函数来对图像进行相似度计算，然后更新图像数据，最后调用 MakeBitMap()函数生成新的图像，如图 11-3 所示。

2. 二值化图像

图像二值化的目的是将采集获得的多层次灰度图像处理成二值图像，以便分析、理解和识别，并减少计算量。二值化就是通过一些算法，并利用一个阈值改变图像中的像素颜色，令整幅图像画面仅有黑白二值。在人脸检测系统中，由于人脸大部分有几乎均匀一致的灰度值，并且处在一个具有其他等级灰度值的背景下，因此人脸可以与背景很好地分割开来。进行二值变换的关键就是要确定合适的阈值，通过动态调节阈值大小，最终使图像保持良好的保形性，不会产生额外的噪声，也不会丢失有用的信息。

(a)

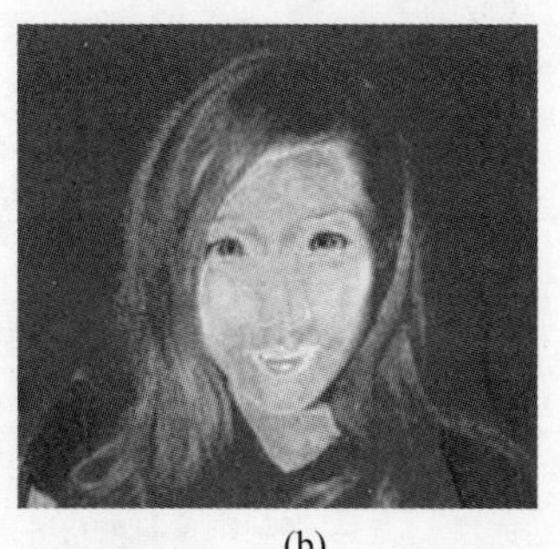

(b)

图 11-3 彩色凸显相似度计算示例

(a)原始图像；(b) 相似度计算结果

二值化的处理过程通过 CFaceDetectDlg 类中的 OnBtnBinary()函数完成，首先调用类 CLikelyHood 中的二值化函数 method1－>CalBinary()，对图像进行二值化。二值化函数是在相似度计算的基础上完成的，因为二值化函数 CalBinary()所用到的 m_pLikeliHoodArray 数组是在相似度计算函数 CalLikeHood()中完成赋值的。然后更新图像数据，生成新位图，并利用 MyDraw()函数显示二值化图像，如图 11-4 所示。

(a)

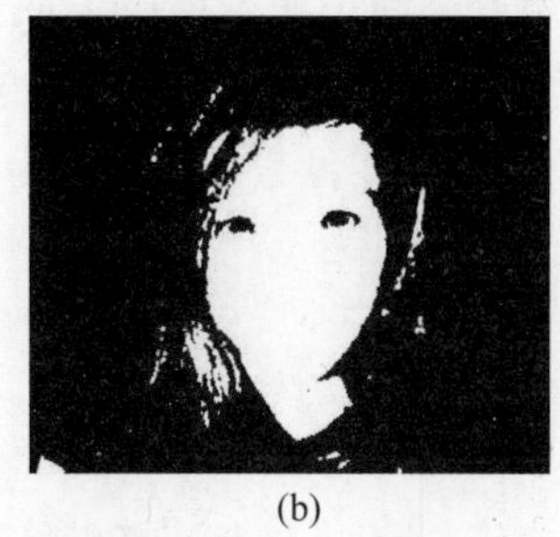

(b)

图 11-4 二值化图像示例

(a) 原始图像；(b) 二值化图像

3. 直方图

图像直方图是图像处理中一种十分重要的图像分析工具，它描述了一幅图像的灰度级内容，任何一幅图像的直方图都包含了丰富的信息。直方图实际上是图像亮度分布的概率密度函数，是一幅图像的所有像素集合的最基本的统计规律，反映了图像的明暗分布规律。通过图像变换对直方图进行调整，可以获得较好的视觉效果。

在该系统设计中，通过直方图方式对二值图像进行垂直和水平两个方向的投影，然后结合垂直直方图和水平直方图获取人脸区域。以垂直方向直方图为例，利用图像二值化后得到数据所在的数组 m_pBinaryArray 对图像进行计算，从图 11-4(b)中可以看出，经过相似度计算和二值化后，脸部的数据基本为白色，所以可以通过统计白色点的数量来得到直方图数据，把直方图数据保存在 m_tResPixelArray 数组中，并利用 MakeBitMap()函数生成直方图，结果如图 11-5(a)所示。

4. 标记人脸区域

主要根据图像在垂直方向和水平方向上投影的分布特征对图像进行检测，以此来标记人脸的区域，本质上这也是一种统计方法。其过程是通过 CFaceDetectDlg 类中的

(a)　　　　　　(b)

图 11-5　人脸区域的直方图

(a)垂直直方图；(b)水平直方图

OnBtnMarkFace1()函数实现的。OnBtnMarkFace1()函数首先计算图像的垂直直方图——利用垂直投影，找到累计值最大为 max 的水平坐标值 pos，然后从 pos 开始往左右两边分别找到累计值为 max×0.2 和 max×0.3 两处，并标记它们的水平坐标值分别为 left 和 right。然后计算图像的水平直方图，对每一个垂直坐标的统计值不是统计从最左边的像素开始到最右边的像素，而是从第 left 像素开始统计到第 right 像素，即由左右两界限定的人脸图像的列的水平投影来确定头部的上下两界 top 和 bottom，统计出人脸图像中每列及每行某区间中非零像素点的数目。水平投影的关键是根据某行非零像素和头部的刚性特征找出头顶的位置 top。设二值图像为 $f(x,y)$，大小为 $M\times N$，非零像素值为 T，记第 i 列的非零像素点的数目为 xs[i]，设第 j 行在由 left 和 right 两界限定的区域的非零像素点的数目为 ys[j]，则

$$
\begin{cases}
\mathrm{xs}[i]=\sum\limits_{j=0}^{M-1} f(i,j)/T, & i=0,1,2,\cdots,N-1 \\
\mathrm{ys}[j]=\sum\limits_{i=\mathrm{left}}^{\mathrm{right}-1} f(i,j)/T, & j=0,1,2,\cdots,N-1
\end{cases}
\tag{11-4}
$$

最后通过水平坐标值 left 和 right、垂直坐标值 top 和 bottom 确定一个矩形框，并通过更改矩形框的 RGB 值来显示标记出来的人脸区域，如图 11-6 所示。

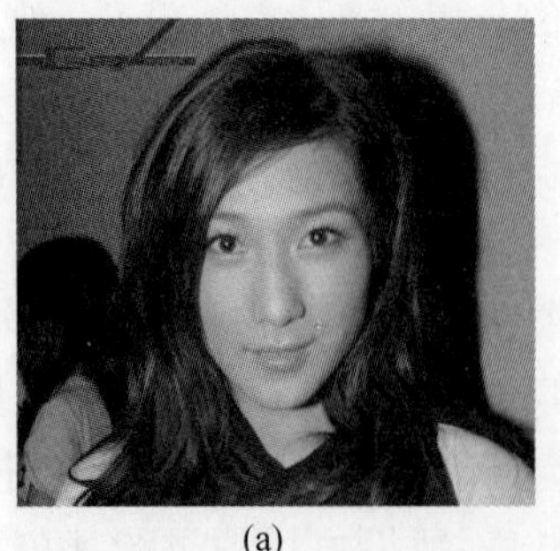

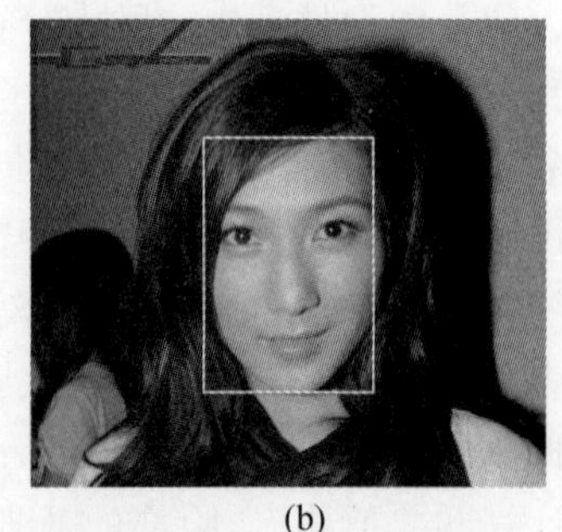

(a)　　　　　　(b)

图 11-6　人脸区域标记

(a)原始图像；(b)标记出的人脸区域

通过肤色分割的人脸检测算法，在计算量上大大减少，同时能有效抑制背景噪声。

11.1.3 基于脸和头发区域的人脸检测方法

1. 标识脸和头发

在RGB彩色空间中，任何颜色都可以由三基色混配得到，而且大多数的图像采集设备都是以CCD技术为核心，可以直接感知颜色的R、G、B 3个分量。假设R_0、G_0、B_0为基刺激色，若各基刺激色的大小分别为R、G、B。则任意颜色S可以表示为

$$S=R\times R_0+G\times G_0+B\times B_0 \tag{11-5}$$

三维矢量$[R,G,B]$不仅表示色彩，也包含亮度信息。如果两个像素点$[R_1,G_1,B_1]$和$[R_2,G_2,B_2]$在RGB空间的值成比例，即

$$\frac{R_1}{R_2}=\frac{G_1}{G_2}=\frac{B_1}{B_2}$$

那么这两点具有相同的颜色，不同的亮度，去除亮度分量后就能得到归一化的RGB空间，定义如下：

$$R=\frac{R}{R+G+B},\ G=\frac{G}{R+G+B},B=\frac{B}{R+G+B} \tag{11-6}$$

从式(11-6)可以看出：$R+G+B=1$，因此归一化的RGB空间可以用两个色度分量R、G完全表示。

在该系统设计中采用基于皮肤区域、头发区域的模型描述肤色区域的分布，以此作为人脸肤色和非肤色的筛选依据。具体模型定义如下：

$$R=\frac{R}{R+G+B}$$
$$G=\frac{G}{R+G+B}$$
$$Y=0.3\times R+0.59\times G+0.11\times B$$

对读取到的RGB像素逐个计算分类，当同时满足

$$0.333<R<0.664$$
$$0.246<G<0.398$$
$$R>G$$
$$G\geq 0.5-0.5\times R$$

时，该区域设为红色，表示脸部区域。同时，当$Y<40$时，该区域设为蓝色，表示头发部分，其他区域设为黑色。最后调用MakeBitMap()函数生成新的图像，如图11-7所示。

(a)

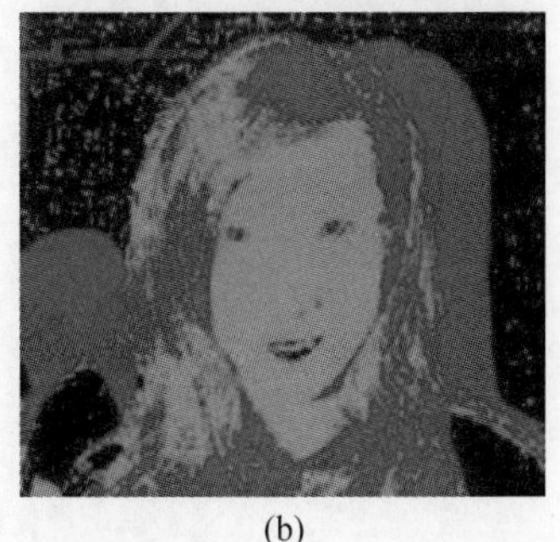

(b)

图11-7 脸和头发标记示例

(a)原始图像；(b)脸部和头发区域

2. 脸部直方图

在求取脸部区域时，通过更新数组 m_pBinaryArray 的值对脸部区域进行直方图计算，以便确定肤色的左右边界，即首先在水平方向上算出每列的红色像素总数，再将这些数存在数组中，最后通过直方图显示出投影效果。脸部直方图如图 11-8(a)所示。

3. 头发的直方图

求取头发直方图的原理与求取脸部直方图的原理类似，统计图像蓝色部分在水平方向上的分布特征，以便确定头发的左右边界。头发的直方图如图 11-8(b)所示。

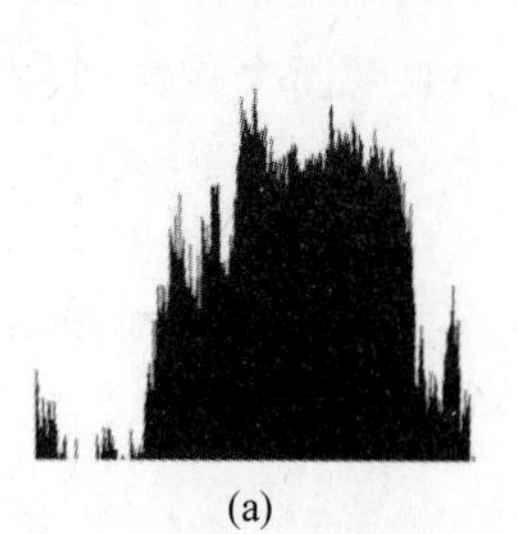

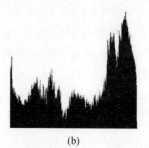

(a) (b)

图 11-8 脸部和头发的直方图

(a)脸部直方图；(b)头发的直方图

4. 标记人脸区域

在该系统中，通过 CFaceDetectDlg 类中的 OnBtnMarkFace2()函数来定位，确定人脸区域的左右边界和上下边界。首先根据红色部分的投影数据按阈值提取候选区域，由于人脸部分有一定的高度和宽度，投影数比较集中且跃变不是很大，所以取阈值为红色点数目最多的那一列的 1/2。再按顺序将每一列的数和阈值比较，把大于阈值的列的值定为候选区域的左边界，小于阈值的列定位为候选区域的右边界，如此处理便得到 n 组左右边界的候选区域。用同样的方法处理头发部分，但因为头发长短不一，所以需要将阈值定为数目最多那一列的 1/5，这样可使检测更灵敏。然后分别标记头发和脸部的候选区域，同时满足标记的区域就定位为人脸区域的左右边界 left 和 right。最后根据人脸结构，取人脸宽高比例为 1∶1.5，以此确定人脸区域的上下边界 top 和 bottom。标记结果如图 11-9(b)所示。

(a)

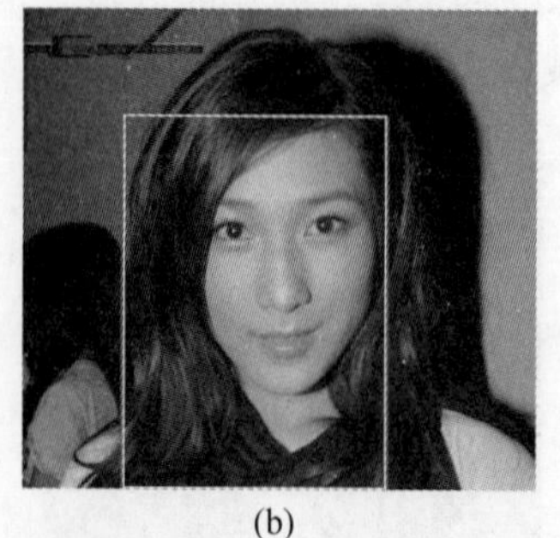

(b)

图 11-9 人脸区域标记

(a)原始图像；(b)标记出的人脸区域

从图 11-9 可以看出，这种人脸检测方法对图 11-9(a)的人脸定位不是很准确，因此要针对不同图像选择合适的人脸定位方法。

11.1.4　脸部特征标注

1. 边缘提取

目标边缘包含着有价值的边界信息，可以用于图像分析、目标识别及图像滤波。通过求梯度局部最大值对应的点，并认定这些点为边缘点，去除非局部最大值，可以检测出精确的边缘。该系统通过边缘提取，提取出脸部比较精确的边界，便于后续眼睛、嘴巴和鼻子的标注。该系统通过函数 OnBtnEdge()先确定左右眼的水平区域，然后调用边缘检测函数 DoLoG 对图像进行边缘提取，最终结果如图 11-10(a)所示。

2. 标记眼睛

通过 OnBtnMarkEye()函数来标记眼睛位置。先进行边缘检测，但和眼睛相似的区域也会被检测出来，因而需要进行简单的处理，具体包括两方面。

(1) 去掉长度太小的候选区域，根据常识可知，两眼内侧眼角之间的距离与脸部宽度之比应该大于 1/20，所以当一个眼睛候选区域的边界之差小于检测到的人脸宽度的 1/20 时，则将该候选区域去掉。

(2) 合并相邻很近的区域，对检测到的相邻两个水平眼睛候选区域的边界作差，当差值小于检测到的人脸宽度的 1/40 时，则将这两个候选区域作合并处理。

找出的眼睛候选区域可能少于、等于或多于两个区域，要分别考虑；当找到不少于两个区域并确定了左眼及右眼区域后，要分别标记左右眼的水平或垂直区域。

3. 标记嘴巴

根据经验知识可知，人类五官的相对位置是基本不变的，所以在确定眼睛在人脸中的位置后，根据五官“三停五眼”的标准，同一张人脸中嘴巴的大概位置也就可以基本确定了。通过 OnBtnMarkMouse()函数，计算双眼斜角正切值、距离和平均高度，并据此算出可能的嘴部区域。在满足这个距离的区域范围内进行区域膨胀，以此确定左右嘴角的位置。另外，由于唇中点较薄，在 3/7 唇距到 5/7 唇距处求出最薄的地方作为嘴唇的中点，如图 11-10(c)所示。

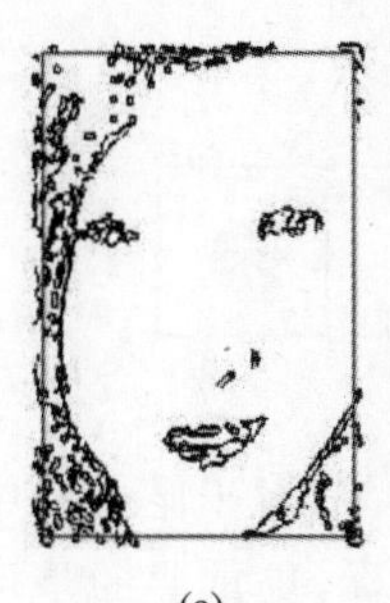
(a)

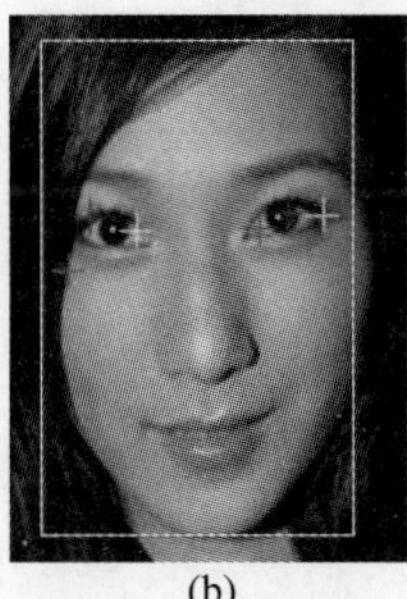
(b)

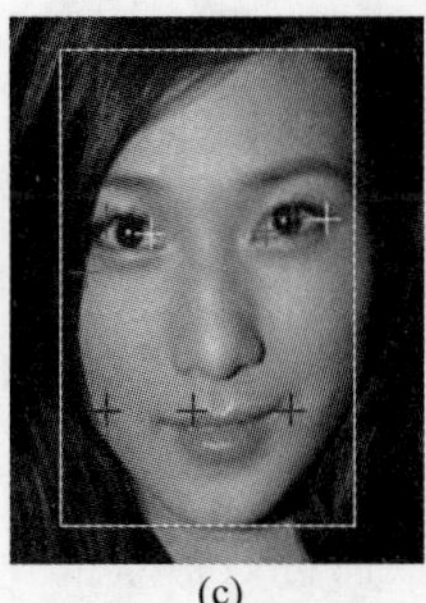
(c)

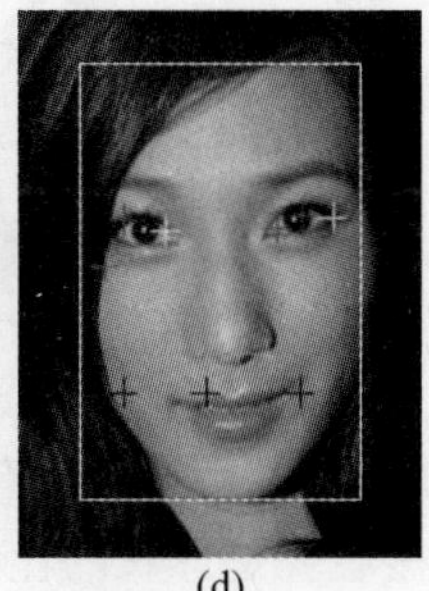
(d)

图 11-10　脸部特征标注示意图

(a)边缘提取；(b)眼睛标记；(c)嘴巴标记；(d)鼻子标记

4. 标记鼻子

通过 OnBtnMarkNose()函数实现，原理与标记嘴巴类似。先计算双眼斜角、距离和平均高度,在此基础上求出可能的鼻子区域,对该区域进行区域膨胀处理,就能得到左右鼻孔的位置。因为鼻子比嘴巴窄,而且一般人的鼻尖都比较尖,所以可以在两鼻孔中心上方一定范围内确定鼻尖所在的位置,如图 11-10(d)所示。

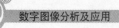

通过对不同人脸进行测试,上面介绍的两种人脸检测方法各有利弊,但总体来讲,基于肤色分割模型的方法比较好。针对人脸识别的方法非常多,包括目前流行的机器学习等方法,都为进一步提高人脸识别的准确率起到了重要作用。目前对人脸识别方法的研究已经比较成熟,而且在很多领域上都有应用,如常见的人脸密码锁、公安破案利用的人脸比对技术、走失儿童寻找匹配技术等。

11.2 蝴蝶与蛾的分类

在数字图像处理中,分类也是一种常见的处理方式。图像分类是根据各目标在图像信息中所反映的不同特征,把不同类别目标区分开来的图像处理方法。它利用计算机对图像进行定量分析,把图像或图像中的每个像元或区域划归为若干类别中的某一种,以代替人的视觉判读,如图 11-11 所示。

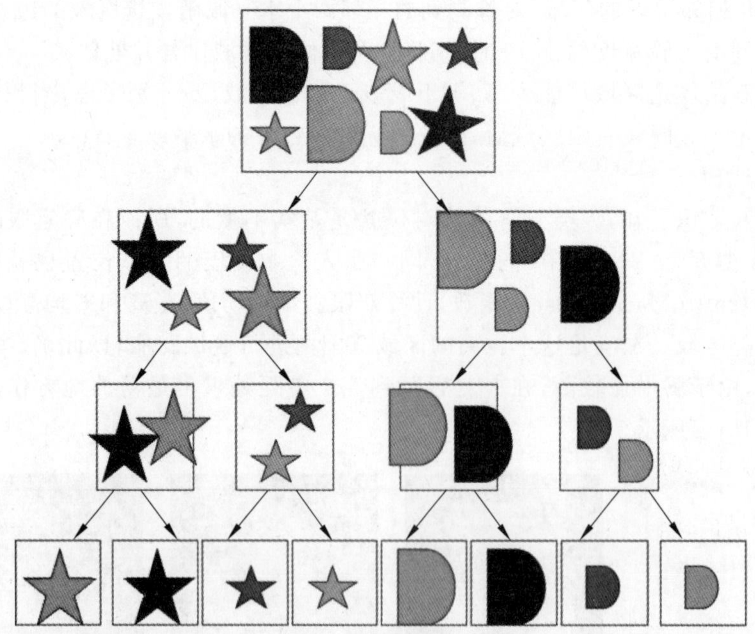

图 11-11 图像分类示例

分类在很多场合都有应用,如不同水果蔬菜的分类、昆虫分类等,对于昆虫学中的分类,其核心就是形状的比较,通过对形状的比较,不仅可以鉴定目标,更重要的是可以发现形状的演变规律,并根据形状演变规律掌握形状分类单元的进化历史。因此,分类技术在昆虫学中占据非常重要的地位。下面介绍图像分类技术在蝴蝶与蛾之间分类的一个简单应用,要实现蝴蝶与蛾之间的分类识别,需要通过图像预加工、图像分割、轮廓提取、特征提取、图像分类 5 个步骤。

11.2.1　图像预处理

图像预处理根据处理需求主要包括图像几何变换、灰度变换、亮度调节、去噪及锐化等操作,是有效提取图像特征及分类的基础。本节只涉及灰度变换和亮度调节。

1. 灰度转换

考虑到主要根据昆虫的形态学特征进行分类,且彩色图像数据量大,处理相对复杂。因此,需要将 24 位真彩色图像转换为灰度图像后再进行处理。灰度转换参见 6.8.2 节中的图像灰度化。图 11-12 所示为彩色图像灰度化结果图。

(a)　　　　(b)

图 11-12　彩色图像灰度转换结果图

(a)原图;(b)灰度化的图

2. 亮度调节

亮度调节主要是为了提高图像的对比度,通常采用两种方法调整图像的对比度,一种是自动亮度法,无须用户输入参数;另一种为线性变换法,由用户输入线性变化的参数值。可以采用线性增强、非线性增强和直方图均衡化等方法实现亮度调节,具体方法参见 3.2 节和 3.3 节。自动亮度法由程序自行设置参数,所以有时候效果会不太理想,而由于线性变换法需要用户自行输入参数,所以用户可以根据图像特性来设置参数,针对性较强,效果也较明显。从图 11-13(a)和图 11-13(b)可以看出,图 11-13(b)的调整效果更好一些,更有利于后续的分类操作。

(a)　　　　(b)

图 11-13　亮度调节效果

(a)自动亮度法的效果;(b)线性变换法的效果

3. 去噪

去噪的目的是去掉图像中的噪声,便于后续特征提取,通常采用邻域平均法和中值滤波去除噪声,也可根据具体要求选择其他去噪方法,具体可参见 3.4 节。

4. 几何变换

几何变换主要是针对获取图像的不规则性，为方便处理，需要对图像进行平移和旋转等几何变换，使图像中蝴蝶和蛾的身体部位置于图像的中轴线上。几何变换详细内容参见5.1节。本例的具体实现思路为，找到每行的第一个像素值小于150的像素点(由于图像还未二值化，因此像素点颜色并不是非黑即白)，通过比较找到这些点中x值最小的点，记录下x值，作为图像中蝴蝶最左边开始位置，同理找到最右边结束位置，求两数平均值，找到蝴蝶中点。计算中点x值与整幅图像中点x值的差delta，然后将图像各点向左平移delta像素。

11.2.2 图像分割

根据像素的灰度级实现背景分割(二值化)、触角分割、腹部分割和翅膀分割。分割完成后，有时还需进行适当的形态学操作。

1. 背景分割

实际获取图像经过上面的预处理后，背景基本上偏向白色，图像和背景之间有较大的亮度对比，此时很容易将对象从背景中分割出来。用户可以根据背景的情况输入适当的阈值(如240，阈值的选取方法参见6.3.2节)，可以很好地将昆虫和背景完全分割开来，背景分割结果如图11-14(a)所示。

2. 触角分割

蝴蝶与蛾的分类识别中，触角是一个最显著的特征，所以，在进行特征提取之前，必须先把触角分割开来。触角的特点是细而长，分布在昆虫的头部，而且蝴蝶和蛾的体型一般是对称的(如果不对称，可以通过几何变换进行一定的调整)，进行触角分割的步骤如下。

(1) 找图像的对称轴(若图像对称，则对称轴为$x=$lWidth/2所在的直线)。

(2) 从上到下，逐行依次从对称轴向左进行扫描，直到lWidth/4处，遇到值为0的像素时，开始计算连续出现像素值为0的点的个数count，若count满足条件：0＜count＜lWidth/30，表明该部分为触角部分，复制满足条件的像素点到一个新图像；如果每行开始不为白，表明该点已在昆虫头部，停止扫描。触角分割结果如图11-14(b)所示。

3. 腹部分割

腹部分割算法与触角分割算法相似，具体步骤如下。

(1) 找图像的对称轴，然后从下向上找到对称轴上像素值为0的点。

(2) 从该点分别向左、右扫描图像，并分别计算连续出现像素值为0的点的个数count_L(向左扫描图像所得到的个数)、count_R(向右扫描图像所得到的个数)。当遇到像素值为255时，结束该行扫描，并复制像素值为0的点到一个新图像，继续扫描上一行。当count_L与count_R之和大于nWidth/4时，表明已经达到腹部的最高点，结束扫描。腹部分割结果如图11-14(c)所示。

4. 翅膀分割

从左向右扫描图像，遇到像素值为0的点则进入循环复制，当下一点像素值不为0且20个像素点之后的像素值不为0时(因为图像经过二值化后，翅膀上可能还会存在零星的白色像素点)，结束循环。翅膀分割结果如图 11-14(d)所示。

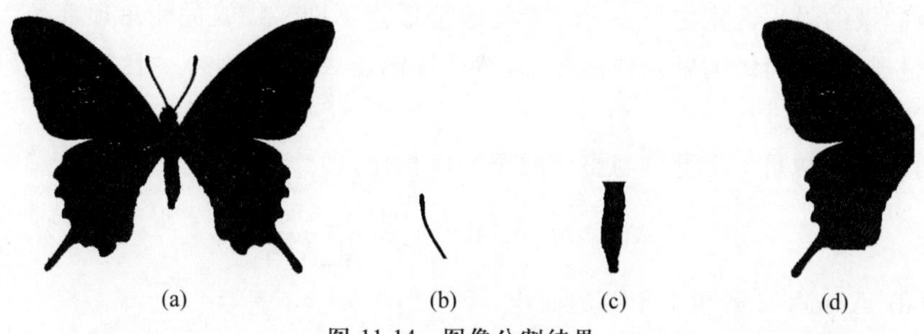

(a) (b) (c) (d)

图 11-14 图像分割结果

(a)背景分割结果；(b)触角分割结果；(c)腹部分割结果；(d)翅膀分割结果

11.2.3 轮廓提取

为了计算昆虫的面积、周长及其他相关特征参数，需要对昆虫进行轮廓跟踪。

1. 边界链码

扫描图片，得到图片最左下方的黑色边界点作为第一个起始点，按照顺时针方向从该起始点开始扫描其邻域像素点，如果遇到像素点值为 0 时，即为下一次扫描的开始点，直到扫描到第一个起始点时即为结束，得到链码图如图 11-15(a)所示。

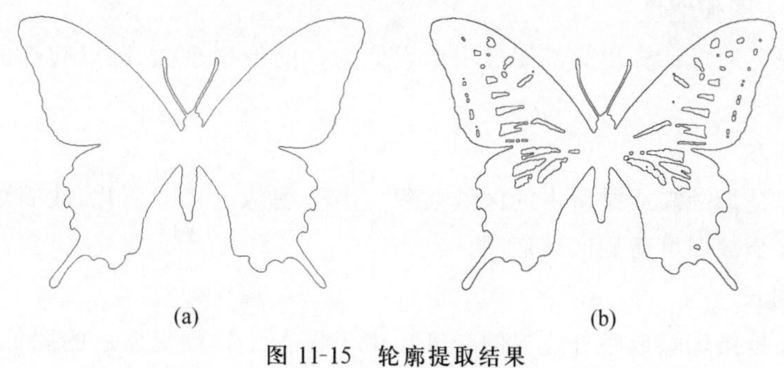

(a) (b)

图 11-15 轮廓提取结果

(a)链码图；(b)轮廓跟踪图

2. 轮廓跟踪

按从上到下、从左到右的顺序扫描图像，若当前图像像素值为 0，查找其 8 邻域内的所有像素点，如果 8 邻域像素值之和为 0，则表明该像素点不是边界点，反之则为边界点，轮廓跟踪图如图 11-15(b)所示。

11.2.4 特征提取

根据昆虫的体型，提取出触角形状因子、腹部粗细因子、区域面积、区域周长、矩形度、偏心率、致密度、似圆度等特征参数，并利用这些特征参数进行识别。

1. 触角因子

蝴蝶和蛾的最大区别之一在于二者的触角形状不同。蝴蝶的触角顶部稍大，然后逐步变细，呈现棒状；而蛾的触角顶部较细，然后逐渐变大，呈羽丝状。因此，可以通过提取触角形状的方法来进行分类。

触角因子为触角上半部分与整个触角的面积比，即

$$\text{Antenna\_Factor}=\frac{\text{Half\_Area}}{\text{Total\_Area}} \tag{11-7}$$

式中：Half_Area——触角上半部的面积；

Total_Area——触角的总面积。

具体实现是通过扫描得到触角最上边界与最下边界的 y 值，求得中心点 y 值，遍历得到 y 值小于中心点 y 值的像素点个数，除以整个触角像素值为 0 的像素点个数。

2. 腹部因子

蝴蝶和蛾的另一个重要区别是腹部粗细不同。一般地，蝴蝶的腹部相对细小和狭长，而蛾的腹部则比较粗壮。

腹部因子为腹部平均宽度与图像宽度之比，即

$$\text{Belly\_Factor}=\frac{\text{Belly\_Avg\_Width}}{\text{Width}} \tag{11-8}$$

式中：Belly_Avg_Width——腹部的平均宽度；

Width——图像宽度。

具体实现可通过计算出腹部图像中像素值为 0 的像素个数，除以腹部的高度即可得到腹部平均宽度。

3. 区域面积

区域面积是指蝴蝶或蛾所占的区域面积。由于图像已经二值化，故简单地统计像素值为 0 的像素个数即可得到区域面积。

4. 区域周长

区域周长是指蝴蝶或蛾外边界的长度。由于保存了轮廓提取后的图像，区域周长即为该图像中像素值为 0 的像素个数。

5. 矩形度

矩形度是指图像接近其最小外接矩形的程度，可由区域面积与外接矩形面积之比得到。

6. 偏心率

偏心率计算公式为图像长轴与短轴之比。

7. 致密度

致密度的计算公式为

$$\text{density}=(\text{perimeter}\times\text{perimeter})/(1.0\times\text{area})$$

8. 似圆度

似圆度计算公式为

$$\text{circularity}=4\times(\text{area})/(\text{PI}\times\text{ButterflyWidth}\times\text{ButterflyWidth})$$

11.2.5　图像分类

根据检测出的特征参数和现实现象，对每个特征参数采用一定的权重来建立特征判别函数，如式(11-9)所示：

$$W = \sum_{i=1}^{5} W_i \times C_i \tag{11-9}$$

式中：C_i——特征参数；

W_i——每个特征参数的权重。

由于蝴蝶和蛾在触角上有本质的不同，因此，触角因子是区别蝴蝶和蛾最重要的参数，故权重取 0.7；腹部因子、区域面积重要程度次之，二者权重均取 0.1；偏心率和矩形度影响较小，故权重取 0.05。计算式(11-8)时，需要考虑每个特征参数的分割阈值，例如，触角因子大于阈值 0.5，则权重取 0.7，否则权重取为 0。区域面积、偏心率和矩形度权重取值方法和触角因子相同，而腹部因子权重的取值正好相反。若腹部因子小于 0.057，权重取 0.1，否则权重取为 0。表 11-1 是每个特征参数的阈值及相应权重。最终计算得到 W，如果 $W \geqslant 0.705$，则证明该昆虫为蝴蝶，反之为蛾。

表 11-1　特征参数的权重及阈值

特征参数	触角因子	腹部因子	区域面积	偏心率	矩形度
权重	0.7	0.1	0.1	0.05	0.05
阈值	≥0.5	≤0.057	≥88866(pix)	≥3.3	≥0.47

经过对图 11-12(a)包含蝴蝶的原图进行图像预加工、图像分割、轮廓提取和特征参数计算，最终等到分类的结果，昆虫特征参数识别和计算结果如图 11-16 所示。

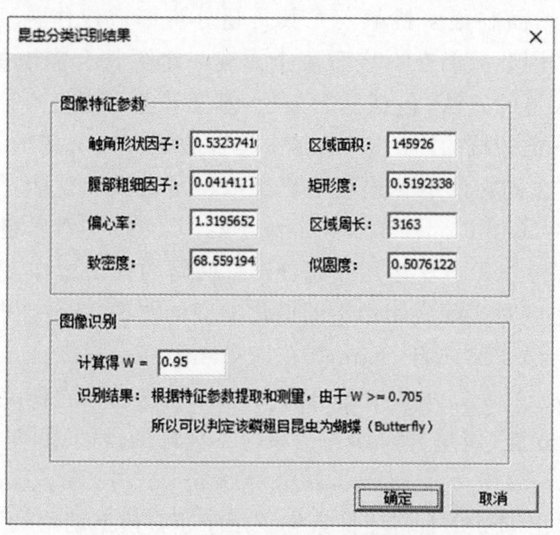

图 11-16　昆虫特征参数识别和计算结果

11.3 基于深度学习的图像超分辨率重建

图像超分辨率作为计算机视觉中一个基本的低层问题,受到了广泛的关注。其目的是利用有限的低分辨率图像信息来重建出高分辨率的图像,在图像压缩、医学影像、遥感成像等领域得到了广泛应用。

11.3.1 图像超分辨率重建简介

图像超分辨率(image super resolution)是指将低分辨率的图像恢复成高分辨率的图像,同时尽可能恢复低分辨率图像中缺失的细节。超分辨率技术在多个领域具有很广泛的应用前景。在显示领域,由于人们对于图像质量的需求越来越高,伴随着 4k 甚至 8k 显示设备的普及,高分辨率的图像源成为迫切需要解决的问题。超分辨率技术作为一种有效提升图像质量的手段,已经在各类电视和播放器软件上得到了广泛应用。在医学图像领域,计算机断层成像(CT)、磁共振成像(MRI)、医学超声成像(US)等影像技术为医生的诊断提供了巨大的帮助。然而,由于成像技术的限制,成像质量仍然面临分辨率偏低、噪声和伪影等问题,而超分辨率算法可以提升医学影像的分辨率,从而更好地辅助医生诊断,具有重要的应用价值。在城市监控领域,监控设备遍布大街小巷,对保障我们的平安起到了极大的作用。但是因为单个监控设备需要应对大片区域,对远端景象的拍摄质量往往差强人意。超分辨率技术可以很好地弥补硬件设备的不足,提高监控的成像效果。此外,在遥感成像、图像压缩传输等领域,超分辨率技术均有广泛的应用。

但是,受成像环境及设备缺陷,以及不同的退化因素,如相机虚焦、环境光线、物体快速移动、高斯白噪声和传输过程的压缩损失等多样化因素影响,如何有效提升低分辨率图像的重建质量,仍然面临很多挑战。尤其是超分辨率重建作为一个不适定的问题来说,包含多种重建解,因此只能在一定程度上重建一个更符合需求的高质量图像。对这一问题人们提出了大量的方法,包括基于插值,基于模型和基于学习等方法。随着深度学习方法在计算机视觉领域的广泛应用,越来越多的学者提出基于深度学习的超分辨率方法,并且这种方法在固定的退化模型上已经取得了很高的性能。例如,2014 年,Dong 等将卷积神经网络(convolutional neural networks, CNN)应用于超分辨率任务,他们提出的 SRCNN 作为深度学习方法运用在超分辨率问题的开山之作,对图像的超分结果超越了传统方法。为了应对实际应用中不同退化类型的图像,一些工作提出了基于多种退化设置的超分辨率方法。2016 年,Kim 等在论文 *Accurate image super-resolution using very deep convolutional networks* 中提出的 VDSR,首次将残差网络引入超分辨率网络,将网络深度加深到 20 层,使超分辨率方法取得了更好的性能;同年,Shi 等在论文 *Real-time single image and video super-resolution using an efficient sub-pixel convolutional neural network* 中提出 ESPCN,将亚像素卷积用于超分辨率网络的上采样。

此外,某些方法利用包含多种组合的模糊和噪声图像来进行训练。例如,2018 年,Zhang 等在论文 *Learning a single convolutional super-resolution network for multiple degradations* 中设计了一个单一的超分辨率网络，该网络可以处理多种退化图像，网络的输入除了低分辨率图像还包括该图像的模糊和噪声信息。作者利用主成分分析(principal component analysis，PCA)对模糊核降维及维度拉伸策略，使得模糊和噪声等级可以与输入的低分辨率图像的维度匹配，从而连接起来同时参与到网络的卷积计算。该方法不同于以往广泛采用的固定模型假设，适用于不同退化甚至空间变化退化的图像，向着提升深度学习超分辨率方法的实用性迈出了重要的一步。2019 年，Bell-Kligler 等在论文 *Blind super-resolution kernel estimation using an internal-GAN* 中提出了 KernelGAN，利用图片块跨尺度重现的性质，采用生成式对抗网络(generative adversarial networks，GAN)学习图像块的内部分布，来估计图像的模糊核。近年来，基于深度学习的图像超分辨率重建方法层出不穷，也解决了一些问题，但是由于真实图像的退化是复杂的、未知的，因此这些方法在真实场景下的应用仍然受到很大限制，未来仍然有很大的创新空间。

11.3.2　基于深度学习的超分辨率理论基础

1. 卷积

卷积(convolution)作为一种积分变换的数学方法，在许多领域都有着重要应用，其公式表示为

$$\int_{-\infty}^{\infty} f(\tau)g(x-\tau)\mathrm{d}\tau \tag{11-10}$$

卷积的物理意义可以表示为系统某一时刻的输出是由多个输入共同作用(叠加)的结果。在图像处理领域，空间域上的离散卷积是一种线性变换，可以看作矩阵乘法，但是这个矩阵的一些元素要求与另一些元素相等。

卷积运算具有三个重要的特点：稀疏交互、参数共享和等变表示。

稀疏交互表现在不同于传统的输入和输出的全连接关系，卷积的卷积核可以远小于输入的特征图，这意味着存储的参数量可以大大减小。

参数共享指在一个模型的多个函数中使用相同的参数。卷积运算时卷积核的每一个元素都会作用在输入的每个位置，卷积核对于输入来说是一个共享的参数集合。相比于稠密的乘法运算，其有着极高的存储和统计效率。

等变表示表现在卷积运算对神经网络具有平移不变的性质，也就是说如果一个函数满足输入改变，输出也会以同样的方式改变性质。除了平移变换，其他如缩放和旋转变换也可以加入一定的机制实现等变表示。

卷积运算所具有的这些优点，使卷积成为深度神经网络的核心部分，包含卷积层的神经网络可以称为卷积神经网络。卷积神经网络早在 20 世纪 90 年代就用于字符识别任务，在 ImageNet 图像分类问题中深度的卷积神经网络击败了当时最先进的算法后，其开始被广泛使用，如今已成为深度学习领域不可缺少的一个组成部分。

神经网络中的卷积运算如图 11-17 所示。

蓝色矩阵表示输入矩阵，灰色矩阵表示卷积核矩阵，绿色矩阵表示卷积后的结果矩阵。输入矩阵的每个位置对应卷积核的中心点，卷积核的各参数分别与目标点的邻域点

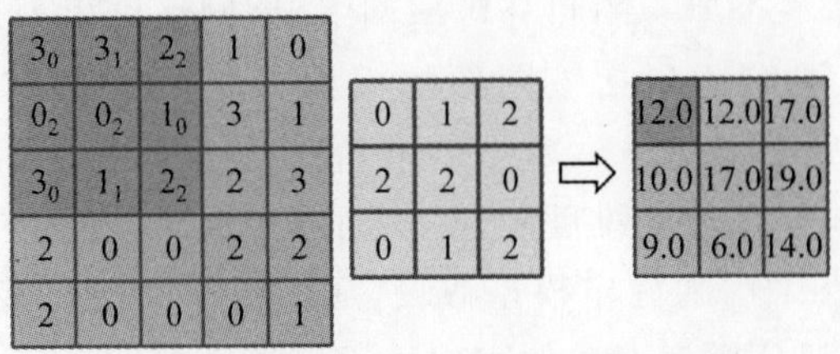

图 11-17 神经网络中的卷积运算示意图

进行加权计算,这样就得到了变换后目标点的值。所以说卷积运算是一种线性运算,且卷积核的参数集合对于输入矩阵的各位置来说都是参数共享的。

但是从图 11-17 也可以看出,输入矩阵边缘位置的部分邻域点为空,因此卷积运算从第二行第二列的目标点开始,相应地,卷积后的输出大小也会减小。若要使卷积的输出矩阵与输入矩阵大小保持一致,就需要对输入矩阵进行边缘填充,常见的填充方法有 0 填充和镜像填充等。边缘 0 填充的卷积运算示意图如图 11-18 所示。

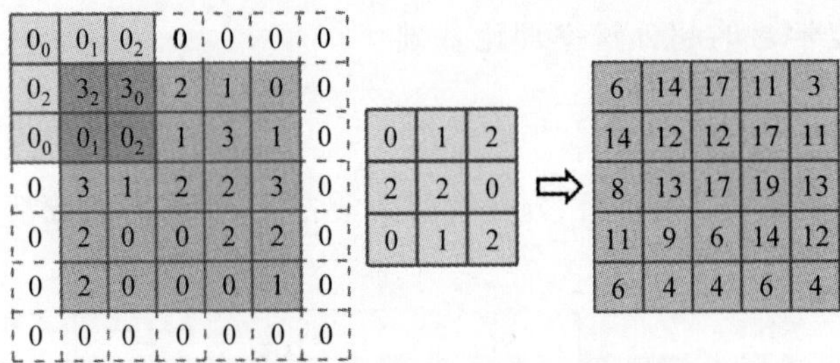

图 11-18 边缘 0 填充的卷积运算示意图

卷积的另一个关键参数是步长(stride)。通常卷积的步长为 1,也就是单位步长,卷积核会遍历整个输入矩阵,在使用相同填充的情况下会保持输入和输出的大小一致。但有时我们希望得到比输入小的输出,如对输入矩阵的下采样,这时可以调整卷积的步长为 2 或者更多,这样卷积后的输出相比于输入会成倍地减小,如图 11-19 所示。

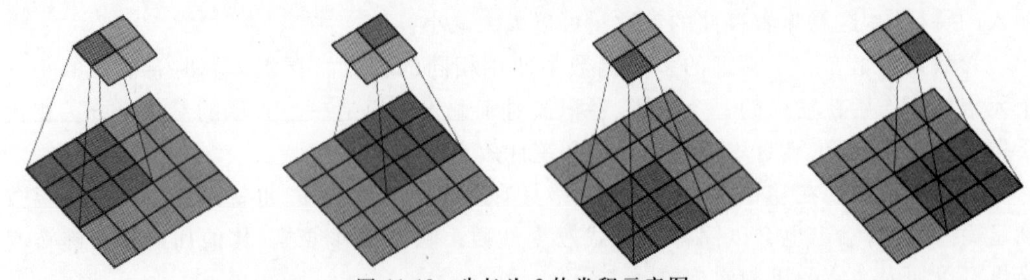

图 11-19 步长为 2 的卷积示意图

在实际卷积神经网络的应用中,输入的数据一般以特征图的形式表示,是一组具有相同尺寸的矩阵集合。这样的多通道特征图卷积运算时也会有具有相同通道数的卷积核集合来对应。具体来说,单个的卷积核矩阵与单个的输入矩阵一一对应,卷积计算得到多个输出结果会进行相加,最后输出一个卷积后的变换矩阵。实际上,卷积核可以包含多组,输出特征图的通道数由卷积核的组数决定,这样就可以灵活地改变输出特征图的通道数,起到压缩和扩张的目的,多通道卷积示意图如图 11-20 所示。

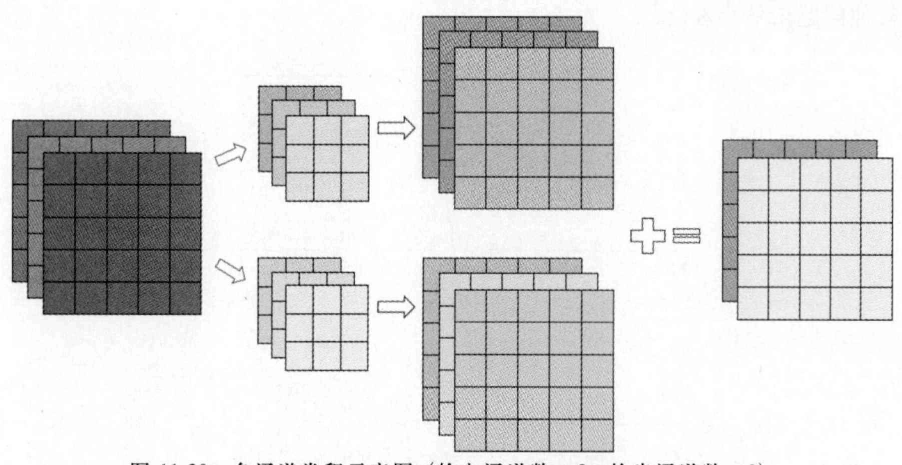

图 11-20 多通道卷积示意图（输入通道数=3，输出通道数=2）

2. 激活函数

卷积运算是一种线性运算，由于线性网络的拟合能力非常有限，只靠单纯的线性运算无法解决复杂问题。因此，需要向线性的卷积神经网络引入非线性因素，如激活函数，其使神经网络可以拟合各类复杂的问题，加强深度神经网络的表达能力。

激活函数的种类很多，常用的激活函数有 Sigmoid、Tanh、ReLU 及其各种变体，如 ELUs、Leaky ReLU、P ReLU 等。

Sigmoid 激活函数的数学表达式如下：

$$f(x)=\frac{1}{1+\mathrm{e}^{-x}} \tag{11-11}$$

作为早期最为流行的激活函数之一，Sigmoid 函数可以将输入的连续实值变换为 0～1 的输出。但是 Sigmoid 函数有许多缺点，如在深度神经网络中梯度反向传递时容易导致梯度爆炸和梯度消失、幂运算的计算量较大、输出的结果不是 0 均值等。Sigmoid 激活函数图像如图 11-21 所示。

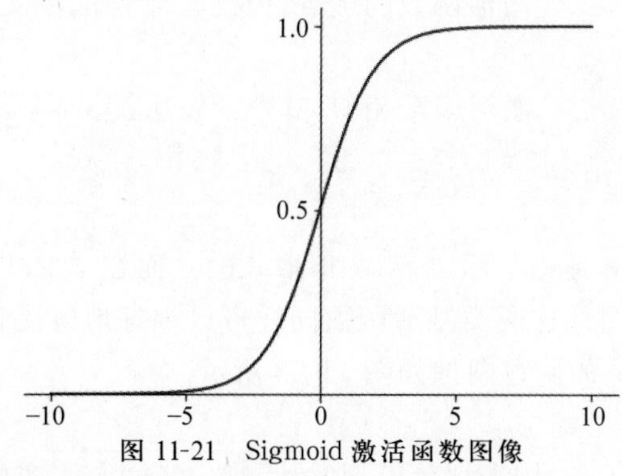

图 11-21 Sigmoid 激活函数图像

Tanh 激活函数的数学表达式如下：

$$f(x)=\frac{\mathrm{e}^{x}-\mathrm{e}^{-x}}{\mathrm{e}^{x}+\mathrm{e}^{-x}} \tag{11-12}$$

相比于 Sigmoid 函数，Tanh 激活函数解决了 Sigmoid 激活函数输出不是 0 均值的问

题，但其他问题依然存在。

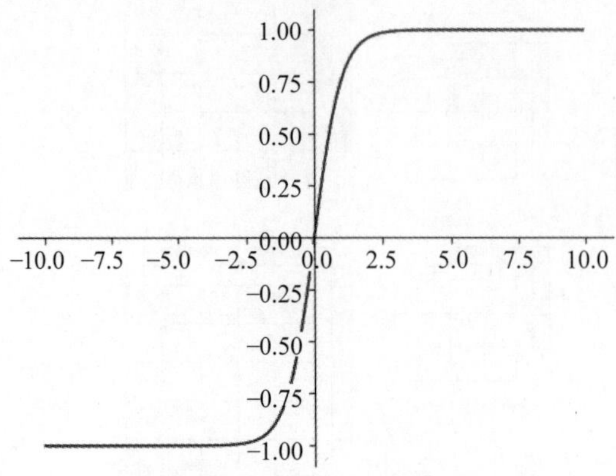

图 11-22 Tanh 激活函数图像

ReLU 激活函数的数学表达式如下：

$$f(x)=\max(0,x) \tag{11-13}$$

ReLU 激活函数的形式非常简单，但确是近年来激活函数研究中的重要成果。如果无法确定应该使用哪个激活函数，ReLU 一定是一个最优先的选择。首先，ReLU 激活函数一定程度上在正区间缓解了梯度问题。其次，ReLU 激活函数本质上就是一个简单的最大值函数，计算非常快。最后，ReLU 激活函数的收敛速度也远大于 Sigmoid 和 Tanh 激活函数。当然，ReLU 激活函数依然有着一些缺点，一是 ReLU 激活函数的输出不是 0 均值，二是由于 ReLU 在小于 0 时的梯度为 0，可能导致某些神经元永远不会被激活（称之为"死亡"神经元），导致其相应的参数永远不能被更新。

为了解决 ReLU 激活函数的这些问题，ReLU 激活函数的许多变体也被相继提出。

ELUs 激活函数的数学表达式如下：

$$f(x)=\begin{cases}\alpha(e^x-1), & x<0\\ x, & x\geqslant 0\end{cases} \tag{11-14}$$

ELUs 激活函数有 ReLU 激活函数的优点，但没有神经元"死亡"的问题，其输出接近 0 均值。

Leaky ReLU 和 P ReLU 激活函数相似，其数学表达式如下：

$$f(x)=\begin{cases}\alpha x, & x<0\\ x, & x\geqslant 0\end{cases} \tag{11-15}$$

在 Leaky ReLU 中 α 是一个固定值，一般取 0.01。而在 P ReLU 中则将 α 作为一个可学习参数在训练中学习。这两类激活函数同样可以很好地解决神经元"死亡"的问题。ReLU 激活函数及其变体的函数图像如图 11-23 所示。

3. 损失函数

损失函数（loss function）用来评价模型的预测值 $f(x)$ 与真实值 Y 的区别程度，它是一个非负的实值函数，通常使用 $L(Y, f(x))$ 来表示，损失函数越小，一般模型的性能表现越好。损失函数分为经验风险损失函数和结构风险损失函数，经验风险损失函数反映了预测结果和实际结果之间的差别，结构风险损失函数则是经验风险损失函数加上正则项的结果。模型的结构风险损失函数表达式如下：

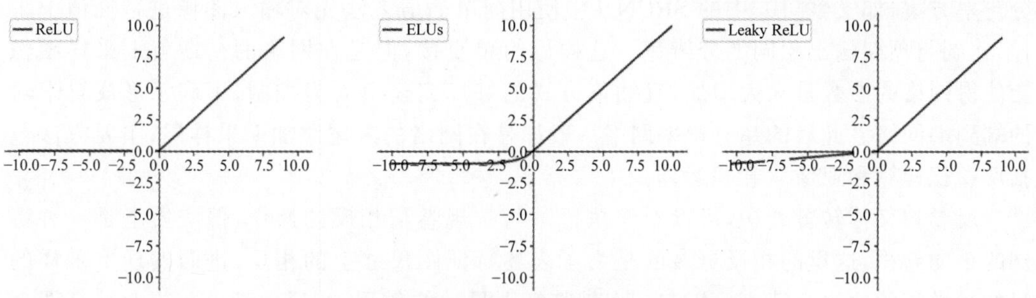

图 11-23 ReLU 激活函数及其变体的函数图像

$$\theta^* = \arg\min_{\theta} \frac{1}{N}\sum_{i=1}^{N} L(y_i, f(x;\theta)) + \lambda\Phi(\theta) \tag{11-16}$$

式中,第一项表示经验风险函数,L 表示损失函数,第二项则表示正则项。式(11-16)的目的在于找到使目标函数最小时的 θ 值。

损失函数有很多种,对不同的问题使用不同的损失函数。在超分辨率领域中,常用的损失函数如下。

(1) l_1 损失函数,又称最小绝对值偏差(LAD)或者最小绝对值误差(LAE)。公式表示如下:

$$l_1 = \sum_{i=1}^{n} | y_i - f(x_i) | \tag{11-17}$$

l_1 损失函数的目标是将目标值 y_i 与估计值 $f(x_i)$的差值的绝对值和最小化。

(2) l_2 损失函数,又称最小平方误差(LSE)。公式表示如下:

$$l_2 = \sum_{i=1}^{n} (y_i - f(x_i))^2 \tag{11-18}$$

l_2 损失函数的目标是将目标值 y_i 与估计值 $f(x_i)$的差值的平方和最小化。

(3) 感知损失,l_1 损失和 l_2 损失是最为常见的像素级损失,而在一些使用生成对抗网络的超分辨率任务中,还会使用到感知损失,感知损失可以生成更符合人类感官的超分辨率图像。在经典的 SRGAN 网络中,Li 等提出了基于 GAN 的感知损失,感知损失由内容损失和对抗损失组成,内容损失由预训练的 VGG 网络的输出值得到,公式表示为

$$l_{\frac{\mathrm{VGG}}{i},j} = \frac{1}{W_{i,j}H_{i,j}}\sum_{x=1}^{W_{i,j}}\sum_{y=1}^{H_{i,j}}(\phi_{i,j}(I^{\mathrm{HR}})_{x,y} - \phi_{i,j}(G_{\theta G}(I^{\mathrm{LR}}))_{x,y})^2 \tag{11-19}$$

式中:$\phi_{i,j}$——第 i 个最大池化层之前的第 j 个卷积层后获得的特征图;

I^{HR}——真值的高分辨率图像;

$G_{\theta G}(I^{\mathrm{LR}})$——由低分辨率图像生成的重建后图像;

$W_{i,j}$ 和 $H_{i,j}$——特征图的尺寸。

另一部分的对抗损失表示为

$$l_{\mathrm{Gen}} = \sum_{n=1}^{N} -\log D_{\theta D}(G_{\theta G}(I^{\mathrm{LR}})) \tag{11-20}$$

式中:$D_{\theta D}(G_{\theta G}(I^{\mathrm{LR}}))$——判别器将生成器生成的图像为自然图像的概率。

4. 上采样技术

超分辨率任务中需要将输入图像的分辨率提高,这就离不开上采样技术。早期的超

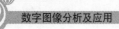

分辨率方案，如文献[10]中的SRCNN中使用简单插值方法先对输入图像进行插值上采样，达到与预期输出相同的分辨率。这样做简单直接，但是在网络的初期就上采样图像会使得网络的参数量大大增加，且插值方式的好坏完全由人为控制，不利于形成自学习的端到端网络。此后的超分辨率网络一般都是在网络的末尾添加上采样层，主要方法包括反卷积运算和亚像素卷积运算。

反卷积又称转置卷积，可以看作执行了与常规卷积相反的操作，但实质上是一种特殊的正向卷积，这里的相反更多的是为了表述特征图尺寸上的相反，进而实现上采样的目的。卷积的边缘0填充可以起到保持特征图尺寸的作用，在反卷积中首先对特征图进行间隔的0填充，如图11-24所示。然后转置卷积核，对填充后的特征图进行正向卷积，得到上采样后的输出结果。反卷积可以通过监督的方式学习并保持性能，在图像生成、语义分割、图像恢复等任务上被广泛应用。但是它的缺点在于容易造成输出的特征图带有明显棋盘状图案，不利于图像超分辨率任务的性能。

$$
\begin{bmatrix} 1 & 2 & 3 \\ 4 & 5 & 6 \\ 7 & 8 & 9 \end{bmatrix}
\quad
\begin{bmatrix} 0 & 0 & 0 & 0 & 0 & 0 & 0 \\ 0 & 1 & 0 & 2 & 0 & 3 & 0 \\ 0 & 0 & 0 & 0 & 0 & 0 & 0 \\ 0 & 4 & 0 & 5 & 0 & 6 & 0 \\ 0 & 0 & 0 & 0 & 0 & 0 & 0 \\ 0 & 7 & 0 & 8 & 0 & 9 & 0 \\ 0 & 0 & 0 & 0 & 0 & 0 & 0 \end{bmatrix}
$$

图11-24　反卷积中对特征图进行间隔的0填充示例

亚像素卷积，又叫像素洗牌。很多学者认为反卷积中的填0区域是无效信息，甚至对求梯度优化不利，上采样的信息其实可以直接从原特征图中得到，由此提出了亚像素卷积。亚像素卷积通过对特征图像素的重新排列实现上采样，具体来说，输入图像通过深度神经网络的运算生成具有s^2通道数的特征图，这里的s是上采样因子或缩放因子。对每个通道上同一个位置的特征点按照矩阵的方式进行重新排列，就可以得到$s \times s$大小的上采样图像。亚像素卷积也是一种自学习的上采样方式，近年来被广泛应用于超分辨率任务中。亚像素卷积过程如图11-25所示。

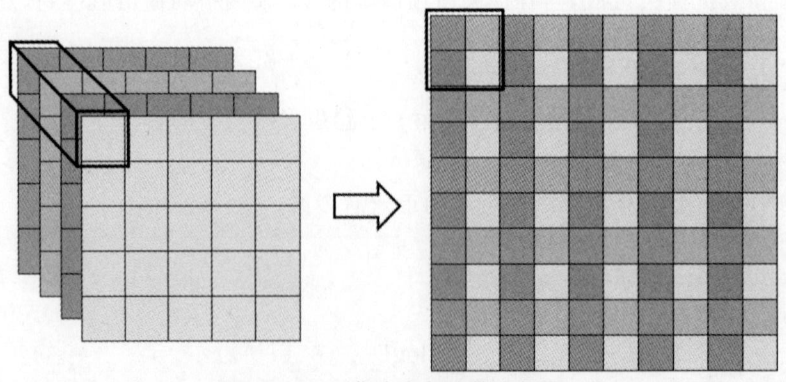

图11-25　亚像素卷积过程示意图

11.3.3　通道-空间退化修正的超分辨率深度学习模型

通道-空间退化修正网络基于残差嵌套(residual in residual,RIR)[9]结构。如图 11-25 所示,首先,输入的低分辨率图像通过一个 3×3 卷积层提取初步的特征,送入 n 个级联的一系列残差组(residual group,RG),同时输入估计的退化表示矢量 $\boldsymbol{r}$,对网络参数进行自适应的调整;其次,通过一个 3×3 卷积层完成深层的特征提取;最后,提取到的特征通过亚像素卷积上采样层和 3×3 卷积层实现超分辨率重建图像的输出。其公式化的表示如下:

$$F_0 = \mathrm{conv}_{3\times3}(I^{\mathrm{LR}}) \# \tag{11-21}$$

$$F_n = \mathrm{RG}_n(F_{n-1}, \boldsymbol{r}) \# \tag{11-22}$$

$$F_{\mathrm{out}} = F_0 + \mathrm{conv}_{3\times3}(F_n) \tag{11-23}$$

$$I^{\mathrm{SR}} = \mathrm{conv}_{3\times3}(\mathrm{upsample}(F_{\mathrm{out}})) \# \tag{11-24}$$

式中:I^{LR}——输入的低分辨率图像;

I^{SR}——输出的超分辨率图像;

$\boldsymbol{r}$——退化表示矢量;

RG——残差组;

upsample——亚像素卷积上采样层。

对于 RG 内部,主体由 m 个级联的残差块组成,残差块的末尾有一个 3×3 卷积层,同样使用了跳跃连接的结构加强层与层之间的信息流动。其公式表示如下:

$$H_n = H_0 + \mathrm{RB}_n(H_{n-1}, \boldsymbol{r}) \tag{11-25}$$

残差块由间隔的通道-空间退化修正模块与 3×3 卷积层构成,这也使用了跳跃连接。其公式表示如下:

$$F_{\mathrm{RB}} = F_{\mathrm{in}} + \mathrm{conv}_{3\times3}(\mathrm{CSDMB}(\mathrm{conv}_{3\times3}(\mathrm{CSDAB}(F_{\mathrm{in}}, \boldsymbol{r})))) \tag{11-26}$$

CSDMB(channel-spatial degradation modification block)表示通道-空间退化修正模块,作为网络的关键部分,详细描述如图 11-26 所示。

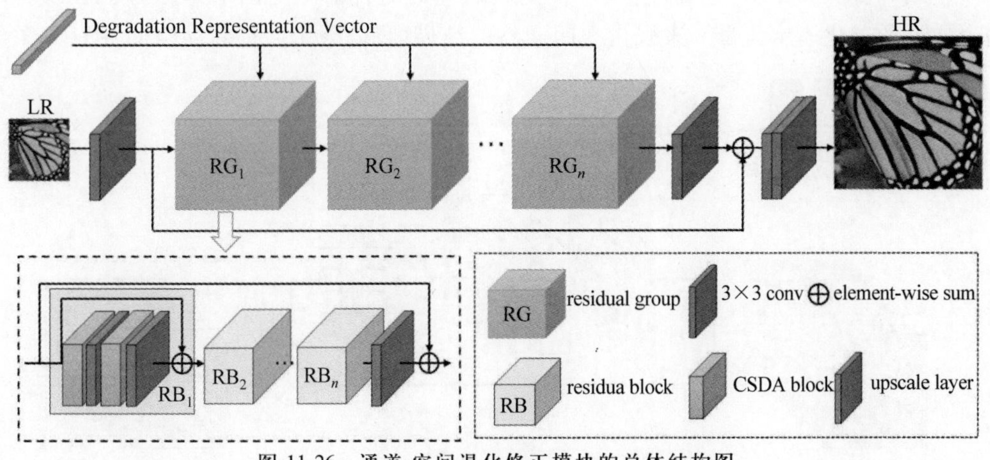

图 11-26　通道-空间退化修正模块的总体结构图

通道-空间退化修正模块(channel-spatial degradation modification block,CSDAB)包括通道调整支路和空间调整支路。

通道调整支路如图 11-27 所示。首先对输入特征图进行全局信息压缩。

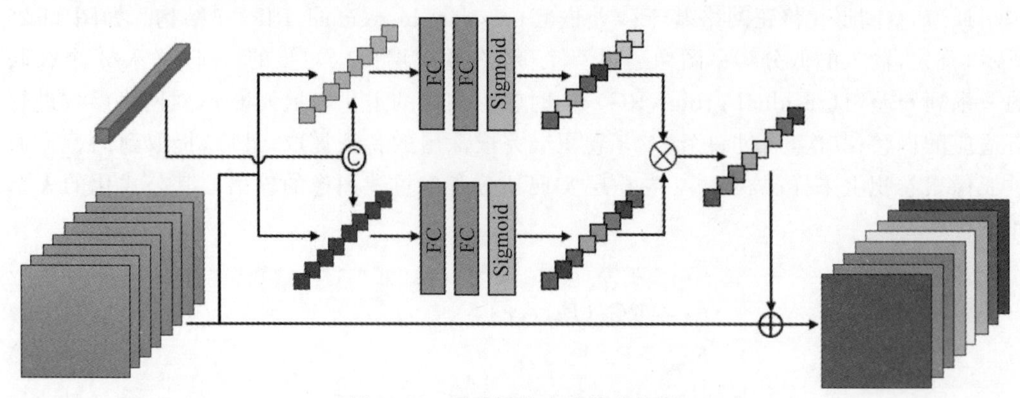

图 11-27　通道调整支路的结构图

这里使用全局平均池化和标准差池化得到两种不同的全局信息矢量。然后分别与估计的退化表示矢量 $\boldsymbol{r}$ 连接起来,送入后面的全连接层中。最后,将经过 Sigmoid 激活后的两种方式得到的通道调整系数相加,并与输入的特征图在通道维度上相乘,得到自适应调整后的结果。其公式表示如下:

$$v_{\mathrm{avg}} = \mathrm{Concat}(\mathrm{AvgPool}(F_{\mathrm{in}}), \boldsymbol{r}) \# \tag{11-27}$$

$$v_{\mathrm{std}} = \mathrm{Concat}(\mathrm{StdPool}(F_{\mathrm{in}}), \boldsymbol{r}) \# \tag{11-28}$$

$$s_{\mathrm{avg}} = \mathrm{Sigmoid}(\mathrm{FC}(\mathrm{FC}(v_{\mathrm{avg}}))) \# \tag{11-29}$$

$$s_{\mathrm{std}} = \mathrm{Sigmoid}(\mathrm{FC}(\mathrm{FC}(v_{\mathrm{std}}))) \# \tag{11-30}$$

$$F_{\mathrm{cout}} = F_{\mathrm{in}} \times (s_{\mathrm{avg}} + s_{\mathrm{std}}) \# \tag{11-31}$$

式中:s_{avg}——平均池化支路注意力系数;

s_{std}——标准差支路注意力系数;

F_{cout}——通道调整支路最后的输出结果。

空间调整支路如图 11-28 所示。首先获取全局的特征图空间信息。为了可以利用通道估计的退化表示矢量 $\boldsymbol{r}$ 来修正空间调整的结果,我们采用一种新的空间注意力图生

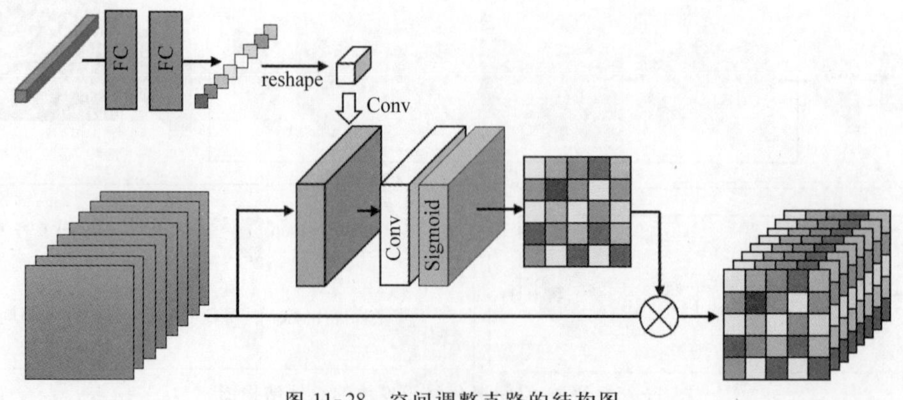

图 11-28　空间调整支路的结构图

成方法。具体来说，退化表示矢量 $\boldsymbol{r}$ 在经过两层全连接层后，reshape 为 $C\times1\times1$ 的卷积核 k，其中 C 表示通道数。

然后，使用卷积核 k 对输入特征图进行组为 1 的分组卷积，得到输入特征图的空间信息。之后经过 1×1 卷积层和 Sigmoid 激活层，生成空间注意力图，并与输入特征图相乘得到空间调整后的结果。

其公式表示如下：

$$k=\text{reshape}(\text{FC}(\text{FC}(\boldsymbol{r})))\#\tag{11-32}$$

$$f=\text{Sigmoid}(\text{Conv}_{1\times1}(\text{Conv}_{1\times1}(F_{\text{in}}(k;\boldsymbol{r}))))\#\tag{11-33}$$

$$F_{\text{sout}}=F_{\text{in}}\times f\#\tag{11-34}$$

式中：k——有退化矢量生成的动态卷积核；

f——空间注意力系数；

F_{sout}——空间调整支路最后的输出结果。

通道-空间退化修正网络的最终输出结果表现为通道调整支路和空间调整支路的和。公式表示为

$$F_{\text{out}}=F_{\text{cout}}+F_{\text{sout}}\tag{11-35}$$

11.3.4　超分辨率评价指标

超分辨率重建质量的好坏需要一定的评价指标，对不确定的问题而言，除图像复原领域常用的客观评价指标外，还需要人眼主观的评测。客观的评价指标主要来源于真值高分辨率图像与超分辨率结果的相似度评判，这种评价方式有确切的值，更方便比较。主观的评价方法则侧重人眼的感官效果，不同的人有着不同评判标准。

1. 客观质量评价方法

峰值信噪比(peak signal to noise ratio，PSNR)是图像复原领域中重建质量最为常用的测量方法之一，可以简单地通过均方差(MSE)进行定义，其公式表达如下：

$$\text{PSNR}=10\times\lg\left(\frac{\text{MAX}_I^2}{\text{MSE}}\right)$$

其中

$$\text{MSE}=\frac{1}{mn}\sum_{i=0}^{m-1}\sum_{j=0}^{n-1}||I_{i,j}-K_{i,j}||^2$$

MAX_I 表示图像像素点颜色的最大数值，如果每个采样点用 8 位表示，那么 MAX_I 的值就是 255，MSE 表示均方误差，m 和 n 分别表示图像的长和宽，I 和 K 分别表示重建原图像和重建图像。

PSNR 的单位是分贝(dB)，值越大表示失真越少。

结构相似性(structural similarity，SSIM)是一种用来衡量图片相似度的指标，由亮度相似性、对比度相似性、结构相似性三部分组成，其公式表示如下：

$$\text{SSIM}=[l(I^{\text{HR}},I^{\text{SR}})]^{\alpha}[c(I^{\text{HR}},I^{\text{SR}})]^{\beta}[s(I^{\text{HR}},I^{\text{SR}})]^{\gamma}$$

其中

$$l(I^{\text{HR}},I^{\text{SR}})=\frac{2u_{\text{SR}}u_{\text{HR}}+C_1}{u_{\text{SR}}^2+u_{\text{HR}}^2+C_1}$$

$$c(I^{\mathrm{HR}},I^{\mathrm{SR}})=\frac{2\sigma_{\mathrm{SR}}\sigma_{\mathrm{HR}}+C_2}{\sigma_{\mathrm{SR}}^2+\sigma_{\mathrm{HR}}^2+C_2}$$

$$s(I^{\mathrm{HR}},I^{\mathrm{SR}})=\frac{2\sigma_{\mathrm{SR,HR}}+C_3}{\sigma_{\mathrm{SR}}\sigma_{\mathrm{HR}}+C_3}$$

$l(I^{\mathrm{HR}},I^{\mathrm{SR}})$、$c(I^{\mathrm{HR}},I^{\mathrm{SR}})$、$s(I^{\mathrm{HR}},I^{\mathrm{SR}})$分别表示亮度相似性、对比度相似性和结构相似性，$u_{\mathrm{SR}}$和$u_{\mathrm{HR}}$分别表示超分图像和真值图像的均值，$\sigma_{\mathrm{SR}}$和$\sigma_{\mathrm{HR}}$分别表示超分图像和真值图像的方差，$\sigma_{\mathrm{SR,HR}}$表示两者的协方差，其余为常数，一般取$\alpha=\beta=\gamma=1$，$C_3=C_2/2$。

SSIM 的取值范围是[0,1]，值越大则表示相似性越高。

平均结构相似性(mean structural similarity，MSSIM)与 SSIM 相似，不同之处在于 MSSIM 利用滑动窗将图像分成 N 块，然后分别计算每个图像块对应的 SSIM 值，取 N 块的平均值作为最终结果。其公式表示如下：

$$\mathrm{MSSIM}=\frac{1}{N}\sum_{K=1}^{N}\mathrm{SSIM}(I^{\mathrm{HR}},I^{\mathrm{SR}})$$

同样地，MSSIM 的值也是越大表示相似性越高。

2. 主观质量评价方法

主观的质量评价来源于人眼对重建后的超分辨率图像的真实感受，对图像的清晰度、纹理、边缘等进行主观的评价。不同的人对同一张图像的评价可能有所差别，因此也可以采用主观平均意见分(mean opinion score，MOS)的方式，邀请多人对同一张图像评分，取分数平均值作为最后的结果。

参考文献

[1] ANDREWS H C, PRATT W K, CASPARI K. Computer Techniques in Image Processing[M]. NewYork: Academic Press, 1970.

[2] PRATT W K. Digital Image Processing [M]. NewYork: John Wiley & Sons, 1978.

[3] HANDLEY D A, GREEN W B. Recent Development in Digital Image Processing at the Image Processing Laboratory at the Jet Propulsion Laboratory[J]. Proc. IEEE, 1972, 60(7): 821-828.

[4] 陈丽芳，刘一鸣，刘渊. 融合改进分水岭和区域生长的彩色图像分割方法[J]. 计算机工程与科学，2013，35(4)：93-98.

[5] 陈丽芳，刘渊，须文波. 改进的归一互相关法的灰度图像模板匹配方法[J]. 计算机工程与应用，2011，47(26)：181-183.

[6] 陈丽芳，刘一鸣，刘渊. 一种结合 SIFT 和对应尺度 LTP 综合特征的图像匹配[J]. 计算机工程与科学，2015，37(3)：582-588.

[7] 章毓晋. 图像处理和分析基础[M]. 北京：高等教育出版社，2002.

[8] 冈萨雷斯，伍兹. 数字图像处理[M]. 阮秋琦，阮宇智，译. 3 版. 北京：电子工业出版社，2011.

[9] 邓继忠，张秦岭. 数字图像处理技术[M]. 广州：广东科技出版社，2005.

[10] DONG C, LOY C C, HE K, et al. Learning a Deep Convolutional Network for Image Super-resolution[C]//European Conference on Computer Vision. Cham: Springer, 2014: 184-199.

[11] KIM J, LEE J K, LEE K M. Accurate Image Super-resolution Using Very Deep Convolutional Networks[C]//Proceedings of the IEEE Conference on Computer Vision and Pattern Recognition. Los Alamitos: IEEE Computer Society, 2016: 1646-1654.

[12] SHI W, CABALLERO J, HUSZÁR F, et al. Real-time Single Image and Video Super-resolution Using an Efficient Sub-pixel Convolutional Neural Network [C]//Proceedings of the IEEE Conference on Computer Vision and Pattern Recognition. Los Alamitos: IEEE Computer Society, 2016: 1874-1883.

[13] ZHANG K, ZUO W, ZHANG L. Learning a Single Convolutional Super-resolution Network for Multiple Degradations[C]//Proceedings of the IEEE Conference on Computer Vision and Pattern Recognition. Los Alamitos: IEEE Computer Society, 2018: 3262-3271.

[14] BELL-KLIGLER S, SHOCHER A, IRANI M. Blind Super-resolution Kernel Estimation Using an Internal-gan[J]. Advances in Neural Information Processing Systems, 2019, 32.

图书资源支持

感谢您一直以来对清华版图书的支持和爱护。为了配合本书的使用，本书提供配套的资源，有需求的读者请扫描下方的“书圈”微信公众号二维码，在图书专区下载，也可以拨打电话或发送电子邮件咨询。

如果您在使用本书的过程中遇到了什么问题，或者有相关图书出版计划，也请您发邮件告诉我们，以便我们更好地为您服务。

我们的联系方式：

清华大学出版社计算机与信息分社网站：https://www.shuimushuhui.com/

地　　址：北京市海淀区双清路学研大厦 A 座 714

邮　　编：100084

电　　话：010-83470236　010-83470237

客服邮箱：2301891038@qq.com

QQ：2301891038（请写明您的单位和姓名）

资源下载：关注公众号“书圈”下载配套资源。

资源下载、样书申请

书圈

图书案例

清华计算机学堂

观看课程直播